JN433232

수산무척추동물 질병학

박성우, 조수근 공저

BIOSCIENCE
(주)바이오사이언스출판

저자 약력

박성우(朴性佑)

- 부경대학교 양식학과 졸
- 농학박사(일본 동경대학교)
- 국립수산과학원 수산연구사 및 수산연구관
- 군산대학교 해양과학대학 수산생명의학과 교수(현)

e-mail: psw@kunsan.ac.kr
Homepage: w3.kunsan.ac.kr/~psw, http://www.cyworld.com/fishdisease
Cafe: http://cafe.daum.net/fishdoctor, http://cafe.daum.net/fishhealth
졸업생 모임: 수어회(守魚會):http://cafe.daum.net/FKAK

조수근(趙守根)

- 부경대학교 양식학과 졸
- 수산학박사(일본 동경해양대학)
- 국립수산과학원 수산연구사
- 미국 플로리다주립대학 방문교수
- 군산대학교 해양과학대학 해양생물공학과 교수(현)
- 군산대학교 해양과학대학 학장(현)

e-mail: sgjo@kunsan.ac.kr

수산무척추동물질병학

인쇄일 | 2011년 3월 2일
발행일 | 2011년 3월 8일
저　자 | 박성우, 조수근
발행처 | (주)바이오사이언스출판
발행인 | 문정구
등록번호 | 제22-3079호
주　소 | 137-060 서울시 서초구 방배동 479-4 호산B/D 201호
전　화 | TEL: (02)581-4057~8　FAX: (02)581-4059
Homepage: http://www.biobooks.co.kr
E-mail: bioscience06@hanmail.net

978-89-92709-41-5
93520

※ 낙장 및 파본은 교환하여 드립니다.
※ 본 도서의 무단복제 및 전재를 법으로 금합니다.

값 12,000원

"본 도서의 판권은 군산대학교 수산과학연구소에 있음"

서 문

우리나라의 수산무척추 동물 양식은 동서남해안의 환경 특성에 적합한 품종이 각 지역의 특산물로서 양식되고 있다. 또한 최근에는 남획과 환경오염으로 고갈되어 가는 수산자원의 회복과 지역 어업인의 소득 증대를 위해 지역 특성에 맞는 종묘를 매입 방류하고 있다. 수산무척추 동물은 대개 연안에서 자연 방류 형태로 사육되어 왔기 때문에 질병이 발생하였을 경우 속수무책의 경우가 대부분이지만, 육상의 종묘 생산장에서 사육할 때 발병한 경우에는 어느 정도 처치가 가능함에도 불구하고 어류에 비해 관심이 비교적 낮기 때문에 관심이 낮은 영역의 하나 였다.

그러나 자원 증강을 위한 종묘도 방양 전에는 반듯이 질병 검사를 거쳐 무병인 것이 확인되어야만 방류가 허용되는 등 수산무척추동물에 대한 질병에 대한 구체적인 지식이 요구되고 있으며, 외국의 수산무척추 동물을 수입할 경우에도 세관 통관 시에 질병 검사를 함으로서 국내의 새로운 질병의 유입 및 전파를 방지하고 있기 때문에 수산 무척추 동물의 질병에 대한 요구는 점차 증대하고 있다.

국내 및 국외는 다양한 종류의 수산무척추 동물을 양식하고 있으며, 각 품종에 발병하는 질병 또한 다양하다. 이 때문에 이 모든 질병에 대한 자료를 수록하는 것은 실로 방대한 작업일 뿐만 아니라 현실적으로 어려운 것은 부정할 수 없는 사실이다. 그럼으로 본 저서에서는 우리나라에 양식 수산무척추 동물을 중심으로 기술하면서 인접국인 일본과 중국에서 사육되고 있는 우리나라 품종과 질병의 공유 가능성이 높은 종을 중점으로 기술하고자 하였다. 물론 병명, 증상 또는 치료 방법에서 완전히 구명되지 않은 부분도 많기 때문에 용어의 사용에서 다소 혼란이 있을 것으로 예상되지만, 원문을 중점으로 가능한 변경 없이 사용하고자 하였다. 또한 부족한 자료를 사용하였기 때문에 기술의 순서와 배치에 많은 오류가 있을 것으로 예상되지만 점차 보완 통합하여 나갈 것을 약속드립니다.

양식 품종이 다양하기 때문에 품종의 특성과 양식 및 사육 방법에 관한 자료가 함께 기술되었으면 질병의 이해에 더욱 도움이 될 것으로 예상되지만, 너무나 방대한 양과 다양한 방법이 있기 때문에 포함시키지 않은 것은 유감으로 생각한다,

서두에서 언급하였지만 체제의 문제점과 명확하지 않은 용어 등의 오류가 있지만 점차

보완하여야 할 과제로 남겨 둡니다.

최초의 발걸음은 무겁고 느리지만 이것을 시점으로 한발 한발 앞으로 나아간다면 더욱 더 많은 자료를 수록할 수 있을 것으로 생각하면서 무더운 날씨에도 불구하고 자료 정리에 협조하여 주신 군산대학교 수산생명의학과 병리·혈액학 연구실의 연구원 여러분께 감사드립니다. 또 출간에 협조하여 주신 군산대학교 수산과학연구소와 많은 시간을 들여 원고의 정리에 힘써 주신 "(주)도서출판 바이오사이언스" 문정구 사장님께 진심으로 감사드립니다.

2010년 1월
저자 들

목차

제 1 장 새우류의 질병

1. 바이러스병 / 1

1) DNA바이러스 ··· 1

(1) IHHNV(=infectious hypodermal and hematopoietic necrosis virus, 전염성피하조혈기괴사증) ··· 1

(2) HPV(=hepatopancreatic parvovirus) ··· 4

(3) LPV(=lymphoid parvo-like virus) ··· 10

(4) BPV(=*Baculovirus penaei* type virus) ··· 11

(5) MBV(=*Penaeus monodon* type baculoviruses) ··· 13

(6) BMNV(=baculoviral midgut gland necrosis virus) ··· 17

(7) WSSV(=white spot syndrome virus), SEMBV(=sytemic ectodermal & meso-dermal baculovirus), RV-PJ(=rod shaped virus of *P. japonicus*), HHNBV(=hypodermal & hematopoietic necrosis baculovirus) ··· 19

2) RNA바이러스 ··· 24

(1) TSV(=Taura syndrome virus) ··· 24

(2) YHV (=yellow head virus) ··· 26

(3) IMNV(=infectious myonecrosis virus) ··· 28

2. 세균성 질병 / 31

1) 보리새우의 비브리오병 ··· 31

2) 보리새우의 *Vibrio nigripulchritudo*감염증 ··· 32

3) 세균성 흰반점병(bacterial white spot syndrome, BWSS) ··· 34

4) 사상균병 ··· 36

5) 괴사성 간췌장염(necrotizing hepatopancreatitis, NHP) ··· 37

3. 기생성 질병 / 42

1) *Paramoeba* ········· 42
2) 편모충류 ········· 43
3) 섬모충류 ········· 43
4) *Thelohania*감염증 ········· 43
5) 밀새우(*Exopalaemon carinicauda*)의 *Hematodinium* ········· 46
4. 진균성 질병 / 49
1) 편모균류 ········· 49
(1) *Lagenidium* ········· 49
(2) *Haliphthoros* ········· 50
(3) *Halocrusticida* ········· 51
(4) 갯가재(*Oratosquilla oratoria*)의 *Halioticida noduliformans* ········· 51
(5) 민물가재 백반병(crayfish plaque, *Aphanomyces astaci*) ········· 53
2) 자낭균류 ········· 55

제 2 장 패류의 질병

1. 바이러스병 / 57
1) 굴의 면반 바이러스병(oyster velar virus disease, OVVD) ········· 57
2) 패류의 Herpesvirus disease ········· 60
3) 굴의 무과립구 핵비대증(hemocytic neoplasia) ········· 67
4) 전복의 근위축증(amyotrophia) ········· 68
5) 전복의 복족근육 이형비대세포증 ········· 70
6) 진주조개의 바이러스병 ········· 72
7) 바지락의 brown muscle disease(BMD) ········· 80
8) 전복의 리케치아(*Candidatus Xenohaliotis californiensis*) ········· 88
2. 세균성 질병 / 94
1) 노카르디아병(nocardiosis) ········· 94
2) 유생 *Vibrio*병(larval and juvenile vibriosis) ········· 95
3) 인대병(hinge ligament disease) ········· 98

4) 오분자기(*Sulculus diversicolor supreatexa*) 비브리오병 ··· 99
5) 바지락의 비브리오병(brown ring disease, BRD) ··· 100
3. 기생충성 질병 / 109
1) 참굴의 난소 비대증(*Marteiliodes chungmuensis*) ··· 109
2) *Haplosporidium*(*Haplosporidium nelsoni*, multinucleate dhpere X, MSX) ··· 113
3) Marteiliida ··· 119
4) Apicomplexa ··· 123
5) Microcells ··· 129
(1) *Bonamia* ··· 129
(2) Microcytos ··· 136
6) QPX (quahaug (=quahog) parasite unknown) ··· 140
7) 바지락의 *Parvatrema duboisi* ··· 149
8) 소라의 *Panietis*증 ··· 151

제 3 장 해삼(Apostichopus japonicus)의 질병

1. 자삼(*Apostichopus japonicus*)의 생물학 / 155
2. 종묘생산기의 질병 / 158
1) Rotting edges symptom ··· 158
2) 위궤양증(stomach ulceration symptom) ··· 160
3) 가스병(gas bubble disease) ··· 160
4) 파판 탈락증(off-plate syndrome) ··· 161
3. 하면(aestivation)기의 질병 / 162
1) skin ulcer disease ··· 162
2) 내장토출증(viscera ejection syndrome) ··· 163
3) 갑각류에 의한 식해 ··· 163
4. 육성 해삼의 질병(Myxosporida) / 165
1) 급성 구구 부종병(acute peristome edema disease) ··· 165
2) Bacterial ulceration syndrome (BUS) ··· 169

3) 해삼의 *Shewanella marisflavi*감염증 ······ 171
4) 곰팡이성 질병 ······ 173
5) 원생동물(protozoan) ······ 174
6) 편형동물(platyhelminth) ······ 175

제 4 장 가재의 질병

1. 바이러스성 질병 / 182
1) DNA virus ······ 182
(1) *Cherax quadricarinatus* bacilliform virus(CqBV, *Cherax* baculovirus) ······ 182
(2) *Cherax destructor* bacilliform virus (CdBV) ······ 184
(3) *Astacus astacus* bacilliform virus (AaBV) ······ 185
(4) *Pacifasticus leniusculus* bacilliform virus (PlBV) ······ 187
(5) *Astacus bacilliform* virus (AaBV) ······ 187
(6) White spot syndrome virus (WSSV) ······ 189
(7) Parvo-like virus ······ 189
2. RNA virus / 191
1) Birnavirus ······ 191
(1) Infectious pancreatic necrosis virus(IPNV) ······ 191
2) Toti-like virus ······ 192
(1) *Cherax Giardialirus*-like virus(CGV) ······ 192
3) Picorna-like virus infection ······ 193
3. Rickettisa / 193
1) Systemic rickettsial infection (RLO) ······ 193
2) Hepatopancreatic rickettsial infection ······ 194
4. 세균성질병 / 194
1) Asymptomatic bacteremia and bacterial septicemia(=비브리오병) ······ 194
2) 장내세균 ······ 195

3) *Nocardia* ··· 196
4) Bacterial cuticular fouling ··· 197
5. 진균성 질병 / 197
1) Crayfish plague, *aphanomyciasis* ··· 197
2) *Fusarium* ··· 200
3) 기타 ··· 202
4) 알의 곰팡이병 ··· 202
5) Shell disease (burn spot disease) ··· 202
6. 기생성질병 / 203
1) 미포자충병 ··· 203
2) 섬모충 *Tetrahymena pyriformis* ··· 204
3) Apostome ciliates ··· 209
4) *Psorospermium haeckeli* 및 *Psorospermium* sp. ··· 209
5) Metazoa ··· 212
(1) Digenea ··· 212
(2) Nematode ··· 213
(3) Acanthocephalan ··· 213
6) 부착 생물 ··· 213
(1) 섬모충 ··· 213

제 5 장 민물 새우의 질병

1. *M. rosenbergii* nodavirus (MrNV)=white tail disease / 212
2. Branchiostegal blister disease (BDD=balloon disease) / 219
3. *Vibrio vulnificus* / 221
4. *Candida sake* / 225
5. *Enterococcus* sp.감염증 / 226
6. 징거미 새우의 *Lactococcus garvieae* / 228

제 6 장 게의 질병

1. 진흙 게의 Reovirus감염 잠자는 병(sleeping disease) / 231

2. Pepper disease/ 233

3. Bitter disease / 233

4. Cotton disease / 235

5. 갑각병(shell disease, burn spot, brown spot disease) / 236

6. Shore crab의 Rickettsia / 241

7. 진흙게 (*Scylla serrata*) 난 표면의 곰팡이 감염 / 243

8. 진흙 게의 간췌장 Parvovirus(hepatopancreatic parvobirus, *Penaeus merguiensis* Densovirus, PmergDNV) / 245

9. 진흙 게의 세균성 적복판 증후군(red sternum syndrome) / 247

제 7 장 우렁쉥이(멍게)의 질병

1. Tunic cell의 분류 / 259

2. 사이펀 / 261

3. 물렁병 / 264

4. 회색곤봉 멍게와 보라판 멍게의 *Pseudovibrio* / 272

제 8장 바다가재의 질병

1. Bumper car disease / 275

2. 갑각병(shell disease) / 277

1) 북미산 바다가재 ···· 277

(1) 겨울 축양 갑각병(winter impoundment shell disease) ···· 277

(2) 세균성 갑각병 ···· 287

(3) Burn spot shell disease 292
2) 유럽산 바다가재(European spiny lobsters, *Palinurus elephas*) 293

제 9 장 참게 (Eriocheir japonicus)의 질병

1. 참게의 한숨병(sigh disease) / 295
2. 참게의 *Spiroplasm*감염 떨림병 / 297
3. *Atkinsiella dubia*감염증 / 298
4. $CaCO_3$의 과포화에 의한 치게의 대량 폐사 / 301

제 10 장 해부도 및 기관의 명칭

1. 해삼 / 305
2. 우렁쉥이 / 307

참고 문헌 / 309

찾아보기 / 315

제 1 장 새우류의 질병

1. 바이러스병

1) DNA바이러스

(1) IHHNV(=infectious hypodermal and hematopoietic necrosis virus, 전염성피하조혈기괴사증)

1981년 하와이에서 *P. stylirostris*에서 처음 발병하였지만, 현재는 거의 모든 새우류에 감염되는 질병으로 대하, 보리새우 및 흰다리새우에도 감염된다. 치하에 주로 감염되며 급성으로 진행되기 때문에 사망률 또한 매우 높다. 어미를 통하여 수직 감염된 것은 postlarvae기 까지는 발병하지 않지만, 그 이후부터 증상이 나타나고 대량으로 사망한다.

수평 감염된 것은 잠복 기간과 질병의 상태는 크기와 연령과 밀접한 관계가 있어, 어린 것일수록 폐사량이 높은 편이며, 성하는 감염되어도 외부 증상은 거의 찾아볼 수 없다.

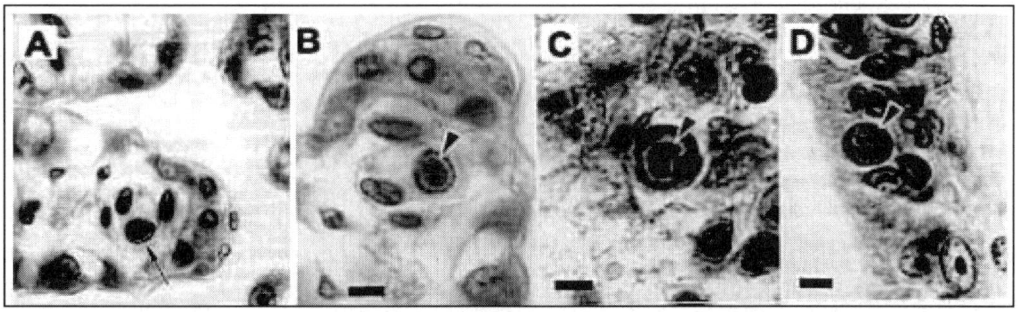

그림 1-1 IHHNV감염 새우의 아가미(A & B), 조혈조직(C) 및 전장의 큐티클성 외피 (D). 특징적인 에오진호성 핵 내 봉입체(화살표). HE.

대하나 흰다리새우에 감염되는 DNA바이러스로 HPV와 같이 Parvovirus에 속한다. 흰다리새우에 감염되는 경우 큐티클에 변형이 생겨, 소위 액각이 굽어지는 특이한 증상(runt-deformity syndrome)을 나타낸다. 그러나 *P. stylirostris*에 감염되었을 경우 폐사는 발생하지 않고 감염 새우가 생존하는 특이한 바이러스이다.

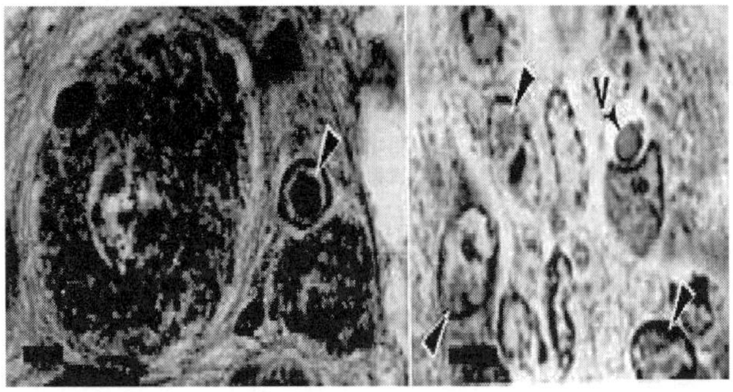

그림 1-2
신경절세포의 전형적인 에오진호성 핵 내 봉입체(좌)와 아가미의 전형적인 핵 내 봉입체(화살표)와 호염기성 세포질 내 봉입체. V: IHHNV의 완전결정체(paracrystals). HE.

증상은 특징적인 것은 아니지만, 사료섭취가 현저히 감소하기 시작하여, 이상 유영을 하면서 증상이 나타난다. 급성인 경우 보통 수면에 부상하며 힘없어 뜨있다가, 뒤집어지면서 복부를 위쪽으로 한 채 바닥에 가라앉는다. 이러한 행동은 체력이 소진할 때까지 수 시간 동안 반복하는데, 이때에 감염 개체는 건강한 것에게 공식을 당하기도 한다. 체표의 큐티클상피에 흰색의 반점이 나타나는데, 특히 복절의 등 부분에 많이 나타나 흰 반점으로 보이게 된다. 이러한 반점은 병이 진행되면서 점차 엷어지는데, 빈사 상태에 있는 것은 체색이 푸른 기미가 나며 복부의 근육이 투명감을 상실하고 불투명해진다.

병리 조직학적으로는 아가미 상피세포, 장 상피 및 신경세포와 같은 외배엽성 기관과 조혈조직, 중배엽기관의 상피세포에 핵막과염상을 나타내는 비대 핵 내에 에오진호성의 봉입체가 형성된다. 그러나 Feugel반응은 바이러스의 양과 감염세포내의 DNA의 양에 따라 차이가 나는데, 봉입체가 형성되고 있는 시기에는 음성이지만, 시간이 경과되면 양성반응을 나타낸다. 따라서 조직학적으로 미감염인 개체 또는 감염이 의심스러운 개체는 10-30일정도 스트레스를 줄 수 있는 조건하에서 사육하여(enhanced procedures) 검사하면 조직학적으로 검출이 가능하다. 흰다리새우(*P. vannamei*)에는 만성적인 질병으로 액각이 굽어지거나 변형되는 것이 아주 특징적인 증상이다.

IHHNV의 진단은 병리 조직학적으로 외배엽성 또는 중배엽성 세포의 비대 핵 내에 호산성의 Cowdry A형의 봉입체가 형성되는 것으로 진단할 수 있다. 이러한 Cowdry A형의 봉입체가 형성되는 것은 Davidson고정액에 고정하였을 때 생기는 인위적인 변화이다. 그럼으로 다른 고정액을 사용하였을 때는 Cowdry A형의 봉입체를 관찰하는 것은 불가능하다.

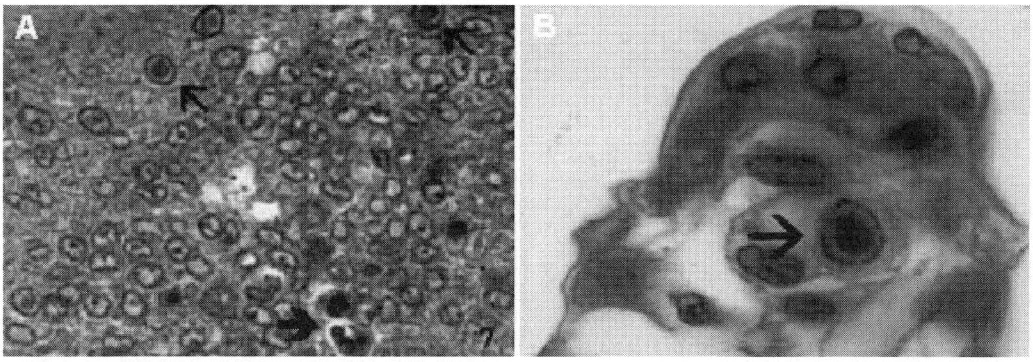

그림 1-3 IHHNV. A: 심한 괴사상을 나타내는 상피 및 피하 결합조직 내에 이 질병 특유의 에오진 호성 봉입체(Cowdry A형)를 가진 핵. 핵은 핵 농축 또는 핵 붕괴를 일으키고 있다. B: A의 봉입체 형성세포의 확대도. 전형적으로 핵의 중심부에 봉입체가 형성되고, 대신에 염색질은 핵의 바깥으로 밀려나간 Cowdry A type의 봉입체가 형성됨.

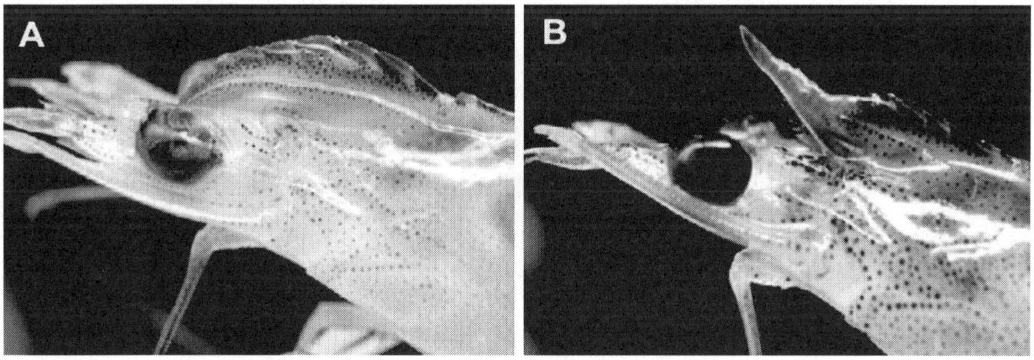

그림 1-4 **IHHNV에 감염되어 액각이 구부러진 흰다리 새우.** A는 아래로 B는 위로 굽어져 있으며, 정상 새우에 비해 모두 액각의 길이는 짧다.

PCR을 이용한 진단에서는 OIE에 정한 primer인 77102F: 5′-ATC GGT GCA CTA CTC GGA-3′과 77353R: 5‘-TCG TAC TGG CTG TTC ATC-3′를 사용하면 산물의 크기는 356bp이다. PCR조건은 initial denaturation 94℃ 10 min과 25 cycles의 증폭(denaturation 94℃ 2min; annealing 55℃ 2 min; extension 72℃ 3 min)과 final extension 72℃ 3 min이다.

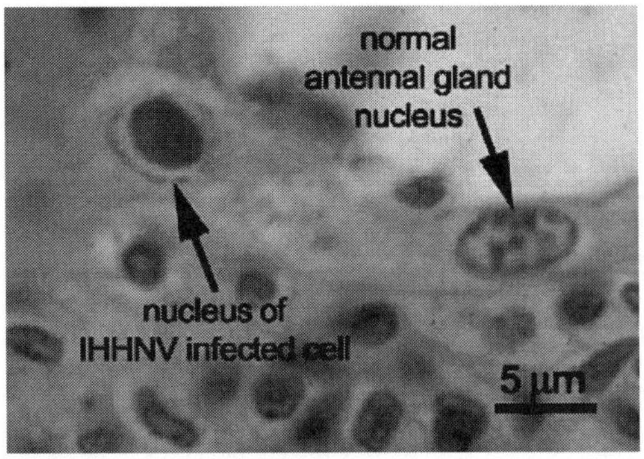

그림 1-5
새우의 안테나선의 핵 내의 IHHNV봉입체.
봉입체 주변에 밝게 염색되지 않는 halo가 만들어진 Cowdry A형의 봉입체로 Davidson 액에 고정하였을 때만 관찰된다.

(2) HPV(=hepatopancreatic parvovirus)

DNA바이러스인 Parvovirus(parvus는 빌리온의 크기가 small하다는 것을 의미함)가 원인 바이러스로, 호주, 우리나라, 중국, 동남아시아 및 서남아시아와 아프리카의 케냐 및 미국의 서부에서 자연산 또는 양식산에서 발병되고 있는 것으로 알려져 있다. 거의 모든 새우류에 감염되며, 우리나라에서 양식되는 대하나 보리새우에도 감염된다. 주로 종묘생산한 새우를 양성지에 옮긴 후, 1달 이내에 치하에 중점적으로 발생하는 질병이다.

1985년 우리나라의 대하에서 처음으로 발견되었고, 그 후 1992년 동남아에서 발견되었다. 감염된 새우는 성장이 매우 느려지기 때문에 체장이 6 ㎝를 초과하는 개체는 없게 된다. 따라서 새우의 성장이 비정상적을 느리다고 여겨지면 이 병을 의심하여도 무방하다.

감염된 새우는 간췌장이 희게 되며 비대화되고, 무기력해지며, 수면에 머물며 잠입하지 못하고 수면에 올라오는 경향이 강해지며 아가미에 오물이 많이 부착된다. 발병 후 4주 이내에 사망율은 50-100%에 달한다. 또한 2차적으로 *Fusarium*이나 *Vibrio*에 감염되면 피해는 더욱 심각하다.

DNA바이러스로 Parvovirus에 속하며 우리나라의 대하에서 분리되는 것과 동남아시아의 *P. monodon*에서 분리되는 것은 병리 조직학적으로는 비슷한 증상을 나타내지만, 유전자에 있어서는 상당한 차이가 있다.

HPV는 뚜렷한 외부 증상이 없기 때문에 간췌장 상피세포의 비대화된 핵 내에 호염기성의 봉입체를 확인하여야만 한다. 이러한 봉입체는 다른 Parvovirus와 마찬가지로 간췌장의 끝 부분(distal part)의 활발히 분열하는 E-cell에 가장 잘 형성된다. 호염기성의 봉입체는 간췌장뿐만 아니라 때로는 중장의 상피세포에서도 관찰 가능하다. HPV는 내배엽성 기원의 세포에 주로 감염되며, 감염 초기에는 비대 핵 내의 호염기성의 청색으로 염색되는 핵인에 인접한 곳에 소형의 호산성의 봉입체가 만들어진다. 질병이 진행되면서 봉입체가 점차 확대되어 대형의 호염기성 봉입체가 핵인에 인접하여 형성된다. 이렇게 형성된 거대 봉입체 때문에 핵인이 눌려서 한쪽으로 밀려나, 마치 초승달(crescent shaped)과 같은 특징적인 형상을 하게 되는 것이 HPV의 병리조직학적인 중요한 특징이다.

HPV는 슬라이드 글라스에 2.8%식염수로 제조한 10%포르말린을 한 방울 떨어 뜰이고 절취한 간췌장을 양분한 다음 스탬프한다. 스탬프 표폰은 건조시킨 다음 HE염색을 하면 전형적인 핵 내 봉입체를 관찰할 수 있다. 병리 조직표본의 HE염색이 가장 확실한 방법이지만, 간췌장의 도말표본을 Giemsa염색하여 검경하면, 병리 조직표본의 약 60-100%의 정확도로 신속하게 진단할 수 있다. 즉 두흉부와 첫 번째 복절 사이를 절단하여 간췌장을 절취한 다음, 간체장을 양분하여 슬라이드글라스에 스탬프하여 도말한다. 간췌장은 자가분해가 빠르기 때문에 가능한 빨리 도말하여, 메탄올에 6분간 고정한 다음 염색하거나 보관한다. 염색은 Giemsa염색 또는 Diff-Quick염색이 사용 가능하다. 결과는 병리 조직표본과 마찬가지로 감염 초기는 핵 내 핵인에 인접한 곳에 소형의 호산성 봉입체가, 감염 후기에는 핵 내에 대형의 호염기성 봉입체가 관찰된다. 정확한 진단을 위해 PCR법이 사용되는데, DNA의 분리를 위해서는 부속지와 변 등을 사용하고 있다. 그렇지만 우리나라산 대하에서 분리되는 것과 동남아에서 분리되는 것은 차이가 나기 때문에 PCR의 primer의 선택에 주의하여야만 한다.

우리나라 대하에서의 HPV의 primer set는 forward: 5′-TGG AGG TGA GAC AGC AGG-3′, backward: 5′-CCA ACT GTC CTC GCT CTT-3′으로 PCR조건은 initial denaturation 94℃ 5min과 35 cycles (denaturation 94℃ 1min; annealing 55℃ 1 min; extension 72℃ 1 min)과 final extension 72℃ 7 min이다. PCR반응의 결과 우리나라 대하는 350bp가, 같은 조건인 경우 동남아산 새우의 경우에는 732bp의 산물이 얻어진다.

한편 동남아산 새우의 HPV의 primer set는 forward: 5′-GCA CTT ACT GTC TCT ACC-3′, backward: 5′-CAA GGT ATT TAC AAA GTT CAC-3′로 PCR결과물은 156bp이다. 또 동남아산 새우를 위한 새로운 primer로서 HPV441F: 5′-ACA CTC AGC CTC TAC CTT GT-3′와 HPV441R: 5′-GCA TTA CAA GAG CCA AGC AG-3′를 사용하여 initial denaturation 95℃에 5분간 후 40 사이클(95℃, 1 min; 60℃ 1 min; 72℃ 1 min)을 증폭시키면 결과물은 441bp를 얻을 수 있다.

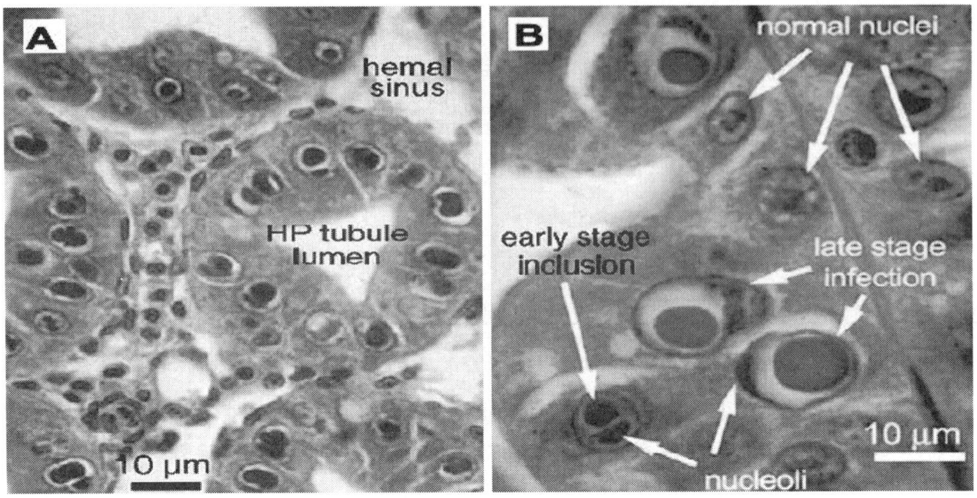

그림 1-6 HPV감염 새우의 간췌장 상피세포의 병리조직상. A: 정상의 간췌장, B: 상피세포의 핵은 비대되고, 핵 속에 청색으로 염색되는 핵인에 인접한 곳에 호염기성의 봉입체가 형성되지만, 감염 초기의 봉입체는 호산성으로 적색을 띄고 있다. 그러나 점차 봉입체가 커지면서 대형의 호염기성 봉입체가 형성되기 때문에 핵인을 한쪽으로 밀어 붙여 핵인이 마치 초승달 또는 모자의 창 모양을 하고 있는 것이 병리조직상의 특징임.

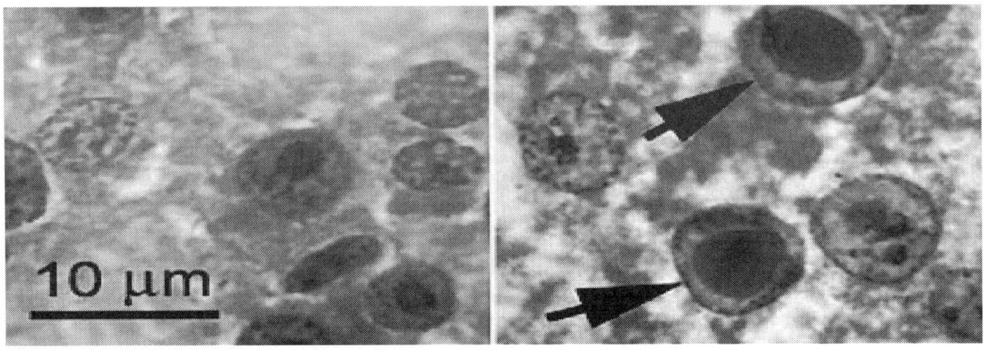

그림 1-7 미감염 개체(좌)와 HPV에 감염된 새우의 간췌장의 도말표본.

현장에서 빨리 진단할 수 있는 방법으로는 감염이 의심스러운 새우의 두흉부와 제 1복절 사이를 절단하여 간췌장을 꺼내어 양분한 다음, 절단면을 슬라이드글라스위에 스탬프 표본을 만든다. 이 때 간췌장은 쉽게 자가분해를 일으키기 때문에 가능한 외견상 건강한 새우를 시료로 사용하여야 하며, 스탬프 표본을 만들 때도 가능한 빨리 만들어야만 한다.

표본은 메탄올에 6분간 고정하고 건조시킨 다음 Wolbach의 김자액 또는 Diff-Quick 염색한다.

김자염색은 김자액 1.25 mℓ, 메탄올 1.5 mℓ, 0.5% sodium carbonate 2 drops, 증류수

50 ㎖에 60℃에 30분 또는 실온에서 하루 밤 동안 염색한 후 염색액을 버리고 Rosin alcohol액(보존액: rosin white 10 g, 무수 알콜 100 ㎖, 사용액: 보존액 5 ㎖, 95%알콜 40 ㎖)에 표본이 핑크색으로 변할 때까지 분별한 다음 현미경으로 검경한다. 영구표본을 만들기 위해서는 무수 알콜에 탈수한 다음 투명화시켜 봉입하여 관찰하면, 병리 조직 표본상과 비슷한 형태로 발달 중인 봉입체는 소형의 호산성으로, 형성이 완료된 봉입체는 커다란 호염기성으로 관찰되며, 감염세포의 핵은 청색, HPV봉입체는 청색-진한 자주색, 세균 및 rickettsia는 청색, 콜라겐 섬유 또는 다른 숙주 조직은 핑크 또는 장미빛으로 염색된다. HPV는 실험적으로 감염시키기가 어렵지만, 감염이 의심스러운 새우를 스트레스 조건에서 사육한 다음 관찰하면 쉽게 병변을 발견할 수 있다.

가장 손쉬운 방법은 의심스러운 새우를 실내의 수조로 옮긴 다음 사료를 투여하면서 배설되는 변을 피펫으로 빨아올려 검사한다. 즉 변을 슬라이드글라스에 올린 다음 주사바늘로 분산시킨 후 여과지로 여분의 수분을 흡수하고, 0.05% malachite green을 적하하여 3-5분 후 여과지로 염색액을 흡수한 다음 세척하여 검경하는 것이 가장 간단하고 편리한 방법이다.

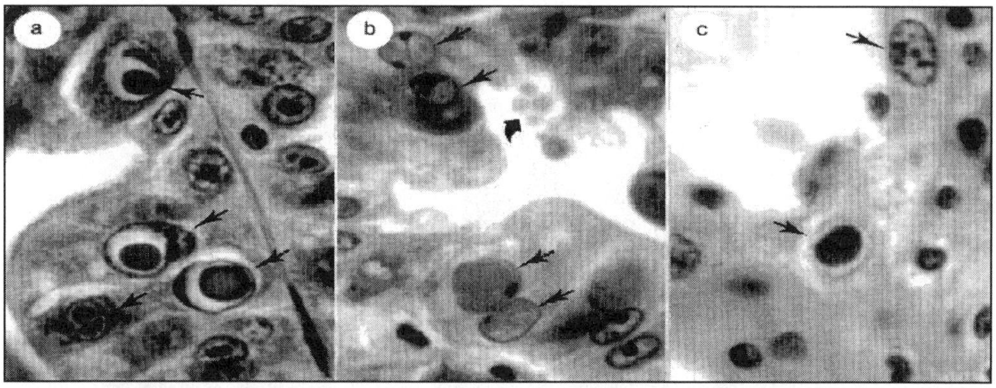

그림 1-8 HPV(a), MBV(b) 및 IHHNV(c)의 병리조직상의 비교. a: HPV의 간췌장, 비대화된 핵 내에 전형적 원형의 호염기성 대형 봉입체가 형성하고 있고, 아래쪽에는 형성초기의 봉입체인 호산성 봉입체가 보인다. 봉입체가 성장함에 따라 염색질은 점차 핵막 쪽으로 이동하여 핵막과염상을 나타내면서 봉입체위에 마치 모자의 창과 같은 모양을 하는 것이 특징적이다. b: MBV의 간췌장, 비대화된 핵 내에 호산성의 다각형의 봉입체가 형성되고(아래에서 2번째) 염색질은 주변으로 이동하여 있다. 위의 2개와 제일 아래 것은 감염초기의 감염세포이다. 가운데 굽은 화살표는 간췌장 관공내로 방출된 봉입체. c: IHHNV의 안테나선. 위의 핵은 정상이지만 아래의 핵은 비대되어 있고 핵 내에는 IHHNV의 특징적인 봉입체인 Cowdry A형의 봉입체가 형성되어 있고, 염색질은 핵막 주변을 이동하여 봉입체와 핵막 사이에 halo가 형성되어 있다.

대하에서의 성숙 단계별 감염상황을 조사한 결과를 보면, 노우플리우스기에는 감염이 확인되지 않는다. 그러나 조에아 1기에서는 중장의 앞쪽 부분의 상피세포의 핵은 정상 새우의 것보다 비대되어 있고, HE에 진하게 염색되는 봉입체 모양이 발견된다. 조에아 3기에는 중장의 앞쪽 부분의 점막상피의 핵에 호염기성의 대형 봉입체가 발견된다. 이때는 봉입체가 발육함에 따라 핵은 주변으로 밀려나게 되고, 때로는 봉입체가 상피세포의 외부에서도 발견된다. 미시스 1기의 중장 앞부분의 상피세포의 핵은 비대되어 진하게 염색된다. 또 간췌장의 상피세포의 핵도 비대되고, 핵 내에 봉입체도 관찰된다.

후기 유생 40일령에서는 중장의 점막상피와 간췌장의 핵이 비대되고, 핵 내에 봉입체가 관찰된다. 이처럼 대하 유생의 중장 점막상피의 핵 비대와 핵 내 봉입체는 조에아 1기 이후에, 간췌장 상피세포의 핵 비대와 핵 내 봉입체는 미시스 1기 이후에 관찰된다. 성체에 감염된 경우에는 상피세포의 핵이 현저하게 비대되어 원형 또는 난원형으로 되며, 호염기성으로 염색되는 핵 내 봉입체가 관찰된다. 이처럼 핵 내에 봉입체가 형성됨으로서 비대화된 감염세포가 인접 세포를 압박하게 되는 조직상을 나타내게 된다. 그러나 모든 봉입체가 호염기성을 띄는 것이 아니라 소수의 세포에서는 호산성을 띄는 봉입체도 발견되기도 한다.

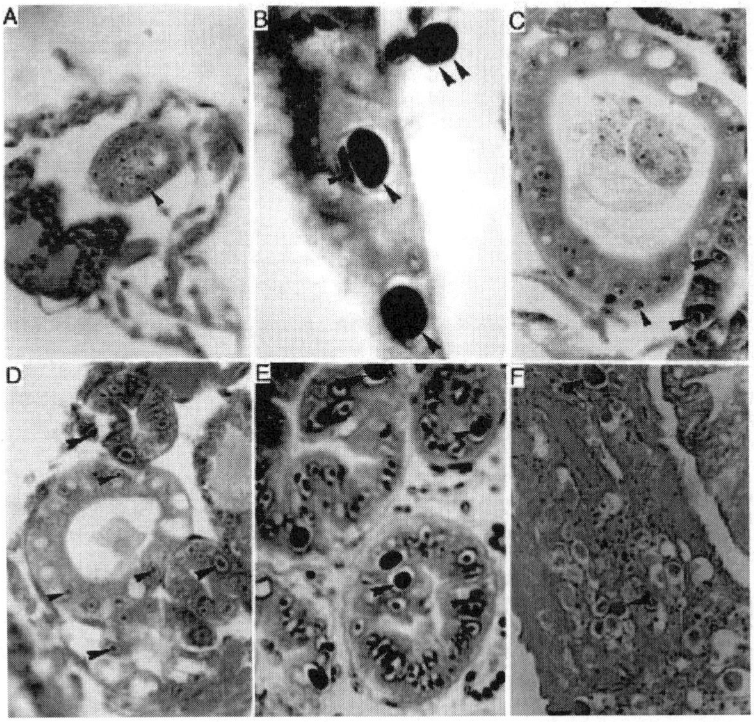

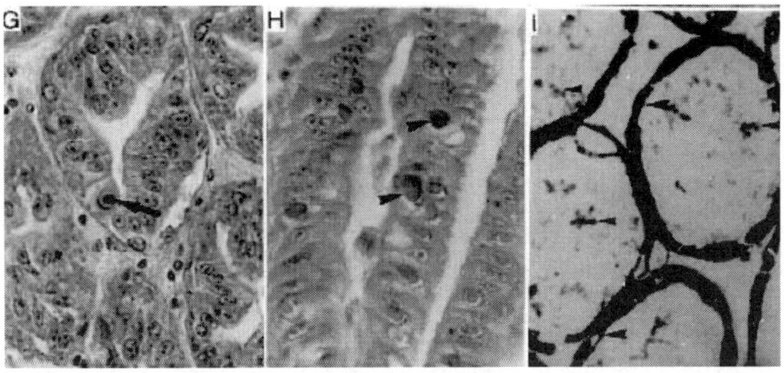

그림 1-9 **A: 조에아 1기의 간췌장(a)과 중장의 앞부분(b).** 상피세포의 핵 비대. B: 조에아 2기. 중장 앞부분의 상피세포의 핵 내 봉입체와 핵 외부 봉입체. C: 미시스 1기. 간췌장 내의 호염기성 봉입체(a)와 중장 상피세포의 핵 비대(b). D: 40일령, 간췌장 내의 봉입체(a)와 중장 상피세포의 핵 비대(b). E: 성체의 간췌장, 대형의 호염기성 봉입체가 비대 핵의 핵질 대부분을 차지(큰 화살표). 발육중인 봉입체는 소형의 호산성으로 핵소체에 인접해 있다(작은 화살표). F: Feulgen반응 양성의 핵 내 봉입체. G: 감염초기의 간췌장에는 이상 핵이 거의 없음. H: 감염 중기, 핵 비대와 봉입체가 명확해짐. I: 감염 말기, 간췌장의 상피세포가 붕괴되어 떨어져 나옴으로 관공은 빈 공간으로 된다. E–I: 성체. HE.

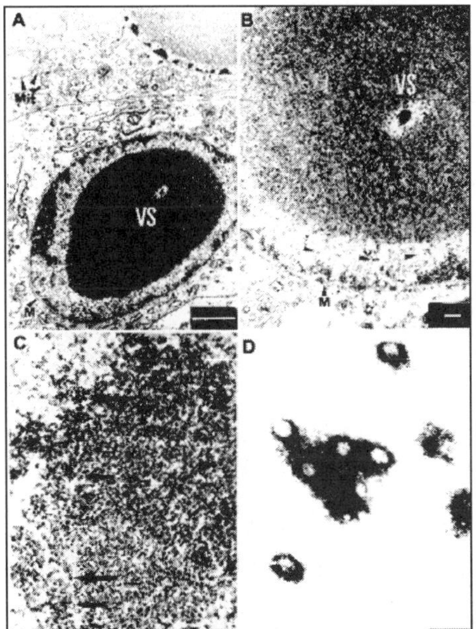

그림 1-10 **A: 핵 내 봉입체(VS).**
미토콘드리아(Mit)는 변형되어 크리스테는 평행하지 않거나 소실됨. 핵인(NO). B: A의 확대도. 핵막에 인접하여 발육중인 봉입체 주변의 핵질 내의 많은 바이러스 입자(화실표). C: 봉입체의 확대도. 직경 24nm의 봉입체는 타원형으로 보임. D: 정제 바이러스 입자. Bar=50 nm.

성체가 감염된 경우 간췌장 조직에 Feulgen반응을 실시하면, 핵 내의 봉입체는 양성 반응을 나타내어 적색으로 염색된다.

이러한 결과를 종합하면 대하에서의 병변은 초기, 중기 및 말기의 3단계로 구분할 수 있다. 초기 단계는 이상 비대 핵의 숫자는 극히 적고, 봉입체도 관찰이 곤란하다. 그러나 중기 단계에서는 상피 세포의 이상이 현저해지는 단계이며, 말기 단계는 간췌장 상피세포의 배열이 흩뜨러지며, 이상 핵의 수도 많아지면서 간췌장의 붕괴에 의해 간췌장 세관 내벽의 붕괴물이 관공내로 탈락하는 것으로 생각되고 있다.

전자 현미경적으로는 간췌장의 상피세포의 핵 내의 봉입체가 발육함에 따라 세포의 핵소체는 핵막 주변부로 밀려나고, 소포체의 감소 및 미토콘드리아의 비대와 공동화가 관찰된다. 핵 내의 봉입체내에는 직경 22-24㎚의 많은 바이러스 입자가 관찰되며, 봉입체 주변의 핵질과 핵막 사이에도 바이러스 입자가 관찰된다. 바이러스 입자는 대부분이 원형 또는 난원형이지만, 사각형 또는 오각형의 입자도 발견된다.

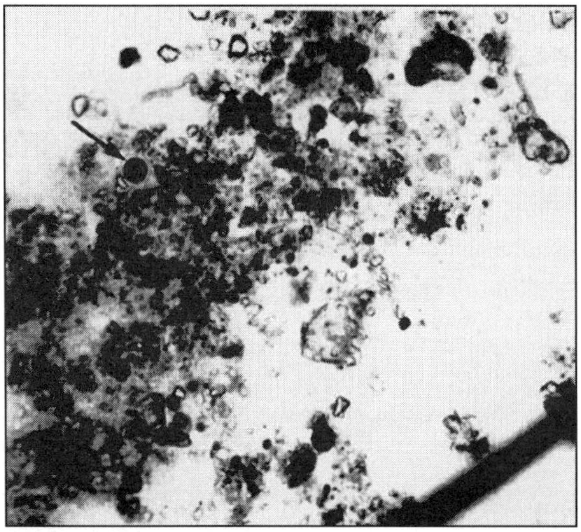

그림 1-11 HPV감염 새우의 변. 봉입체(화살표)는 직경 9.4 ㎛의 원형으로 malachite green에 밝게 염색됨.

(3) LPV(=lymphoid parvo-like virus)

단지 호주지역에서만 발병하고 있는 질병으로 홍다리얼룩새우에 감염되고 있다. 병리조직학적으로는 조혈조직, 결합조직의 핵 내에 호산성 또는 호염기성 봉입체가 관찰된다.

이러한 봉입체는 IHHNV와 매우 유사하지만, IHHNV의 봉입체는 난원형인데 비해 LPV봉입체는 불규칙한 형상을 하고 있을 뿐만 아니라 봉입체 내에 더 진하게 호염기성으로 염색되는 염색질과 같은 것이 들어있다. 감염 세포의 핵은 비대화되고 때로는 핵농축이나 핵붕괴상도 관찰된다. LPV는 병리 조직학상 YHV, TSV및 LOVV 등과 비슷하기 때문에 주의하여야만 한다.

(4) BPV(=*Baculovirus penaei* type virus)

미국, 카리브연안, 멕시코 및 브라질에서 발병되고 있는 질병으로 우리나라의 보리새우나 대하에는 발병하지 않는 것 같다. 유생기 및 치하기의 질병으로 종묘 생산장에서 많이 발생하는 질병이다. 사육 밀도가 높을 때 빈발하는 경향으로 병의 진행은 만성이지만, 누적폐사율이 높기 때문에 피해가 심각하다. 감염된 새우는 식욕이 저하되고 성장이 불량하며, 체표나 아가미에 부착물이 많이 부착하여 더러워지는 것이 가장 특징적인 것으로는 간체장이나 중장의 상피세포 내에 다면체의 봉입체(polyhedral inclusion body)가 형성된다.

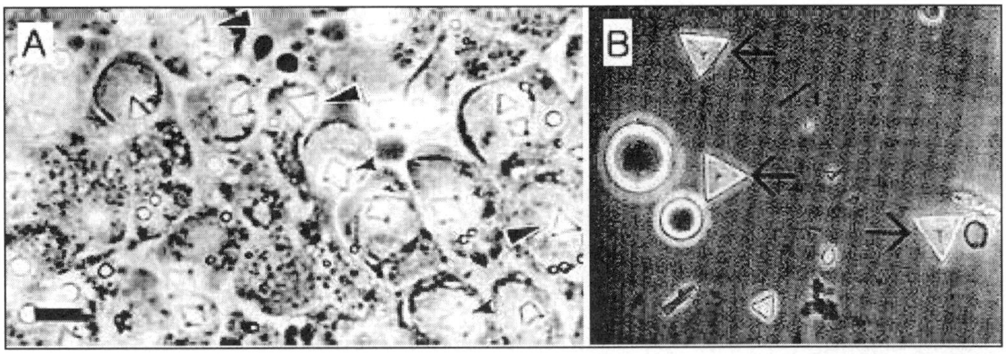

그림 1-12 간체장의 스탬프 무염색 표본에서 핵 내에 피라미드형 또는 사각형의 다면체 봉입체(A). 위상차현미경으로 관찰한 변의 압인 무염색 표본중의 다면체(B). 변속의 다면체는 감염된 간체장이나 중장의 상피세포가 괴사되어 장속으로 이탈됨으로서 검출되는 것임.

진단은 간췌장, 중장 및 변의 압인 표본을 만들어 위상차현미경이나 광학현미경으로 관찰하여 상피세포 내에 다면체를 확인함으로서 쉽게 할 수 있다. 다면체는 보통 3각형이나 4각형으로 크기는 다양하며, 조직학적으로는 methyl green-pyronin에 엷은 적색, HE염색에 에오진호성으로 염색되며, 그람염색이나 tolidine blue에 진하게 염색된다. 핵 내에 봉입체가 형성됨으로 핵의 비대화와 주변화, 핵 변성 등의 세포 변성을 유발한다. 또 감염세포의 골지체의 현저한 증식에 의해 막미로가 형성됨으로 세포질에 공포화된 부분이 관찰되는데, 이는 바이러스가 증식하고 있을 때 더욱 현저하다.

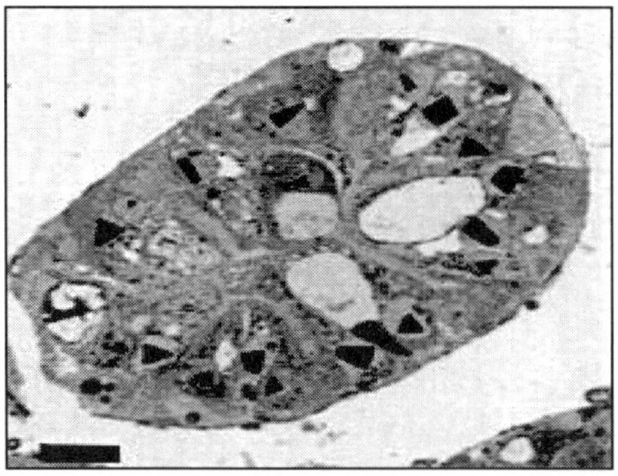

그림 1-13
간췌장의 tolidine blue염색표본, 20 ㎛.

스탬프표본 또는 조직표본을 phloxine염색과 epi형광현미경을 사용하면 진단이 용이한데, 표본을 보통의 HE염색 과정 중에 에오진 대신에 0.01-0.05% phloxine용액으로 염색하여 형광현미경(수은 광원, 515nm 또는 490nm)으로 검경하면, 엷은 녹색의 배경에 밝은 황녹색을 발하는 봉입체를 관찰함으로서 진단할 수 있다.

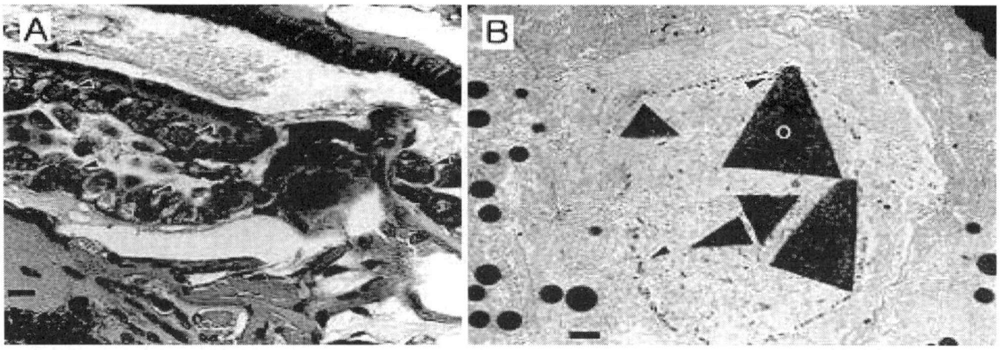

그림 1-14 간췌장 세포의 핵 내 봉입체(A)와 간췌장 상피세포의 전자현미경상(B). 간췌장 세포의 핵 내에 다면체의 봉입체가 들어있지만, 다면체 1개는 중장 중에 떨어져 나와 있다(B). 봉입체(O)와 막대기 모양의 바이러스입자(rod-shaped virion, 화살표)

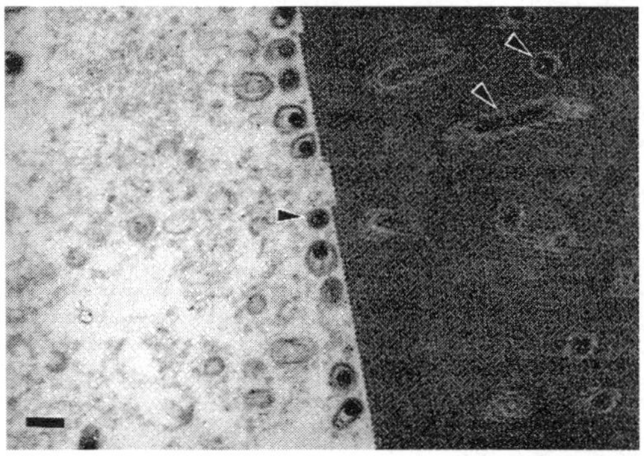

그림 1-15
간췌장 상피 세포의 다면체 봉입체(우)와 핵질 속에 흩어져 있는 바이러스입자.

(5) MBV(=*Penaeus monodon* type baculoviruses)

중동지방, 중국, 대만, 호주, 하와이 및 멕시코 등지에서 발병하고 있으며, 현재는 보리새우나 대하에는 발병되고 있고 있다. 홍다리 얼룩새우에 주로 감염되는 질병으로 외관상 특별한 증상은 없다. 그러나 식욕이 급격히 저하되어 성장이 느려지며 간췌장이 비대되지만, 좋은 환경에서 사육한다면 폐사는 없다. 그러나 미감염 개체에 비하여 평균 체장이 짧아지는 것은 피할 수 없으며, 세균의 2차 감염이 유발되었을 때는 폐사는 피할 수 없다. 비대된 간췌장은 병리 조직학적으로 손상은 없지만, 분비성의 상피세포의 핵 내에 호산성의 봉입체가 관찰된다.

조에아 전기나 미시스기에 처음으로 발병되어 PL기에 더욱 심각하게 되어 90%이상 사망하지만, PL-25부터는 현저하게 감소하며, 치하에서는 거의 발생하지 않는다. 감염된 새우는 식욕이 저하되고 성장이 느리고 체표나 아가미표면에 부착물이 많이 붙어 있는데, 중증인 경우에는 BMV처럼 중장선이 백탁되어 있다. MBV는 홍다리얼룩새우의 난, 노우플리우스 및 조에아 전기를 제외한 전 생활기에 걸쳐 만성적으로 발생하지만, larvae, post larvae 및 치하기에 가장 심각한 피해를 초래한다.

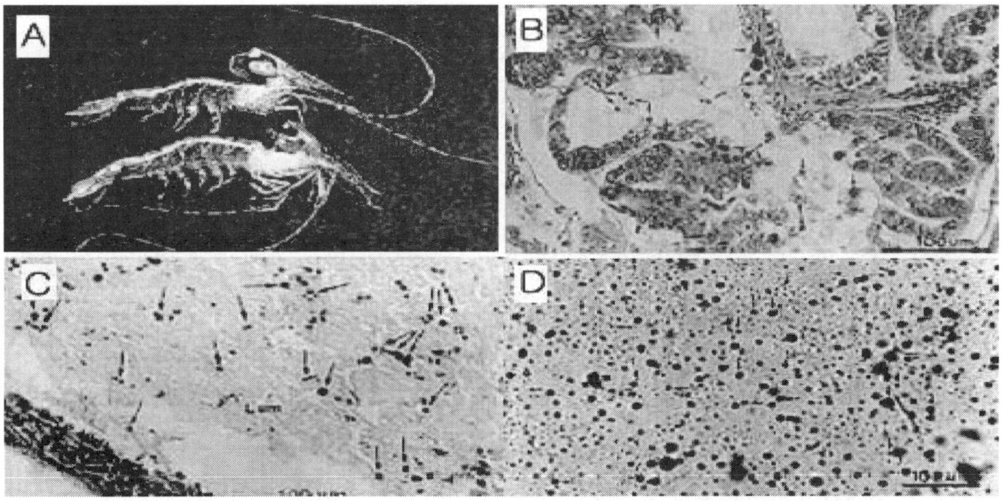

그림 1-16 MBV에 감염된 홍다리 얼룩새우. A: 위의 새우는 간췌장이 위축되어 백탁되어 보이지만, 아래의 새우는 정상임, B: 간췌장 상피세포의 핵 내의 호산성봉입체, C: 소화관 관공 내의 수많은 봉입체, D: 변속에 들어 있는 MBV의 봉입체(0.05% malachite green염색).

중장선의 앞쪽, 간췌장 또는 변의 스탬프표본 또는 압인표본을 만들어 위상차 또는 광학현미경으로 검경하면 핵 내에 한 개 또는 여러 개의 난원형의 독특한 봉입체가 관찰된다. 봉입체의 크기는 0.1 ㎛에서 20 ㎛까지 매우 다양하다.

가장 손쉬운 진단법은 슬라이드글라스에 해수 또는 생리식염수를 한 방울 떨어 뜰이고 간췌장을 떼어내어 슬라이드글라스의 해수 속에 넣어 squash표본을 만든 다음, 0.05% malachite green을 1방울 첨가한 다음 카버글라스를 덮어 5분 이내에 관찰하면 비대된 핵 내에 말라카이트 그린에 녹색으로 염색되는 다각형의 바이러스 봉입체(polygonal viral inclusions)가 관찰된다. 이 때 세포질의 주변부에는 말라카이트 그린에 염색되지 않는 원형의 지방방울이 관찰된다. 핵 내의 봉입체는 단백질의 복합체로서 polyhedrin이라고 하는데, 그 속에 들어 있는 바이러스의 입자를 보호하는 역할을 하고 있다. 이 봉입체가 간췌장의 상피세포에서 떨어져 나와 변과 함께 수조내로 방출되어 다른 새우가 섭취하게 되면 수평감염이 성립하게 된다. 특히 신선한 변 표본에서는 이러한 봉입체가 핵막의 내면에 포도송이 모양으로 모여 있는 경우가 많다. 이런 malachite green염색법은 수조에 남아 있는 변을 채취하여 표본을 만들어 봉입체를 관찰하기에도 유용한 방법이다. 간췌장 세포의 비대 핵 내의 봉입체는 전기 postlarvae기부터 간췌장의 squash표본을 만들어 약 400배로 검경하면 발견할 수 있다.

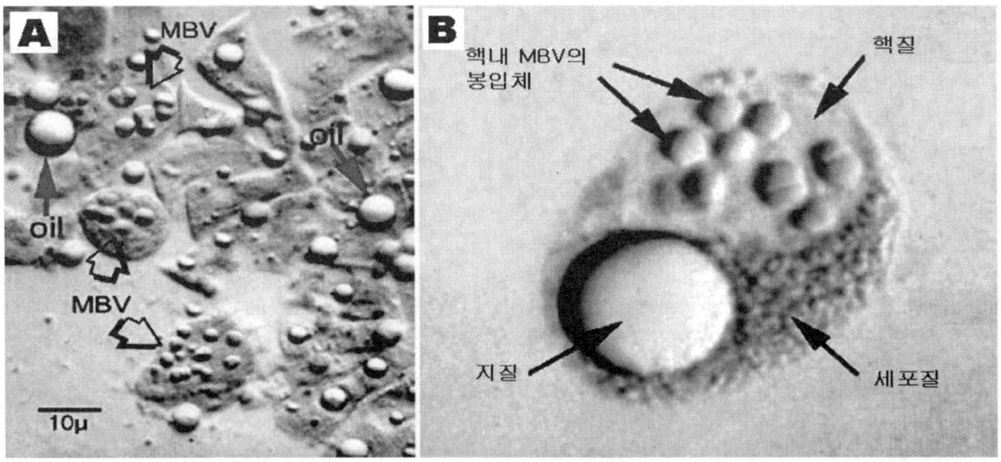

그림 1-17 간췌장의 squash표본의 0.05% malachite green염색표본. A: 비대된 핵 내에 녹색으로 염색되는 봉입체가 보이며, 세포질의 주변부에 염색되지 않는 지방방울이 보인다. B: 감염된 간췌장 세포, 비대된 핵 내에 여러 개의 다각형 봉입체가 있고, 세포질에는 1개의 지방방울이 보인다.

조직표본을 만들지 않고 간단히 슬라이드글라스에 2.8%식염수로 만든 10%포르말린액을 한 방울 떨어 뜰이고, 떼어낸 간췌장의 절취면을 가볍게 눌리면서 도말표본을 만든 다음 건조시킨다. 건조된 슬라이드표본은 보통의 HE염색을 실시하여 영구표본을 만드는데, 이 때 eosin대신에 eosin-phloxine(1% eosin 수용액 보존액, 100 mℓ; 1% phloxine B 수용액 보존액, 10 mℓ; 95% ethanol, 780 mℓ; glacial acetic acid, 4 mℓ)으로 4-6 min정도 염색하여 수도수에 4-6분 세척한 다음, 95%에탄올부터 탈수하여 상법에 따라 영구표본을 만들면 형광현미경으로 봉입체를 관찰할 수 있다.

간췌장이나 중장선의 앞쪽부분의 스탬프표본을 만들어 단백질분해효소를 불활화시켜 자가분해를 방지하기 위하여 헤어드라이어로 건조시킨 다음, 2% 초산액에 0.025%로 용해시킨 acridine orange액에 5-10초간 담구고 다시 생리식염수로 2%로 희석시킨 알콜액에 분별한 다음 수세 후 생리식염수로 봉입하여 검경하면 exite filter BV(IF 400-450 nm)를 사용하여 형광현미경으로 검경하면, DNA는 밝은 녹색, RNA는 오렌지-적색을 발한다. 검은 봉입체가 녹색을 발하는 비대 핵 속에 관찰됨으로 쉽게 식별할 수 있는데, 이 때 미감염의 핵은 소형의 녹색이며, 다른 세포 성분들은 검게 염색된다. 발병이 의심스럽지만 확인이 곤란할 경우에는 밀식된 스트레스 조건에서 10-60일간 사육하면서 정기적으로 스탬프표본 또는 변의 압인표본을 검경함으로서 진단할 수 있다. 또한 사육수에 니켈과 같은 간췌장에 독성을 유발하는 물질을 1-2 mg/ℓ 첨가하여 사육하면 발병을 촉진시킬 수 있다.

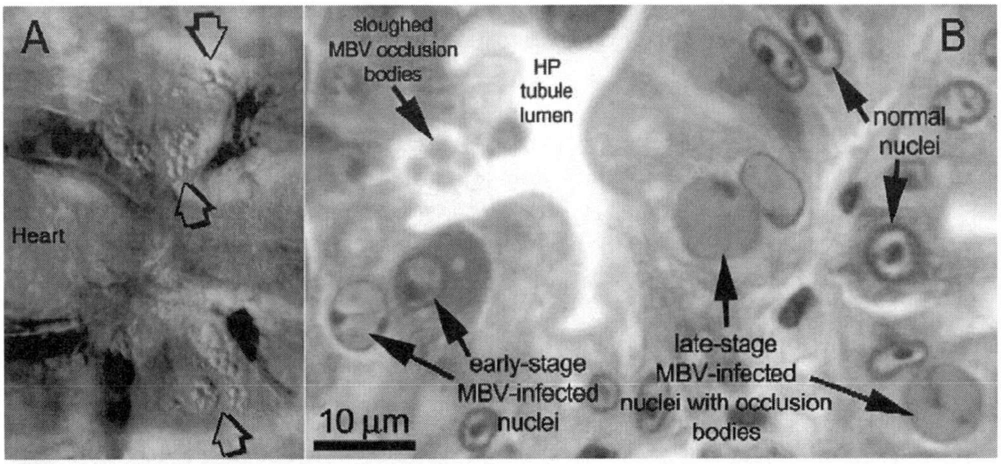

그림 1-18 A: post larvae의 간췌장의 squash표본의 무염색 400배 검경상으로 핵 내에 봉입체가 관찰된다. B: 간췌장의 병리조직 사진으로 감염 세포의 핵은 호산성으로 비대되며, 때로는 관공내로 봉입체가 떨어져 나와 있다. 관공내로 떨어져 나온 봉입체를 다른 새우가 섭취하면 수평감염이 성립하게 된다.

PCR진단법은 nested PCR이 가장 감도가 좋은데, 533bp와 361bp의 산물이 얻어진다. Nested PCR에 사용하는 primer sets는 1st의 forward: 5'-CGA TTC CAT ATC GGC CGA ATA-3′, backward: 5′-TTG GCA TGC ACT CCC TGA GAT-3′와 2nd의 forward: 5′-TCC AAT CGC GTC TGC GAT ACT-3′, backward: 5′-CGC TAA TGG GGC ACA AGT CTC-3′이다. 한편 MBV바이러스는 멸균 해수로 난 세척을 하거나 또는 nauplius단계부터 깨끗한 해수로 사육하면, 사육계에서 쉽게 제거시킬 수 있어 발병을 예방할 수 있다.

병리 조직학적으로도 간췌장이나 중장의 앞쪽부분의 상피세포의 비대핵 내에 1-여러 개의 난원형 호산성봉입체가 관찰된다. 감염의 초기에는 이러한 봉입체의 관찰이 불가능할 경우도 있지만, 핵의 염색질이 감소하고 핵은 비대화되어 편재되며, 핵이 도장을 찍은 것과 유사한 형상을 하고 있다.

MBV의 예방 대책으로 아래와 같은 일정으로 난 또는 유생을 세척 또는 소독함으로서 발병을 현저히 감소시킬 수 있다. 즉 플랑크톤 망목에 수정난 또는 부화된 노우플리우스 유생을 수집한 다음 유수에 1-2분간 세척하고 포르말린 300ppm에 30초, 요오드액 50ppm에 30초간 담군 다음 유수로 1-2분 세척한 다음 부화조 또는 사육조로 옮겨 부화 또는 사육한다. 이때에 수정란을 대상으로 세척 소독하는 것보다는 노우플리우스를 세척 소독하는 것이 보다 효과적이다. 왜냐하면 노우플리우스는 수집하기가 용이할 뿐만 아니라 포르말린에 대한 저항성이 수정난보다 강하기 때문이다.

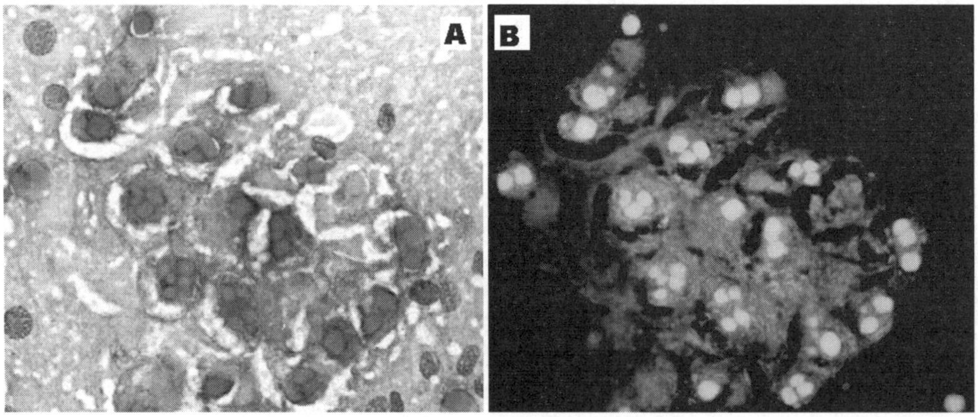

그림 1-19 10%포르말린액을 이용한 간췌장의 도말표본의 HE염색상. A: 보통의 HE염색상으로 비대 핵은 호산성인 적색으로 염색된다. B: 같은 도말표본을 phloxine색소 함유 eosin으로 염색하여 형광현미경으로 검경한 것으로 형광을 발하는 봉입체를 관찰할 수 있다.

(6) BMNV(=baculoviral midgut gland necrosis virus)

우리나라 및 일본에서 양식되고 있는 보리새우에 감염이 확인된 것으로 호주나 중국에서 양식되고 있는 홍다리얼룩새우에도 빈번히 감염되는 질병이다. 서해안에서 양식되고 있는 대하에서 발생한 예는 없지만, 실험적으로는 감염된다. 원인 병원체는 DNA바이러스 속에 속하는 버큘로바이러스(Baculovirus)의 일종이며, 바이러스 입자의 크기는 72 nm x 310 nm이며, 막대기 모양을 하고 있다.

종묘생산기에 많이 발생되는 질병으로 조에아 전기와 마이시스기에 처음으로 발생하지만, 주로 체장 6-9 mm전후의 포스트라바기에 감염되며 누적 사망율이 98%가까이 된다.

체장이 10 mm이상 되면 감염율도 낮고 폐사율 또한 낮아진다. 병든 새우는 외부 자극에 대한 반응이 미약하고 유영이 활발하지 못하다. 이 병의 가장 특징적인 외부 증상은 중장선이 백탁되는 것으로 건강한 새우의 중장선은 탄력이 있어 쉽게 떼어낼 수 있지만, 이 병에 걸린 새우의 중장선은 흰색을 띄면서 물렁물렁하기 때문에 떼어내기 어렵다. 한편 홍다리얼룩새우도 postlarvae기에 가장 많이 발생하고 있다. Larvae나 postlarvae기에 나타나는 이 병의 초기 증상으로 간췌장(중장선)이 희게 되는데, 병이 진행됨에 따라 점차 백변이 명확하여 진다. 체장 6-9 mm의 것들에서는 수조의 표면에 힘없이 부유하고 있기 때문에 복절 전체의 중장선이 백탁되어 있음으로 쉽게 발견할 수 있다. 양식지의 표면에 새우가 떠오르면서 갑자기 사망률이 높아지면 이 병을 의심할 수 있다. 표면에 떠 있는 새우를 잡아 관찰하면, 원인 바이러스가 중장선 또는 장의 상피세포의 핵 속에 침입하여 증식하기 때문에 핵이 매우 커져 있고, 비대 핵의 세포는 시간이 경과하면 붕괴되기 때문에 감염된 상피 세포도 괴사되어 중장선의 가운데로 떨어져 나오기 때문에 겉으로 보기에 중장선이 희게 보임으로 쉽게 확인할 수 있다. 정확한 진단을 위해서는 중장선을 떼어내어 슬라이드 글라스 위에 올려놓고 커버 글라스로 눌린 다음, 커버 글라스를 들어내고 메탄올에 10분간 고정한 후, 헤마톡시린-에오진 염색을 하면 세포질은 파괴되어 모양을 확인할 수 없지만, 핵의 크기가 10-30 ㎛ 정도로 매우 커져 있으며 적색으로 염색된다.

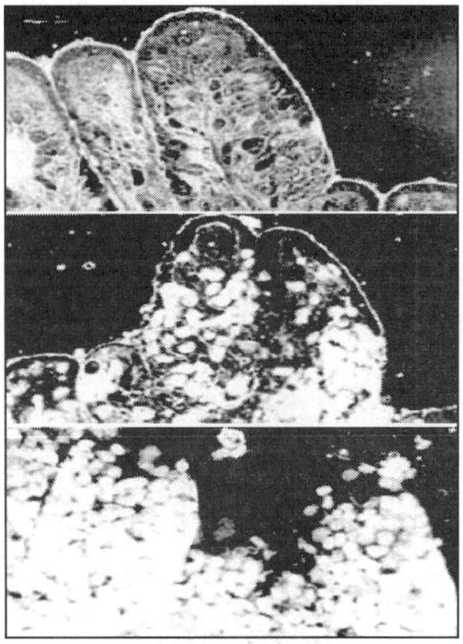

그림 1-20 새우의 중장선의 암시야 관찰. 제일위의 그림은 정상 새우의 중장선.

또 슬라이드 글라스 위에 해수를 1-2 방울 떨어 뜰이고, 그 속에 떼어낸 중장선을 놓고 커버 글라스를 얹고 서서히 눌리면서 커버 글라스 옆으로 빠져나오는 해수를 여과지로 흡수한 다음 현미경의 암시야로 관찰하면, 정상 새우의 중장선은 핵이 불분명하지만, 병든 새우의 중장선의 핵은 흰색의 원형 또는 타원형으로 매우 크다.

병리 조직학적으로는 중장선의 상피세포의 핵이 호산성 또는 약한 호염기성을 나타내는 불규칙한 형태의 봉입체로 충만된 비대 핵이 관찰된다. 비대한 핵은 편재되거나 납작하게 변화되며 염색질은 거의 소실되고 핵막과염상이 나타난다.

간편한 진단법으로는 중장의 스탬프표본을 만들어 암시야에서 관찰하면, 핵막의 안쪽에 수직으로 배열하고 있거나 핵 내에 흩어져서 존재하는 길이가 1 ㎛정도인 막대 모양의 입자가 관찰되어지며, 김자염색 표본은 중장선 상피세포의 핵이 비대되어 있음을 알 수 있다. 이러한 것들의 중장선의 스탬프표본을 그람염색을 하면 그람음성균이 무수히 관찰된다.

예방책으로는 종묘 생산할 때 어미 새우로부터 채란한 난 표면에 부착한 원인 바이러스가 난에 감염되어 발병됨으로, 발병을 방지하기 위해서는 난을 세척하는 것이 발생을 방지하는 최선의 방법이다.

일본에서는 수정난을 세척하는 방법을 도입함으로서 이 병의 발생을 현저하게 감소시키는 예방수단을 개발하였다. 즉 산란조에 수용한 모하가 야간에 산란을 하면 모하를 꺼집어내고 산소공급을 중단하면 난이 가라앉게 된다. 이 때 난의 위층에 있는 해수를 버리고 바닥에 갈아 앉은 난에 완만한 유속으로 새로운 해수를 공급하면서 수도관을 바깥쪽에 100 ㎛망목 안쪽에 300 ㎛의 망목의 이중망 속으로 연결하여 난 수집 탱크 속에 띄운 망속에 난을 옮긴다. 망목속의 난을 멸균해수를 흘러 보내거나 또는 멸균 해수 속에 넣고 세척수를 바꾸어가면서 여러 번 세척하고 다음 부화조에 옮겨 부화시킨다. 이 때 난의 이동이나 세척에 사용되는 해수의 수온은 부화조의 수온과 같게 유지하여야만 한다.

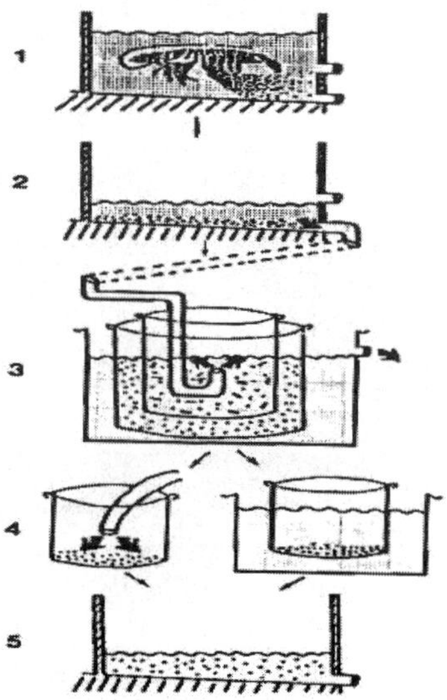

그림 1-21 난 수집과 난 세척 과정의 모식도.

이 병이 발생하였을 때 치료할 수 있는 근본적인

방법은 없다. 그럼으로 병의 확산을 방지하기 위하여 질병이 발생한 종묘는 이동 또는 판매를 삼가하고 전량 수거하여 폐기하여야만 한다. 또한 바이러스에 감염된 양식장은 물을 빼어내고 염소를 5ppm이 되도록 바닥에 골고루 뿌린 후 물을 얕게 보충해서 염소 성분이 저질 깊숙이 스며들도록 소독하거나, 100ppm의 석회를 살포하여 경운한 다음 일광소독하거나, 양어지의 물을 뺀 후 여름철의 햇볕에 3시간 이상 노출시켜 소독한다. 양식에 사용한 기구류는 25ppm의 요오드액, 0.5 % 포르말린액 또는 30% 에탄올을 분부기로 직접 기구에 분무하거나 이 들 용액에 기구를 10분 정도 담궈 소독한 다음 사용하여야만 한다.

(7) WSSV(=white spot syndrome virus), SEMBV(=sytemic ectodermal & meso-dermal baculovirus), RV-PJ(=rod shaped virus of *P. japonicus*), hemHHNBV(=hypodermal & atopoietic necrosis baculovirus)

WSSV는 envelope가 있는 double-stranded DNA(ds DNA)를 가진 virus로 Nimaviridae속의 *Whispovirus* 종으로 분류되었다. WSSV는 우리나라를 비롯하여 중국, 일본, 대만, 동남아시아 및 인도 등지에서 발병되는 질병으로 홍다리얼룩새우 뿐만 아니라 보리새우나 대하에 모두 감염된다.

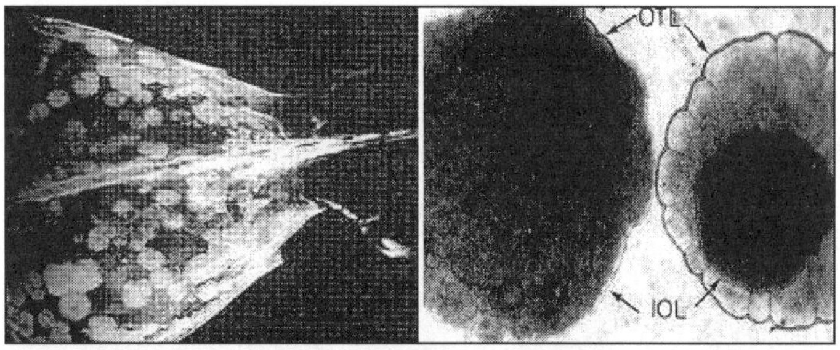

그림 1-22
두흉갑의 백점(좌)과 현미경상(우).
OTL: 외불투명층, IOL: 내투명층.

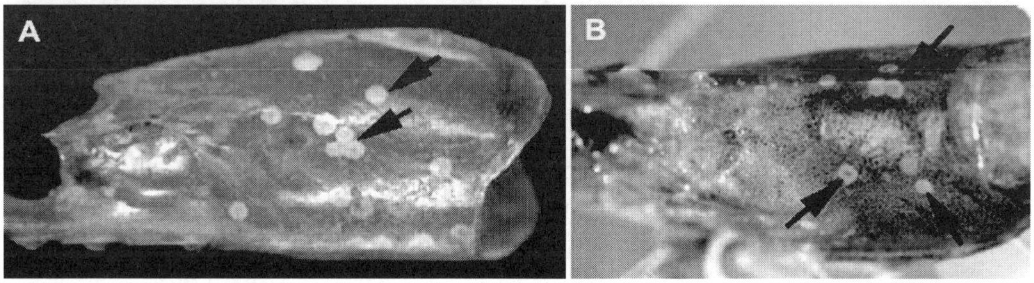

그림 1-23 두흉부의 cuticle내의 흰반점.

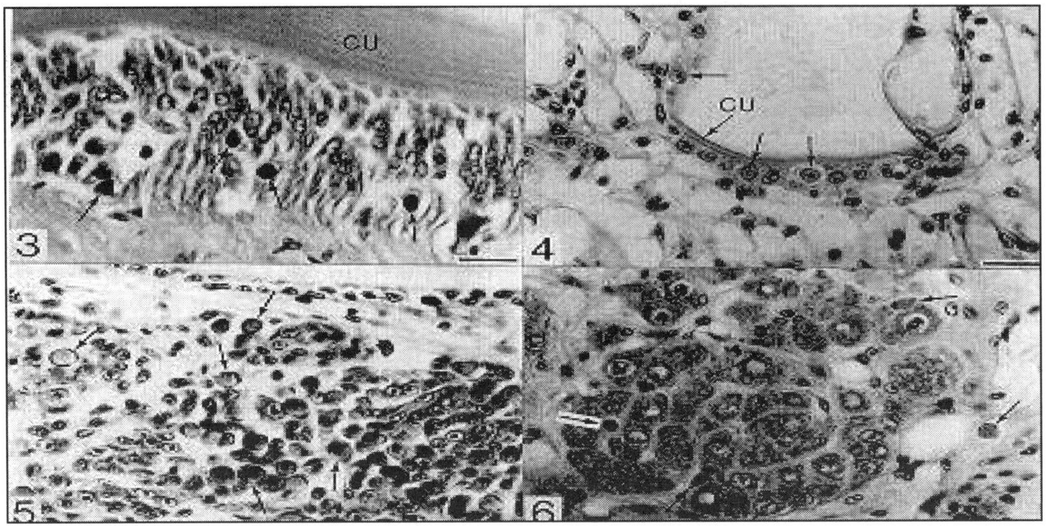

그림 1-24 비대 핵을 가진 변성을 일으키고 있는 조직. 3: 두흉부 외골격 아래의 큐티클성 외피, 4: 아가미의 큐티클성 외피, 5: 조혈조직의 조혈 간세포, 6: 뇌의 galial cell. CU: 큐티클

감염된 새우는 식욕이 급격히 저하되어 먹이를 먹지 않음으로 활력이 없어지고, 주간에도 잠복하지 않으며 두흉갑과 액각의 안쪽에 직경 0.5-2.0 ㎜의 백점이 형성되는 것이 특징이다, 이 백점은 큐티클의 외피에 칼슘염이 침착되어 생긴 것이다. 이러한 백점도 급성의 경우에는 관찰하기 힘들며, 아급성 또는 회복중인 경우에만 형성된다. 그러나 백색 반점이 생겼다고 하여 모두가 WSSV인 것은 아니고, 세균병인 *Vibrio*병에서도 흰 반점이 형성된다. 그러나 세균과 바이러스에 대한 숙주의 반응은 근본적으로 다르기 때문에 흰 반점의 특징적인 병리상을 확인하면 된다.

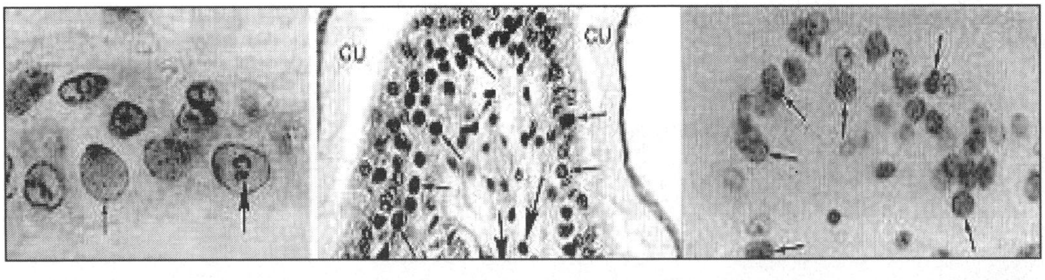

그림 1-25 좌: 위의 상피세포의 비대 핵. 비대 핵은 헤마톡시린에 균등하게 염색되며(소형 화살표). 핵의 중앙에 입자모양의 과립물질(굵은 화살), HE. 중: 위 상피세포의 비대 핵(소형 화살표)과 아래쪽 결합조직의 핵 비대(굵은 화살), HE. 우: Feugel에 균등하게 강한 양성반응을 나타내는 비대 핵. CU: 큐티클.

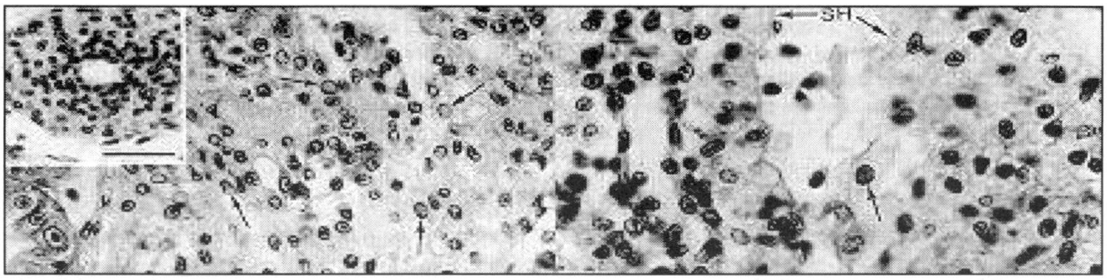

그림 1-26 재감염시킨 새우의 림프기관. 초(sheath)는 심하게 붕괴되어 있지만 비대 핵(화살표)은 위의 상피세포의 핵 비대만큼 현저하지는 않다. 삽입 그림: 정상 림프기관의 조직상.

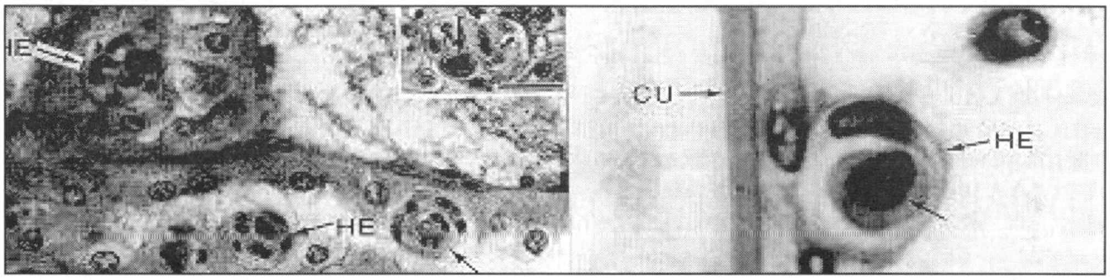

그림 1-27 좌: 혈구에 피포당하고 있는 액각선의 변성 괴사세포(화살표)와 혈구 내의 비대 핵(삽입). 아가미에서의 혈구에 의한 비대 핵의 피포(encapsulation). CU: 큐티클, HE: 혈구.

이 백점을 현미경으로 검경하면 국화꽃과 같은 형상을 하고 있으며, 외골격표면의 엷은 투명층과 그 바로 밑의 외골격의 두꺼운 불투명층으로 되어 있다. 대부분의 경우 불투명층이 투명층보다 약간 작은 편이며 두 층이 거의 동심원적 배열을 하고 있다. 때로는 불투명층의 일부가 투명층의 바깥으로 나와 있는 경우도 있으며, 전혀 불투명층이 없는 경우도 있어 백점의 구조는 일정하다고 할 수 없다. 그러나 세균성 흰 반점에 비해 흰반점 바이러스병의 흰 반점은 반점의 윤곽이 명확하기 때문에 관찰한 흰 반점의 윤곽을 세심히 관찰하면 바이러스성인지 세균성인지 구분할 수 있다.

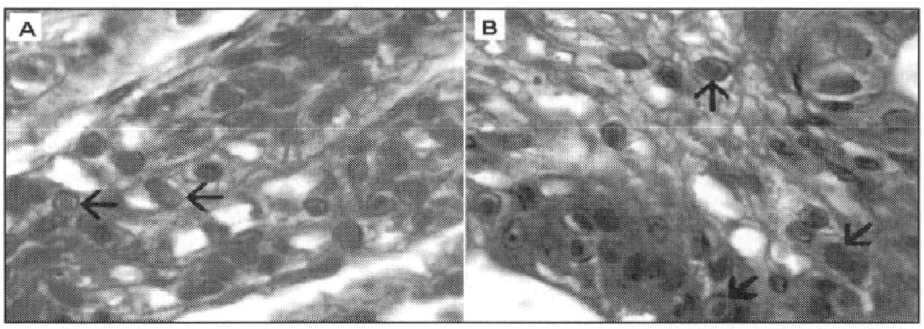

그림 1-28 A: 대하의 아가미의 세포에 완전히 성숙된 핵 내에 봉입체가 형성되어 있다. B: 대하의 위의 상피 세포와 상피세포 아래의 결합조직 내의 세포에 핵 내 봉입체가 형성되어 있다.

빈사상태에 있는 새우는 큐티클의 색소포가 확산됨으로 체색이 핑크 또는 적갈색을 띄게 됨으로 어민들은 “red disease”라 불러왔다. 이러한 체색의 적변은 급성인 경우에 특징적으로 나타나는 경향이다. 발병되면 3-10일 이내에 100%사망하는 경우도 있어, 그 피해는 상상을 초월하고 있다. 감염이 의심스러운 새우의 아가미나 위의 압인표본 또는 스탬프표본을 만들어 염색 후 검경하면 핵의 비대화와 공포화를 주 특징으로 하고 있음을 알 수 있다. 이러한 비대 핵 내에는 강한 호산성-약한 호염기성으로 Feugel 양성반응의 핵 내 봉입체를 관찰할 수 있다. 감염 초기의 핵 내 봉입체는 호산성으로 핵의 가운데에 위치하고 있기 때문에 Davidson액에 고정하면 공포로서 나타난다. 또 봉입체는 IHHNV와 매우 유사하지만, IHHNV의 봉입체는 크기가 더 크고 공포가 없으며 약한 호염기성을 나타냄으로 식별할 수 있다. 이러한 핵 내 봉입체는 보통 1개이지만, 때때로 여러 개가 생기는 경우도 있다.

현장에서는 감염이 의심스러운 새우의 아가미, 부속지 또는 위를 잘라내어 슬라이드글라스위에 압인표본을 만들어 메탄올에 약한 불로 가열하면서 6분간 고정하고 김자액으로 1-5분간 염색한 다음 검경하면 정상 핵은 염색사와 핵인을 가지고 있지만, 감염세포의 핵은 비대화되어지고 핵 속에 1개의 호산성-청색을 띄는 봉입체가 관찰된다.

병리 조직학적으로 외배엽과 중배엽성 조직의 핵 비대를 특징으로 하고 있기 때문에 진단에 가장 좋은 시료는 큐티클성의 외피이다. 또 병리조직 표본에서는 소화관인 위의 큐티클하부의 상피로서 핵이 비대화되기 때문에 세포질은 거의 없어지고, 비대화된 핵 내에 호염기성의 봉입체 관찰되는 것이 이 병의 특징이다. 감염 초기에 핵은 약간 비대화되며 염색질은 핵막의 주변에만 보이고 핵의 중앙부에는 호산성의 적색으로 염색되는 봉입체가 위치하는데, 봉입체와 핵막의 사이에 밝은 부분이 존재하는 Cowdry A형의 봉입체가 형성된다.

표 1-1 흰반점 바이러스 검출을 위해 사용되어지는 primer의 종류

Method (reference)	Primer sequences (5′→3′)	Nucleotide numbers (ORF)*	Product size (bp)
Real-time PCR	WSSV1: 5′CCGACGCCAAGGGAAACT3′ WSSV2: 5′TTCAGATTCGTTACCGTTTCCA3′	259851–259867 259906–259927	77
	TaqMan probe: FAM-5′CGCTTCAGCCATGCCAGCCG3′-TAMRA	259870–259889	
1N-PCR	Unknown**	Unknown**	333, 630 and 848
2N-PCR-I	pms146F1: 5′ACTACTAACTTCAGCCTATCTAG3′ pms146R1: 5′TAATGCGGGTGTAATGTTCTTACGA3′	259206–259229 260629–260653	1447
	pms146F2: 5′GTAACTGCCCCTTCCATCTCCA3′ pms146R2: 5′TACGGCAGCTGCTGCACCTTGT3′	259457–259479 260376–260398	941
2N-PCR-II	pmsP1: 5′ATCATGGCTGCTTCACAGAC3′ pmsP2: 5′GGCTGGAGAGGACAAGACAT3′	198862–198881 209824–209843	982
	pmsP3: 5′TCTTCATCAGATGCTACTGC3′ pmsP4: 5′TAACGCTATCCAGTATCACG3′	198012–198031 198563–198581	570
One-step PCR	Unknown**	Unknown**	232

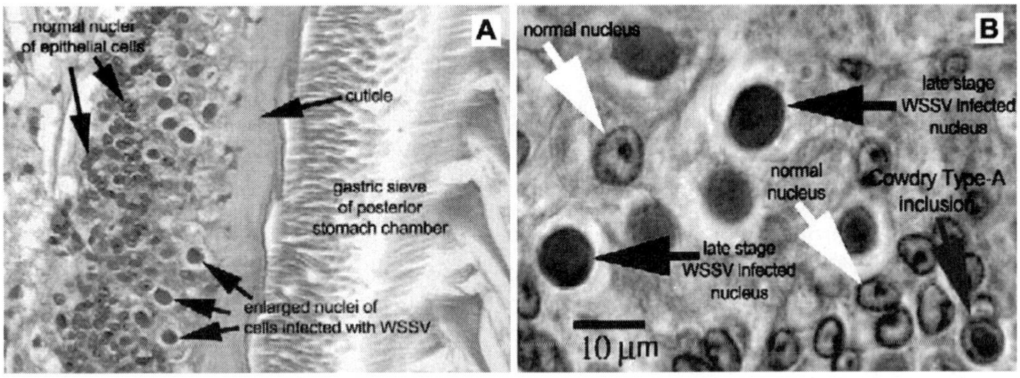

그림 1-29 흰반점 바이러스 감염 새우의 병리조직상. A: 소화관(위)의 상피세포의 큐티클 하부의 상피세포에 많은 특징적인 봉입체가 형성되어 있다. B: 특징적인 Cowdry A type의 봉입체.

One-step PCR의 primer로서 136198F(5′-GTA CGG CAA TAC TGG AGG T-3′)와 136429R(5′-CT TGT CCA TCT TAC ACA TCT CC-3′)로 반응조건은 95℃ 5min의 initial denaturation후 40cycle(95℃ 30sec, 60℃ 30 sec, 72℃ 30 sec)과 최종 신장 72℃ 7 min으로 산물의 크기는 232bp로서 상업적인 kit도 생산되고 있다. 간이 신속진단법으로는 위 또는 두흉갑 내의 얇은 껍질을 벗겨내어 10% 포르말린액에 고정한 다음, 슬라이드 글라스위에 10% 포르말린액을 떨어 떨이고 그 위에 조직편을 올린 다음 카버글라스를 덮고 눌려서 squash도말표본을 만든다. 여과지를 사용하여 카버글라스 주변의 여분의 수분을 제거한 다음, 암시야 현미경으로 관찰하면 건강한 새우에서는 색소세포를 거의 찾아볼 수 없는 반면 감염 새우는 많은 수의 굴광싱의 비내 핵이 관찰된다.

표 1-2 각 **PCR** 방법별 반응시간과 **cycles**수

Method	Amplification program	Total number of cycles
Real-time PCR	10 min at 95 °C followed by 40 cycles of 15 s at 95 °C, 15 s at 50 °C and 1 min at 60 °C.	40
1N-PCR	First step PCR: 5 cycles of 94 °C for 30 s, 62 °C for 30 s, 72 °C, 30 s; 15 cycles of 94 °C for 15 s, 62 °C for 15 s, 72 °C, 20 s; a final step at 72 °C for 20 s, 20 °C for 30 s. Second step PCR: 25 cycles of 94 °C for 20 s, 72 °C for 20 s followed by 72 °C for 30 s and 20 °for 30 s.	20+25
2N-PCR-I	First step PCR: one cycle at 94 °C for 4 min, 55 °C for 1 min, and 72 °C for 2 min followed by 39 cycles of 94 °C for 1 min, 55 °C for 1 min, and 72 °C for 2 min and a final step at 72 °C for 5 min. Second step PCR: same program with 40 cycles at the amplification step	39+40
2N-PCR-II	First step PCR: one cycle of 93 °C for 7 min followed by 35 cycles of 93 °C for 1 min, 57 °C for 1.50 min, and 72 °C for 1 min and a final extension step of 72 °C for 5 min. Second step PCR: same program with 36 cycles at the amplification step.	36+36
One-step PCR	A pre-denaturing step at 95 °C for 5 min followed by 40 cycles of 95 °C for 30 s, 60 °C for 30 s, and 72 °C for 30 s and a final extension step of 72 °C for 7 min	40

2) RNA바이러스

(1) TSV(=Taura syndrome virus)

주로 미주지역에서 발병되는 질병으로 1992년 중반에 최초 발병한 에쿠아도르의 Taura강 유역의 양식*P. vannamei*에서 발병하였기 때문에 이러한 병명을 사용하고 있다. 병의 특징적인 증상의 하나로 꼬리부분이 붉게 변하기 때문에 "red tail disease"로도 불리고 있으며 누적 사망률은 80-95%정도이다.

TSV는 처음에는 Piconaviridase로 분류되었지만, 그 후에 Dicistoviridae(Bonami, et al, 1997)가 재분류한 single-stranded RNA바이러스인 *Cripavirus*이다. 부화 후 14일 이내에서 40일 사이에 주로 발생함으로 크기는 대개 0.05-5 g 미만의 치하에 발생하는 경향이지만 이것보다 큰 것도 감염될 수도 있으며 모하를 통하여 감염되는 것으로 알려져 있다.

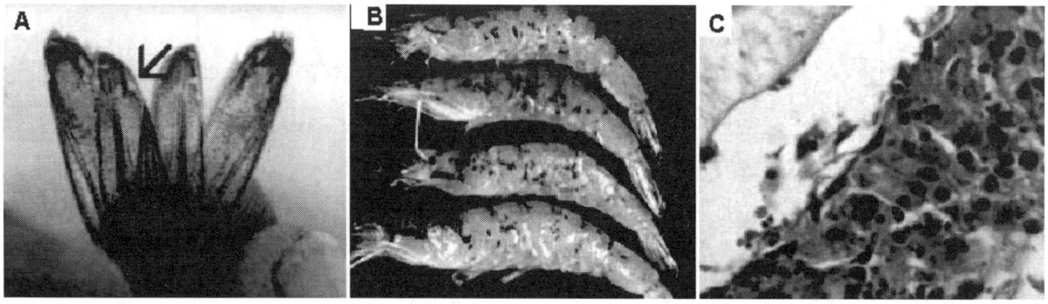

그림 1-30 Taura syndrome virus. A: 병든 새우는 무기력해지며, 미절이 적색으로 변한다. 미절을 확대해보면 끝부분이 괴사되어 불규칙하게 보인다. B: 큐티클 상피가 괴사되고 혈구세포가 침윤함으로 인해 형성된 흑색색소포의 집합체. C: 호산성이 증가된 세포질 내에 타원형의 봉입체가 형성되어 있고 핵은 농축 또는 융해를 일으키고 있다. 이러한 핵은 특징적인 소위 고추모양(peppered)을 하고 있다.

흰다리새우의 TSV의 특징적인 증상은 추정 진단에도 이용할 수 있을 정도로 명확한데, 증상은 2단계로 나뉘어 변화가 생긴다. 첫 단계는 급성의 단계로 꼬리의 끝부분이 붉어지며 그 부분의 상피세포가 괴사되는 것을 육안으로 확인할 수 있으며, 이러한 증상을 나타내는 새우는 거의 대부분이 탈피과정에 죽는다. 그러나 살아남은 새우는 2번째 단계인 회복 단계로 들어가는데, 급성의 괴사가 발생한 부위에 큐티클에 검은색 병소가 생기는 것이 특징이다. 이런 흑색 병소를 가진 새우는 다음 단계의 탈피 과정에 사망하기도 하지만, 성공적으로 탈피하고 살아남게 된다면 검은색의 병소는 탈피와 동시에 사라지고 외견상 건강하게 보인다. 그러나 이처럼 외형상 건강하게 보이는 새우도 바이러스를 보균한 상태임으로 다른 새우에 전염을 유발시킬 수 있다. 이러한 잠복 단계에 있는 새우는 병리 조직학적으로 림프기관의 세포는 타원형의 덩어리를 형성하고 있는데, 다른 질병도 이러한 조직상을 나타낼 수 있기 때문에 이것이 TSV의 진단의 근거는 되지 못한다.

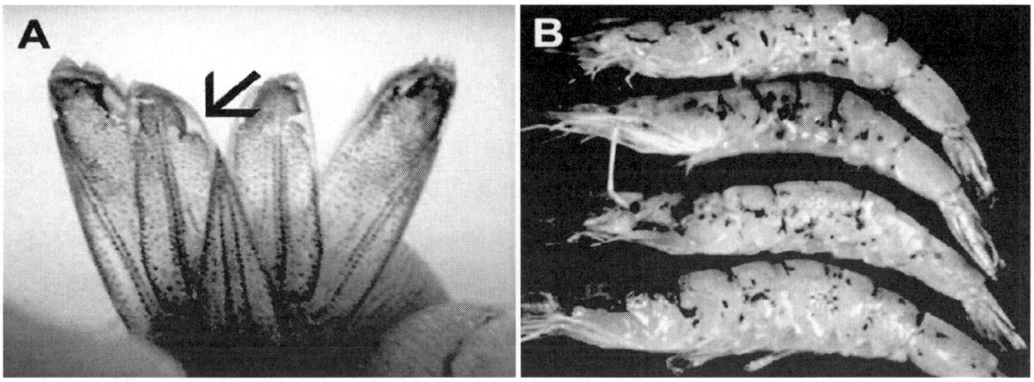

그림 1 31 흰다리 새우의 TSV의 증상. A: 감염 초기의 급성단계의 새우로 꼬리부에 상피세포가 괴사되어 적색으로 변해 있다. B: TSV의 회복단계에서는 큐티클의 상피세포가 괴사된 부분이 흑색 흑색환부로 변하고 탈피 후에 생존한 개체는 이 병소는 없어지지만, 보균상태로 생존하게 됨.

분자생물학적 진단으로 9195F: 5'-TCA ATG AGA GCT TGG TCC-3'와 9992R 5'-TTC GCG CCG ACA GAT GAA-3'을 사용하여 분리된 RNA를 60℃ 30분, 94℃ 30분 반응시켜 cDNA를 합성한 다음 40사이클(94℃ 45 sec: 60℃ 45 sec: 60℃ 45 sec)과 최종 신장은 60℃ 7분한 다음의 산물은 231bp이다.

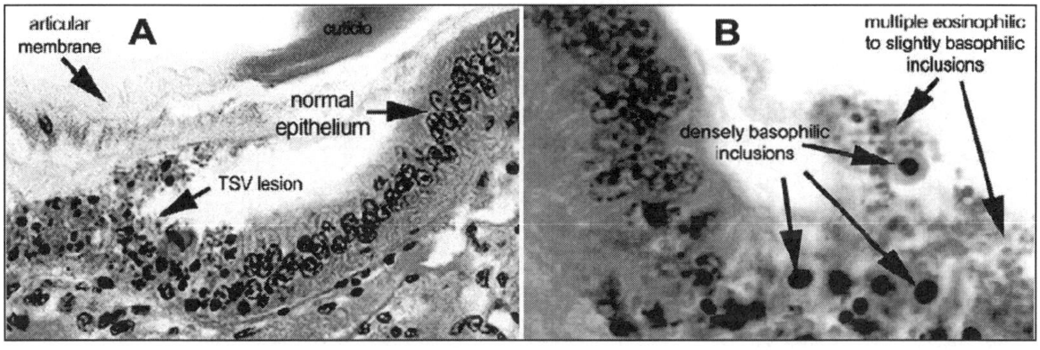

그림 1-32 흰다리새우에서 급성단계의 TSV의 병리조직상. A: 타원형의 세포질 내의 봉입체는 초기에는 호산성에서 약 호염기성을 나타내지만, 후기에는 강호염기성으로 변한다.

TSV의 진단을 위해서는 급성의 경우에는 미절이나 유영지를 잘라내어 현미경으로 검경하면 바깥쪽의 키틴질의 상피세포가 괴사되어 있는 것을 알 수 있다. 병리 조직학적으로는 급성인 경우 외배엽성 및 중배엽성의 체표, 부속지, 아가미, 인두, 후장 및 위의 상피세포에 많은 괴사소가 형성되는 것이 일반적이며, 때로는 표피 밑의 결합조직이나 근육층에 괴사소가 형성되기도 한다. 감염세포는 세포질의 호산성이 증가하며 진한 적색으로 염색된다. 핵은 핵농축 또는 핵붕괴를 일으키고 있다. 세포질 속에는 호산성에서 약한 호염기성을 띄는 크기 1-20 ㎛정도 크기의 타원형의 봉입체가 관찰되는데, Feulgen반응에 양성반응을 나타낸다. 이러한 핵농축 또는 핵 붕괴로 인해 고추모양을 한 핵과 세포질속의 타원형의 봉입체 형성, 괴사소 주변에 붕괴된 세포내의 구조물이 흩어져서 존재하지만, 혈구의 침윤이 거의 없다는 것이 급성 TSV의 특징적인 병리상이라 할 수 있다.

진행 단계에 있는 것은 세균성 갑각병과 아주 유사하게 갑각에 부식 병소와 그 주변에 *Vibrio*균이 침입한 경우와 유사하게 괴사소에 혈구세포가 침윤하여 갑각에 멜라닌의 모인 흑색 반점이 만들어진다. 만성인 경우에는 단지 림프기관의 관공 내에 타원형의 구조물이 확인되는 될 뿐 다른 조직에는 별다른 이상을 발견할 수 없다. 그럼으로 이 병은 체색의 변화, 혈구의 침윤 및 림프기관의 변화를 질병의 진행 상태를 파악할 수 있는 기준으로 활용할 수 있다.

(2) YHV (=yellow head virus)

먹이 섭취가 양호하던 새우가 갑자기 먹이 섭취량이 줄어들면서 2-4일내에 폐사하기 시작하는데 3-5일 이내에 100%사망하는 경우도 있다.

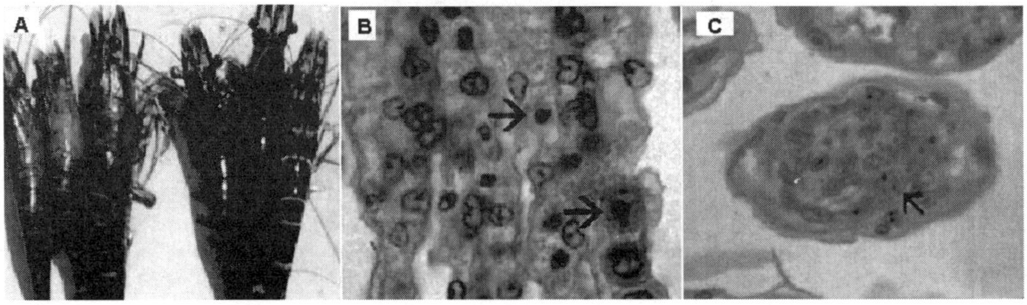

그림 1-33 A: 좌측의 병든 새우와 오른쪽의 정상 개체. B: 세포질의 호염기성이 증가되고 타원형으로 변한 세포의 핵은 농축되거나 융해되어 있다.

감염 새우의 외부 증상이 특징적으로 두흉부가 노란색으로 변색되고, 빈사 상태에 있는 새우는 특히 아가미와 간췌장이 엷게 퇴색되기 때문에 이런 병명을 사용하게 되었다.

병든 새우 전체 또는 아가미를 절취하여 Davidson액에 하루 밤 고정한다. 고정액을 세척하기 위하여 흐르는 물에 수세하고, Mayer HE염색한 다음 xylene에 투명화한다.

해부현미경으로 관찰하면서 바늘을 이용하여 2차 새변을 떼어낸 다음 다른 슬라이드글라스위의 xylene에 옮긴 다음 봉입액을 떨어 뜰이고 커버글라스를 덮어 가볍게 눌러 새변이 펴지게 한 다음 현미경으로 관찰하면, 진하게 호염기성으로 염색되는 타원형의 세포질 내 봉입체를 발견할 수 있다. 또는 혈림프의 도말 표본을 만드는 방법으로 25%포르말린 또는 변형 Davidson액(빙초산을 물 또는 포르말린으로 대체한 용액)을 주사기에 혈림프 양의 2배 정도 넣고 채혈한 다음 잘 혼합한다. 그 후 바늘을 제거하고 슬라이드글라스에 한 방울 적하시키고 도말표본을 만들어 자연 건조시키고, HE 또는 Giemsa염색한 후 검경하면 핵농축 또는 핵융해를 일으킨 혈구를 많이 발견할 수 있다. 이 때 중요한 것은 세균도 혈구에 핵농축과 핵융해를 유발시킬 수 있기 때문에 세균이 존재하지 않는다는 것을 확인하여야만 한다. 혈구 도말표본을 이용할 경우에는 감염 초기에는 사용가능하지만, 감염 후기에는 혈구에서 바이러스가 발견할 수 없기 때문에 사용할 수 없는 방법이다. 보다 정확한 방법은 아가미의 병리조직표본을 만들어 검경하면 호염기성 봉입체를 쉽게 발견할 수 있다.

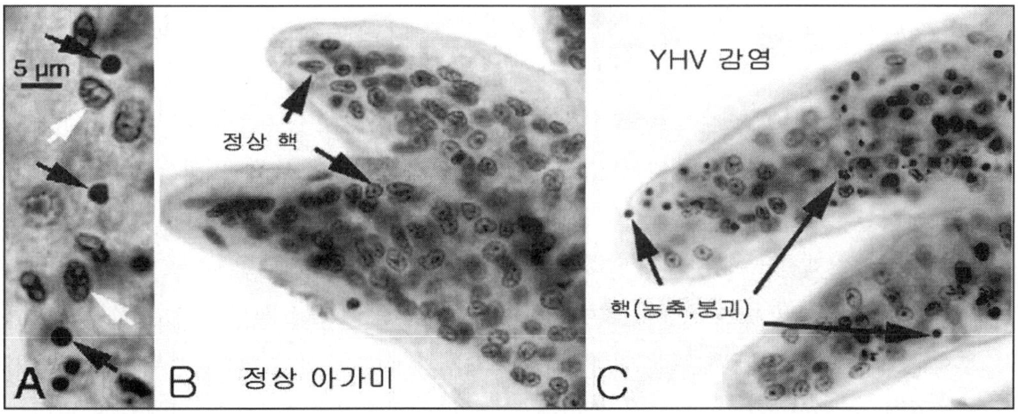

그림 1-34 YHV에 감염된 아가미. A: 파라핀 조직 절편, B와 C: 정상 개체와 감염 개체의 아가미를 3시간 고정한 다음 염색한 표본. 호염기성 봉입체가 들어있는 감염 세포(검은 화살표)는 정상 세포(흰 화살표)에 비해 크기가 작고, 염색질이 확산되어져 염색되는 것으로 식별 가능하다.

*Okavirus*에 속하는 원인바이러스는 분자 생물학적으로는 RT-PCR을 사용하는데, 아가미와 혈림프에서 RNA를 분리하여 이 때 사용하는 primer는 5'-CCG CTA ATT TCA AAA ACT ACG-3'와 5'-CT TCC TCG ACA TAA CAC CTT-3'로 40사이클(94℃ 30sec: 58℃ 30sec: 72℃ 30sec)의 증폭과 최종 신장 72℃ 10 min결과의 산물은 135bp이다. 한편 시료를 10배량의 보존액(무수 알콜 80 mℓ, glycerol 20 mℓ, mercapto-ethanol 0.25 mℓ를 혼합)에 넣은 다음 실온에서 보관한 후 DNA 또는 RNA를 분리하는데 이용할 수 있다.

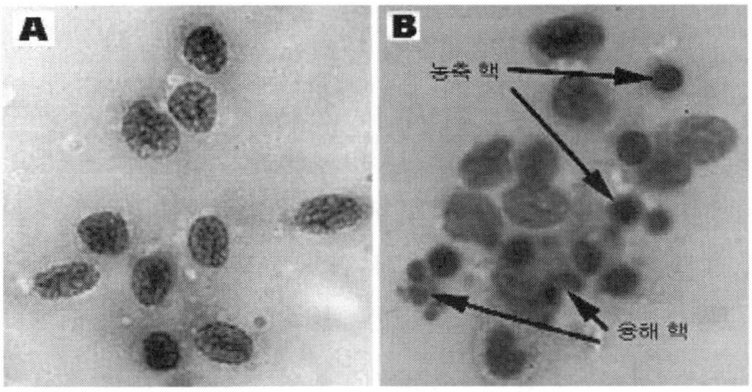

그림 1-35
YHV감염 새우의 혈액 도말표본의 염색상. A: 정상 새우의 혈액. B: 감염 새우의 혈액은 핵농축 및 붕괴 등의 핵의 변화가 현저함.

(3) IMNV (=infectious myonecrosis virus)

주로 흰다리새우의 중하 및 성체에 감염되어 폐사를 유발하는 바이러스성 질병이지만, *P. monodon*과 *P. stylinrostiris*에도 감염된다. 원인 바이러스는 RNA바이러스의 Totivirus에 속하는 바이러스로, 급성으로 진행될 때는 전형적인 근육 괴사 증상을 나타내며 사망률도 높지만, 만성으로 진행될 때는 사망률이 낮은 편이다. 병명에서 알 수 있듯이 전형적인 증상은 근육의 괴사로서 복절의 근육 특히 뒷부분이 괴사되어 백탁되는 것이 특징적인 증상으로, 미절이 백탁되는 경우는 꼬리의 끝부분이 붉어지기도 한다.

병리 조직학적으로는 복절부의 근육뿐만 아니라 두흉부, 보각 및 유영지의 근육의 근섬유에 응고괴사가 발생하며, 때로 근섬유 사이의 심한 수종이 동반하기도 한다. 응고괴사 부위는 점차 액화 괴사로 이행되면서 혈구세포가 침윤하게 된다. 환부는 시간이 경과하면 침윤한 혈구와 괴사된 근섬유 사이에는 섬유세포와 결합조직으로 대체되게 된다. 근육 세포, 혈구 및 결합조직 세포의 세포질 내에 호염기성의 봉입체가 발견되기도 한다.

근섬유 이외에 림프기관에 림프기관구상체(lymphoid organ spheroids)가 축적되기 때문에 림프기관이 비대하는 것도 급성 또는 만성 감염의 일관된 병리상이지만, 이 병만의 특징적인 조직상이라고는 할 수 없다.

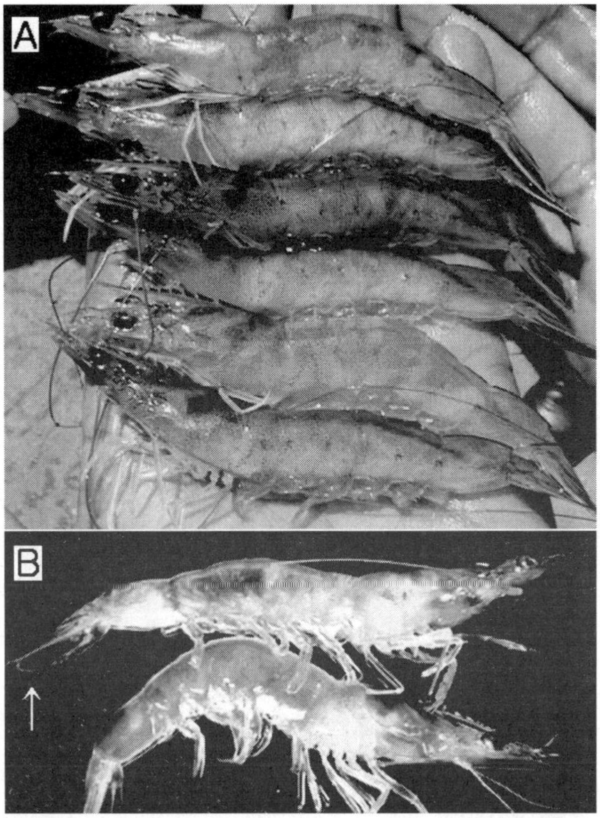

그림 1-36 IMNV감염 흰다리새우. 체측부 근육이 괴사되어 불투명하지며 백탁되며, 미절의 끝부분이 적변하기도 한다.

진단은 nested RT-PCR로서 가능한데, 첫 번째 primer set인 IMNV-F (5′-CGA CGC TGC TAA CCA TAC AA-3′)와 IMNV-R (5′-ACT CGG CTG TTC GAT CAA GT-3′)와 2번째 primer set인 IMNV-NF (5′-GGC ACA TGC TCA GAG ACA-3′)와 IMNV-NR (5′-AGC GCT TGA GTC CAG TCT TG-3′)를 사용하여 각각 328bp와 139bp를 증폭시킨다. 감염 새우의 근육, 꼬리 또는 유영지를 시료로 하여 분리한 RNA는 3분간 끓이면 double stranded RNA가 풀려서 primer의 부착을 용이하게 함으로서 감도를 높일 수 있기 때문에 PCR반응 전에 항상 끓여서 사용하는 것이 좋다. 첫 번째 PCR의 조건은 60℃ 30분, 95℃ 2분 반응 후 39사이클(95℃ 45 sec; 60℃ 45sec)후 60℃ 7분간 반응시킨다. 2번째 PCR은 95℃ 2분간 반응시킨 후 39사이클(95℃ 30sec; 65℃ 30sec, 72℃ 30sec)후 72℃ 2분산 final extension시킨다.

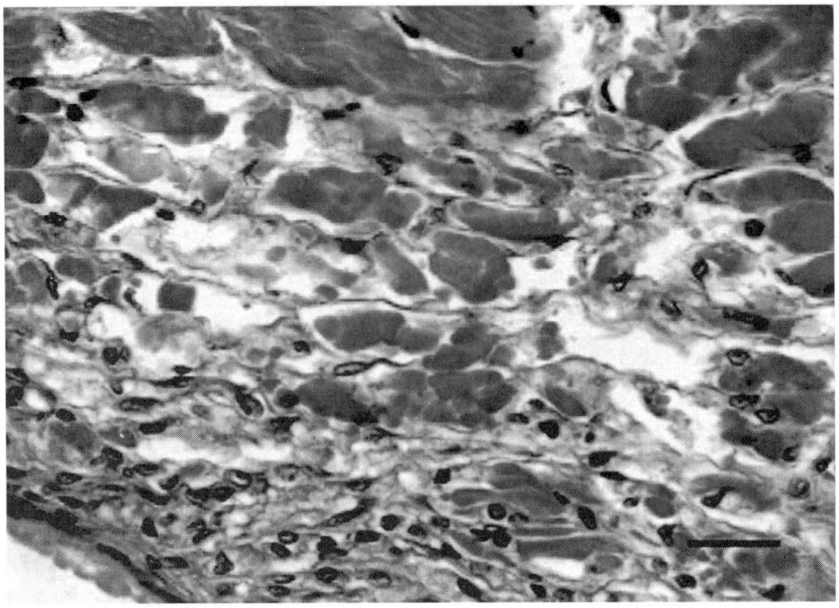

그림 1-37 흰다리새우의 복절근의 부종을 동반한 응고 괴사. HE. Bar=50 ㎛.

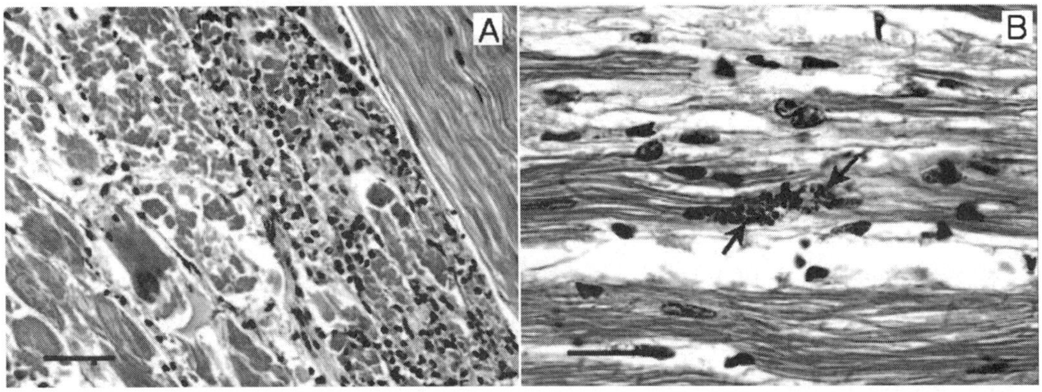

그림 1-38 A: 혈구의 침윤과 섬유화를 동반한 체측근의 응고괴사. 우측 상단부는 정상 조직. B: 근육 섬유의 세포질의 핵의 주변부에 엷은 호염기성 및 강 호염기성의 봉입체(화살표). HE. Bar=50 ㎛ (A) 및 20 ㎛ (B).

2. 세균성 질병

1) 보리새우의 비브리오병

수온 18-27℃, 특히 25℃전후의 시기에 발생하는 수가 많으며, 새우의 크기는 1-45 g에 감염되지만 15-25 g의 새우에 많이 걸리는 경향이다. 이 병의 특징적 증상은 새사에 점점으로 생기는 갈색의 반점을 들 수 있다. 또 제 6복절의 근육이 백탁되는 것이 일반적이지만 반듯이 그렇지는 않다. 해부하여 보면 중장선의 앞쪽에 있는 1쌍의 주머니 모양의 림프기관의 백탁과 종창, 그 표면과 심부에 크고 작은 갈색반점이 형성되는 것이 진단상의 중요한 지표가 된다. 병든 새우는 혈액의 응고성이 저하되고 혈구수도 현저하게 감소되며, 혈액 중에 많은 세균을 관찰할 수 있다.

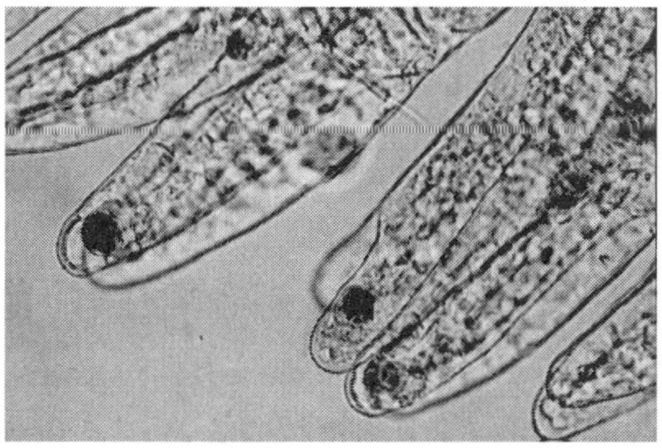

그림 1-39 아가미에 보이는 갈색반점.

그림 1-40 림프기관의 백탁과 반점.

가장 병변이 심한 기관은 림프기관이며, 초조직에 현저한 세균의 증식과 초조직의 완전한 괴사가 생긴다. 세균은 괴사조직 내에 크고 작은 집락으로서 또는 여러 곳에 흩어져 존재하고 있다. 대부분의 초조직은 구성세포가 붕괴되어 그 원형을 찾아 볼 수 없이 녹아 있는 상태이다. 중심의 혈관은 이완 확장되고, 초와 초 사이의 동은 확대되어 조직붕괴물들이 산재되어 있다. 이 때문에 림프조직 전체가 부풀어 올라 보인다. 괴사된 각 조직에는 크고 작은 결절 모양의 것이 관찰되는데, 이것의 중심에 세균의 집락이 있으며, 그것을 둘러쌓고 두꺼운 멜라닌 색소 침착층이 있으며, 이것의 바깥쪽에 편평화된 혈구가 층을 이루고 둘러쌓고 있다. 이 혈구층의 바깥층의 혈구는 괴사되어 있다. 한편 혈구층이 얇아서 거의 멜라닌 덩어리로만 보이는 것도 있다. 이러한 결절 모양은 주변의 조직과는 독립하여 존재하기 때문에 결절이라고 불러도 상관은 없지만, 섬유아세포나 섬유로 둘러싸여 있는 조직상은 전혀 관찰되지 않는다. 이러한 결절은 작은 것은 직경 10 ㎛, 큰 것은 직경 100 ㎛도 넘는 것도 있으며, 육안적으로는 갈색반점으로 보인다. 인위감염을 위해 세균액에 새우를 침지시키면, 초기에는 림프기관에 괴사가 전혀 관찰되지 않는 초조직 내에 결절 모양의 구조물이 만들어지는데, 그 중심부는 세균집락이고 주위를 멜라닌색소를 가진 혈구가, 그 바깥을 다시 편평화된 혈구가 둘러쌓고 있는 것을 볼 수 있다. 이것은 아마 처음에 소수의 세균이 침입하여 증식함에 따라 숙주의 방어기능이 작용하여 결절 모양의 구조물이 만들어지지만, 재차 세균이 침입하여 증식을 계속하게 되면 림프기관은 괴사되게 되는 것으로 생각되어진다.

세균을 둘러쌓고 멜라닌 포함 혈구가 모이게 됨에 따라 생기는 흑점은 심장, 아가미, 근육, 중장선 및 생식선 등 거의 모든 기관에서 볼 수 있으며, 중장선의 맹낭, 생식선의 난소・정소맹낭, 난낭정낭의 바깥쪽 결합조직에도 흑점이 생긴다. 이러한 기관의 실질 조직에는 보통 세균의 침입도 병변도 관찰되지 않지만, 심근이나 제 6복절 근육에는 세균의 집락 형성 때문에 작은 괴사소가 관찰되는 경우도 있다. 그러나 위, 장 안테나선, 신경 및 조혈조직에는 명확한 병변은 관찰되지 않는다.

이러한 것을 종합하여 생각하면, 병원균은 림프기관에 친화성이 매우 강하며 체내에 침입한 균이 혈류를 따라 림프기관에 도달하여 증식하게 됨에 따라 조직을 괴사시키며, 혈액 중에 세균이 많이 관찰되는 것 등으로 보아 림프기관 내에 증식한 세균에 의한 패혈증이 중요한 사인으로 생각되고 있다. 그러나 혈액성상의 급격한 변화(응고력 저하, 혈구수 감소) 등도 사인일 가능성도 있다. 새우의 비브리오병의 원인균은 처음에는 *Vibrio* sp.로 보고되어졌지만, 최근에 *V. penaeicida*로 명명되어졌는데, 이 균은 보리새우 양식장의 상재균으로 외관상 건강한 새우도 대부분 이 균을 보균하고 있기 때문에 환경 악화에 의한 스트레스가 발병을 유발시키는 계기라 생각되고 있다.

2) 보리새우의 *Vibrio nigripulchritudo*감염증

수온 20-30℃의 범위에서 발생하는 "summer syndrome"의 원인균으로 알려진 *Vibrio nigripulchritudo*의 감염에 의한 것으로, 이 수온 범위 내에서는 수온이 높으면 높을수록 폐사율은 높다. 체중 10 g 전후의 보리새우에 감염되며 일간 폐사율은 7%, 누적폐사율은 80%이다.

감염 새우는 행동이 둔해지고, 회전 유영을 하는 외에 사망한 개체에도 뚜렷한 외부 증상은 없다. 그러나 해부현미경으로 아가미를 관찰하면 소형의 갈색 반점이 관찰된다. 심장과 근육을 2%식염 첨가 BHIA 또는 marine agar에 접종하여 25℃에 배양한다. Marine agar에 배양하면 3일 후에 집락의 중앙이 흑색이며 주변 원활한 집락이 발육한다.

분리균은 그람 음성, 단편모에 의한 운동성이 있는 oxidase양성으로 0/129에 감수성을 나타내며, TCBS배지에서는 녹색의 집락이 형성된다. API 20E에서는 바지락의 BRD의 원인균인 *Vibrio tapetis*와 유사한 124605의 profile을 보인다. 그러나 *V. tapetis*는 4℃에서는 자라지만, 30℃에서는 발육하지 않는다. *V. nigripulchritudo*는 20-30℃에서는 발육하지만, 4℃, 15℃ 및 37℃에서는 발육하지 않으며 또한 식염 1%첨가 배지에서는 발육이 불량하다. 이 균은 새우 양식장의 물 또는 저질에서도 쉽게 분리되어지는데, 특히 건조기에도 저질에 수분이 남아 있을 경우 장기간 생존 가능하다. *V. nigripulchritudo*는 암피실린, 아목시실린, 에리스로마이신 및 옥시테트라사이크린에 감수성을 나타낸다.

표 1-3. *Vibrio tapetis*와 *Vibrio nigripulchritudo*의 생물학적 및 생화학적 성상의 비교

Characteristics	*V. nigripulchritudo*	*V. tapetis*	*V. nigripulchritudo*
Salinity range of growth (%)	3–6	1–5	3–5
Temperature range of growth (°C)	20–30	4–22	20–30
O/129 test	S	S	S
Oxidase	+	+	+
β-Galactosidase	+	+	+
Arginine dihydrolase	–	–	–
Lysine decarboxylase	–	–	–
Ornithine decarboxylase	–	–	–
Citrate	+	–	+
H_2S production	–	–	nd
Urease	–	–	–
Tryptophan deaminase	–	–	nd
Indole production	+	+	+
Voges-Proskauer	–	–	–
Gelatinase	+	+	+
D-Glucose	+	+	+
D-Mannitol	–	–	+
Inositol	–	–	+
D-Sorbitol	–	–	+
L-Rhamnose	–	–	–
Sucrose	–	–	–
D-Melibiose	+	–	+
D-Amygdalin	+	+	+
L-Arabinose	–	–	–

병리 조직학적으로는 심장, 뇌, 아가미, 위, 간췌장, 림프기관, 안테나선, 근육 등에서 단간균이 관찰되는데 특히 심장, 결합조직, 혈관과 혈동에서 많은 수의 세균이 관찰된다. 심장과 아가미 표본에서는 지경 20 ㎛정도의 원형 결절상의 구조물이 관찰된다. 림프조직의 간질에는 염증세포의 침윤이 있고, 핵농축과 핵붕괴를 동반한 괴사가 관찰된다. 그러나 세균의 친입에도 불구하고 심장, 아가미 및 림프조지을 제외하고는 숙주의 반응은 그다지 현저하지 않다.

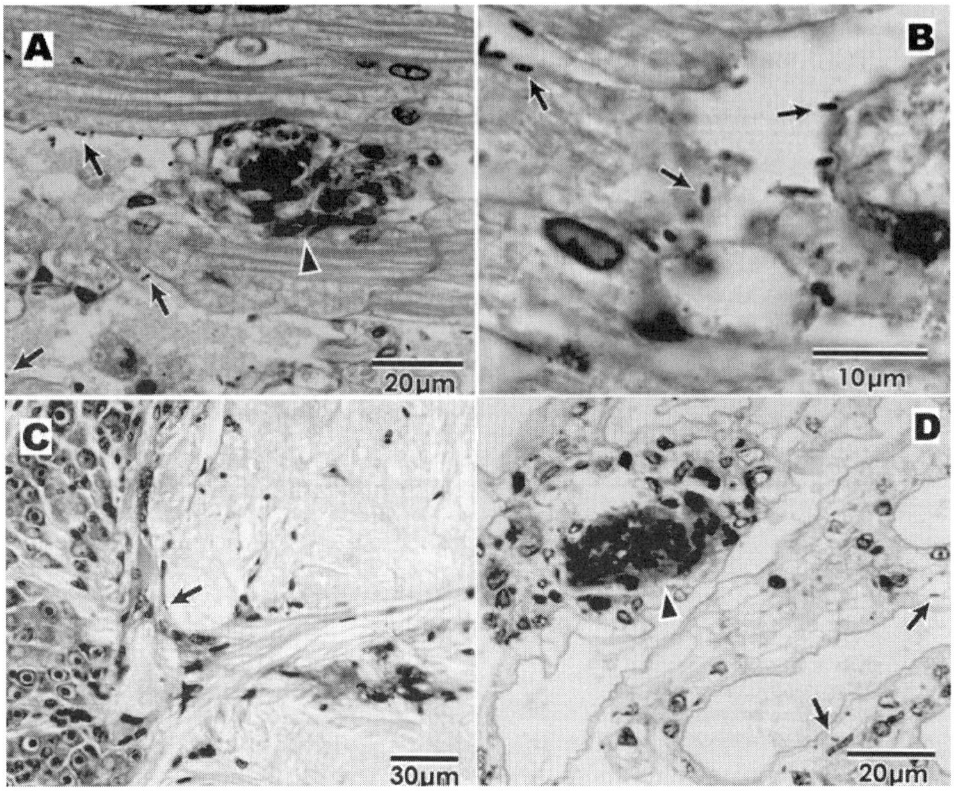

그림 1-41 *V. nigripulchritudo* 감염 보리새우의 병리조직상.
A &B: 심장, C: 뇌, D: 아가미, May-Gr nwald Giemsa염색.

3) 세균성 흰반점병(bacterial white spot syndrome, BWSS)

바이러스성 흰반점병과 유사한 증상을 나타내는 질병으로 홍다리얼룩새우 및 흰다리새우에 발병되고 있다. 바이러스성 흰반점병과 매우 유사하기 때문에 진단을 위하여 흰반점바이러스의 PCR primers를 이용하여 PCR을 실시하여 보면 특이 밴드가 검출되어지지 않는 질병으로, 1993년 이후 아시아와 중남미의 양식 새우에 대량폐사를 일으키는 질병이다.

병든 새우는 갑각 또는 전신에 어두운 백색의 반점이 보이는데, 큐티클을 벗겨내면 더욱 쉽게 발견할 수 있다. 형성된 흰 반점은 원형으로 바이러스성 흰반점병의 반점에 비해 농축되어 있지는 않다. 또 흰 반점을 현미경으로 검경하면 주변이 톱날모양으로 일정하지 못한 이끼 모양의 불투명한 갈색으로 관찰된다. 백점의 중심부는 부식되어 있거나 구멍이 뚫여 있다. 감염 초기의 새우는 건강한 새우와 마찬가지로 활발히 먹이를 섭취하는데 정상적으로 탈피만 이루어지면 흰 반점은 사라지지만, 탈피가 불가능하게 되면 성장이 둔화되면서 폐사가 발생하기 시작한다.

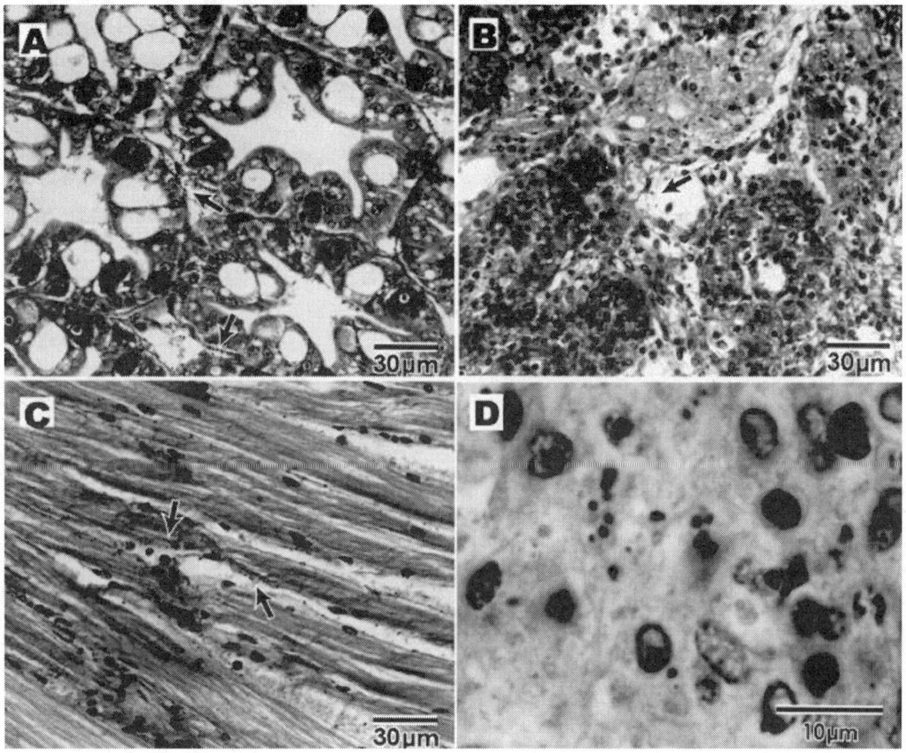

그림 1-42 *V. nigripulchritudo* 감염 보리새우의 병리조직상. A: 간췌장, B: 림프기관, C: 근육, D: 핵농축과 핵붕괴상을 띄는 림프기관. A-C: May-Grunwald Giemsa염색. D: HE.

조건성 병원체 *Bacillus subtilus*가 원인으로 생각되고 있지만, 병든 새우에서는 *Vibrio cholreae*가 분리되어지기도 하며, 또한 높은 pH나 높은 alkalinity를 지닌 물속에서 새우를 양식할 때도 발생하고 있어 아직 까지 정확한 원인은 밝혀지지 않고 있다.

진단을 위해서는 갑장의 흰 반점을 현미경으로 검경하며 특징적인 모양을 확인하면 되지만, 바이러스성 흰 반점이 아님을 증명하기 위해서는 흰반점 바이러스가 검출되지 않아야만 한다. 또 병리 조직학적으로 중배엽성 또는 내배엽성 기관에 흰반점 바이러스의 특징적인 병리상인 핵 내의 봉입체가 확인되지 않으면서 세균이 분리되어진다면 이병으로 추정할 수 있다.

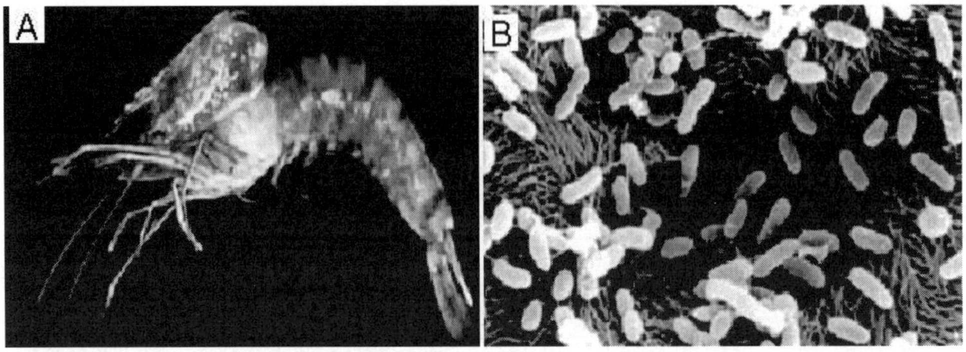

그림 1-43 홍다리얼룩새우의 두흉갑의 흰 반점(A)과 원인균으로 생각되는 *Bacillus subtilus*의 전자현미경상(B).

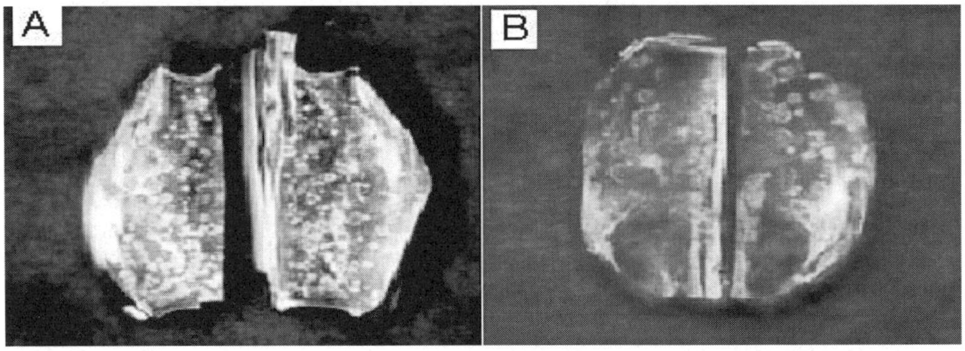

그림 1-44 세균성 흰반점병의 두흉갑의 흰반점. 흰 반점이 바이러스성 흰 반점에 비해 진하지 않고 또한 테두리만 선명하고 반점의 중심부가 점상으로 희게 보인다.

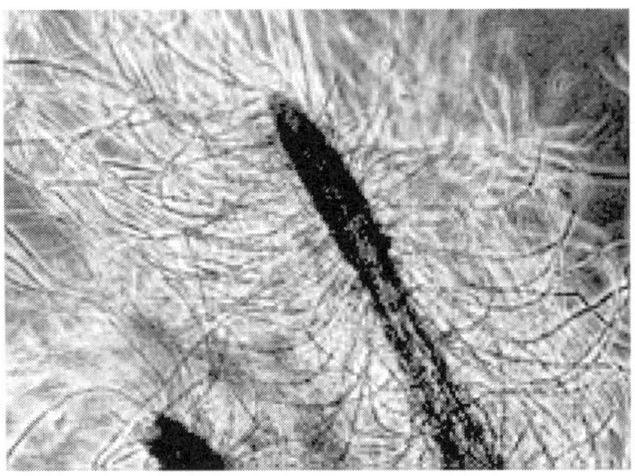

그림 1-45 새우에 감염된 *Leucothrix* sp.

4) 사상균병

사상세균인 류코트릭스(*Leucothrix*), 티오트릭스(*Thiothrix*), 플렉시박터(*Flexibacter*), 사이토파가(*Cytophaga*), 프라보박테리윰(*Flavobacterium*) 등이 아가미 또는 체표에 감염됨으로 호흡, 먹이 섭취, 탈피에 장애를 일으켜 성장이 느려진다. 아가미에 많이 부착하게 되면 호흡장애를 일으켜 죽게 된다. 이 병은 사육밀도가 높은 집약적 양식에서 많이 발생하며 사망률도 높다. 병든 새우의 아가미, 부속지, 체표에서 채취한 시료를 현미경으로 관찰하면 실 모양의 세균을 확인할 수 있다. 포르말린 30ppm 또는 0.5-1ppm에 1일간 약욕시킨다.

5) 괴사성 간췌장염(necrotizing hepatopancreatitis, NHP)

일명 Texas necrotizing hepatopancreatitis(TNHP) 또는 Texas pond mortality syndrome(TPMS), Peru necrotizing hepatopancrteatitis(PNHP)라 불리는 질병으로, 1985년 Texas에서 처음으로 발병하였다. 현재는 중남미의 태평양 및 대서양연안 국가인 브라질, 코스타리카, 멕시코, 페루, 베네쥬엘라 등의 국가에서 발병되고 있다. 증상이 발견되면 30일 이내에 폐사율은 90%이상이다.

원인균은 그람 음성의 다형성 세포내 감염세균의 감염에 의한 질병으로 원인균은 2가지 형태이다. 즉 하나는 소형의 다형성 간균으로 편모가 없고, 다른 한 가지는 나선형의 장간균으로 균체의 정단에 8개의 편모와 나선형의 균체 부위에 1-2개의 편모를 가지고 있다.

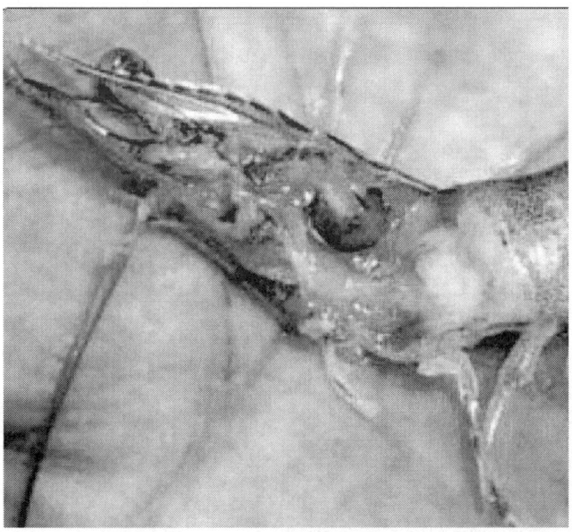

그림 1-46 NHP감염 흰다리새우. 간췌장이 정상 크기의 반 정도로 위축되어 있다.

흰다리새우 *P. stylirostiru, P californiensis, P setiferus* 및 *P. aztecus*에 감염되지만, 흰다리새우에서의 사망률이 가장 높다.

감염 새우는 간췌장의 상피세포에만 감염되며, 다른 세포는 감염되지 않는다. 새우의 간췌장은 사료의 소화, 흡수 및 저장에 필수적인 기관임으로, 감염 새우에게는 치명적으로 성장이 저하되며 폐사가 유발된다. 발병에는 여러 가지 인자가 관계하고 있지만, 염분농도가 16ppt이상과 수온이 26℃이상의 2가지 요인이 발병에 중요한 인자로 작용한다.

감염 새우는 먹이 섭취 불량으로 무기력해지며, 소화관의 빈 상태, 성장 저하, 체장-체중 비율의 감소(thin tail), 갑각의 연화, 체표에 오물의 부착, 아가미의 흑갈색, 갑각의 궤양과 부속지의 흑변 부식, 미절 끝부분과 보각의 흑색화이다. 비대한 간췌장은 물러서 물과 같이 되거나, 중심부가 액체로 충만되거나, 색깔이 정상인 오렌지색이 퇴색하여 엷어져 희게 보인다.

간췌장의 도말표본을 만들어 무염색으로 관찰하면, 지질의 감소와 관공에 흑색 멜라닌색소가 축적되어 있다.

병리 조직학적으로는 표적기관이 간췌장임으로 위축된 간췌장은 점막의 위축과 위축점막세포 내에 세균이 관찰된다. NHP는 괴사와 세포 융해 및 관공 내부로의 상피세포 박리에 수반된 관공 내의 혈구 침윤이 근본적인 병리변화라 할 수 있다. 간췌장의 상피세포는 극단적으로 위축되어 액체가 들어 있던 부분에서는 거대한 수종이 형성된다. 육아종성의 병소 내의 상피세포는 위축되어, 단층의 원주상피세포가 입방상피로 변화된다. 이렇게 변화된 세포의 세포질 내에는 지방방울이 없거나 소수이며 분비 공포도 현저하게 감소되거나 없어진다.

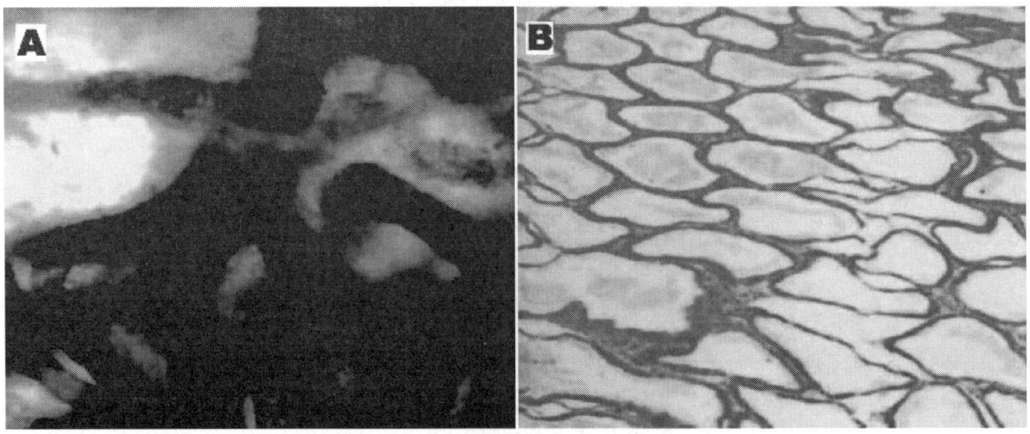

그림 1-47 NHP감염 새우의 간췌장. A: 간췌장 관공은 멜라닌 색소가 침착되어 있고 지방방울이 결여되어 있다. 무염색, 150배. B: 간췌장의 저배율 관찰. 상피세포가 위축되어 있고 커다란 수종이 형성되어 있다. HE, 100배

염색법으로서 HE도 무방하지만 병원체가 갈색으로 염색되는 Steiner-Steiner's stain을 실시하는 것이 균의 식별에 최적이라고 할 수 있다.

표본을 Steiner-Steiner's stain으로 관찰하면 3단계의 발달 단계를 구분할 수 있다. 1단계는 소형의 다형성의 세포질 내 세균이 간췌장의 상피세포 내에서 발견된다. 세균은 상피세포의 관공 쪽으로 향한 끝부분의 세포질에 존재하며, 상피세포가 비대한 경우에는 비대한 세포의 세포질 내에 충만되어 있다. 이때는 혈구의 침윤은 거의 없지만 때로는 세포가 괴사된 경우에는 과립구와 무과립구가 침윤하기도 한다.

2단계는 상피세포의 비대와 관공의 확대에 의한 상피세포의 위축이다. 거의 모든 상피세포의 세포질에는 그람음성균으로 충만되어 있고, 상피세포의 일부는 세균이 충만된 채로 관공내로 돌출되어 있다. 관공의 확대와 혈구의 침윤이 일어나지만 괴사는 경미하지만, 개개의 상피세포와 인접 상피세포와 거리가 멀어지면서 박리되어 관공내로 떨어져 나오기 시작한다. 이 때문에 괴사된 관공 내에는 세균의 집합체가 발견되기도 한다. 이때는 대개 상피세포내의 지질의 함량이 줄어들어 있다.

3단계는 괴사된 관공의 숫자가 현저하며, 상피세포는 세포내의 수많은 세균 때문에 Steiner-Steiner's stain염색에 흑갈색으로 관찰된다. 대부분의 관공은 괴사되어 붕괴되고, 괴사된 관공의 주변조직에는 흑색화와 섬유화가 생기며, 붕괴되지 않은 관공은 확대되고 상피세포는 위축을 일으킨다.

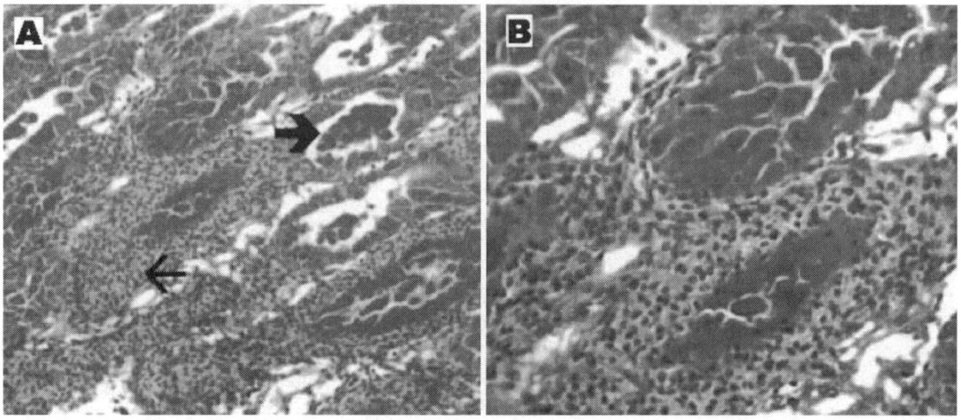

그림 1-48 간췌장. A: 괴사, 융해 및 상피 세포의 박리(대형 화살)에 수반된 관공 내의 현저한 혈구의 침윤(소형 화살). B: A의 확대도

전자현미경으로는 감염 간췌장 세포내에 2가지 형태의 세균을 발견할 수 있다. 하나는 막대기 형상을 한 0.3x 9 ㎛의 리케치아 모양으로 편모가 없으며, 다른 하나는 0.2 x 2.6-2.9 ㎛의 나선형으로 균체에 8개의 편모와 나선상에 1-2개의 편모를 가지고 있다.

치료는 oxytetracycline을 경구 투여하는 것이 최선으로, 감염 초기에는 매우 효과적이다. 예방으로는 수심을 2 m이상으로 하며, 새우를 방양하기 전에 $Ca(OH)_2$로 바닥을 소독하는 것도 매우 효과적이다.

분자생물학적 진단은 간췌장을 70% 또는 94%에탄올에 고정한 다음 25-50 ㎎을 분쇄하여 시판의 분리kit등을 사용하여 DNA를 분리한다.

PCR을 위한 primer는 NHPF2(5′-CGT TGG AGG TTC GTC CTT CAG T-3′)와 NHPR2 (5‘-GCC ATG AGG ACC TGA CAT CAT C-3′)를 사용한다.

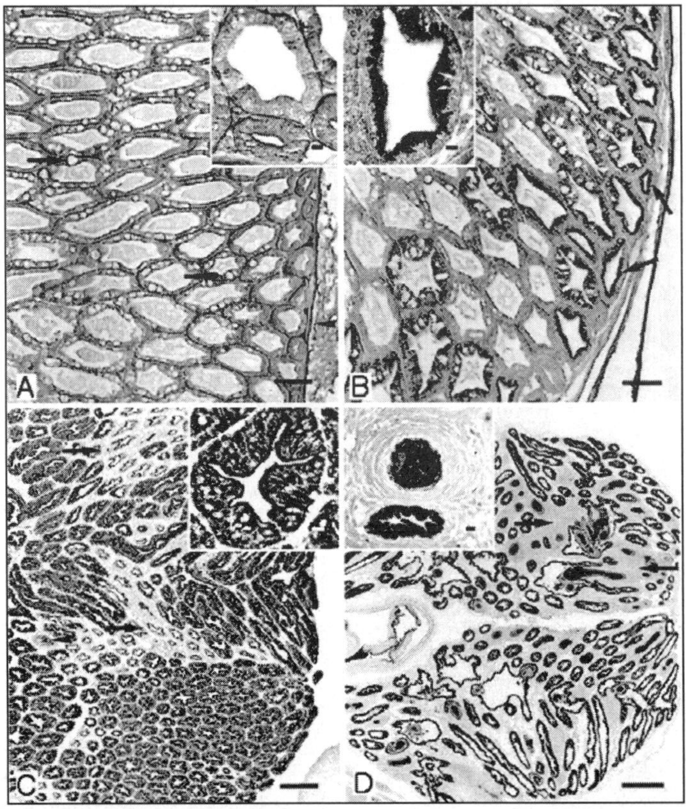

그림 1-49 Steiner-Steiner's method로 염색한 간췌장.

삽입은 고배율. A: 정상 간췌장 상피세포내의 지방공포(화살표). B: 1단계. 상피세포의 세포질 내에 흑색의 소형 다형성의 세균이 발견되지만 관공사이에 혈구의 침윤은 거의 없음. C: 2단계. 상피세포의 세포질 내는 세균으로 충만되어 있고, 일부의 관공은 미감염 상태이지만(화살표) 괴사된 관공도 존재(화살표 머리). 관공의 경계는 원인균인 검은 과립으로 구분되어진다. D: 3단계. 관공은 원인 세균으로 충만되어 있고, 간질에는 혈구침윤과 섬유화가 생기며, 관공 내에는 괴사물과 세균으로 충만. Bar=100 ㎛(A & B)및 250 ㎛(C & D). 삽입은 모두 10 ㎛.

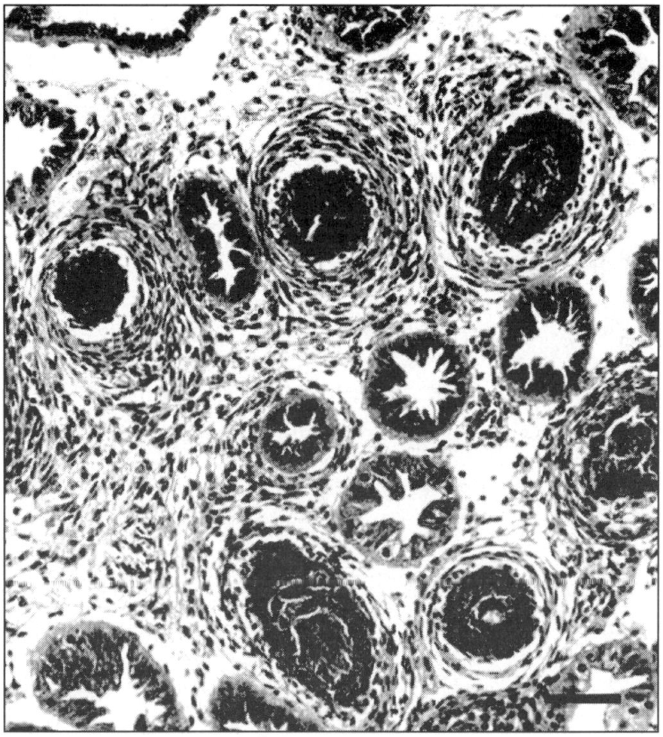

그림 1-50 3단계. 여러 곳의 관공이 괴사되어 있고 관공과 관공사이의 간질에는 혈구의 침윤과 섬유화가 생김. HE. Bar=50 ㎛.

반응조건은 95℃에 반응 후 25사이클(60℃ 30sec; 72℃ 30sec; 95℃ 30sec) 증폭시킨 다음 65℃ 1분 및 72℃에 2분간 최종적으로 신장시킨 다음 379bp의 특이 밴드를 확인한다.

Steiner-Steiner's stain은 파라핀의 조직절편을 만들어 상법에 따라 탈파라핀 한 다음 증류수로 함수시킨다. 0.5% uranyl nitrate(uranyl nitrate 0.5g, DW 100 ㎖)에 30초간(70 power microwave) 염색한 다음 따뜻한 증류수로 여러 번 세척한다. 0.5% silver nitrate(silver nitrate 0.5 g, DW 100 ㎖)로 40초간(70 power microwave) 염색한 다음 90초간 방치한 다음 다시 온수의 증류수로 세척한다. 95%에탄올로 2회 통과, 100%에탄올을 2회 통과시킨 다음 2.5% gum mastic액(10% 보존액을 gum mastic 10 ㎖, 100%알콜 100 ㎖: 여과 후 보관용으로 하여 사용액은 15 ㎖를 100%알콜 75 ㎖와 혼합 후 여과)에 1분간 담군다. Reducing solution(2.5% gum mastic 15 ㎖, 2% hydroquinone수용액 25 ㎖, 0.5% silver nitrate 0.6㎖)에 담궈 microwave 40 power

로 30초간 2회 통과시킨 다음 2분간 또는 노란색 또는 황갈색으로 변색할 때까지 방치한 다음 증류수로 3회 세척한다. 그 후 상법에 따라 탈수 투명한 다음 봉입한다. Microwave는 증류수 1000㎖에 담궈 실시한다. Hydroquinone액은 보존 불가함으로 사용할 때마다 새로 제조하여야 한다.

3. 기생성 질병

1) Paramoeba

*P. perniciosa*가 blue crab, rock crab, lobster 및 green crab 등에 감염되어 "grey crab disease"인 paramoebiasis의 원인으로 된다. 감염된 게류는 복부 외골격이 회색으로 탈색, 동작의 둔화, 혈구의 응집 감소, 혈동 내에 혈구가 없어지며, 이동 후 생존율이 저하된다.

기생충은 원형, 신장된 모양, 혀 모양(lingiform)의 엽상돌기(lobopodia)모양으로 다양하며, 크기도 소형(3-12 ㎛)과 대형(15-35 ㎛)이 있다. 충체는 1개의 커다란 central endosome이 있는 공포성의 핵, 1개의 elongate parasome (Feulgen positive middle bar), 2 basophilic caps가 있다. 감염 부위는 결합조직과 혈동이지만, 감염 말기가 되면 혈류 속으로 들어간다. 따라서 경증인 경우 중장, 안테나선, Y organ에서 발견되며, 중증의 전신 감염단계에서는 혈동에서 발견되지만 장, 간췌장, 생식소 및 피하조직에는 감염되지 않는다.

진단을 위해서는 혈액도말 표본을 만들어 무염색 위상차현미경 관찰, 5% 포르말린 해수 고정 후 위상차 관찰하거나 희석 메틸렌 블루로 염색, 또는 부안액, 다비드슨액, 10% 포르말린액에 고정 후 철헤마톡시린 또는 김자 염색하여 관찰한다. 그러나 혈액 내에서 충체가 발견되지 않을 때는 피하 결합조직의 압인 표본을 만들어 위상차 현미경 관찰한다.

병리 조직학적으로는 감염 부위에서는 혈구와 같은 세포 성분의 융해로 인해 조직의 박리가 생기며, 단백질, 헤모시아닌 및 혈당의 감소가 생긴다. 주요 사인으로는 저산소증 및 영양결핍에 의한 것으로 생각된다.

기타 아메바 감염증으로는 성게에 감염되어 근육의 괴사, 체강 세포의 침윤, 적갈색의 퇴색을 유발시키는 *P. invadens*의 크기는 *P. perniciosa* 유사하지만, 길이가 폭의 약 2배 정도로 신장된 형태로 손가락 모양(digitiform)의 위족을 가지고 있다. 또 부핵은 Feulgen 양성이지만 중심 밴드는 없다. 이 충은 malt yeast agar에 배양 가능하다.

2) 편모충류

고수온기에 와편모충류인 *Hematodinium* sp.가 blue crab의 혈액에 감염되어, 혈림프가 투명한 우유 빛을 띄게 되고, 혈구 응집력의 저하, 혈구수의 감소되며 혈관 내부가 충체로 충만되거나 간췌장의 융해괴사 및 근섬유의 괴사를 유발한다.

3) 섬모충류

섬모충인 에피스틸리스(*Epistylis*), 주삼니움(*Zoothamnium*), 에시너네타(*Acineta*) 등이 아가미, 체표 및 부속지에 감염되어 성장 둔화, 호흡장애, 탈피장애 등을 일으켜 죽게 된다. 양어지의 저질이 악화되었거나 새우가 탈피 후에는 섬모충이 대량으로 번식하는 경향이 있다. 이때는 1,000 ㎡당 제오라이트(zeolite)를 100-120 g살포하여 저질을 개선하거나 탈피 후에는 사육수를 2~3회 환수하여 준다. 치료에는 포르말린 25-30ppm, 황산동 0.5-1 ppm에 1일간 약욕시킨다.

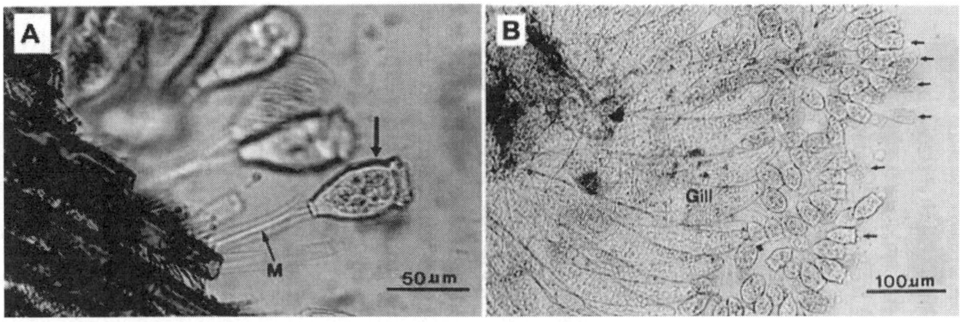

그림 1-51 *Zoothamnium*에 감염된 새우의 미절(A)과 아가미(B).

4) *Thelohania*감염증

(1)담수산 가재

Thelohania sp.가 민물 가재의 근육에 기생하는 질병으로 치료 방법은 없다. 기생충은 가재에게는 치명적이지만, 감염된 가재를 사람이 먹어도 인체에는 이상이 없다. 충의 확산은 병든 가재를 건강한 가재가 잡아먹거나 또는 병든 가재를 미끼로 사용하였을 때 이것을 섭취한 가재에 전염되게 된다. 병의 확산을 방지하기 위해서는 소독을 철저히 하여야 한다. 즉 도구는 염소 10-12%를 함유하고 있는 수영장 소독용 염소액 200 ㎖를 깨끗한 담수 100 ℓ에 첨가한 소독액에 10분 이상 담궈 소독한 다음 다시 깨끗한 담수로 세척하여 사용하여야 한다.

그림 1-52 *Thelohania* sp.에 감염된 담수산 가재 marron의 증상.

(2)흰다리 새우

감염 흰다리새우는 양어지에 방양한지 15-20일 후에 처음으로 감염된다. 감염 흰다리새우는 외형상 백색 또는 우유 빛으로 변화하는데, 등 쪽의 두흉부에서 복부의 중간 부분에 주로 변색이 생김으로 쉽게 발견할 수 있다. 때로는 첫 복절 부근이 백색으로 변색하는 경우도 있다. 흰색으로 변색된 부위를 절단하면 근육, 간췌장 또는 결합조직을 비롯한 조직에 미포자충의 백색물질로 충만되어 있다. 백색 물질의 도말표본을 만들어 검경하면 *Thelohania* 또는 *Agmasoma*에 속하는 8개의 포자를 가진 소낭(sporophorous vesicle)을 쉽게 발견할 수 있다.

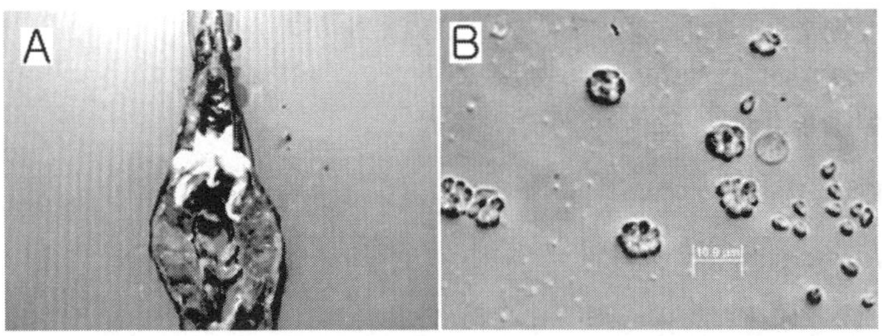

그림 1-53 A: 근육부위가 백색의 충체로 대체. B: 무염색 도말표본을
8개의 포자를 가진 sporophrous vesicle의 확인.

그림 1-54 미포자충에 감염된 흰다리새우는 외형상 백색 또는 우유 빛으로 변색됨.

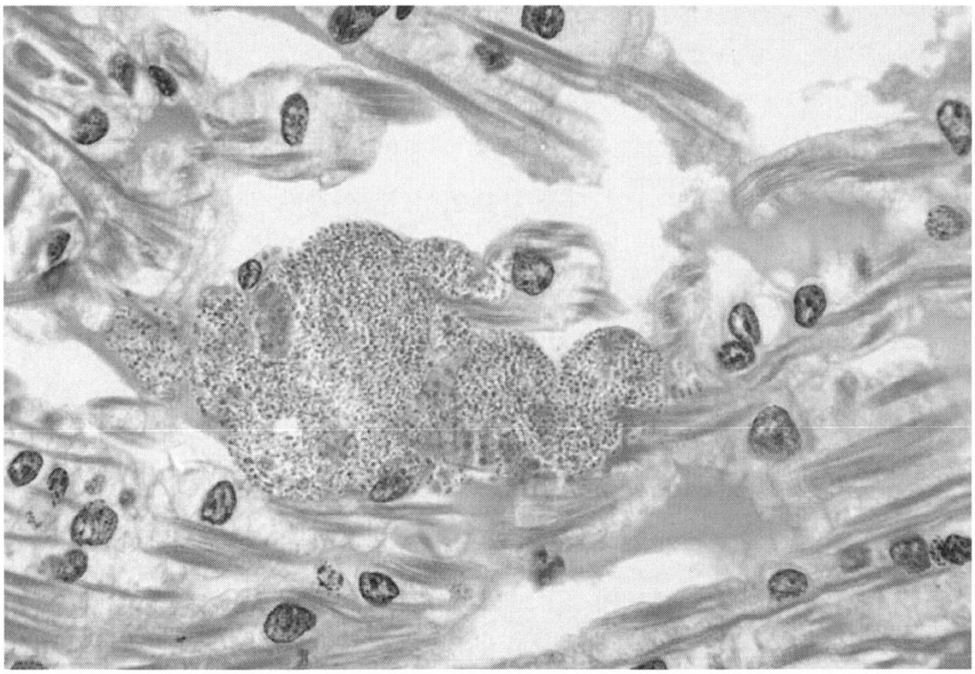

그림 1-55 *Astacus astacus*의 심근에 감염된 *Thelohania* sp.

5) 밀새우(*Exopalaemon carinicauda*)의 *Hematodinium*

서해안 지역에 서식하는 새우로 최근 양식종으로 부각되고 있는 밀새우(ridgetail white prawn)가 여름철에 갑각이 퇴색되면서 혈림프가 우유 빛으로 변하기 때문에 "milky shrimp disease"라 불리는 질병으로 사망률은 거의 100%에 가깝다. 병든 새우는 무기력하며 양어지의 얕은 부분을 서서히 헤엄치고 있다. 또한 감염 새우는 건강한 개체와 무리를 형성하지 못한다. 특징적인 외부 증상은 갑각이 새우나 게를 삶았을 때의 색깔과 비슷하며, 보각과 집게의 근육이 희게 변하여 있다. 혈림프를 채혈하면 우윳빛을 띄고 있으며, 방치하여도 응고가 되지 않는다.

여과해수로 희석한 10%포르말린을 미리 플라스틱 주사기에 흡인한 다음 병든 새우의 복부 유동 또는 심장에서 동량의 혈림프를 채혈한다. 채혈한 혈림프를 슬라이드 글라스에 적하시켜 커버글라스를 덮고 현미경으로 검경하면 와편모충류에 속하는 원인 기생충인 *Hematodinium*을 발견할 수 있다. 이 기생충은 꽃게와 톱날꽃게에도 감염되는 것으로 알려져 있다. 감염 새우의 혈림프의 수는 건강한 개체에 비해 수적으로 감소되어 있고, 혈림프 내에는 많은 수의 단핵의 영양체(trophont), 2핵 또는 다핵의 sporont를 발견할 수 있다. 또한 심하게 감염된 새우에서 채혈한 혈림프 내에서는 운동성이 있는 유주자(dinospore)가 발견되기도 한다. 유주자는 감염된 새우를 수용한 수조의 물속에서도 발견되는데, 크기는 7-9 ㎛로 2개의 편모를 가지고 활발히 운동한다. 그러나 혈림프를 비롯한 모든 조직 내에서 섬유상의 영양체(plasmodium)가 감염 새우에서는 발견되지 않는 것은 이것들이 단지 감염의 초기 단계에서만 발견되기 때문이다.

병든 새우를 얼음으로 냉각시킨 다음 간췌장, 심장, 아가미 및 근육을 절취하여 여과해수로 제조한 10%중성포르말린으로 고정한 다음 70%에탄올에 최대 48시간 보존한 다음 상법에 따라 조직표본을 만들어 HE염색 후 검경하면 아가미에서 가장 현저한 변화를 발견할 수 있다. 즉 아가미의 상피조직은 상피세포와 지주세포의 괴사와 붕괴로 변형이 생겨 있다. 또 새변이 종대되어 그 속에 기생체가 충만되어 있다. 간췌장 내의 관공 내부에는 많은 수의 충체가 들어 있다. 심하게 감염된 새우의 심장은 심근의 소성결합조직이 감소되는 대신에 충체로 채워져 있으며, 심근 자체도 충체가 모여들어 정상적인 형태가 아니라 붕괴되어 있다. 보각의 근육 또한 심장의 근육과 마찬가지로 충체 침윤에 의해 심하게 손상을 당하고 있다.

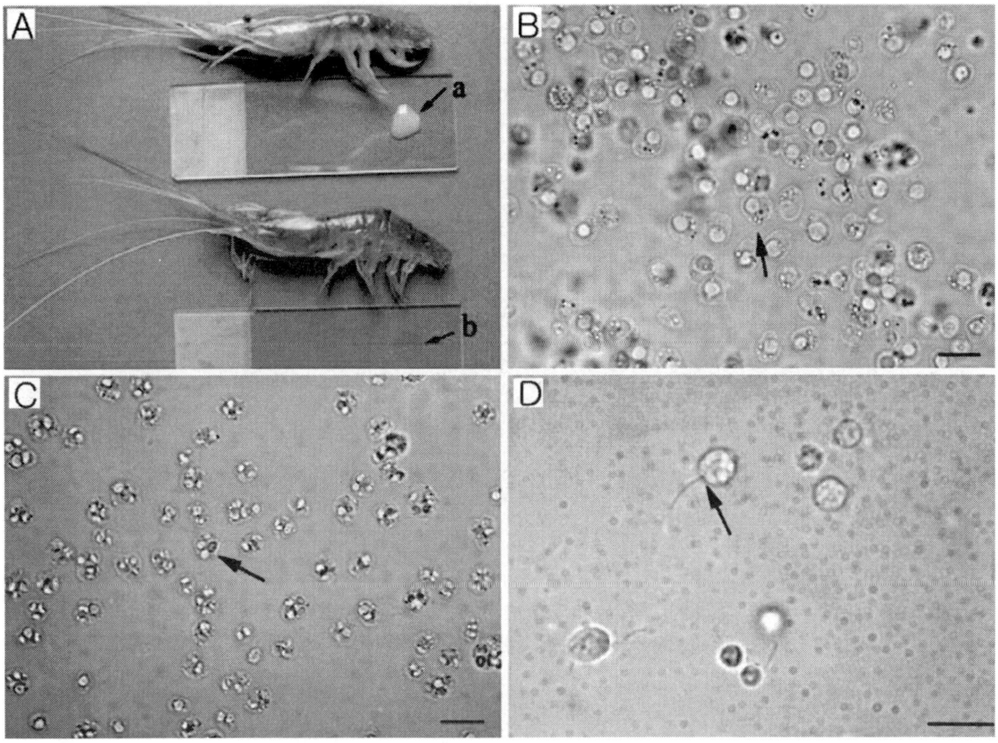

그림 1-56 A: 외부 증상. 병든 새우(a)의 우윳빛 혈림프와 건강한 새우(b)의 투명한 혈림프. B: 단핵의 영양체. C: 다핵의 sporont. D: 병든 새우의 사육수내의 운동성 유주자. Bar=20 ㎛.

채취한 혈림프를 0.1 M PBS(pH 7.4)로 만든 2.5% 글루탈알데하이드액을 혈림프 양의 2배가 되도록 하여 고정하고, 간, 아가미, 근육 및 간췌장의 조각은 3 ㎜ x 3 ㎜로 잘게 쓴 다음, 글루탈알데하이드로 고정한 다음 상법에 따라 전자현미경 표본을 만들어 검경한다.

전자 현미경학적으로 충체의 핵은 전형적인 와편모충류의 2핵과 유사한 염주모양 또는 분엽상의 염색질을 가지고 있다. 단핵 또는 다형 핵의 세포는 혈림프, 간췌장 및 아가미에서 관찰된다. 단형핵 충체의 핵에는 넓고 덜 치밀한 부분이 있지만, 다형 핵의 충체의 핵은 어두운 부분이 좁아지고 어두운 부분은 확산되어 보인다. 유주자는 형태학적으로 감염 게에서 발견되는 것(macrospores)과 형태적으로 매우 유사하다.

*Hamatodinium*의 생활사는 숙주에 따라 차이가 있을 것으로 예상되는데, 참고로 해산 게류에서의 생활사를 소개한다.

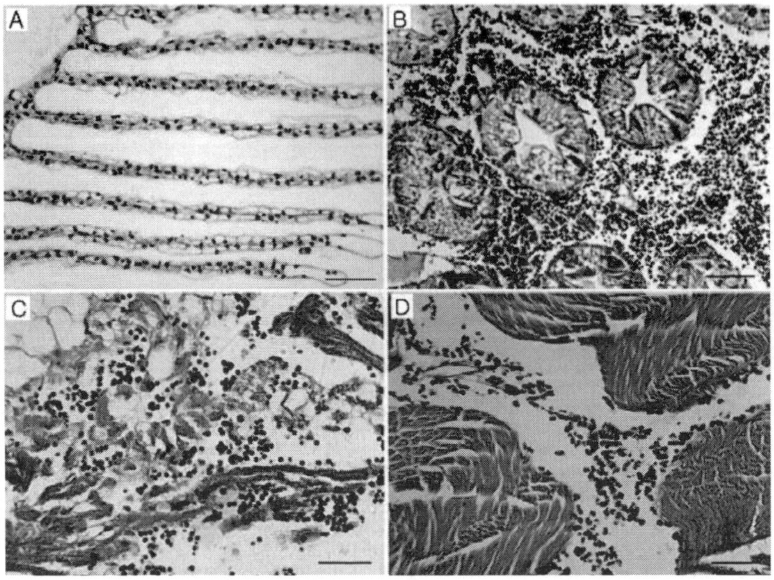

그림 1-57 A: 새변이 확장되고 내부는 충체로 충만됨. B: 간췌장의 hemal space는 확장되고 충체로 충만. C: 심근은 소성결합조직이 감소되고, 심근세포도 충체의 침입에 의해 형태가 변화. D: 근섬유도 침입한 충체 때문에 변형. Bar=100 ㎛.

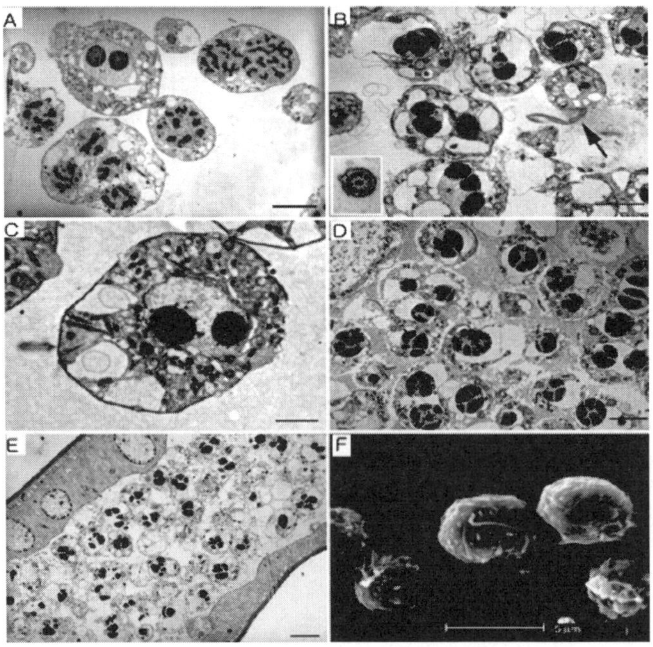

그림 1-58 A: 혈림프 내의 충체. Bar=4 ㎛. B: 혈림프 내의 단핵, 다형 핵의 sporont와 유주자. 유주자의 편모(화살표)는 전형적인 "9+2" 의 패턴(삽입)을 하고 있다. Bar =3 ㎛. C: 혈림프 내의 유주자. Bar =2 ㎛. D-E: 간췌장 내(D) 및 새변 내(E)의 단형핵 또는 다형핵의 충체. Bar=5 ㎛. F: 혈림프 내의 충체의 SEM상. Bar=5 ㎛.

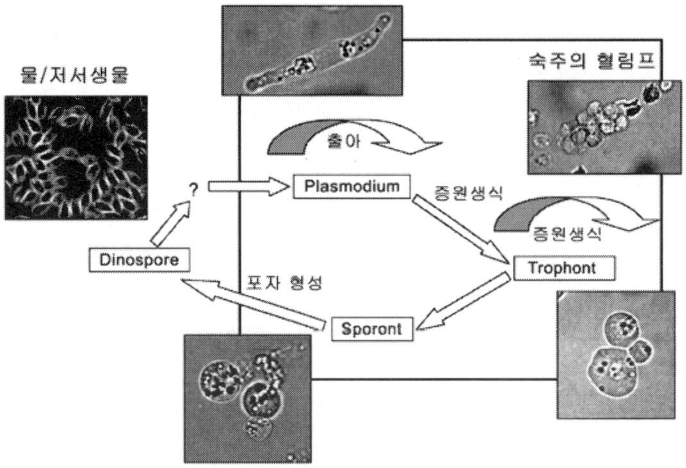

그림 1-59 *Hematodinium*의 생활사.

4. 진균성 질병

1) 편모균류

Lagenidium, haliphthoros 및 *Halocrusticida* 등이 갑각류에 감염되는데, 이 균들의 특징은 숙주의 조직 내에서만 발육하며, 유주자를 형성할 때 방출관을 숙주의 몸 밖으로 뻗어내어 방출관내에서 유주자가 만들어져 방출관이 열리면서 수중으로 유주자를 방출시키며, 유성생식기관을 가지지 않는다는 것이 특징이다. 따라서 체내에 기생하는 균사체를 관찰하여 분류하는 것은 불가능함으로 PYGS배지에 배양하여 유주자를 형성하는 방법에 따라 분류할 필요가 있다.

(1) *Lagenidium*

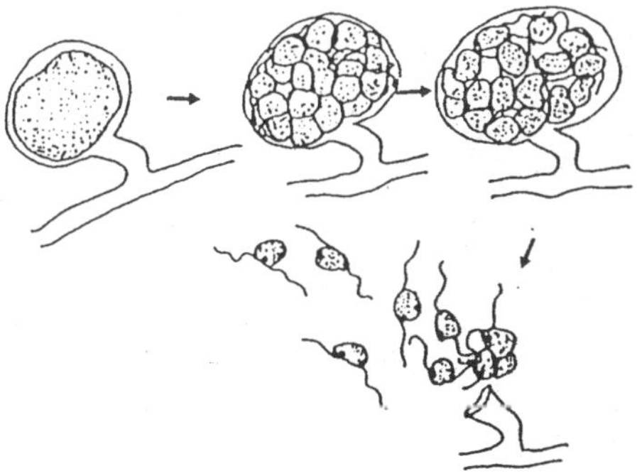

그림 I-60
*Lagenidium*의 유주자 형성.

도화새우(*Pandulus hypsinotus*) 등과 같은 Pandulus속에 속하는 심해성 저온성 새우 유생 또는 성체에서는 편모균에 속하는 저온성 *Lagedinium*균이, 꽃게의 난이나 유생으로는 고온성 *Lagenidium*이 분리되고 있다. *Lagedinium*균의 특징은 유주자가 형성될 때 방출관의 끝부분에 소낭(vesicle)이 형성되고, 유주자가 소낭의 내부에서 만들어지는 것이 특징이기 때문에, 체외로 뻗어 나온 방출관을 검경하여 끝부분에 소낭이 형성되어 있는 것이 진단상의 특징이 된다.

병든 새우는 아가미가 검어짐으로 검은 아가미병이라고도 하며, 난이나 유생의 경우에는 체내에 균사가 자라 있는 것을 관찰할 수 있다. 꽃게 종묘생산시설에서 이병이 발생하였을 때는 부화조에 포르말린을 25ppm살포하면 효과적이며, 실외시설에서 종묘를 생산하면 발생을 줄일 수 있다.

(2) *Haliphthoros*

꽃게, 도화새우, 보리새우의 아가미나 전복의 연체부에 기생하는 편모균류인 *H. mifordensis*의 감염에 의한 것으로 새우류는 *Langenidium*과 마찬가지로 아가미가 검어진다. 한편 전복은 6-8월의 고수온기에 수온 15℃전후의 순환여과식 수조에 축양하게 되면 일주일 정도에 발병하여 폐사되기 시작한다. 감염된 전복은 연체부에 작은 돌기 모양의 병소 또는 편평한 융기 환부가 만들어지는 것이 특징으로 환부 내에는 많은 균사가 관찰된다.

*Haliphthoros*는 균사내의 원형질이 집합하여 여러 가지 모양의 fragment가 형성되어 이 fragement에서 뻗어 나온 방출관의 내부에서 유주자가 만들어져 방출관의 끝부분에서 유주자가 수중으로 방출되는 것이 특징이다. 전복에 발생한 경우에는 수조에 염소제를 유효염소량으로 10ppm 첨가하면 효과적이다.

그림 1-61 전복 연체부의 융기 환부.

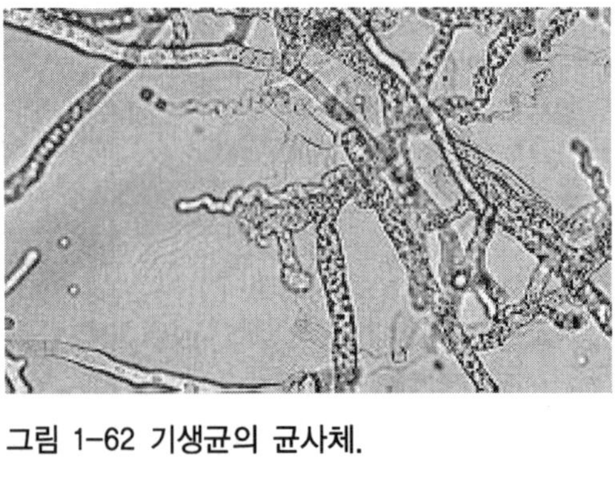

그림 1-62 기생균의 균사체.

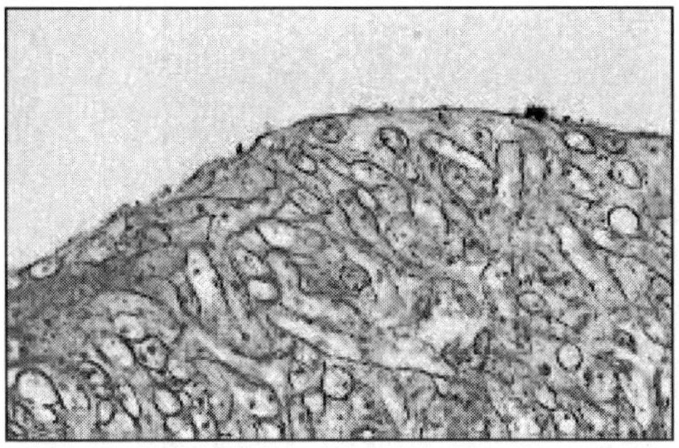

그림 1-63 환부내의 균사체. PAS.

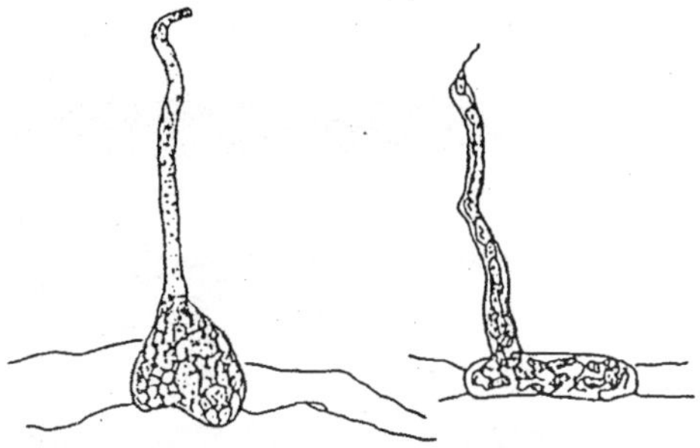

그림 1-64 *Haliphthoros*의 유주자 형싱.

(3) *Halocrusticida*

도화새우에서는 *H. parasitica*, 꽃게류에서는 *H. parasitica*와 *H. okinawaensis*, 닭새우에서는 *H. panulirata*, 전복에서는 *H. awabi*, 윤충류에서는 *H. parasitica*가 분리되고 있다. 증상은 다른 편모균류의 감염증과 유사하다. 영양체가 균사체 모양으로 되지 않고 주머니 모양을 하기 때문에 배양시의 집락의 크기가 적다는 것이 특징이며, 유주자낭에서 방출관이 여러 개 뻗어 나와 다시 분지한다는 것이 다른 편모균류와의 차이점이다.

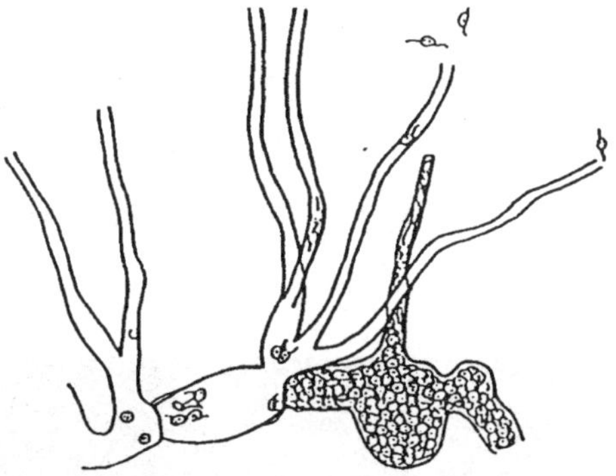

그림 1-65
*Hacrusticida*의 유주자 형성.

(4) 갯가재(*Oratosquilla oratoria*)의 *Halioticida noduliformans*

감염 가재는 무기력하며 아가미가 담갈색으로 변색되어 있으며 아가미를 절취하여 현미경하에서 검경하면 격벽이 없는 균사체를 쉽게 발견할 수 있다. 원인 곰팡이의 분리는 감염아가미를 멸균해수로 세척한 다음 암피실린 및 스트렙토마이신 첨가 PYGS agar에 접종하여 20℃에 배양하면 백색의 사상의 집락이 형성되며, PYGS broth에 배양하면 격벽이 없는 사상의 균사체가 형성된다.

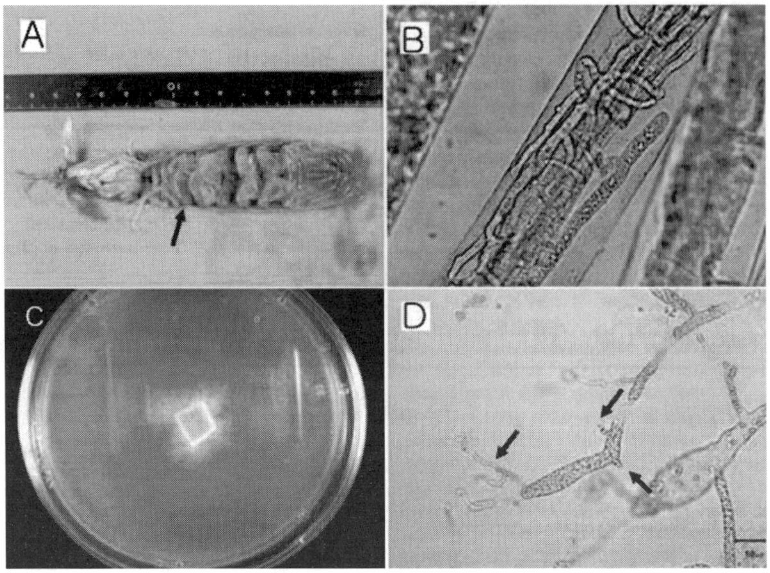

그림 1-66 A: 아가미의 담황색 변색, B: 새변 내의 균사체, C: 배양 집락, D: 출아관을 방출하고 있는 균사체

원인 곰팡이는 15-25℃에서 발육하지만 최적온도는 20℃이다. 그럼으로 발병은 수온이 15-20℃일 때 빈발한다. 또한 원인균은 식염 또는 KCl을 첨가한 PYG agar에서는 발육하지 않지만 PYGS에서 잘 자라며, 발육에는 반드시 해수가 필요함으로 해수에서만 번식 가능한 곰팡이로서 기수나 담수에서는 발육하지 못한다.

병리 조직학적으로는 새변과 새변의 기부에서 균사체가 발견되지만 심장, 혈관, 간췌장, 중장 및 부속선 등에서는 발견되지 않는 반면 근육에서는 발견되기도 한다.

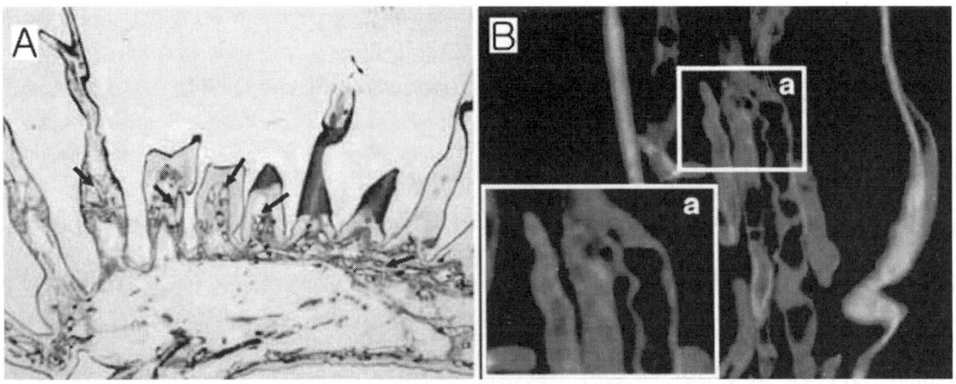

그림 1-67 A: 감염 새변의 기부의 곰팡이(화살표), HE, B: 자연 감염 갯가재의 아가미, HE & Uvitex 2B.

(5) 민물가재 백반병(crayfish plaque, *Aphanomyces astaci*)

온수성 수생균인 *Aphanomyces*는 다른 분야에서는 diatom또는 brown algae로 분류되고 있다. 이 병이 발생지역은 유럽 북미 등에서 발병되고 있으며, 숙주 밖에서는 장기간 생존이 불가능하기 때문에 자연조건에서는 거의 생존할 수 없다. 원인균은 60℃에 단기간 또는 -20℃에 48시간이상 노출시켜도 사멸된다. 또한 차아염소산 나트륨이나 idophore에 매우 감수성이 높아 사육용기 등은 이 약제를 사용하여 소독할 수 있으며, 24시간 건조시켜도 소독 가능하다.

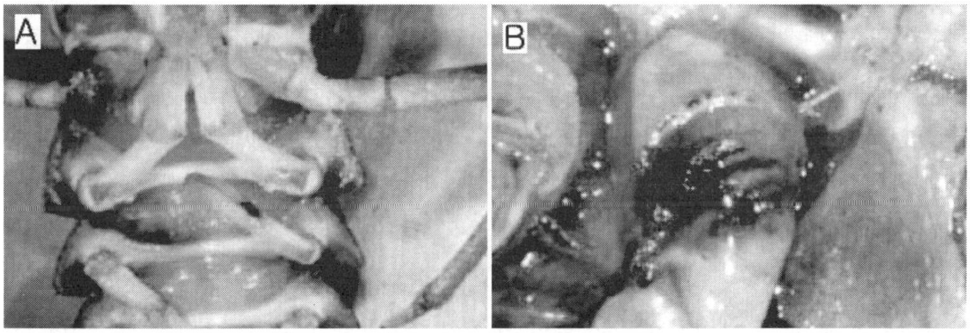

그림 1-68 *Aphanomyces* 감염 민물가재의 외부 증상. A: 복부 와 보각의 관절 부위의 cuticle 하부에 근육이 괴사되어 생긴 흰 반점. B: 만성 감염의 경우에는 괴사소에 멜라닌이 침착되어 갈색으로 변색됨.

감염은 모든 조직에 감염되지만 최초감염은 큐티클을 통하여 침입한 다음 결합 조직과 혈관을 통하여 전신으로 감염된다.

감염 개체는 큐티클 아래의 근육이 희게 변색되는데, 이는 육안 또는 저배율의 현미경으로 쉽게 발견할 수 있다. 때로는 큐티클과 근육이 갈색을 띄고 있는 경우도 있는데, 이러한 경우에는 병소 내에서 균사체를 쉽게 발견할 수 있다. 복부와 등 및 꼬리 부분 및 다리의 관절의 큐티클을 시료로 사용하는 것이 좋다.

병소의 큐티클을 절취하여 검경하면 폭 7-9 ㎛의 격벽이 없는 균사체를 쉽게 발견할 수 있다. 또한 균사체 주변에는 혈구와 melanisation이 생겨 있기 때문에 이 병이 2차감염이 아니라 원발성 질병이라는 것을 알 수 있다.

병리조직표본은 Grocott silver stain후 HE로 대비 염색한다.

원인균의 배양은 세균의 번식을 억제하기 위하여 penicillin G 과 oxolinic acid를 첨기헌 분리용 배지를 사용하여 분리 가능하다. 분리용 배지는 yeast extract 1.0 g, glucose 5 g, agar 12 g 및 oxolinic acid 10 ㎎을 하천수 또는 호소의 물 1,000 ㎖에 용해시킨 다음에 멸균하고 40℃로 냉각시킨 다음 penicilin G를 1.0 g첨가하여 평판을 사용하여 분리 가능하다. 절취한 병소 1-2 ㎟을 멸균수에 담궈 소독한 다음 분리용 평판에 올려서 접종하여 7℃이상의 온도에서 24시간 배양한다. 분리할 때는 무균처리가 매우 중요함으로 환부를 멸균 증류수가 든 샤-레에 절취한 다음 다시 필요한 크기로 자르면 편리하다. 발육한 집락은 무색이며 균사는 게의 조직 내에서의 크기와 동일하다. 미성숙의 균사체 내에는 굴광성의 입자로 충만되어 있으며, 노쇠한 균사체는 테두리 부근에 다수의 공포가 발견되며, 균사체 내부는 비어 있는 것처럼 보인다.

한천 배지 상에서 활발히 증식하고 있는 균사체(thallus)를 절취하여 멸균 하천수에 옮기면, 16℃에서는 20-30시간, 20℃에서는 12-15시간 내에 포자가 형성된다. 이때 액체배지에서 배양한 것은 포자 형성을 확인하기 위하여 하천수로 옮기기 전에 스테인레스 그물망 위에 올려놓고 멸균한 하천수로 세척한 다음에 옮기는 것이 좋다. 또한 한천배지에서 자란 것은 가능한 한천의 양이 적게 함유되도록 한천과 함께 절취하여 옮기는 것이 좋다. 포자형성을 위하여 사용되는 멸균 하천수의 양은 엽상체의 100배 정도가 적합하다.

분자생물학적 진단은 ITS영영의 특이 primers인 5′-GCT TGT GCT GAG GAT GTT CT-3′(primer 42)와 5′-CTA TCC GAC TCC GCA TTC TG-3′(primer 640)를 사용하여 진단할 수 있다. DNA의 분리시료는 살아 있는 경우에는 chloroform으로 죽인 다음 조직을 절취하고, 24시간 이내의 것이라면 사용 가능하다. 또한 시료 채취 후 곧바로 사용할 수 없을 경우에는 조직양의 5배의 70%에탄올에 고정하여 두면 편리하지만, 추출DNA의 양은 줄어들게 된다. 불현 감염 또는 잠복의 유무를 조사할 때는 복부 큐티클 또는 미절을 30-50 ㎎절취하여 DNA 추출에 사용한다.

PCR은 1 × PCR buffer (75 mM Tris/HCl, pH 8.8, 20 mM [NH4]2SO4, 0.01% (v/v) Tween 20), 1.5 mM $MgCl_2$,와 dATP, dCTP, dTTP, and dGTP 각 0.2 mM 0.5 μM의 primer, 1.25 units of Thermoprime Plus DNA Polymerase (AB Gene, Epsom, UK) or equivalent Taq polymerase and 2 μl DNA template가 들은 50 μl의 반응액을 사용한다. 조건은 denaturation 96°C 5분 후에 50 cycles(96°C 1분, 59°C 1분, 72°C 1분) 및 final extension 72°C 7분 반응시킨다. Agarose gel에 영동하여 569bp의 특이 밴드를 확인한다.

2) 자낭균류

자연산 대게(영덕 대게) 등에 *Tricchomaris invadens*가 감염되어 있는 것이 어획되는데 감염된 개체는 기생균의 자낭각으로 뒤덮여 흑색을 띄고 있다. 이러한 개체도 탈피할 때 상당량의 기생균이 줄어들 것으로 예상되지만 조직학적으로 심장에 균이 발육하고 있기 때문에 사망의 원인으로 작용할 수도 있다.

제 2 장 패류의 질병

1. 바이러스병

1) 굴의 면반 바이러스병(oyster velar virus disease, OVVD)

DNA바이러스인 *Iridovirus*에 속하는 바이러스로 종묘생산중인 참굴의 유생에 주로 감염된다. 감염 시기는 3월에서 5월이지만, 여름철에 발생하는 경우도 있다. 각장이 170 ㎛이하에서는 전혀 발생하지 않으며, 170～190 ㎛에서 주로 발생하며 때로 이보다 큰 개체에서 발생한다. 감염개체는 무기력하며 수조바닥에 모이는 경향이 있는데 이병으로 인한 종묘의 사망률은 50%이상이다.

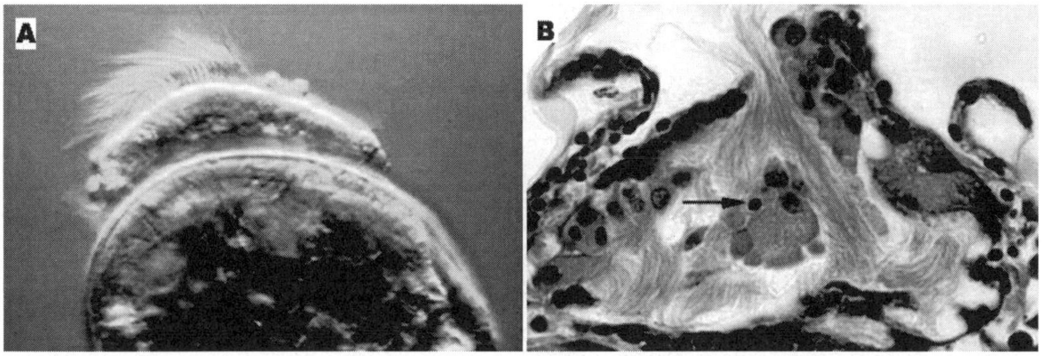

그림 2-1 A: 면반의 섬모가 탈락되고 수포 형성. B: 면반 조직의 세포질내 봉입체(화살표).

감염이 의심스러운 유생의 면반을 떼어내어 현미경으로 검경하면, 감염된 면반 세포는 비대화되어 수포모양으로 보이며, 섬모가 탈락되어 있기 때문에 수포병(blister disease)이라고도 부른다. 고배율로 관찰하면 정상 세포는 섬모를 가진 원주상의 상피세포 내에 핵과 미토콘드리아가 관찰되는 반면 감염세포는 섬모가 탈락되고 세포질 내에 봉입체로 보이는 구조물을 가진 돌출된 구형의 세포가 관찰된다.

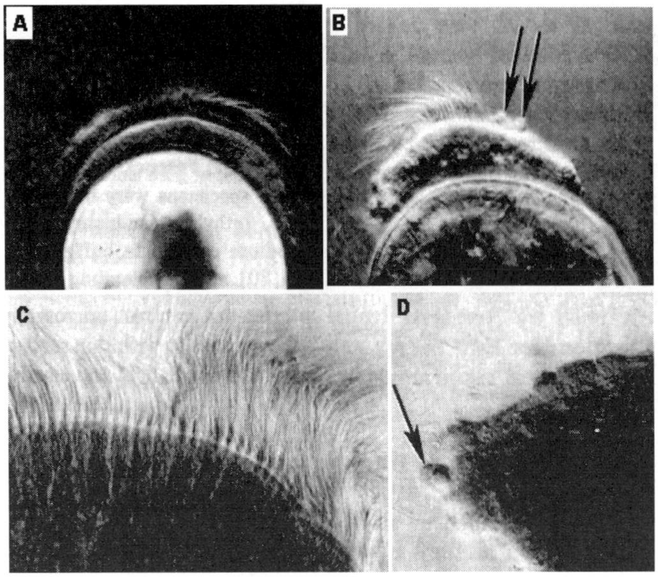

그림 2-2
A: 섬모가 뻗어 있는 전형적인 과립상 구조를 하고 있는 정상 유생의 면반 섬모세포. 무염색, 위상차 현미경, x300.
B: OVVD에 감염된 유생은 섬모가 소실되고 상피세포가 탈락되고 있다 (화살표), 무염색.
C: 정상 유생의 면반, 핵, 인 및 미토콘드리아와 섬유 다발이 관찰된다. 무염색, x730.
D: 면반 섬모세포와 섬모가 소실되고 바이러스의 봉입체가 형성되고 있다. 무염색 x855.

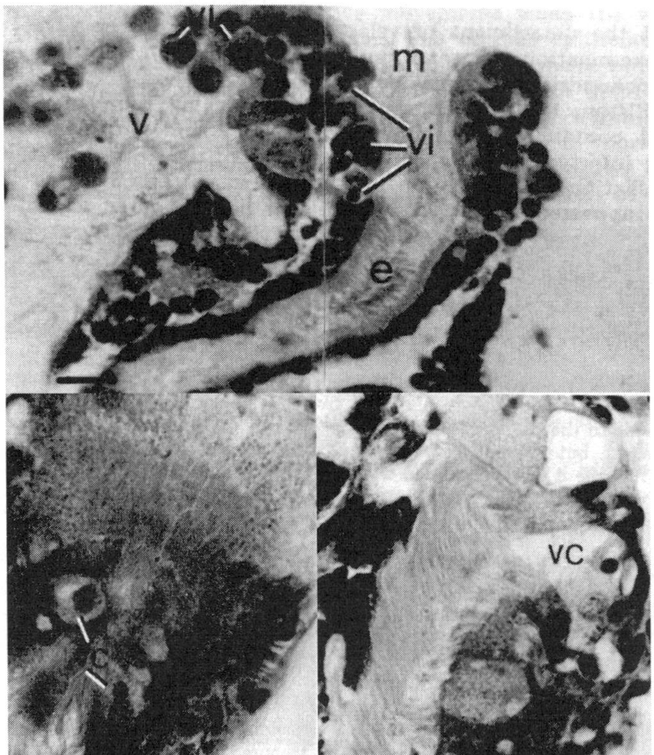

그림 2-3
상: 인두(e), 입(m) 및 면반 부위(v)의 조직상. 모든 조직속의 세포질 내에 바이러스성 봉입체(vi)가 관찰되며, 봉입체가 형성된 세포가 탈락되고 있다, HE. 좌하: 면반, 비대화된 면반 섬모세포(vc)내에 세포질 내 기질은 치밀하지 못하고 미토콘드리아도 흩어져 있다. 나머지 면반 섬모 세포는 정상임. 우하: 감염된 면반 섬모 세포(vc). 우상부의 세포는 정상.

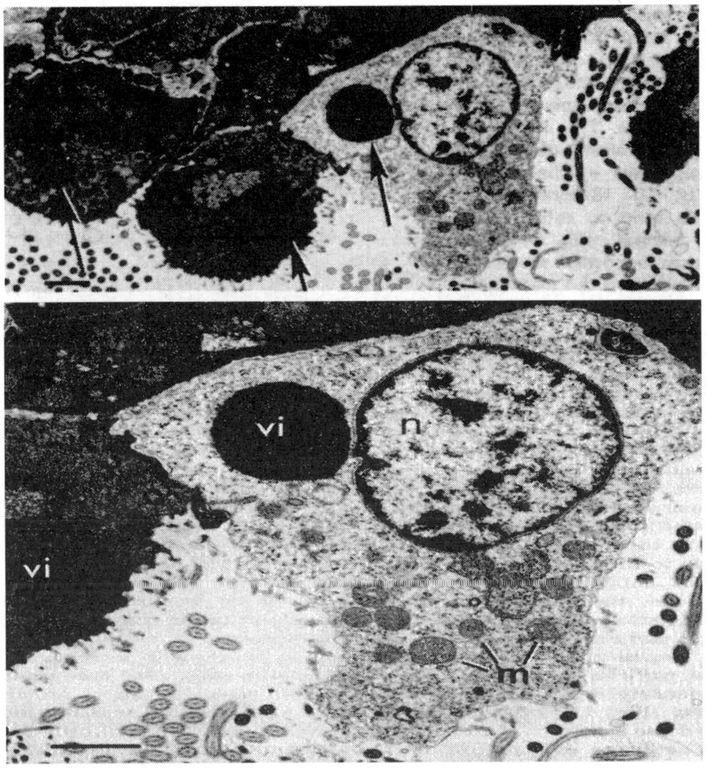

그림 2-4
감염세포(화살표)내의 봉입체. 명확한 비리온 형성을 보이는 왼쪽세포와 OVVD의 전형적인 세포질의 밀도 감소를 나타내는 지지조직에서 탈락된 오른쪽 세포.
하: 위 그림의 확대도. 핵 비대(n)와 미토콘드리아의 팽대와 확산이 보이는 오른쪽의 탈락세포와 이웃세포의 세포질 내에 형성되고 있는 봉입체(vi).

병리 조직학적으로 면반의 세포질 내에 봉입체와 주변 조직으로부터 감염세포가 분리되거나 탈락되는 것을 확인하면 된다. 비리온이 형성되기 전인 감염초기에는 면반의 상피세포의 호염기성을 띄는 세포질 내에 크기 1.2～2.4 ㎛의 타원형의 세포질 내 봉입체가 관찰되는데, 봉입체 속에는 호산성의 부분이 균등하게 분포하고 있다. 시간이 경과되어 비리온이 형성되면, 봉입체는 더욱더 호산성으로 되면서 모양도 불규칙해지며, 감염 초기에 봉입체 내에 밝게 보이던 부분은 감소되어 있다. 봉입체는 Feulgen반응에 진한 적색의 양성반응을 나타내며, acridine orange반응에는 녹색으로 반응함으로 DNA임을 알 수 있다. 중증의 경우에는 면반을 지탱하고 있는 인두, 구강 또는 외투막의 상피 세포 내에서도 관찰되는데, 각각의 출현율은 면반 상피 세포에서 38%로 높게 나타나며, 구강에서 13%, 인두에서 11%정도 봉입체를 관찰할 수 있다.

2) 패류의 Herpesvirus disease

(1) 바지락

미국의 버지니아굴과 프랑스의 넓적굴 및 프랑스에서 양식중인 참굴에 감염이 확인되고 있지만, 우리나라에도 발병하는가는 미지수다. 프랑스에서 양식 중인 참굴의 치패에는 치명적인 질병으로, 발병 6주 이내에 100%폐사하며 넓적굴에서도 80-90%가 폐사한다.

부하 후 3-4일부터 성장이 느리고 유영이 불활발하며 먹이섭취가 불활발해진다. 유생기에 감염되는 것은 모두 D상 유생기로, 건강한 개체는 각장이 120 ㎛정도로 각정기로 이행하고 있는 반면, 병든 개체의 각장 크기는 75~80 ㎛정도에 머물러 있다. 발병에는 고수온과 고밀도 사육이 밀접한 관계가 있는 것으로 밝혀졌다.

감염개체는 소화관이 퇴색되며, 유영을 정지하고 면반에 병소가 형성된다. 면반을 떼어내어 현미경으로 검경하면, 면반이 지지조직으로부터 떨어져 나와 있으며 비대화되어 있다. 조직학적으로는 감염 개체의 혈구세포 내, 소화관, 아가미 및 외투막의 결합조직 세포 내에 핵 비대와 세포질 내의 봉입체를 관찰할 수 있다. 뉴질랜드나 호주의 경우는 수온이 25~26℃에서 사육하면 80-90%가 사망하지만, 22~23℃에서 사육하면 사망하지 않는다고 한다.

전자 현미경적으로는 세포가 비대화되고 핵의 비대가 관찰된다. 염색질은 농축되며, 핵 내에 6각형의 봉입체가 관찰된다. 관상 또는 포상의 결합성의 봉입체 내에는 많은 virion이 관찰된다. 완전히 성숙된 virion은 6각형의 핵을 가지고 있으며, 난원형 또는 육각형의 capsid로 쌓여있다.

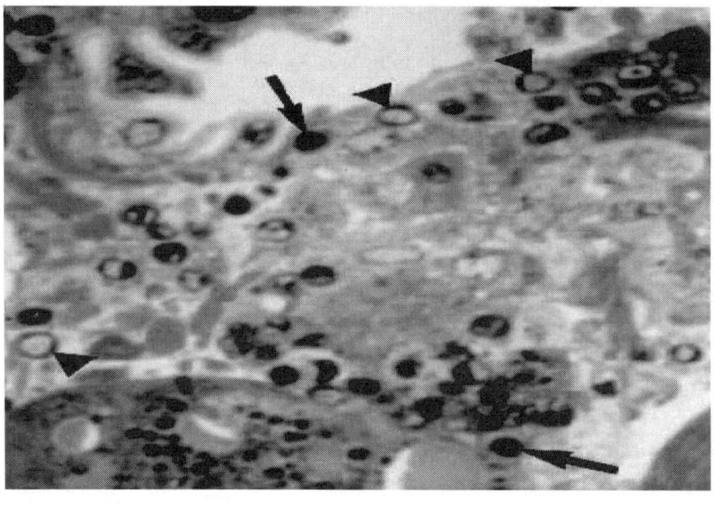

그림 2-5
바지락 유생의 Herpesvirus 감염증. 감염세포는 세포질이 호염기성을 나타내며, 핵이 비정상적으로 비대 되고(화살표) 비대한 핵은 핵농축을 일으켜 염색질이 핵의 테두리로 이동(화살표 머리)한다. 혈액세포에 감염되면 혈구세포의 핵은 난원형으로 보인다(화살표). 이러한 조직상은 이병의 특유의 병리상은 아니다.

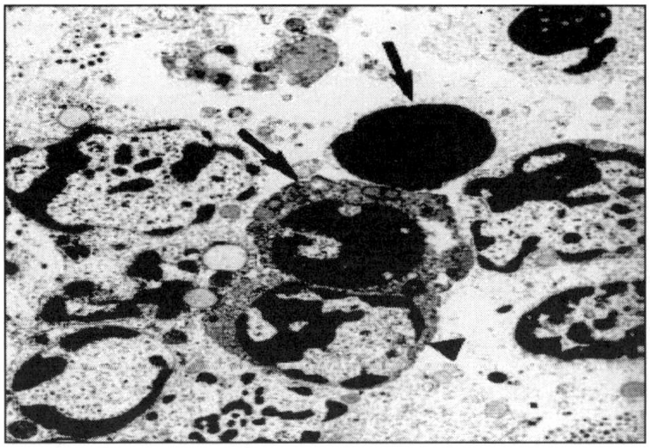

그림 2-6
바지락의 결합조직의 TEM상.
세포질에 공포를 많이 가진 노화된 백혈구에 비대와 염색질의 주변이동이 관찰되고, 핵은 때로 반구상의 모양을 띄기도 한다. 핵은 커지는 반면 세포질은 줄어드는데, 이는 염색질과 세포질 내의 소기관의 응축과 관계되며 실제 크기의 30%정도 부피가 감소하기도 한다.

인공종묘 생산 바지락 치패에서는 부화 후 13일 째인 각장 100～150 ㎛무렵까지 폐사가 발생하며, 사망률은 100%에 가깝다. 감염된 치패는 먹이 섭취가 둔화되며 유영능력이 저하된다. 감염된 치패는 폐시 직전에 힘없이 원운동으로 회전하다가 폐사하게 된다.

병리 조직학적으로는 결합조직 내에 이상 비대 핵이 관찰된다. 이러한 비대 핵은 결합조직내의 섬유아세포에서 현저한데, 비대 핵은 핵막과염상을 나타내기도 한다. 심하게 농축된 핵은 난원형을 한 혈구 세포내에서도 관찰되는데, 이때는 혈구세포가 반지모양(ring-shaped) 또는 초승달 모양의 chromatin을 가지고 있다.

전자 현미경적으로는 감염된 섬유아세포는 비대핵과 핵막과염상을 나타낸다. 어떤 경우에는 핵이 붕괴된 것처럼 보이기도 하고 염색질이 심하게 농축되기 때문에 전자밀도가 매우 높은 초승달 모양을 하고 있다. 염색질은 핵막 주변에 치밀하게 분포하고 있어 마치 반지 모양으로 보인다. 반대로 핵이 농축된 경우에는 크로마틴이 농축되기 때문으로 정상 크기의 약 30%에 불과하며 때로는 핵이 붕괴되어 관찰할 수 없는 경우도 있다.

진단을 위해서는 PCR법과 in situ hybridization 및 dot blot법으로 진단하고 있다. 아가미, 외투막 또는 생식소 약 50 ㎎을 microtube에 절취하여 proteinase K (0.4 ㎎/㎖)를 첨가한 500 ㎕의 digestion buffer(100 mM NaCl, 1 mM Tris, 25 mM EDTA, SDA 25%, w/v pH 8.0)를 첨가하여 균등액을 만든 다음 55℃에 하루 밤 소화시킨다. DNA의 추출은 상법인 phenol-chloroform으로 추출한 다음 에탄올로 침전시켜 분리한 다음 증류수 100 ㎕에 용해시켜 사용할 때까지 -20℃에 보관한다.

유생은 여러 마리를 모아 얼린 다음, 50 ㎎을 채취하여 증류수 50 ㎕를 첨가하여 균등액을 만든다. 치패는 5마리를 1시료로 하여 패각을 제거한 다음 종이 타올 위에 올려 건조시킨다. 만약 치패의 크기가 12 ㎜보다 클 때는 5마리의 건조중량을 측정한 다음 1.5

㎖ 에펜돌프시험관에 옮긴 다음 homogenizer로 균등액을 만든다. 한편 치패의 크기가 12 ㎜보다 적을 때는 증류수를 첨가하지 않고 비닐봉지에 넣어 으깬 다음, 으갠 조직의 0.5 g을 1.5 ㎖ 에펜돌프시험관에 옮겨, 0.5 ㎖의 증류수를 첨가하여 조직의 균등액을 만든다. 이렇게 만든 유생 또는 치패의 조직 분쇄액은 볼텍스믹스로 강하게 교반한 다음 끓는 물에 담구어 10분간 끓인다. 그 후 다시 교반한 다음 10,000 rpm에 5분간 원심분리하여 상청액을 증류수로 10배 희석하여 -20℃에 보관한다.

Primers는 A3(5‘-GCC AAC CGT TGG AAC CAT AAC AAG CG-3′)와 A4(5′-GGG AAT GAG GTG AAC GAA ACT ATA GAC-3′)의 세트를 external primer로, A5(5′-CGC CCC AAC CAC GAT TTT TCA CTG ACC C-3′)와 A6(5′-CCC GTC AGA TAT AGG ATG AGA TTT G-3′)의 세트를 internal primer로 하여 nested PCR을 한다. PCR 조건은 94℃에 2분간 35사이클로 증폭한 다음 72℃에 5분간 최종적으로 신장시킨다. 35사이클의 조건은 94℃에 1분간 melting, 50℃ 1분간 annealing, 72℃에 1분간 신장의 조건이다. Nested PCR을 할 때는 A3와 A4의 PCR산물 0.5 ㎕를 DNA주형으로 첨가한다. PCR산물의 크기는 1001-917bp이다.

동일의 PCR조건에서의 primary PCR을 위한 primer는 B3(5′ GTG GAG GTG GCT GTT GAA AT-3′) B2(5′-CAA CAG CTT TGG AGG TTG GT-3′)의 세트는 332 bp, C2(5-CTC TTT ACC ATG AAG ATA CCC ACC-3′)와 C6(5-′GTG CAC GGC TTA CCA TTT TT-3′)의 세트는 710bp의 밴드가 생성된다.

(2) 오분자기의 Herpesvirus

수온 16-19℃에 중간 육성중인 오분자기 또는 성체에 감염되며, 누적 사망률은 70-80%정도이다. 감염 개체는 육안적 증상이 나타나기 시작하여 3일 이내에 폐사한다. 이 병은 오분자기에만 감염되며, 참전복(*Haliotis discus*)에는 발병하지 않는다. 감염 개체는 육안적으로 외투막이 수축하며, 근육이 경직되어 있다.

감염 개체의 조직을 절취하여 잘게 자른 다음 MEM에 부유시켜 균등액을 만들어 1,500g에 20분간 4℃에서 원심하여 상청액을 회수한다. 상청액을 0.45 ㎛ membrane filter로 여과한 다음 균액으로 한다.

감염은 17-20℃로 조정한 해수에 오분자기를 수용하고 침지는 여과 균액의 500배 희석액에 30분간 침지한 다음 사육하고 주사 접종은 균액 0.1 ㎖를 근육 접종한다. 근육주사는 주사 2일후, 침지 3일후에 폐사가 발생하며, 증상은 자연 발생 오분자기의 증상과 유사하다.

병리 조직학적으로는 원인 바이러스는 신경계를 표적기관으로 하고 있다. 병소는 혈구의 침윤을 동반한 괴사가 유발되며, 뇌의 신경절(cerebral ganglion)에 형성된 병소는 실질세포와 실질세포 주변의 신경섬유초(neurilemma)에 심한 혈구 침윤을 동반한 괴사가 일어난다. 또한 족부에 있는 신경세포의 실질과 주변의 신경섬유초에도 뇌의 신경절과 마찬가지로 괴사된다. 이러한 괴사는 인두와 장에서도 나타나며 때로는 새변의 상피세포와 그 아래의 고유층에 혈구의 침윤이 생기는 경우도 있다. 이러한 경우에는 상피세포는 박리되게 된다.

빈사상태 오분자기의 내장에 9배량의 PBS를 첨가하여 균등액을 만든 다음 3,000g에 20분간 4℃에서 원심하여 상청액을 회수하여 다시 100,000g에 10분간 원심한다. 펠렛을 grid에 적하하여 건조시킨 다음 2% phosphotungstic acid로 염색하여 전자현미경으로 검경한다. 뇌의 신경절세포 변성 세포 내에 직경 90～100 nm의 6각형의 바이러스입자가 확인된다. 바이러스입자는 진한 핵양체(nucleoid)를 가지고 있는 것도 있는 반면 입자내부의 핵양체 부위가 비어있는 것도 있다.

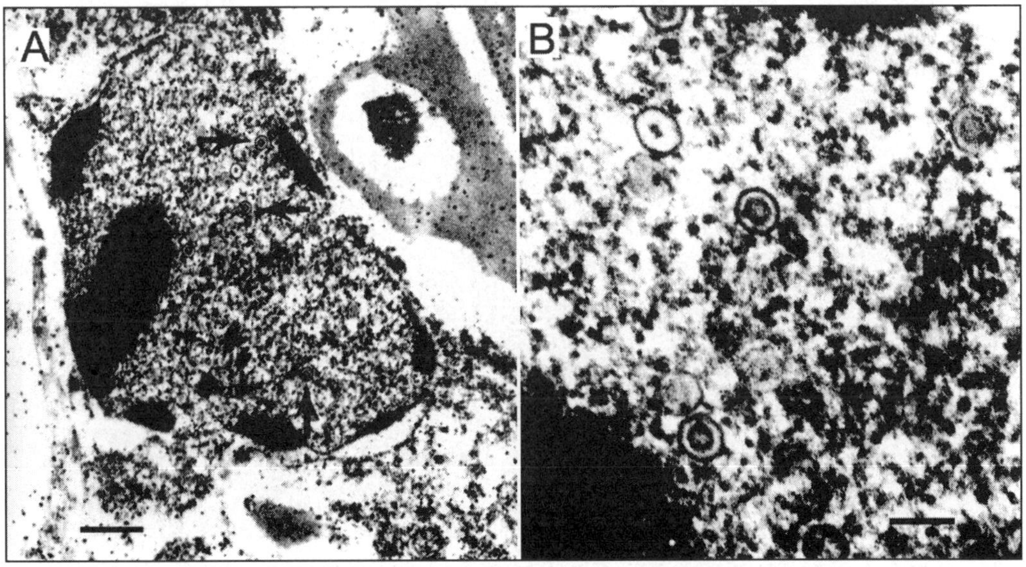

그림 2-7 A: 뇌신경절 세포내의 바이러스입자(화살표). B: 바이러스입자는 직경 90-100 nm의 육각형으로 1개의 coat를 가지고 있다. Bar=416 ㎛(A)와 125 ㎛(B).

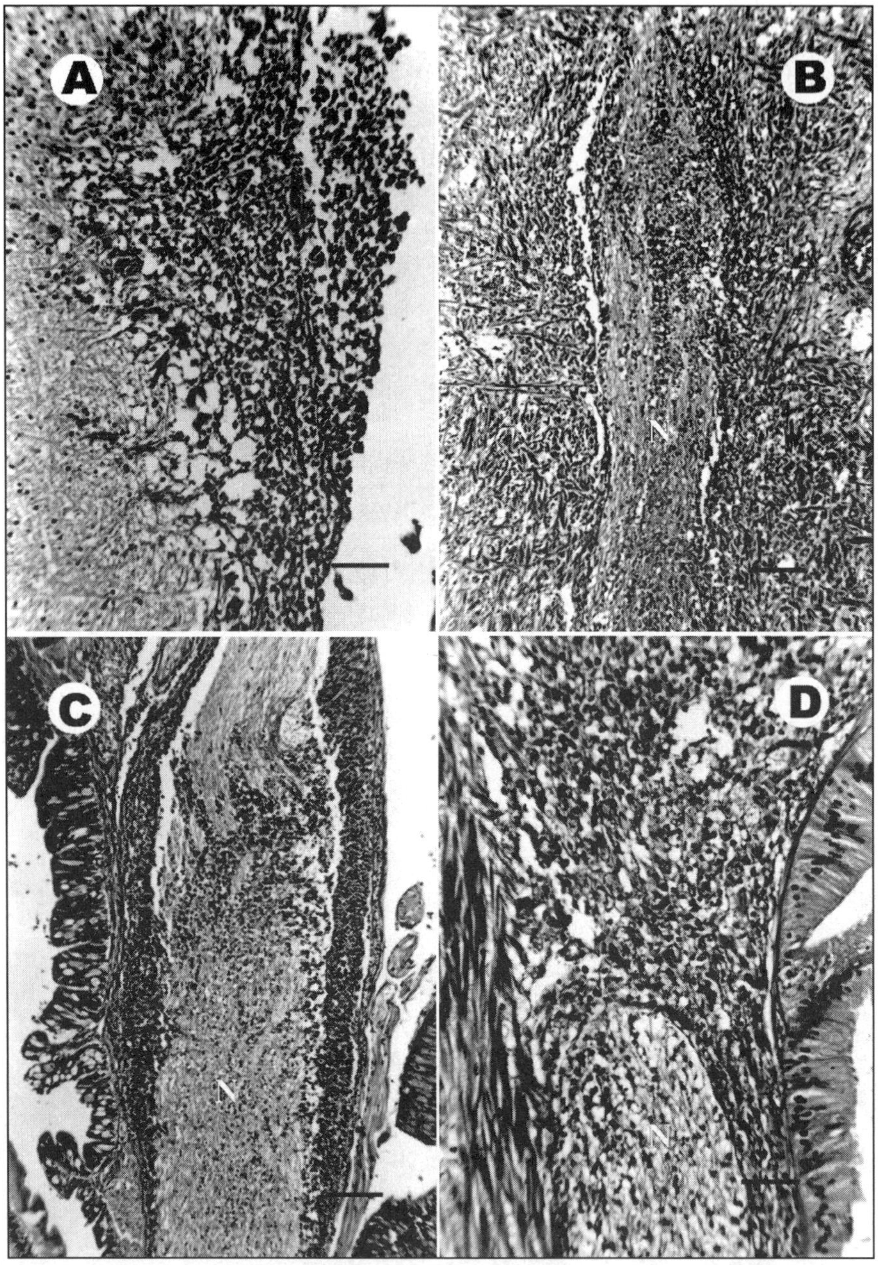

그림 2-8 A: **뇌신경절과 주변 신경섬유초의 괴사.** 괴사소에는 염증세포의 침윤이 현저하며 신경분비세포(neurosecretory cell, 화살표)은 변성됨. B: 족부 신경절과 신경섬유초의 괴사와 현저한 혈구의 침윤. C: 식도의 점막 하부의 신경(N)의 괴사. 괴사는 신경과 신경섬유초에서 관찰. D: 소화관의 근육과 점막하 조직 아래에 있는 인접 신경조직(N)의 괴사와 괴사소 내의 혈구 침윤. HE. Bar= 50 ㎛(A & D)와 100 ㎛(B & C).

(3) 전복의 Herpesvirus성 신경절신경염(ganglioneuritis)

감염 개체는 뇌와 족부 등의 신경절과 신경섬유초에 심한 염증을 유발하기 때문에 족부의 가장 자리가 안쪽으로 뒤틀리며, 입은 부종을 일으켜 돌출하게 되고 입주변의 조직은 부어올라 있다. 이 때문에 미감염 개체 보다 패각이 바닥에서 더 높게 유지하고 있다. 족부 신경절에 염증 때문에 근육의 활력이 저하되어 부착기질에 부착하지 못하고 탈락하여 폐사하게 되고, 족부의 가장 자리가 오그라 들기 때문에 패각 내부의 진주층을 육안으로 볼 수 있게 된다.

감염개체는 증상이 나타나기 시작하면 보통 14일 이내에 90%이상이 폐사하지만, 대개는 50%이상이 폐사하게 된다.

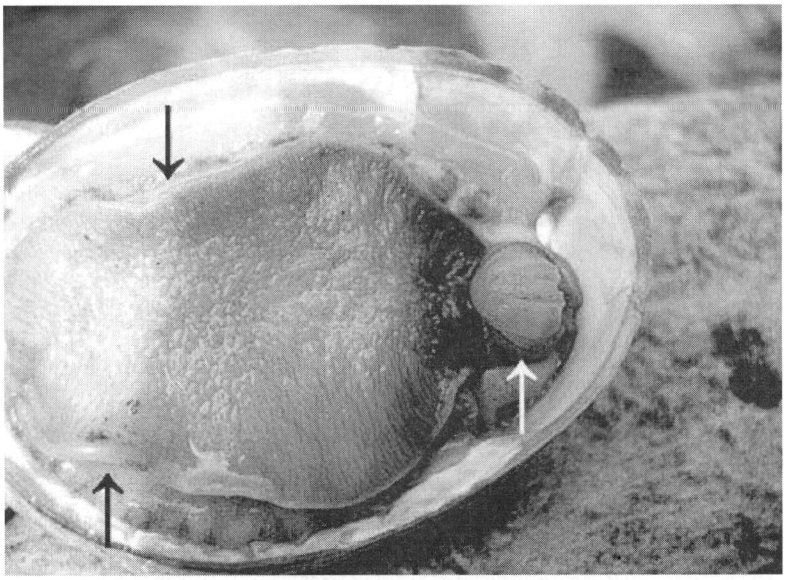

그림 2-9 부종을 일으킨 입(흰색 화살표)은 돌출되어 치설(radula)이 보이고, 족부 근육은 안쪽으로 뒤틀림.

병리 조직학적으로는 뇌, 측족 및 구구 신경절(buccal ganglia) 및 이들 신경에서 뻗어 나오는 신경섬유초에 병소가 집중적으로 형성된다. 족부내의 측족신경절에서 뻗어 나오는 신경다발과 내장 신경 다발도 감염될 수 있지만 항상 감염되는 것은 아니다. 감염된 신경세포에서 가장 뚜렷한 변화는 세포수가 증가함과 동시에 개개의 세포의 괴사이다. 세포수의 증가는 혈구세포의 침윤과 신경교세포의 증식의 결과이다. 때로는 신경세포 내에 세포수가 증가하고 주변에 호중성의 세포가 둘러쌓고 있는 형태로 관찰되는데 이는 광학

현미경으로는 주변에 있는 세포가 혈구인지 신경교세포인지는 분명하지 않다. 그러나 일부는 혈구세포와 형태적으로 유사하지만 신경절 내의 세포는 신경교세포(glial cell)에 닮아있다.

신경절과 신경의 세포는 괴사와 부종을 일으켜 붕괴됨으로 neurofibril은 누더기 모양으로 산발적으로 흩어진다. 때로는 신경세포의 핵에서 핵막은 진하게 염색되는 반면 중심부가 옅게 염색됨으로 핵 내에 봉입체가 존재함을 암시하고 있지만, 전형적인 Cowdry A형의 봉입체는 관찰되지 않는다.

근육 내의 감염 신경과 신경절에 인접하고 있는 미감염 근육과 분명하게 구분할 수 있다. 입 주변에 있는 소형신경도 괴사되며 세포가 증가한다. 환부에 인접하고 있는 간질조직에도 염증과 괴사가 관찰될 때도 있다. 이때는 세포가 증가한 환부와 경계가 명확하지는 않다. 입 주변에는 근육과 간질에 심한 부종이 유발된다. 그럼으로 감염부위는 유동이 종대되고, 결합조직과 근섬유가 붕괴되고 그 사이를 혈액이나 혈구가 채우고 있다. 때로는 구강의 상피세포도 괴사와 염증반응이 생기지만 다른 조직에서는 변화가 없다.

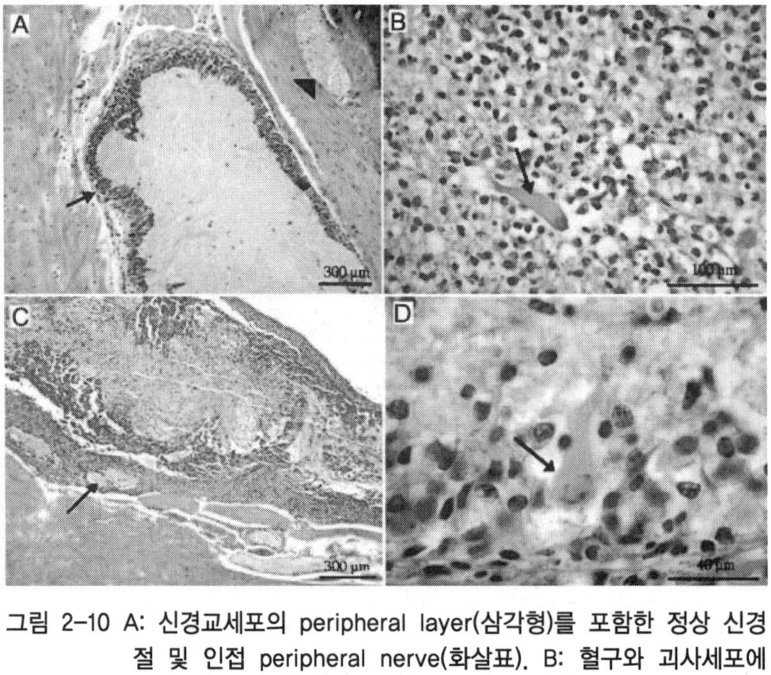

그림 2-10 A: 신경교세포의 peripheral layer(삼각형)를 포함한 정상 신경절 및 인접 peripheral nerve(화살표). B: 혈구와 괴사세포에 둘러쌓인 괴사 신경세포(화살표). C: 심한 세포 침윤에 때문에 신경절세포가 신경절세포에서 뻗어 나오는 peripheral nerve내로 돌출. D: 중앙부의 신경세포는 핵막과염상(화살표)을 나타냄으로 핵 내에 바이러스 봉입체가 존재함을 암시. HE.

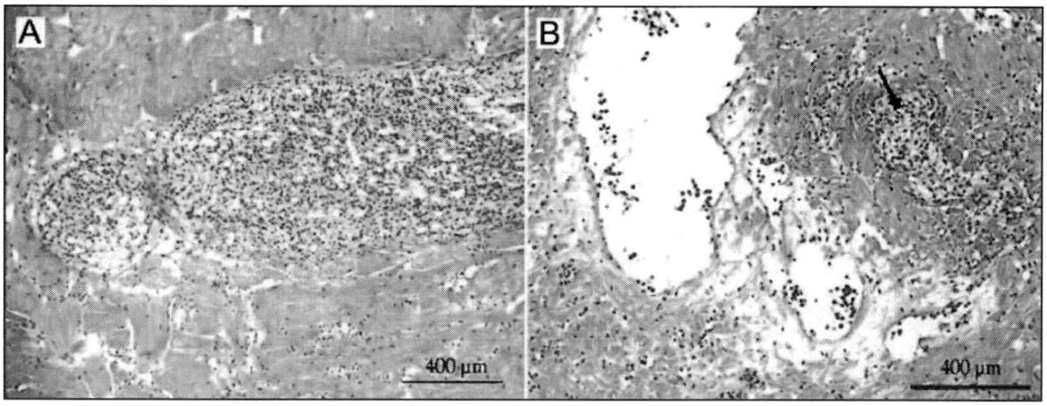

그림 2-11 A: 대형 신경 환부는 미미한 혈구침윤이 있는 인접 간질 및 근육과 명백히 구분. B: 혈구의 침윤에 의한 유동의 확장(부종과 충혈). 혈구 침윤은 대형 peripheral nerve에서 인접 소형 신경가지로 확대되어 있다. HE.

3) 굴의 무과립구 핵비대증(hemocytic neoplasia)

주로 유럽산 넓적굴에 감염되고 있지만 참굴에서도 발병되고 있다. 유럽에서의 발병상황은 주로 4월에서 10월까지이며, 수온은 23℃전후이며 비중은 36-38‰, 사망률은 20-90%정도이다. 보통 성장이 빠른 개체에 잘 발생하는 경향으로 감염개체는 소화선이 창백한 소위 물굴의 상태로 된다.

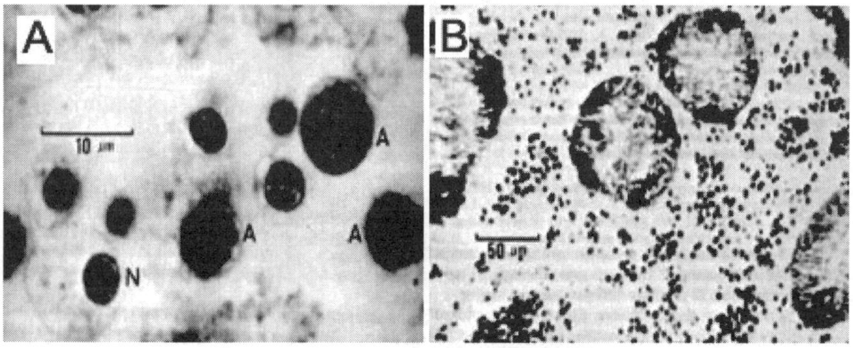

그림 2-12 A: 무과립구 핵비대증에 의한 결합조직내의 혈구의 침윤. B: 결합조직내의 정상혈구(N)과 핵 비대의 이상 대형 혈구(A).

병리 조직학적으로는 소화선 및 장과 같은 결합조직의 표피 아래 부분에 원형으로 대형의 강한 호염기성 핵을 가진 반면 세포질은 소수인 비정상적인 혈구가 다량으로 침윤하는 것이 특징으로, 친윤하는 혈구는 주로 무과립혈구이다. 이 들 이상 혈구의 핵의 세포질에 대한 비는 정상혈구가 1: 2.8인데 비해, 비정상혈구는 1: 1.3으로 핵이 비정상적으로 비대되어 있다. 이러한 비정상적인 대형의 핵을 가진 혈구는 숫자는 적지만 건강한 굴에서도 관찰되는데, 병든 개체에서의 이러한 혈구의 비율은 20-35%정도로 출현된다. 현재 이 질병의 정확한 원인은 바이러스로 추정되지만 정확한 결과는 없다. 이 병에 의한 피해를 줄이기 위해서는 사육밀도를 낮추고 발병 시기가 도래하기 전에 수확하는 것이외에 뚜렷한 대책은 없다.

4) 전복의 근위축증(amyotrophia)

아직 우리나라에는 발병의 확인되고 있지 않지만, 일본에서 1985년에 첫 발생 이래 매년 발생이 빈번히 발생하여 문제시 되고 있는 바이러스성 질병이다. 발병대상은 주로 종묘 생산기 또는 중간육성과정에 있는 것들로서 수온이 상승하는 4월~8월의 봄에서 초여름(수온 13℃~25℃)에 걸쳐서 발생하며, 가장 빈발하는 시기는 5월~6월이다. 수온이 25℃이상 되면 자연 종식하는 경향으로 누적폐사율은 약 50%정도이다. 특히 종묘생산 후 중간육성을 위하여 파판에서 박리하여 사육 시에 빈발하는 경향이다.

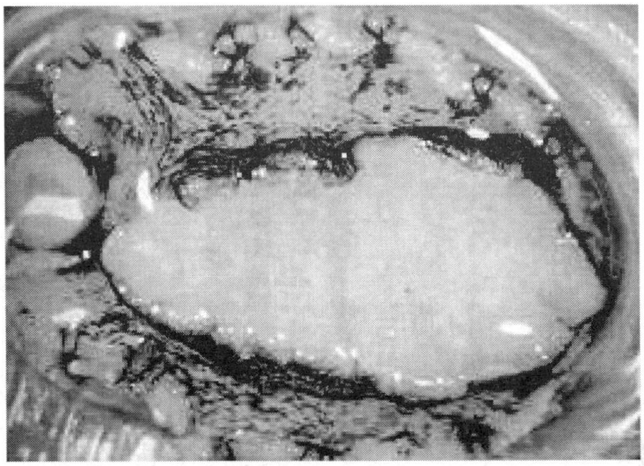

그림 2-13 복족부의 연체부가 위축되고 복족근육에 엷은 백반이 다수 관찰됨.

병든 전복은 식욕이 없으며 야행성임에도 불구하고 빛에 대한 도피행동을 표시하지 않기 때문에 대부분이 은신처 밖으로 나와 있다. 병의 말기의 개체는 기질에 부착하는 능력이 현저히 저하되어 족부를 위로 하고 뒤집혀 있는 개체가 많다. 사망이 장기간에 걸쳐 서서히 일어날 경우에는 전복은 매우 여위어 있는 반면 단기간에 대량으로 폐사할 때는 여윈 개체는 드물다. 패각의 전반부의 바깥쪽 패각에 성장선에 수직으로 1~여러 개의 홈이 패여 있는데 이러한 패각의 홈은 대량폐사가 종식되면 재생되어진다. 감염 개체를 뒤집어 놓으면 복족을 움직이지만 그 움직임이 활발하지 못하기 때문에 자력으로는 원래의 상태로 되돌아 갈수 없다.

쇠약한 개체는 복족신경간의 일부가 두꺼워져 있으며, 그 외에도 복족, 아가미, 외투막 등과 같은 여러 기관에 크기 0.5 ㎜이하의 구형의 구조물이 관찰된다. 이러한 원형의 융기부는 물렁물렁하며 백색 또는 엷은 갈색을 띄고 있어 정상적인 신경조직과도 구분하기 힘들다. 이러한 융기부를 잘라서 현미경으로 검경하면 세포질 내에 원형-타원형의 과립을 가지고 있는 이상세포가 대량으로 모여 있는 것을 알 수 있다. 어떤 세포는 크기가 10~20 ㎛정도로 가운데 부분이 약간 솟아오른 감이 있는데 이러한 세포의 내부에는 방추형 또는 바늘모양의 결정구조물이 들어있다.

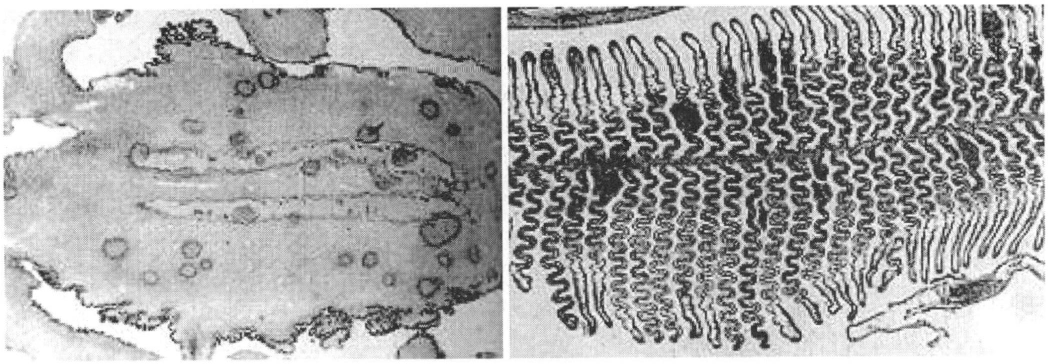

그림 2-14 좌: 신경간과 신경간에서 분지하는 말초신경계에 원형 또는 장타원형의 이상세포 덩어리가 많이 관찰되는데 이것은 복족부에 있는 백색의 반점에 해당된다. 우: 이상세포덩어리가 다수 관찰되는 아가미.

병리학적으로는 정상 조직과 그 경계가 명확하게 구분되는 이상 세포의 집합체가 관찰되는 것으로, 이 들의 구성 세포는 핵의 모양이 원형 또는 타원형, 말발굽형 등 다양하며 크기도 일정하지 않고 핵농축이 관찰된다는 것이다. 이러한 이상 세포의 집합체가 발견되는 곳은 복족내의 신경간과 복족 표층부에 비교적 많이 분포하고 있는 말초신경에서 많이 관찰되며, 그 외 외투막, 아가미, 소화관주변 결합조직, 소화관, 중장선 및 신장과 같은 조직에서 발견되는 것이 특징적이다. 신경조직 내의 이상 세포의 집합체는 신경조직 유래의 세포가 증식한 것이며, 신경조직이외의 아가미나 외투막에서 관찰되는 이상 세포는 신경조직에서 증식한 것이 전이된 것으로 생각된다. 이러한 이상 세포의 형성에 의한 신경장애가 폐사의 주된 원인으로 작용한다. 또 전반부 패각 바깥쪽에 함몰이 생기는 것은 외투막이 감염되어 패각의 생산에 장애가 생긴 때문으로 생각하고 있다.

이 병은 감염 후 살아남은 개체와 동거시키거나 또는 병든 전복 패각의 현탁액에 침지시키거나 함으로서 감염이 성립되기 때문에 바이러스에 의한 것이다. 종묘생산에 사용되는 모패에 의한 수직감염 거의 확실함으로 철저한 격리사육이 필요하며, 같은 장소에서 모패와 종묘를 동시에 사육하여야만 할 때는 수평감염을 방지하기 위해 사육수나 도구의 철저한 소독이 필요하다. 그럼으로 현 단계에서 예방 대책이라고 하면 모패의 격리사육, 수정란의 철저한 세척, 난이나 부화유생의 반입시의 세척 및 사육수의 자외선 살균에 의한 소독 등의 방법이 제시되고 있으며 실제로 상당한 효과를 얻고 있는 것으로 알려져 있다.

실제 양식장에서는 발병을 예방하기 위해서는 UV살균 해수로 배양하여 규조류를 부착시킨 파판에 부착시킨다. 사육수조는 배수로, 여과조 및 배관내부를 차아염소산소다 50~1000ppm으로 소독하고, 사육망 등은 70%에탄올 또는 끓는 물에 넣어 소독한 다음 치패가 부착한 파판을 넣어 사육한다. 사육조에는 2.8-5.3 x10^4 uW.sec/cm^2으로 살균한 UV해수를 처음에는 1일 4회전에서 점차 확대시켜 최대 1일 12회전시키면 근육위축증의 발생 및 발병에 의한 사망은 전혀 발견되지 않는다. 사육 중에는 10%포르말린에 고정하여 조직표본을 만들어 HE염색한 다음 복족 내 신경조직에서의 이상세포 덩어리의 형성 유무를 관찰하면 쉽게 구분할 수 있다.

원인은 바이러스로 추정되지만 감염 전복을 마쇄하여 재접종하면 증상이 재현되지 않기 때문에 명확한 원인체는 밝혀지지 않았다. 현재의 단계에서 가장 좋은 예방법은 파판에 규조류를 부착시킬 때부터 자외선 멸균해수를 사용하여 이후의 단계에서도 자외선 조사 멸균해수로 치패를 사육하면 발병률을 현저히 감소시키는 방법이 최선의 방법으로 현장에서도 이러한 방법을 채용할 필요가 있다.

5) 전복의 복족근육 이형비대세포증

사육중인 3년패의 전복(*Nordotis discus*)에 발생하며 감염 전복은 먹이 섭취가 불량하며, 패각이 떠있는 상태인 비정상의 전복으로, 광선기피현상이 없이 밝은 곳에서 발견된다. 이러한 전복은 1주일 후에는 부착능력이 약화되어 부착판에서 탈락되어 사망한다. 일부 폐사 개체에서는 복족 근육에 많은 융기 환부가 발견되는 경우도 있다. 4월경에 발병이 확인되지만 그 후 수온이 25.6℃인 8월 중순까지 계속되어 누적 폐사율은 약 40% 정도이다.

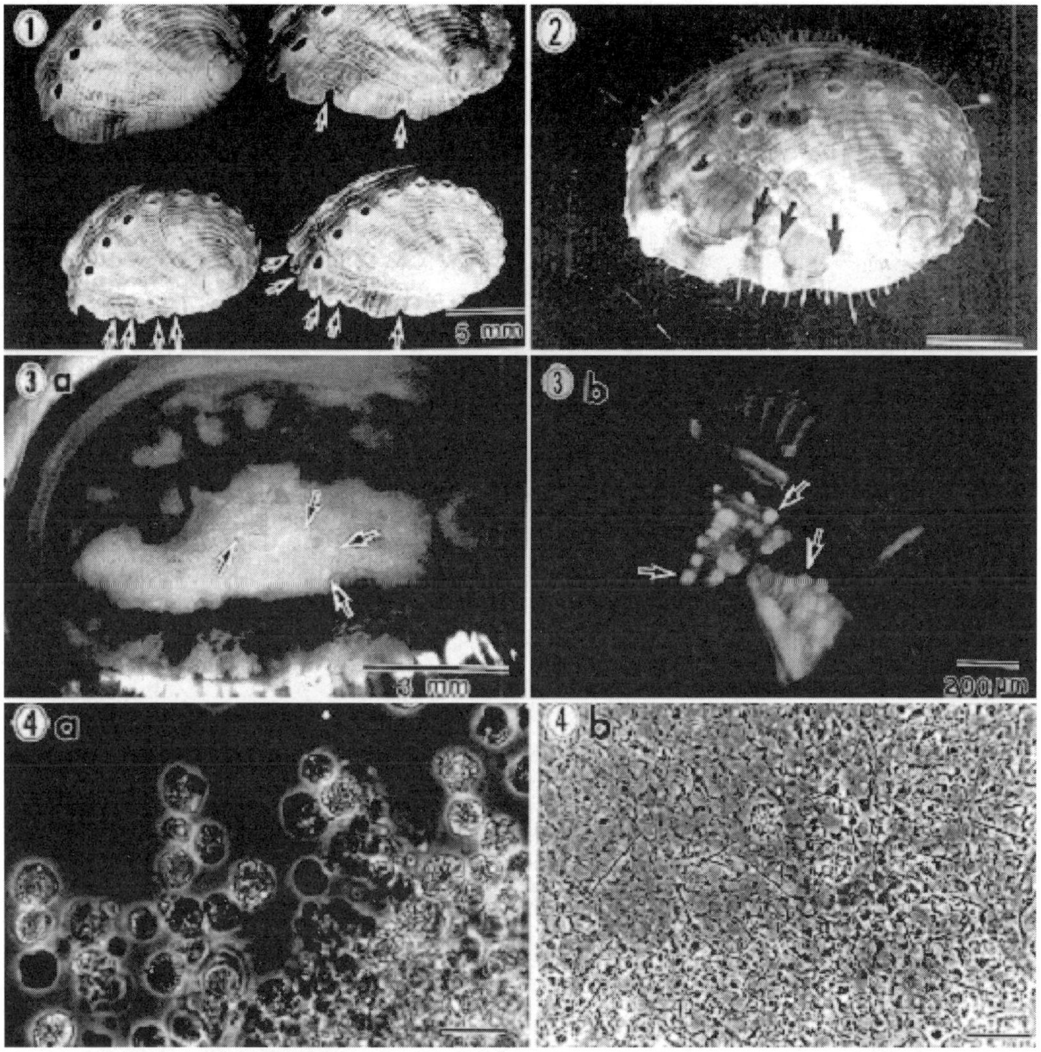

그림 2-15 1: 패각에 형성된 홈(화살표), 2: 감염 후 생잔 개체의 패각 재생 부위(화살표), 3: 발과 아가미에 형성된 백색의 결절, 3b의 위의 아가미는 정상 아가미임, 4: 이형세포(a)와 많은 과립과 방추형의 세포(b)로 구성된 병소의 위상차 사진.

감염개체에서는 원인균으로 추정되는 세균, 곰팡이 및 기생충은 발견되지 않고 복족근과 폐각근의 근육에 1개의 소형 핵을 가진 대형세포가 다수 관찰되며, 이런 대형세포의 세포질 내에는 김자염색에 청색 및 PAS에 양성반응을 나타내는 그람음성의 소형구균에 닮아있는 세포내기생성의 미생물로 생각되는 과립상의 이물이 발견된다. 대형세포의 세포질은 대부분이 풍선모양으로 팽대되어 있고, 일부는 붕괴중인 것도 발견된다. 이러한 대형세포는 표피 바로 아래에서도 많이 관찰되는데, 이러한 곳에서는 많은 혈구세포가 침윤되어 덩어리 모양을 형성하지만 유사한 증상인 근위축증의 특징적인 조직상인 신경세포에서의 이상세포 덩어리는 관찰되지 않는다. 또한 감염개체를 건강한 개체와 동거시키면 1달 후에 같은 증상이 재현된다.

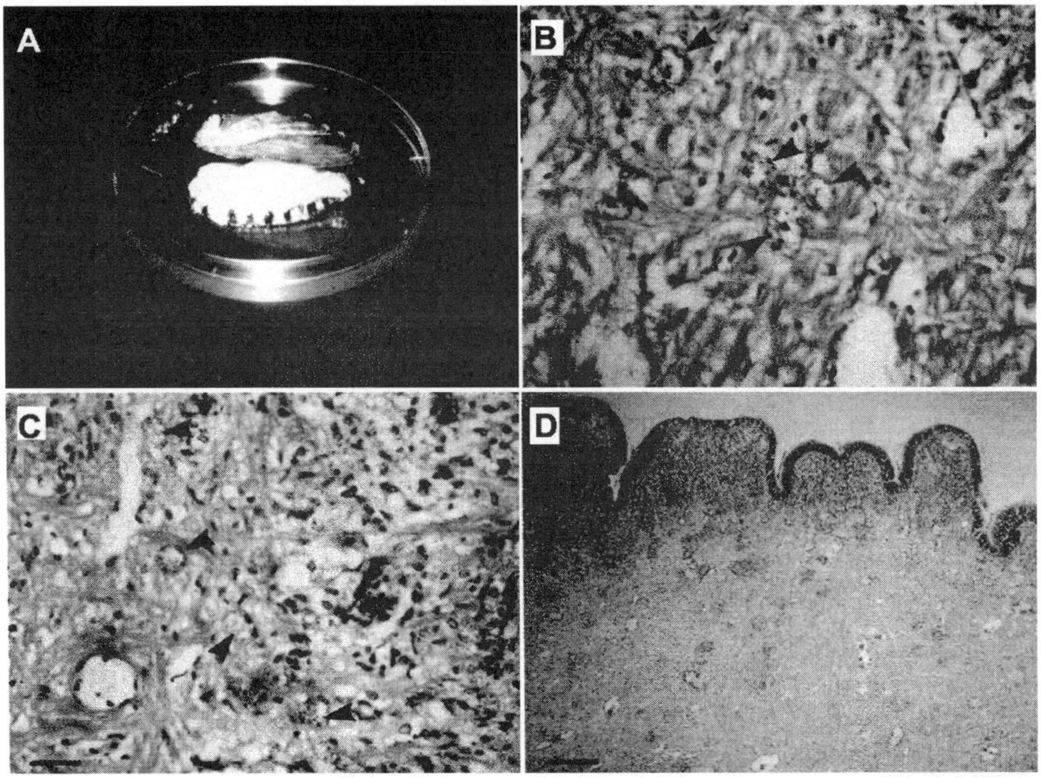

그림 2-16 A: 패각이 들어 올라가는 특징적인 증상을 나타내는 감염개체. B: 근육조직내의 대형이형세포(화살표), HE. C: 이형세포내의 구균과 같은 작은 입자, Giemsa. D: 상피세포 하부의 혈구의 침윤, HE. Bar=100 ㎛(B와 C) 및 1 ㎜(D).

6) 진주조개의 바이러스병

감염 진주조개는 폐각근이 적갈색으로 변색되는 것과 연체부가 극도로 수축되는 것이 특징적으로 변색 후에는 급격히 쇠약해져 사망한다. 폐각근의 특징적인 변색 이외에도 연체부의 위축과 심방의 종대가 관찰되는 경우가 많다. 폐사는 여름과 늦가을에 시작하여 9-10월에 최대로 된다.

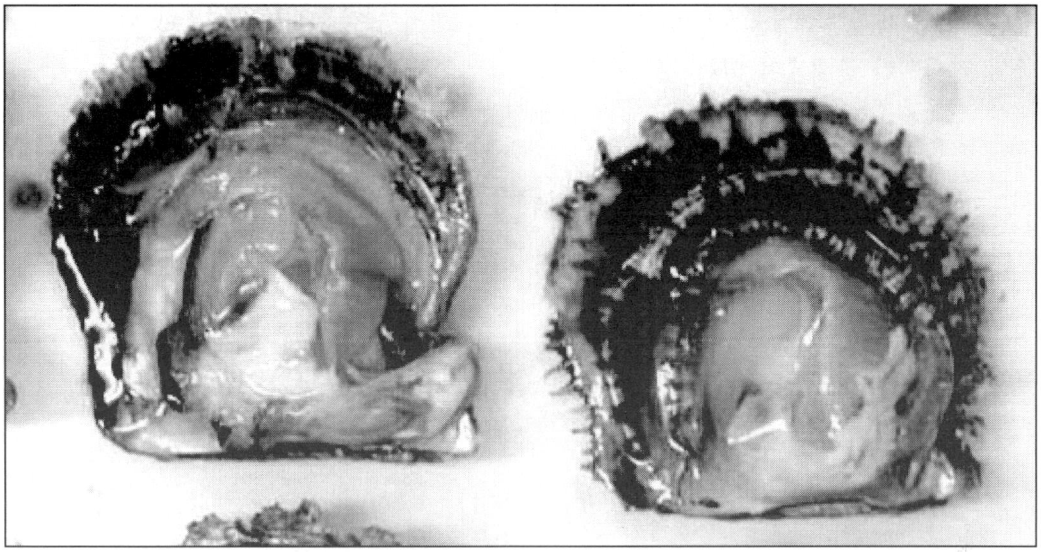

그림 2-17 정상(우) 및 감염(좌) 진주조개. 감염 진주조개는 폐각근의 색조가 특징적인 적색을 띄고 있음.

병리 조직학적으로 변화가 가장 현저한 것은 외투막의 결합조직의 변화로 정상의 외투막의 결합조직은 투명감이 있으며, 소량의 섬유로 구성되어 헤마톡시린에 엷게 염색되며 섬유아세포가 곳곳에 산재하고 있다. 또한 외투막 신경환에 인접하고 있는 외투막 동맥은 내피세포에 싸인 형태로 그 관공이 매우 넓다. 그러나 감염 개체의 외투막의 결합조직은 에오진에 진하게 염색되는 섬유성분이 많을 뿐만 아니라 침윤해 온 혈구가 다수 관찰된다. 또한 외투막의 근섬유 다발 사이의 결합조직도 증가되어 있으며, 외투막 동맥의 관공이 파괴되어 관찰이 불가능할 경우도 있다. 외투막의 변화는 다른 조직에 변화가 없는 경우에도 거의 확실히 발견된다.

정상 폐각근은 평활근 조직에서는 근섬유가 치밀하게 배열하여 있는 반면에 감염 개체는 근섬유 다발사이의 결합조직이 증가되어 있을 때도 있고 때로는 근섬유가 소실되고 결합조직이나 혈구로 대체되어 있는 경우도 있다.

병변이 가벼운 경우에는 근섬유 다발 사이에 정상 보다 커다란 핵과 혈구의 침윤도 확인된다.

정상 소화관 맹낭은 도관과 세관이 치밀하게 배열하고 있으며, 혈관 주변에는 에오진 호성 과립을 가진 세포가 커다란 집단을 이루고 있다. 그러나 감염 개체의 경우에는 도관과 세관의 상피세포는 위축되어 도관과 세관의 간격이 넓이지고, 그 사이에 결합조직과 혈구가 침윤해 있고, 에오진호성 과립세포의 수가 현저히 감소하여 다. 또한 심장의 심방중의 식세포가 종대되어 있는 경우가 많다.

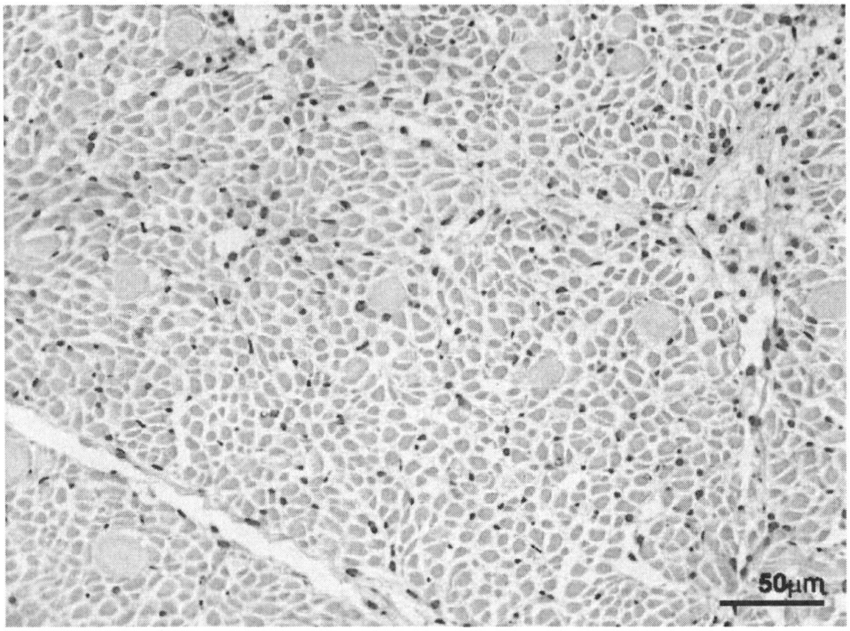

그림 2-18 감염 진주조개의 부착근은 근섬유 다발 주변의 결합조직의 양이 증가.

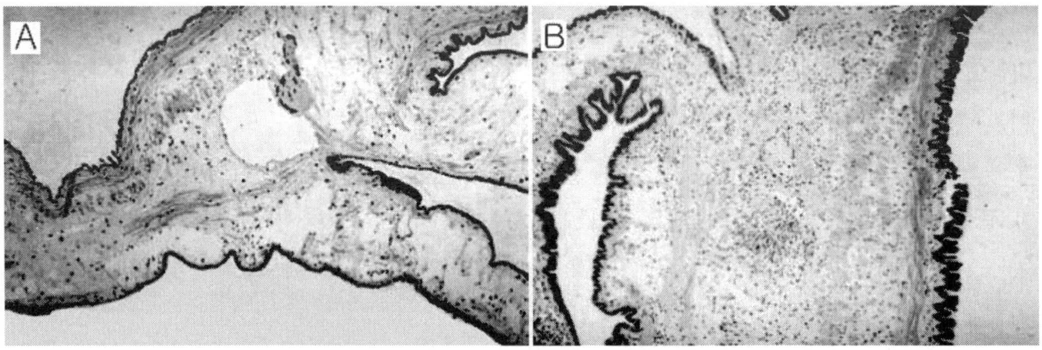

그림 2-19 정상(좌)와 감염(우) 진주조개의 외투막. 소성 결합조직에 혈구가 침윤해서 집합체를 형성함.

감염개체를 0.1% 페녹시에탄올 해수에 마취시킨 다음 폐각근에서 채혈하여 슬라이드글라스에 적하시킨다. 그 후 습윤 상자에 넣어 30분간 방치한 다음 메탄올로 10분간 고정한 다음 May-Grünwald Giemsa염색한다. 감염 개체의 혈림프는 세포가 종대되고, 세포질 내에 공포와 같은 구조물이 관찰된다. 이러한 변화는 건강한 개체에서는 발견되는 경우는 없다. 또 감염 개체의 혈구는 May-Giemsa액에 진하게 염색되는 혈구가 핵농축을 일으키고 있는 경우는 감염 유무에 관계없이 건강한 개체에서도 발견된다. 그러나 비정상적인 대형세포, 세포질의 과립 및 공포의 출현은 건강한 개체에서는 발견되지 않고, 가벼운 증상을 나타내는 개체에서도 관찰된다. 그럼으로 혈구세포의 도말표본을 검경하여 비정상적인 혈구를 관찰하는 것은 이 병의 신속진단에 도움이 된다.

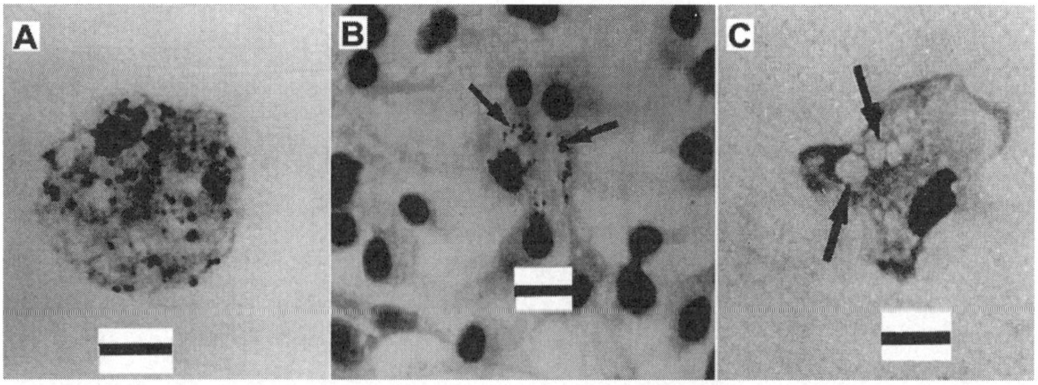

그림 2-20 감염 진주조개의 혈림프 도말 표본에서 관찰되는 팽윤된 혈구(A), 세포질 내의 과립(B) 및 세포질 내의 공포(C). May-Gr nwald Giemsa, bar=10 ㎛.

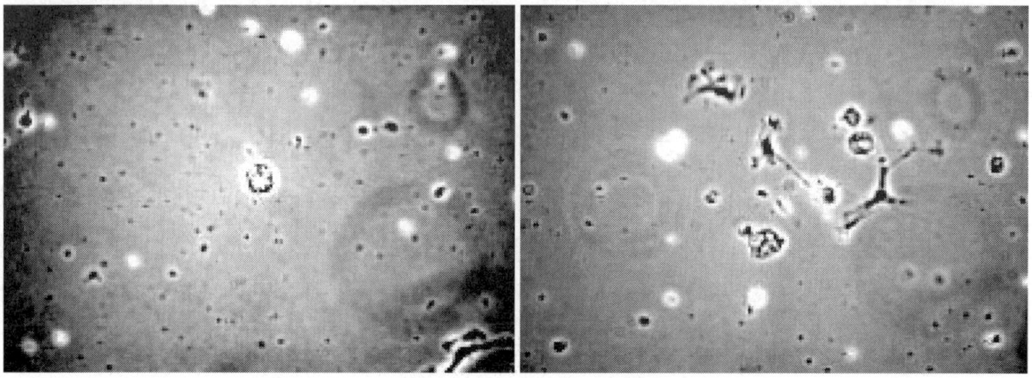

그림 2-21 감염 진주조개 혈림프 도말표본의 불명 세포. Bar= 50 ㎛.

진주조개의 폐각근에서 주사기(23 G)를 사용하여 채혈한 다음 슬라이드글라스에 적하하여 그대로 5분간 방치하여 부착시킨 다음, 커버글라스를 덮고 위상차 현미경으로 검경하면 혈구 세포와는 분명히 형태적으로 차이가 나는 부정형의 세포를 관찰할 수 있다. 이러한 세포의 내부 구조는 광학현미경으로 불분명하며 투명감이 있다. 크기는 5-20 ㎛ 정도로 단독 또는 집합체 또는 분할되는 형태로 관찰된다. 이상세포의 출현은 질병이 진행됨에 따라 증가하는 경향으로, 혈구 세포가 팽윤 또는 세포질의 과립화 및 공포의 형성 때문에 불명물(이물)을 배제하는 능력이 저하되었기 때문에 생겨나는 것으로 생각되고 있기 때문에 이러한 이상 세포를 관찰하는 것도 진단상의 도움이 된다.

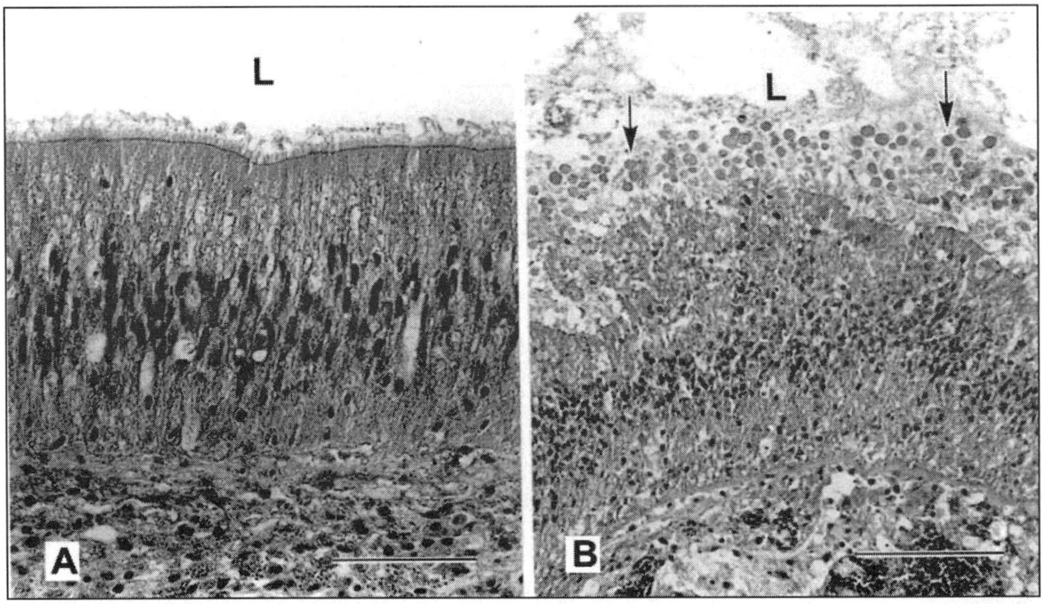

그림 2-22 건강개체(A)와 병든 개체(B)의 위 상피. A: 정상 위 상피세포 표면의 섬모와 microvilli. B: 감염 초기의 위 상피세포는 괴사와 물질의 형성되고 관광에는 괴사 조직의 잔재(화살표)가 관찰됨. L. 관공. HE, Bar=50 ㎛.

그러나 원인 바이러스의 분리에 성공하지 못하였고 재감염이 성립하지 않는 경우도 있어, 바이러스성 질병이 아니라 환경에 기인하는 것이라는 설도 제기되었다. 즉 병리조직상에서 바이러스나 세균을 비롯한 원인 생물이 발견되지 않기 때문으로 인접한 어류 양식장의 오염이 그 원인이라고 한다.

즉 발병 초기에는 위의 상피세포의 표면에 심한 수포가 생기며, 세포질의 감소 및 괴사가 관찰된다. 또한 소화관 맹낭의 상피세포의 세포질 내에 미소 지방방울이 축적되며 표면에는 심한 수포가 생긴다. 소화관의 관공내부에도 괴사된 세포가 수포가 생긴다.

병이 진행된 상태에는 외관적으로 연체부의 적갈색의 변색과 위축이 나타나기 시작한다. 이때는 체내에 저장된 글리코겐의 대부분이 소실되고, 소화관 맹낭이 폐쇄되고 위축을 일으킨다.

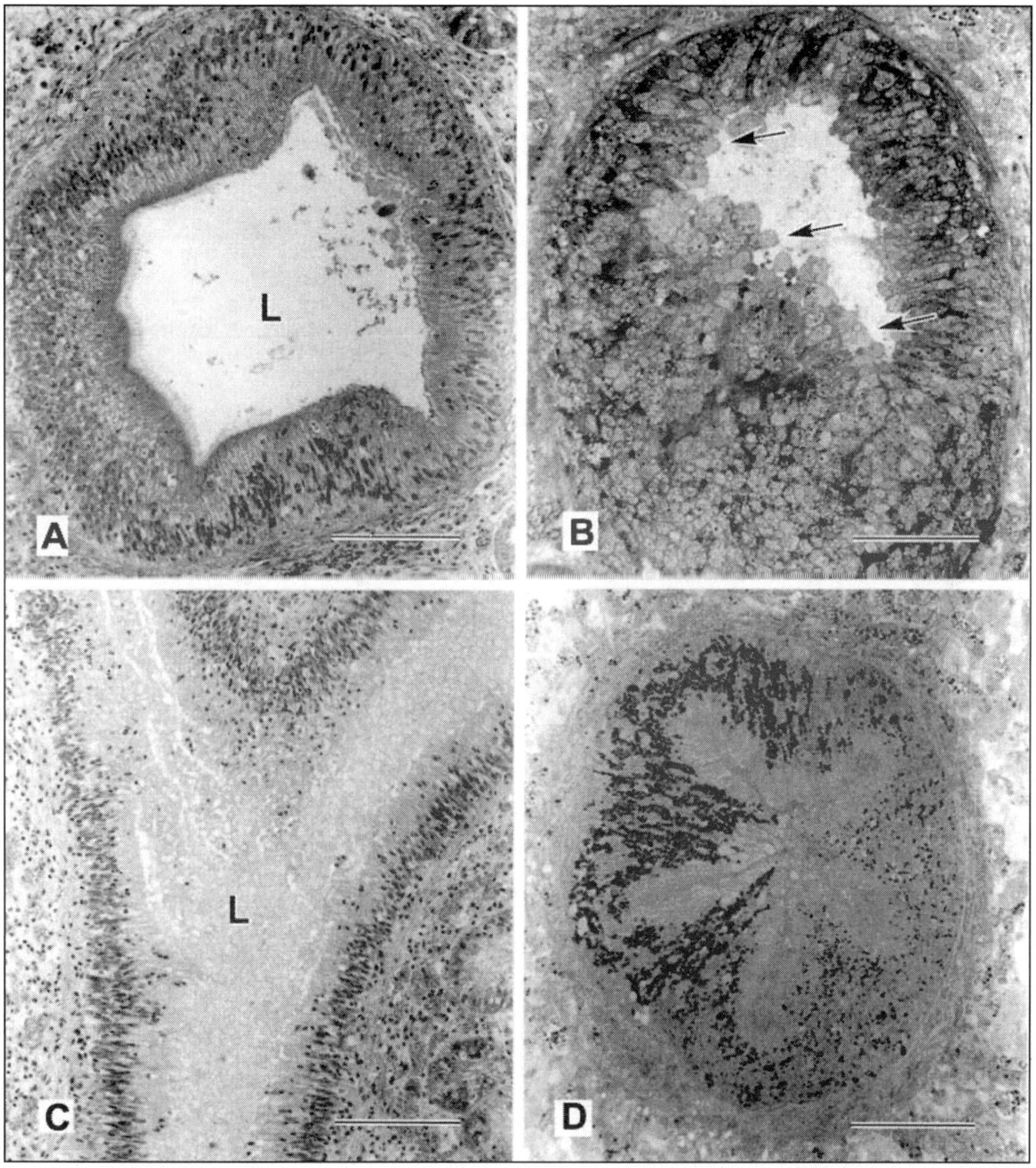

그림 2-23 소화관 맹낭. A: 건강 개체 상피세포의 섬모와 microvilli. B: 감염초기의 상피세포 세포질내의 염색되는 작은 지방 방울 및 현저한 수포화(화살표). Tolidine blue. C: 감염초기의 관공 내에는 수포와 세포 부스러기로 충만. D: 진행단계의 상피세포는 위축되고 관공은 폐쇄됨. HE. Bar=100 ㎛

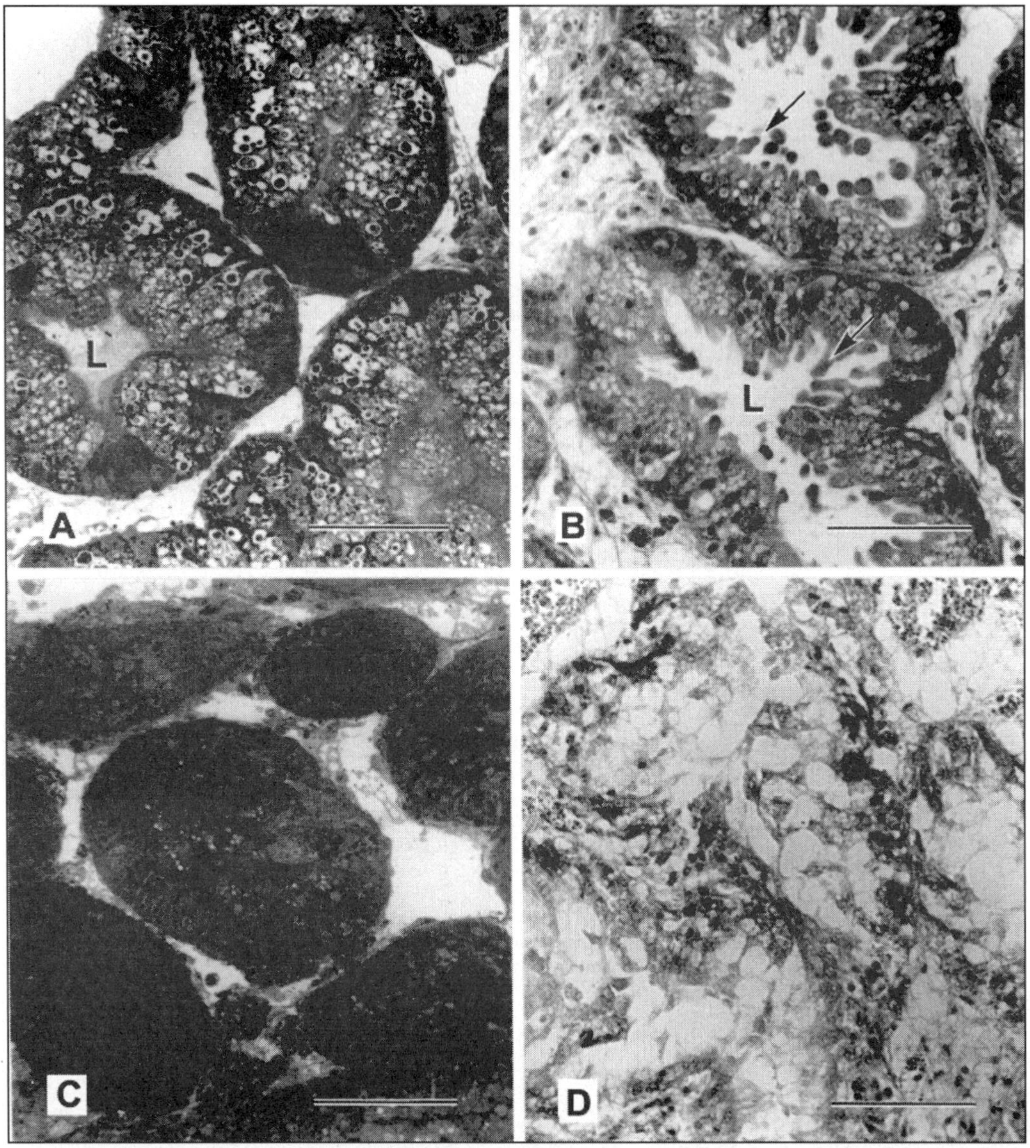

그림 2-24 소화관 맹낭. A: 건강개체의 상피세포 세포질 내의 소화와 흡수를 위한 수많은 공포. B: 감염 초기의 상피세포의 수포 및 관공(L)의 세포 부스러기. C: 진행단계의 상피세포의 위축과 관공의 폐쇄. D: 진행단계의 상피세포의 심한 괴사. HE. Bar=50 ㎛

폐각근은 병이 진행된 상태 또는 폐사 직전에는 심한 위축을 일으키고, 근육 섬유 다발을 둘러쌓고 있는 결합조직에 현저한 괴사가 일어난다. 근섬유는 응축 또는 종대되고, 괴사소에는 식세포가 침윤한다. 이러한 근섬유의 괴사는 병이 진행됨에 따라 더욱 현저해진다.

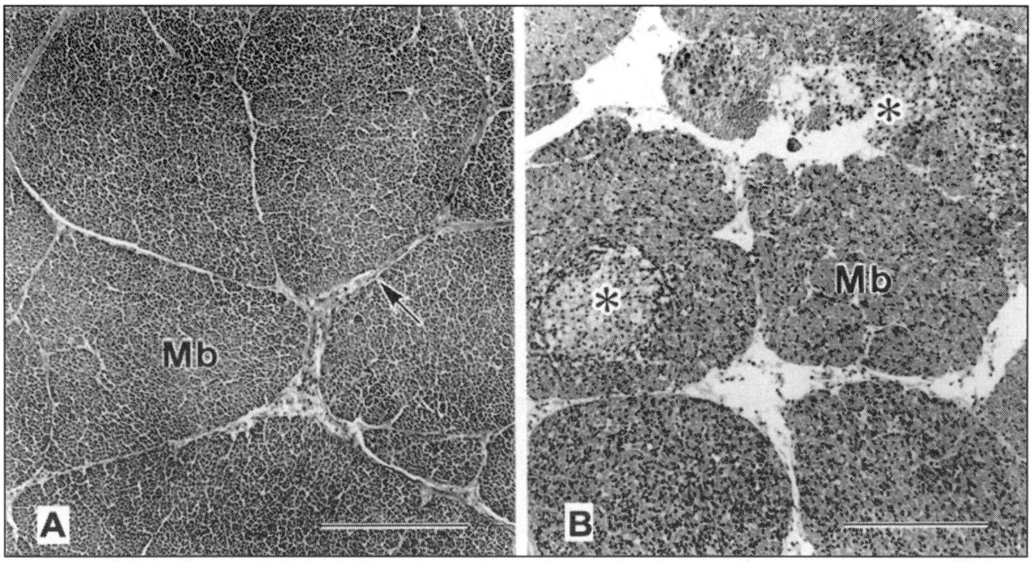

그림 2-25 폐각근의 근섬유 다발(Mb). A: 건강 개체의 폐각근 회색부와 결합조직(화살표). B: 빈사상태 개체의 백색부 근육. 근섬유는 진하게 염색되고, 결합조직은 괴사됨(화살표는 괴사의 중심). HE. Bar=200 ㎛

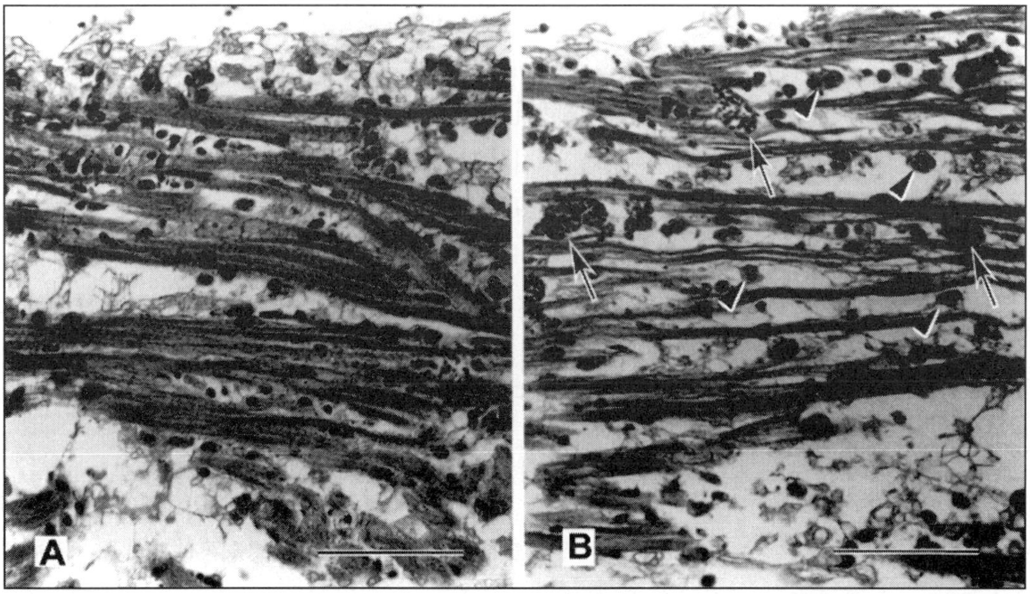

그림 2-26 심근. A: 건강 개체의 두터운 근섬유와 층상 구조. B: 진행 단계의 근섬유의 괴사와 침윤한 염증세포인 과립구(화살표)와 무과립구(머리). HE. Bar=50 ㎛.

심근은 병이 진행된 단계에서는 위축되어 괴사된다. 근섬유는 길게 늘어나 응축되고 층상구조의 관찰이 불가능하지만 괴사 상태의 핵은 관찰되기도 한다. 그러나 아가미와 구진부의 상피세포에는 병변이 없지만, 구진부의 근섬유와 결합조직은 질병이 진행된 단계에서는 심한 위축을 일으킨다. 이처럼 소화관계의 변화가 현저한 것은 세포손상을 초래하는 물질이 먹이와 함께 섭취되어 세포에 손상을 초래한 것으로 추정할 수 있고, 폐사가 발생하는 양식장의 주변은 어류 양식 밀집지역임으로 어류 양식장에서 방출되는 유기 오염물질이 폐사의 원인으로 추정되고 있다.

7) 바지락의 brown muscle disease(BMD)

감염 바지락은 육안적으로도 후폐각근의 갈색으로의 변색과 단단하게 굳어진 것을 확인할 수 있고, 해부현미경으로 관찰하면 더욱 명맥하다. 갈색으로의 변색은 근육 내에 conchiolin의 확산된 것이며, 근육이 굳어진 것은 염산과의 반응에 의한 석회화(calcification) 때문이다.

전폐각근은 이상이 없이 정상인 반면 근육 내의 갈색 변화와 석회화는 후폐각근에만 나타나는데, 병의 진행단계에 따라 중간 단계(intermediate stage), 후기 단계(advanced stage)로 구분할 수 있다. 중간단계에는 후폐각근의 흑색근(striated muscle)이 최초로 감염되어 점차 확대되어 가는데, 처음으로 확인할 수 있는 증상은 흑색근의 내부에 대형 노란색 결절이 여러 개 생기며, 폐각근과 패각의 부착 부분에 작은 갈색 반점이 나타난다. 병이 진행됨에 따라 노란색 결절은 크기가 점차 커지면서 근육조직은 conchiolin이 확산되어 1차적으로 갈색으로 변하고 뒤이어 석회화로 단단해 진다. 이 때문에 폐각근의 패각에 부착하는 능력이 감소하게 된다.

병의 진행 상태는 개각한 다음 후폐각근의 부착부위에 남아 있는 근육에서의 석회화로 인한 부분의 비율을 기준으로 하여 muscle print index(MPI)로서 0(건강 개체), 1(10-25%), 2(25-50%). 3(50-75%) 및 4(75-100%)로 구분할 수 있는데, MPI는 사망 후 남아 있는 패각을 이용하여도 병의 진행정도를 파악할 수 있다.

후기 단계에는 폐각근의 백색부도 변형이 생기고, 흑색부는 완전히, 백색부는 거의 대부분이 갈색으로 변화고 단단하게 석회화되고, 최종적으로 2종류의 근육 모두에 conchiolin이 확산되고 석회화되게 된다.

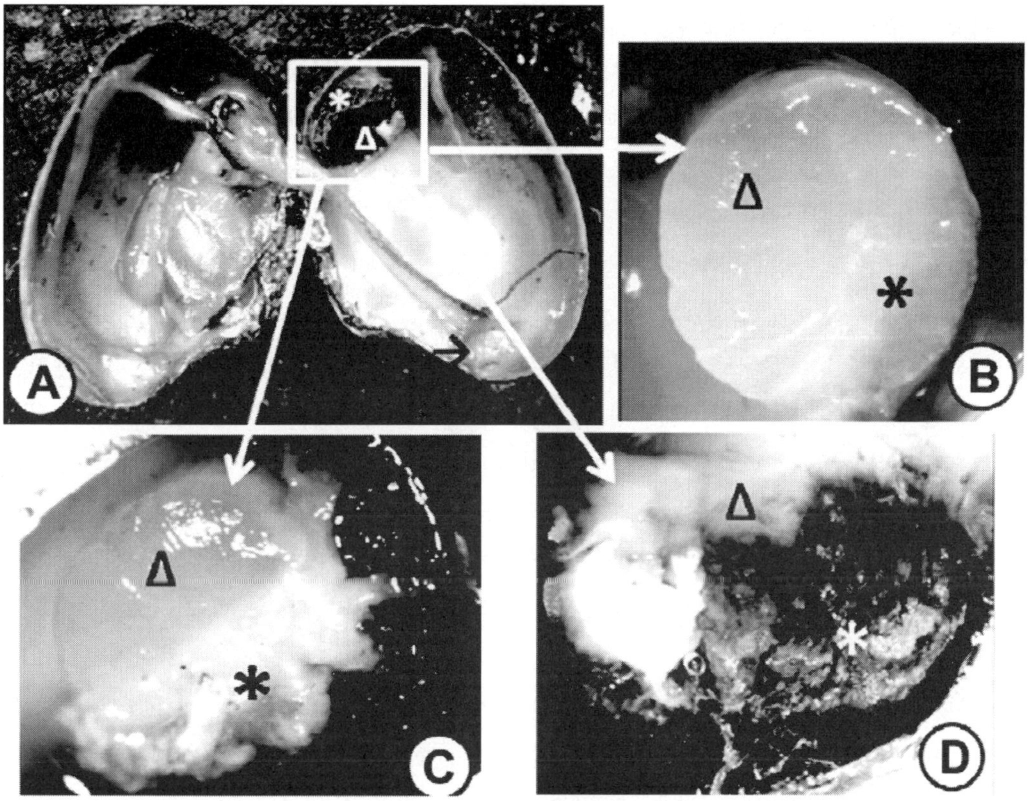

그림 2-27 흑색근(striated muscle *)과 백색근(smooth muscle △)의 경계가 명확한 후폐각근.
A: 후기 단계의 패각 내의 후폐각근 부착부위에 갈색으로의 변색과 석회화(화살표는 변화가 없이 정상인 전폐각근). B: 건강한 폐각근(MPI=0). C: 갈색의 conchiolin 침윤과 석회화가 시작되는 진행 단계(MPI=2). 흑색근이 먼저 감염됨. D: 후기 단계(MPI=4)는 백색근의 대부분과 흑색근의 모두가 갈색 및 석회화됨.

후폐각근을 절취하여 Bouin액에 고정한 다음 파라핀 절편을 만들어 May-Grünwald Gimsa염색하면 후폐각근의 손상 정도는 노란색에서 갈색으로의 변색 정도와 조직의 균기와 거의 일치하고 있다. 건강한 개체의 후폐각근의 흑색 근육은 여러 개의 근섬유로 구성되어 층상의 구조를 이루고 있다. 그러나 진행 단계의 근육은 인접 근섬유 다발과의 연결이 사라지고 괴사되어, 근 다발이 사라지면서 위축되어 있다. 소실된 근섬유 부분은 침윤해온 과립구에 의해 대체되어 채워지게 된다. 침윤하는 혈구는 세포질 내에 호염기성의 과립을 가진 호염기성 과립구로, 핵은 농축되어 편재되어 있고 때로는 방어능력을 보강하기 위하여 몇 개의 과립구가 융합되어 거대세포를 형성하기도 한다. 괴사된 근조직에 대체하는 혈구의 침윤 정도는 질병의 진행 상태에 따라 차이가 나지만, 침윤의 많으면 질병이 더욱 진행된 것을 의미한다.

후기 단계에는 근육이 완전히 괴사되어 붕괴되고 근육 섬유나 혈구 세포는 보이지 않게 되고 석회화 때문에 굳어지면서 폐각근으로서의 기능을 상실하게 된다. 이 때문에 패각의 여닫기에 장애가 생기게 됨으로 먹이 섭취나 호흡에도 장애를 받게 된다. 이 때문에 바지락은 저질에 잠입하여 저질 속에 머물지 못하고, 표면으로 이동하여 죽게 된다. 발병 상황을 보면 연중 감염되어 있지만 폐사는 겨울철에 많이 발생한다. 이는 BMD는 패각의 장애 때문에 개체가 쇠약하게 됨으로 온도 등의 환경변화에 취약하게 되어 겨울철에 폐사량이 증가한 것으로 보인다. 일반적으로 패류가 저질의 표면으로 나오는 것은 폐사의 전조라 할 수 있는데, 이러한 패류의 이동은 겨울철의 저온과 같은 물리적 요인, 조간대에서의 온도의 급격한 변화 및 저질 내에서의 서식 패류 밀도의 과도화 등이 있다.

바지락의 후폐각근은 저질의 표면에 가장 가까운 곳에 있기 때문에 환경 변화나 병원체에 취약하다고 할 수 있다. 그러나 동일지역에 서식하고 있는 바지락 이외에 패류에는 이런 질병이 발생하지 않기 때문에 바지락 고유의 질병이라 할 수 있다.

패류의 후폐각근에 있는 2종류의 근육은 형태뿐만 아니라 기능에서도 차이가 난다. 즉 흑색부인 striated muscle은 빨리 수축할 수 있기 때문에 패각의 빠른 여닫기와 관련이 있는 반면 백색부인 smooth muscle은 천천히 수축하기 때문에 패각을 천천히 여닫을 때와 장기간 수축된 상태로 있을 수 있기 때문에 패각을 오랫동안 닫고 있을 때 사용된다. BMD는 폐각근의 장애를 유발하기 때문에 패각의 여닫기와 패류의 수직 이동에 영향을 미치며, 패각의 내부 육질부에 침전물이 들어오게 됨으로 질병에 취약하지 않을 수 없게 된다. BMD는 후폐각근 중에서 저질에 가까운 흑색부에 병변이 나타나기 시작하여 백색부로 확대되어 간다는 사실은 저질로 부터의 어떤 요인이 발병과 밀접한 관계가 있다는 것을 암시하고 있다.

전자 현미경 표본을 만들기 위해서는 칼로 후폐각근을 절단하여 개각한 다음 후폐각근을 절취하여 0.1 mM cacodylate buffer와 인공해수로 제조한 2.5%글루탈알데하이드로 4℃에 12시간 전고정하여 cacodylate buffer(0.1 mM, NaCl 2%)로 세척한 다음 1% OsO_4로 2시간 후 고정한다. 알콜 계열로 탈수한 다음 전자현미경 조직표본을 만든다.

또 후폐각근과 구진부 상피세포의 부착 부분을 조사하기 위해서 근육과 패각을 7% EDTA로 완전히 탈회될 때까지 매일 새로운 액으로 교환하면서 18일 동안 탈회한다. 탈회가 완료되면 전자현미경 표본의 제작방법으로 표본을 만든다.

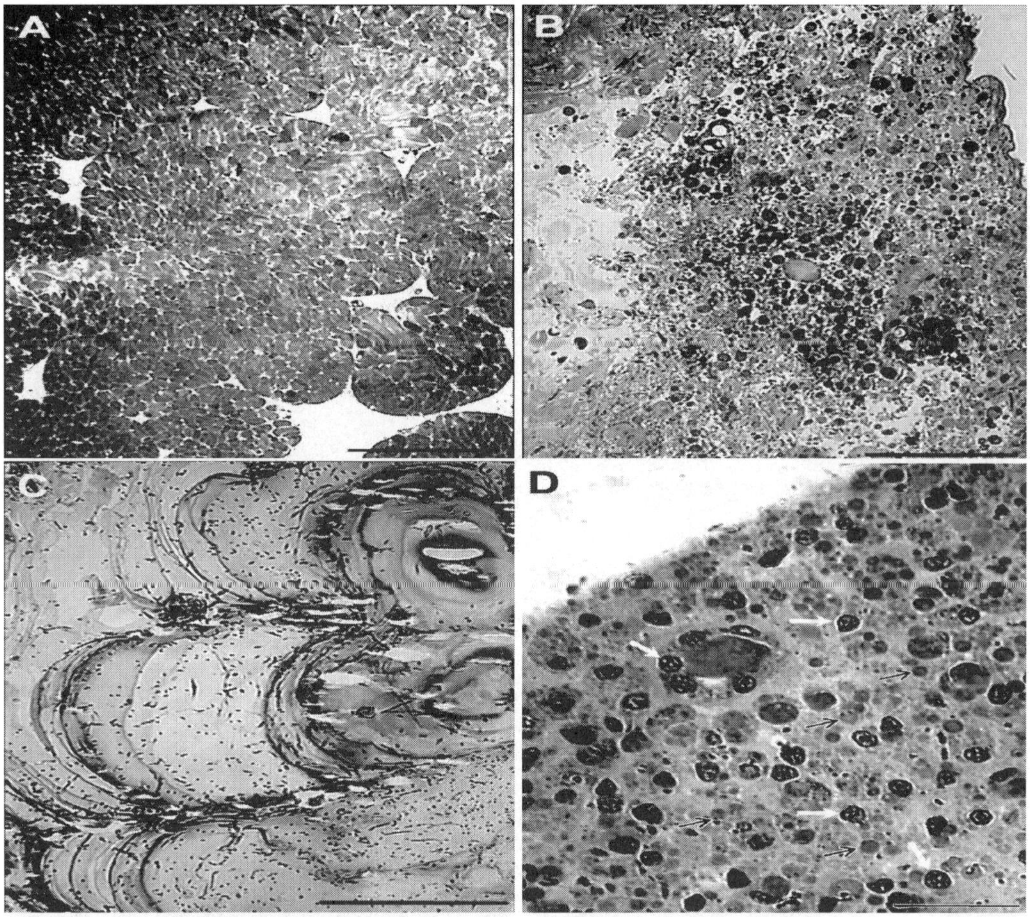

그림 2-28 건강개체(A)와 병든 개체의 후폐각근 조직 표본의 May-Gr nwald Giemsa염색 표본.
A: 건강 개체의 흑색근. B: 근육섬유의 괴사와 현저한 혈구세포의 침윤(MPI=2). C: 완전히 갈색으로 변화고 석회화되어 흑색근의 형태는 소실(MPI=4). D: 농축 핵(백색 화살표)과 과립(흑색 화살표)을 가진 침윤 과립구.

진행 단계 또는 후기 단계의 바지락은 조직 내에 25-35 ㎚의 전자 밀도가 높은 입자를 가지고 있는 반면 건강 개체에서는 이러한 바이러스 유사입자(virus-like particles)가 발견되지 않는다. 건강 개체의 폐각근은 여러 개의 근세사로 이루어진 근섬유가 전형적인 배열을 하고 있는 반면 병든 개체는 심한 괴사로 근육의 구조가 완전히 변형되어 있다.

중간 단계의 개체는 근섬유의 잔해와 소수의 과립구의 침윤 또는 현저한 과립구의 침윤의 2가지 조직상이 관찰되지만, 공통적으로 조직은 심하게 붕괴되어 있다. 중간 단계의 초기에는 근육섬유가 완전히 괴사되어 위축되어 정상적인 근섬유 다발의 구조는 없어진다.

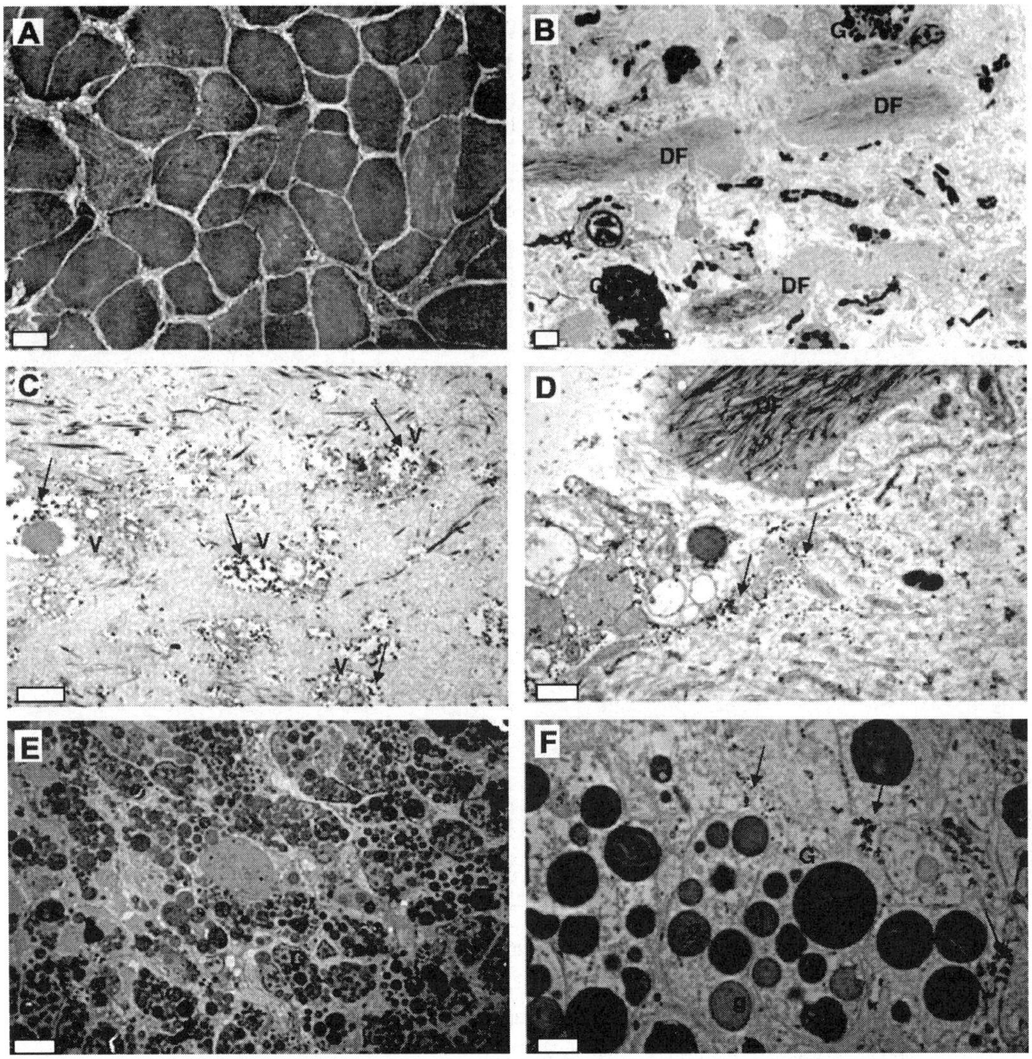

그림 2-29 A: 건강 개체의 폐각근의 종단면. B-F: 중간 단계의 감염 개체. B: 붕괴된 근섬유(DM)가 과립구(G)사이에 흩어져 있다. C: 붕괴된 근섬유 내의 공포속의 바이러스 유사 입자(V). D: 세포질 내에 바이러스 유사 입자(화살표)를 가진 붕괴 근섬유. E: 과립구(G)의 현저한 침윤. F: 침윤한 세포질 내에 검은 과립(g)를 가지고 있는 과립구(G) 사이에 존재는 세포외성 바이러스 유사 입자(화살표). Bar= 5 ㎛(A & E), 2 ㎛ (B & C) 및 1 ㎛ (D & F).

이 단계에서는 근육 세포는 식별이 불가능하고, 단지 근섬유의 붕괴물의 잔해 침윤해 온 과립구사이에 흩어져서 분포하고 있다. 이러한 혈구의 침윤이 숙주의 첫 방어 반응으로 근육섬유의 세포질 내에는 전자밀도가 높은 바이러스 유사 입자가 들어 있는 공포가 관찰된다. 이러한 바이러스 유사 입자는 세포질 내의 공포 또는 손상당한 근육섬유 부근에서 발견되는데, 근육 조직이 심하게 손상되었기 때문에 근육섬유 내부인지 외부인지 구분이 불가능하게 된다.

후기 단계에는 심한 혈구의 침윤과 granulocytoma가 형성된다. 침윤한 혈구의 세포질에는 많은 흑색의 과립이 들어 있는 것은 과립구가 근육의 붕괴물을 탐식하고 있기 때문이다. 근육 세포 내에서처럼 바이러스 유사 입자는 세포내외에서 발견되지만, 과립구에서는 세포질 내의 공포 내에서 발견된다. 과립구의 핵은 핵인이 편재되어 있고, 염색질도 심하게 농축되어 있지만, 세포질 내의 봉입체는 관찰되지 않는다. 핵질에도 바이러스 유사 입자가 발견되는데, 이러한 농축된 핵의 핵질은 대부분이 이질 염색질이다. 그렇지만 핵 내의 바이러스 유사입자는 세포질 내의 것 또는 세포외의 것에 비해 전자밀도는 낮은 편이다.

바이러스 유사 입자는 근육세포에 부착하는 rectal cell의 세포질 내에서 발견되는데, 항상 조면소포체에 침투하여 있다. 또 핵막의 내막과 외막이 불규칙한 형태로 변화면서 분리되고, 핵막 사이에 수포가 형성된다. 후기 단계에는 조직은 더욱 붕괴되어 기본적인 구조도 식별할 수 없게 되고, 세포 붕괴 잔해가 막 모양 또는 붕괴된 덩어리 모양으로 관찰된다. 이 상태가 되면 탈회한 표본에서는 상피세포, 패각 분비세포 또는 부착 부분의 근육세포의 바이러스 유사 입자의 수도 많아지는데, 주로 세포질 내의 공포나 붕괴된 조직 부스러기 사이에서 발견된다.

BMD의 최종 단계에서는 붕괴된 세포 부스러기 사이에 결정상의 구조물(paracrystalline array)이 나타난다.

감염 조직 내에서 발견되는 바이러스 입자는 20면체의 1가지 형태로, 형태적으로는 RNA바이러스인 Picornavirus 또는 DNA바이러스인 Parvovirus에 속하는 것으로 생각된다.

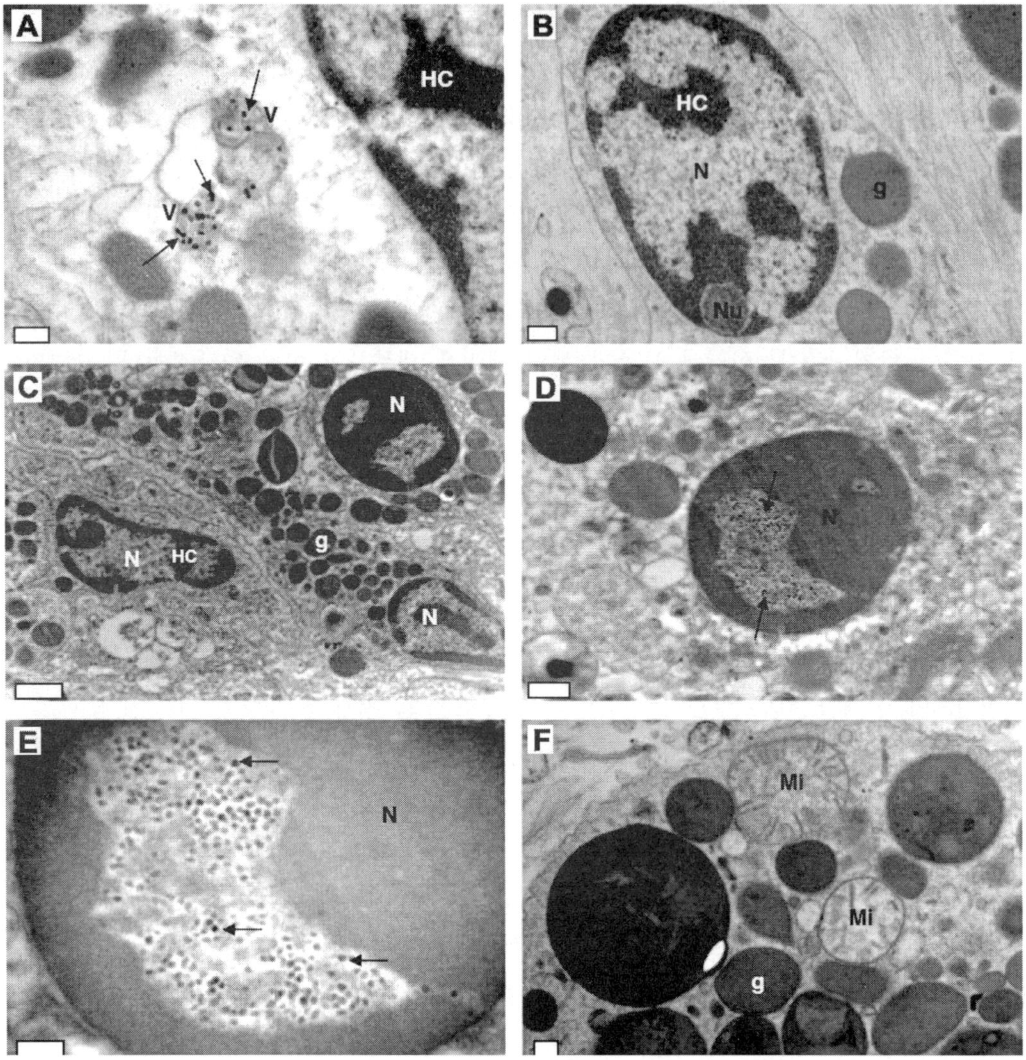

그림 2-30 중간 단계에 근육에 침윤한 과립구. A: 세포질 내 공포(V) 내부의 바이러스 입자(화살표)와 핵의 이질 염색질(HC). B: 세포질 내 과립(g)를 가진 과립구의 핵인(Nu)의 편재화와 이질 염색질의 집합체(HC). C: 현저한 이질염색질(HC)을 가진 과립구의 핵(N). D: 과립구 세포질 내의 바이러스 유사 입자(화살표). E: 세포질 내의 바이러스 입자(화살표)의 확대도. F: cristae구조를 상실하고 있는 과립구의 미토콘드리아. g, 과립; N, 핵. Bar=200 nm(A, B, E & F), 1 ㎛(C) 및 500 nm(D).

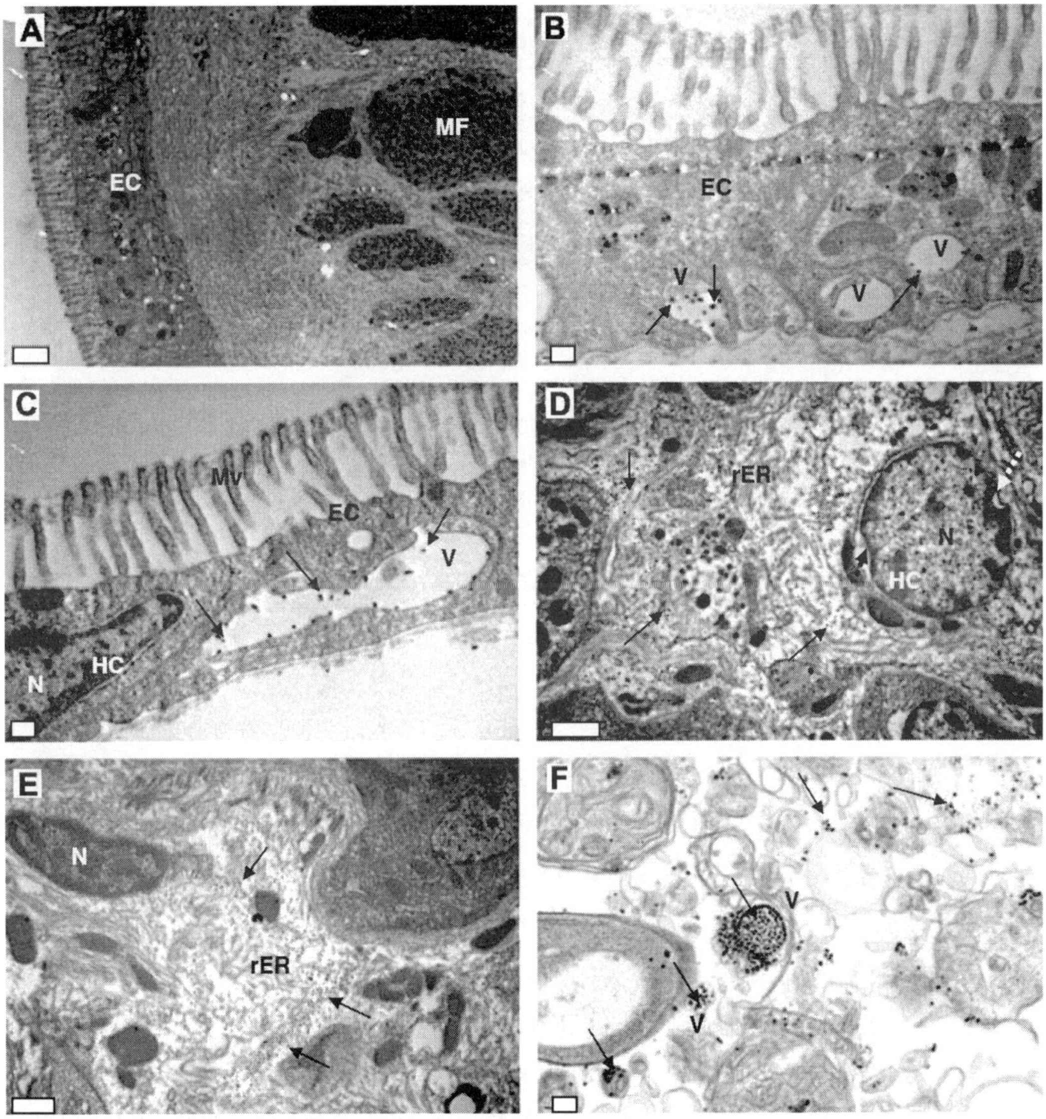

그림 2-31 중간 단계의 개체(A-E)와 후기 단계(F). A: 근육세포의 부착 부위와 상피세포(EC). B-C: 상피세포 내의 바이러스 유사 입자(화살표). D: rectal cell의 세포질 내의 바이러스 입자. 내막 및 외막이 분리되고 수포(점선)가 형성됨. E: rectal cell의 세포질 내의 바이러스 입자. F: 공포(V) 내의 바이러스 입자 및 세포 붕괴물 사이에 존재하는 입자. Mv, microvillosity; N, nucleus; HC, heterochromatin; rER, 조면소포체. Bar= 1 ㎛(A & D) 200 nm(B-C & F).

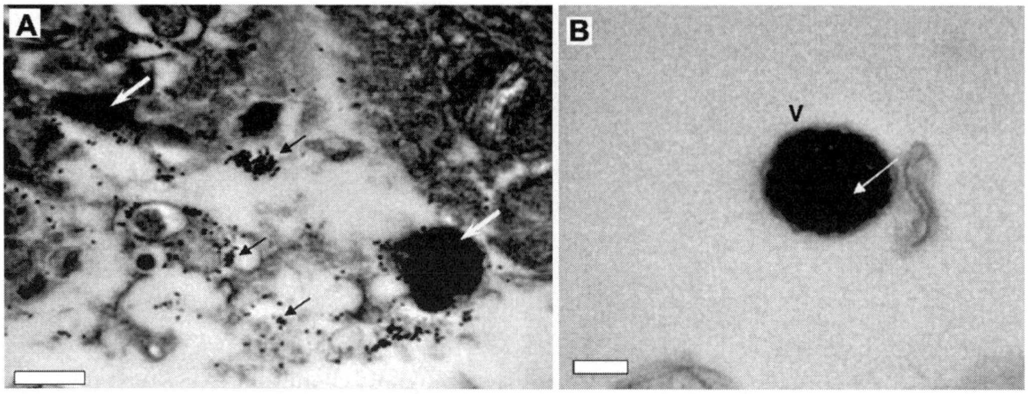

그림 2-32 후기 단계의 폐각근. A: 세포 잔해 사이에 존재하는 결정상 구조물 내의 바이러스(흰색 화살표)와 자유 상태로 흩어져 있는 바이러스(검은 화살표). B: 공포(V) 내의 정 20면체의 바이러스 입자(화살표). Bar=500 nm(A)와 100 nm(B).

8) 전복의 리케치아(*Candidatus Xenohaliotis californiensis*)

전복의 근육 위축증(withering syndrome)은 전복의 소화선에 위축 또는 화생을 하생을 특징으로 하는 변성과 저장 글리코겐의 감소를 특징으로 하는 질병이다. 감염 전복은 먹이 섭취를 중지하고 에너지원으로 저장하고 있든 발 근육의 단백질을 대사하여 사용하기 때문에 족부 근육에 위축이 생겨 최종적으로 사망하게 되는 질병이다. 발병 시는 종묘생산 후 약 5-8개월 경과된 전복으로 발병 시의 수온은 18℃부근이다.

진단을 위해서는 소화관 상피세포의 도말표본을 만들어 Hoechst액(10 μg/mℓ, bisBenzimide, Hoechst dyes 33342 and 33258, in distilled water)으로 37℃ 15분간 염색한 다음 형광현미경으로 검경하면 상피세포내의 박테리아는 밝은 청색으로 형광을 발한다. 형광염색 시약(Hoecehest staining)은 DNA의 아데닌과 티민의 부분에 붙어서 UV광선(351-364㎚)을 쪼이면 에너지가 높아져서 서서히 465㎚파장의 밝은 형광을 발현한다. 보존액은 Hoechst 33342 2 ㎎을 DMSO 1 mℓ에 용해시켜 4℃에 보존하였다가 필요시에 보존액 1.4 mℓ에 PBS 또는 증류수를 1 mℓ첨가하여 사용액으로 한다.

병리 조직학적으로는 소화관의 상피세포 특히 소화관맹낭의 효소분비세포의 세포질 내에 많은 세균의 집락이 발견된다.

특히 primers (RA 5.1: GTTG AAC GTG CCT TCA GTT TAC, RA 3.6: ACT TGG ACT CAT TCA AAA GCG GA)를 사용하는 것이 조직학적 진단보다 더 확실하다.(Balseiro, Aranguren et al. 2006).

그림 2-33 전복의 리케치아 감염증. 감염 개체 중 심한 개체는 발이 흑색으로 변색됨.

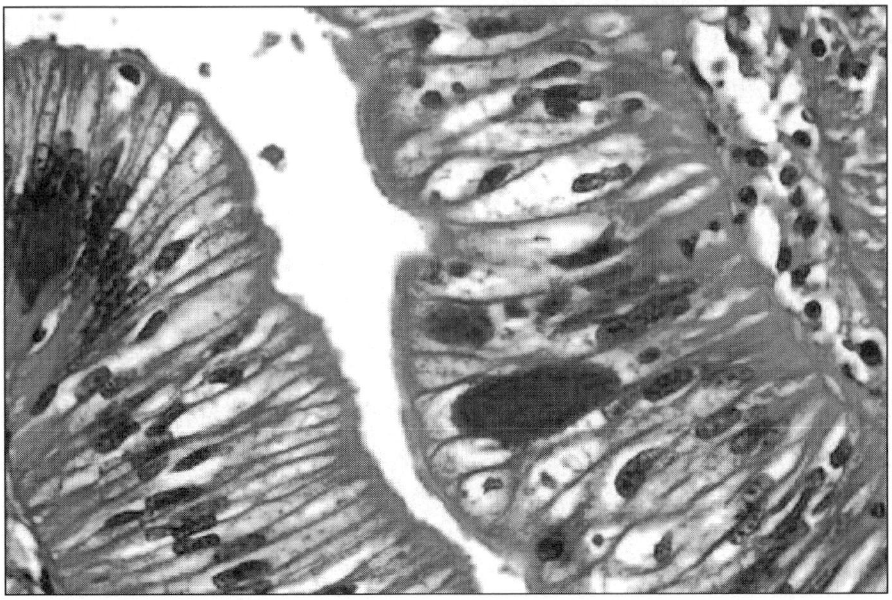

그림 2-34 **전복의 근위축증.** 전복의 소화관 상피세포내의 세포내 기생 리케치아인 *Candidatus Xenohaliotis californiensis*가 세포질 내의 공포 내부에 다량으로 함유. H&E.

표 2-1. *Candidatus Xenohaliotis californiensis*의 특이 primer set

Primer	Sequence
RA5.1	GTTGAACGTGCCTTCAGTTTAC
RA3.6	ACTTGGACTCATTCAAAAGCGGA
Candidatus A	CCTAGCTCAGAATGAACGC
Candidatus B	CTTGTTACGACTTCACCCC

PCR조건은 initial denaturation 94℃ 5분 후 30사이클(94℃ 1분; 54℃ 1분; 72℃ 1분 45초), final extension 72℃ 10분 실시한다.

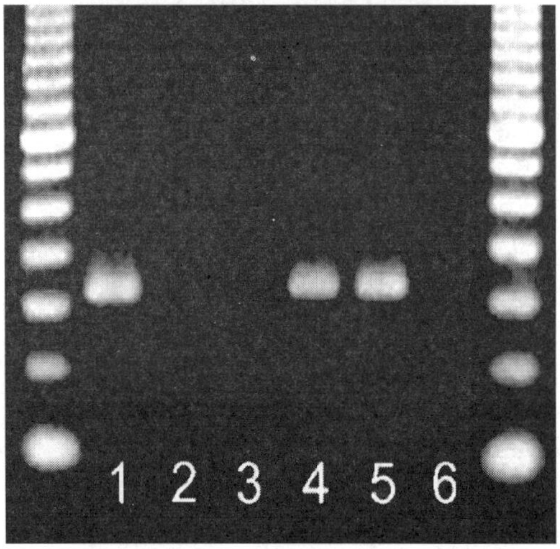

그림 2-35
RA5.1 와 RA3.6를 사용한 50 bp의 PCR산물.
1-2: 어린 전복, 3: 폐사중인 전복, 4: 자연산 전복, 5: 양성 대조구, 6: reaction mixture.

병리조직표본은 소화관 상피세포 내에 *Candidatus Xenohaliotis californiensis*의 존재를 확인할 수 있다. 1-4개의 타원형 또는 난원형의 병원체의 봉입체가 상피세포의 세포질 내에서 확인된다. 이들 봉입체는 균질성으로 HE에 진한 자주색으로 염색되는 세균이 충만되어 있는 것이다. 봉입체는 타원형으로 크기는 14.1-56.4 ㎛(평균 35.8±13.0 ㎛)이다. 감염세포는 인접 세포를 압박함으로서 화생을 보이고, 심한 감염의 경우에는 감염세포는 붕괴되어 감염된 세균이 소화관의 관공내로 방출되어 있는 경우도 있다. 그렇지만 숙주의 반응은 거의 일어나지 않는다.

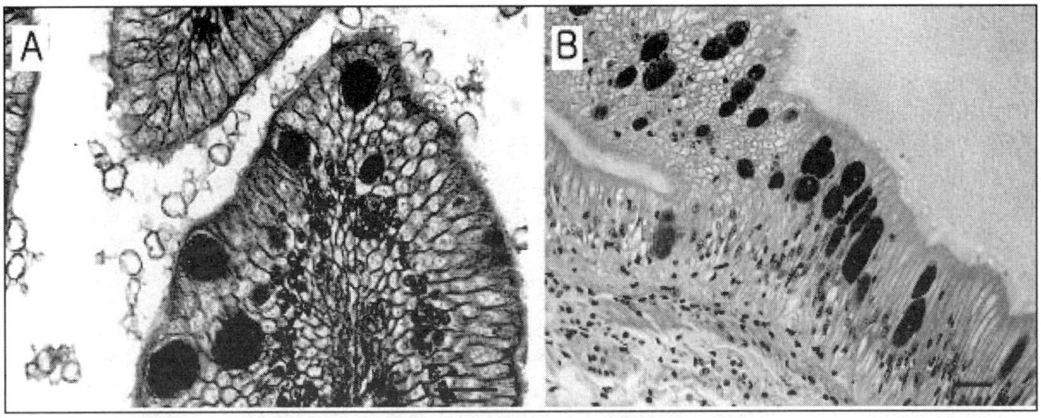

그림 2-36 ***Candidatus Xenohaliotis californiensis*감염 전복의 소화관 상피.** A: 상피세포 내에 *Candidatus Xenohaliotis californiensis*의 타원형의 봉입체. B: 심한 감염의 소화관 상피세포. Bar= 25 ㎛.

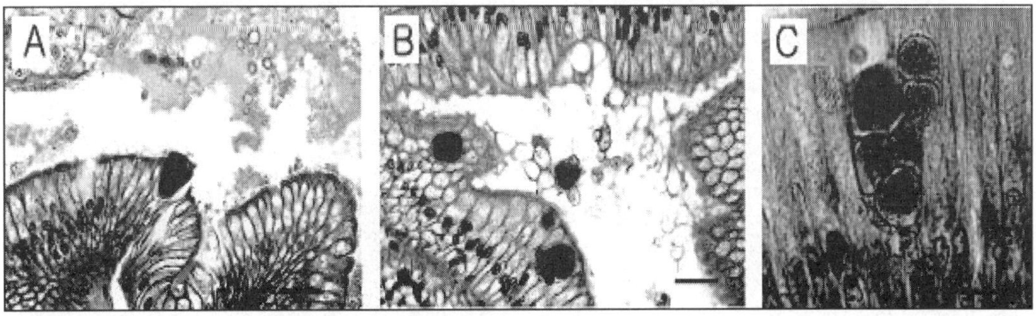

그림 2-37 **A: 소화관 상피 밖으로 방출되고 있는 *Candidatus Xenohaliotis californiensis*의 봉입체.** B: 소화관 관공 내에 방출되어 있는 *Candidatus Xenohaliotis californiensis*. C: 2개와 4개의 봉입체를 가진 소화관 상피세포. Bar= 25 ㎛ (A & B) 및 10 ㎛(C).

미감염 소화선을 PAS염색하면 상피세포의 세포질 내에 과립성의 글리코겐 입자가 풍부하지만, 감염 전복은 PAS에 약하게 염색되는 글리코겐 미소 입자로 관찰되며 상피세포의 바깥에 표면과 병행되게 점막의 물질이 엷은 층을 이루고 있다.

운동과 암반에 부착하기 위하여 사용되는 족부 근육은 위축을 일으켜 약화된다. 족부 근조직을 PAS염색하면 근섬유의 변성, 근세사의 방향성이 뒤틀려 있고, 결합조직의 변성과 마크로파아지의 침윤을 확인할 수 있다. 근육 성분을 염색하기 위하여 PTAH(photungstic acid hematoxylin)염색하면 근섬유의 크기의 변화와 근형질에 투명한 부분을 확인할 수 있다. 근육과 교원섬유에는 물결 모양이 현저하며, Van Geison염색에 의하면 근유과 교원섬유의 비율은 건강한 전복에서는 약 4:1정도이지만, 병어에서는 반대로 교원섬유의 양이 증가하여 1:4의 비율로 근육이 감소되어 있음을 알 수 있다.

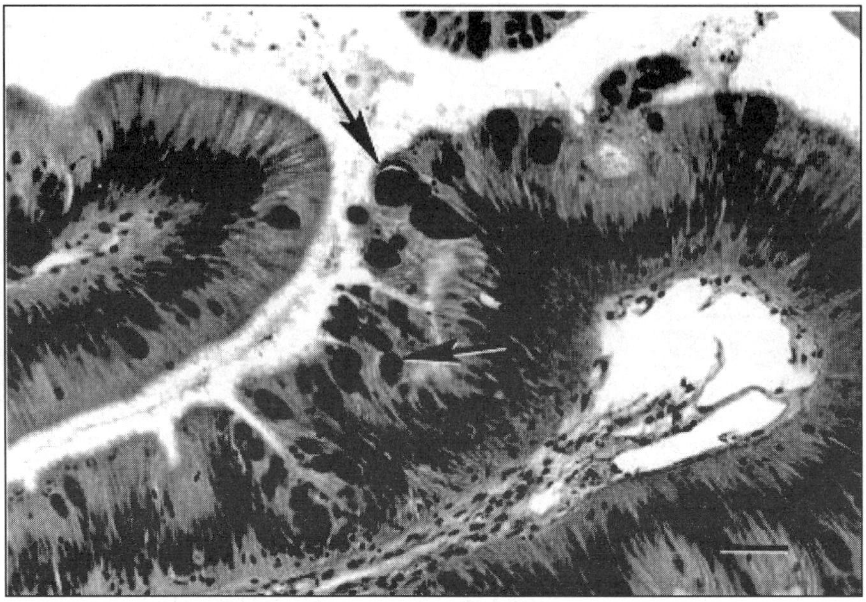

그림 2-38 근위축증 감염 전복의 인두. 원주상 상피세포의 세포질 내의 공포 내부에 균질성의 편재된 봉입체. HE, Bar=50 μm.

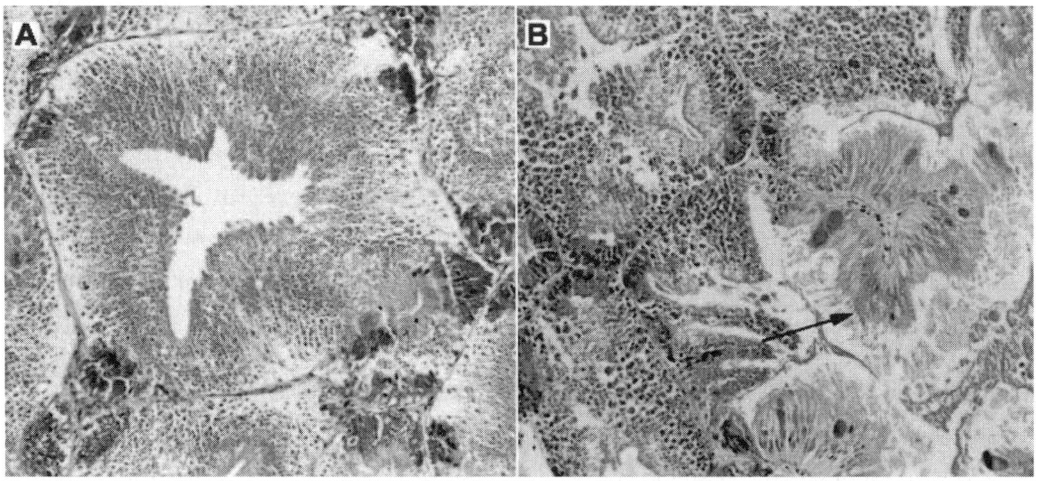

그림 2-39 A: 미감염 전복은 PAS에 진하게 염색되는 세포질 내의 대형 글리코겐 과립. B: 감염 전복은 세포질 내의 PAS양성물질인 글리코겐 대형 과립이 약한 미소 과립으로 염색된다. 화생을 일으킨 세포와 rickettsia봉입체는 PAS에 음성(화살표)으로 염색됨.

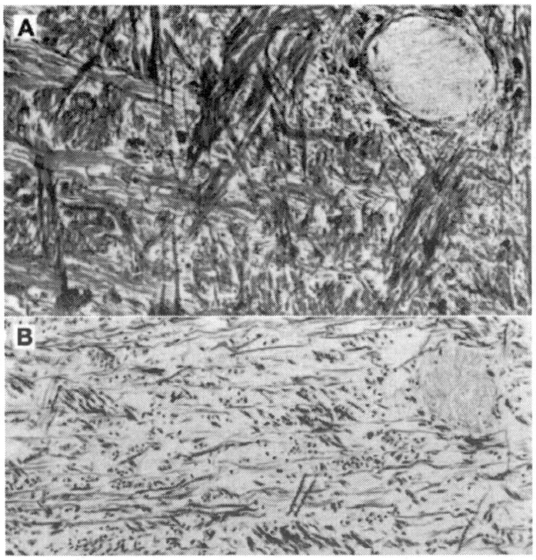

그림 2-40 건강한 전복의 족부 근육의 교원섬유(청색)와 근섬유(적색)의 구조는 변형이 없지만, 감염 전복은 근섬유의 현저한 감소와 교원섬유의 감소에 의해 특징적인 위축을 일으킴.
Masson's trichrome stain.
Bar=32 ㎛.

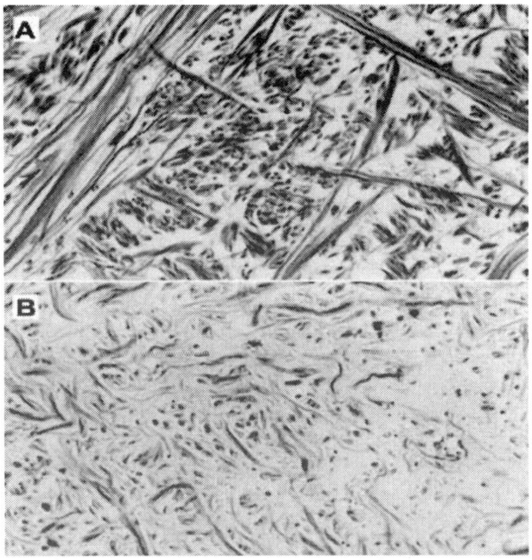

그림 2-41 족부의 종단면. 감염전복(B)는 건강한 개체(A)에 비해 근섬유의 크기 감소, 괴사 및 근형질의 투명화가 증가된다.
Phosphotungstic acid hematoxylin.
Bar=32 ㎛.

2. 세균성 질병

1) 노카르디아병(nocardiosis)

감염 개체는 외관상 전혀 이상이 없는 것도 있지만, 패각을 닫는 능력이 약하여 패각이 벌어진 상태가 된다. 또 외투막은 정상 또는 약간 퇴색되어 있고, 그 위에 노란색, 갈색, 또는 녹색의 융기 결절이 형성되어 있다. 외투막 이외에도 아가미, 부착근 및 심장의 표면에 직경 1 ㎝정도의 원형의 노란색 또는 갈색의 결절이 생기는 것이 특징적이다. 진단을 위해서는 병소의 결절을 떼어내어 그람염색하면 양성의 분지된 사상균과 많은 혈구세포를 확인할 수 있다. 병리 조직학적으로도 그람양성, PAS양성의 분지상의 호염기성세균의 집락이 침윤하여 온 수많은 혈구에 쌓여 있는 것을 관찰할 수 있다.

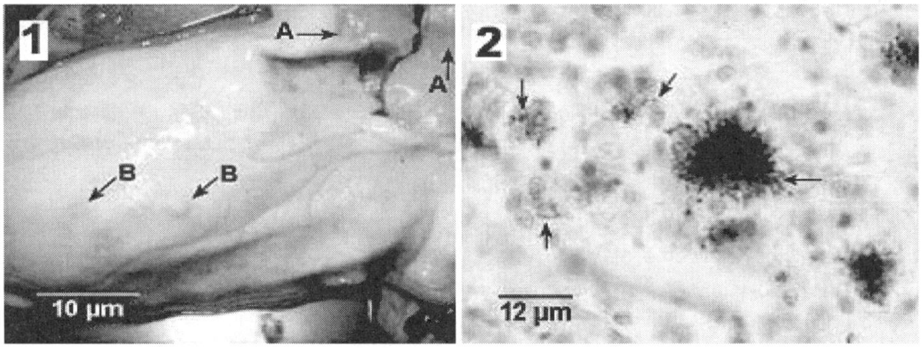

그림 2-42 1: 부착근(A)과 체벽(B)의 감염병소. 2: 병소 표본의 그람염색, 그람염색에 강한 양성반응을 보임으로 HE염색보다 식별이 용이하다.

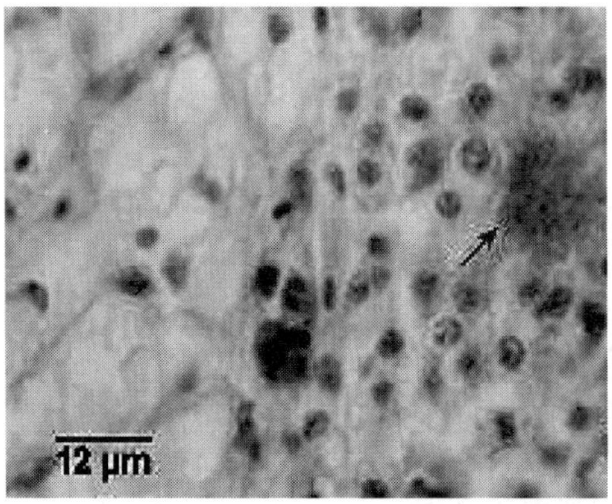

그림 2-43
외투막의 병소. 병소의 집락(화살표)주변을 수많은 혈구가 둘러쌓고 있지만, HE염색으로는 균의 형태 관찰이 불가하다.

병원균은 주로 생식여포, 장을 쌓고 있는 vesicular connective tissue(VCT)에서 발견되고, 외투막, 소화관 맹낭, 아가미, 심장 및 부착근에서는 더 적게 발견된다. 원인균은 환부 내에 많은 혈구의 침윤을 유발하며, 괴사는 병이 상당히 진행된 단계에서만 발견된다. 소화관 상피세포들 사이에는 탈과립을 하고 있는 혈구세포 내에 탐식당한 조그마한 균의 집합체가 관찰되다. 원인균은 최근에 *Nocardia crassostreae*라는 종명으로 명명되어졌다. 식염을 2%첨가한 BHI에 접종하여 22℃ 1-2주간 배양하면 발육한 집락은 건조한 상태의 윤기가 있는 불규칙하게 주름이 잡힌 집락이 형성되는데, 잘 발달된 mycelium이 불규칙한 모양의 막대기 모양으로 나뉘어 서로 엉켜 있는 모양이다.

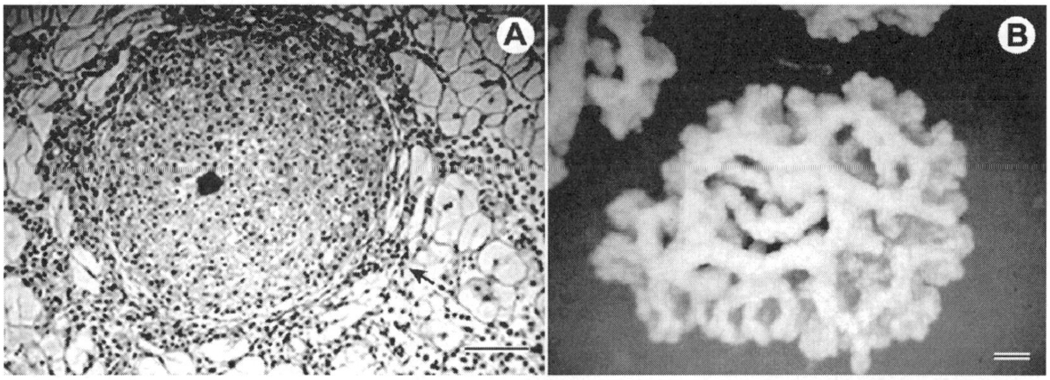

그림 2-44 A: 세균의 집락과 결합조직 내로 분지상의 가지를 뻗고 있는 세균(화살표). Gram염색. 120 ㎛. B: 식염을 2%첨가한 BHI에 접종하여 22℃ 1-2주간 배양하여 발육한 집락. 9 ㎛.

2) 유생 *Vibrio*병(Larval and juvenile vibriosis)

종묘 생산장의 유생에서 빈발하는 질병으로 감염 개체는 면반의 모양 이상, 면반의 확장 및 탈락을 주 증상으로 하는 질병이다. 부상한 부화유생은 섬모운동을 하지만 곧 운동 상태가 이상해져 섬모운동을 정지하게 되고, 패각 부위에 세균이 모여들면서 괴사가 일어나고 뒤이어 섬모충의 증식이 일어나게 된다.

감염초기에는 대개 면반의 모양에 이상이 있는 것이 보통으로 이 병의 가장 특징적인 증상은 면반의 섬모가 탈락되는 것이다. 감염개체를 무염색으로 관찰하면 면반이 탈락되고, 면반에 많은 세균의 집락이 관찰되며, 소화관계 세포에 비정상적으로 커다란 공포가 형성되어 있다. 굴 유생의 부유액 1 ㎖에 0.5% tryphane blue를 몇 방울 떨어 뜰인 다음 위상차현미경으로 관찰하면, 괴사된 면반은 진하게 푸른색으로 염색되기 때문에 감염 개체를 식별하기에 용이한 방법이다.

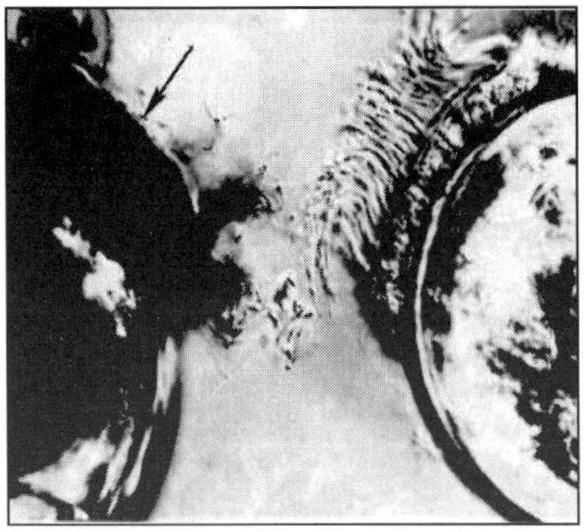

그림 2-45
Tryphane blue에 진하게 염색되는 괴사 개체(좌)와 정상 개체(우). 위상차현미경. x900

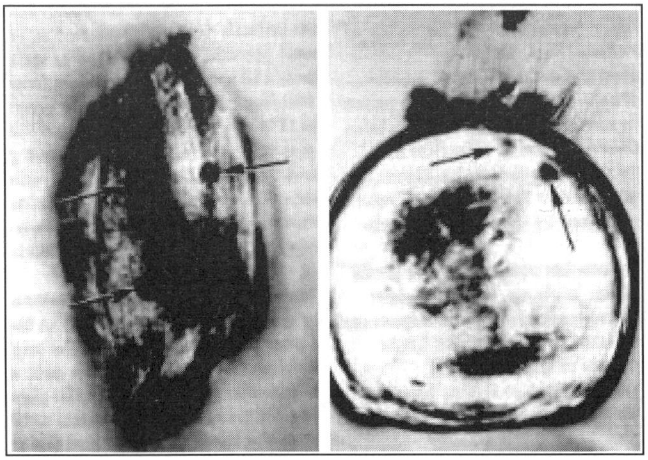

그림 2-46
좌: Tryphane blue에 진하게 염색되는 외투막의 괴사부(화살표). 우: 괴사 탈락된 외투막 조직의 측면도(화살표). 위상차현미경. x700

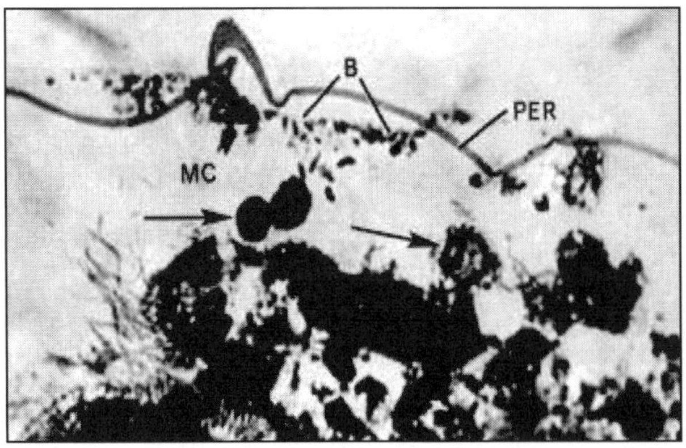

그림 2-47
외투강 내에 괴사 탈락된 외투막 세포(화살표)와 패각에 부착된 세균.
B: 세균, MC: 외투강, PER: 각피층(periostracum). x1500, Tolidine blue와 염기성fuchin.

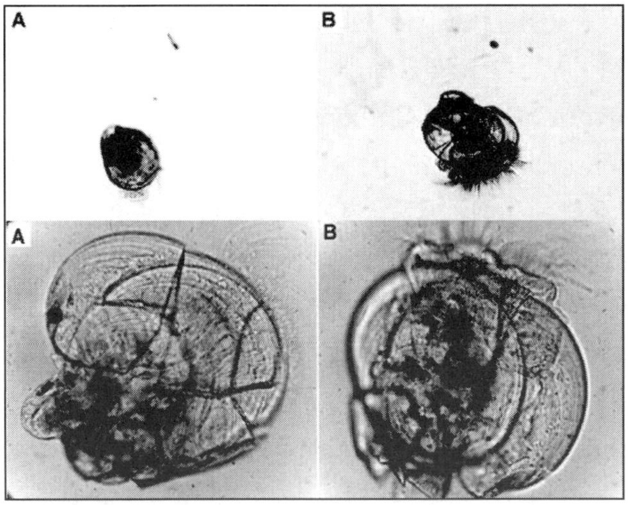

그림 2-48
인공 종묘생산 후 8일령의 굴 치패.
A: 병든 치패는 면반의 섬모가 탈락하고 그 부분에 과립상의 물질이 모여 있는 것으로 종묘생산과정에 세균성 질병(일병 유생 비브리오병)에 흔히 보이는 증상을 나타내고 있다. B: 건깅지패는 면반 부위에 섬모의 배열의 규칙성이 있고 활발히 운동하고 있으며 A에서와 같은 과립상의 물질은 면반 부위에서 발견할 수 없다.

병리 조직학적으로는 외투강내의 외투막이 탈락되고 거기에 거의 같은 종류의 세균의 집락이 형성되어 외투막을 따라 점차 안쪽 패각으로 침입하고 있는 것을 발견할 수 있다. 세균의 집락은 면반의 섬모가 탈락한 경우에는 면반의 기부뿐 만아니라 면반의 하부에서도 발견된다. 감염개체의 위, 소화관맹낭 및 장과 같은 소화관계에는 비정상적으로 대형의 수많은 지방공포가 관찰되며, 소화관 내부에는 먹이는 찾아볼 수 없다.

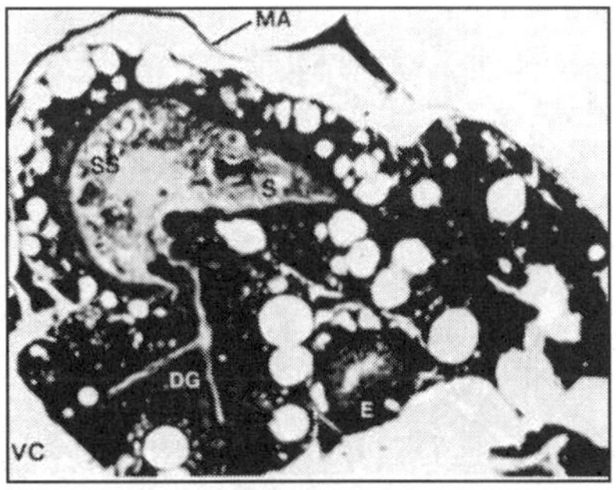

그림 2-49.
소화관계 세포 내에 대형의 공포. DG: 소화선, MA: 외투막, S: 위, SS: 맹낭, VC: 내장강, Tolidine blue, X 1,000.

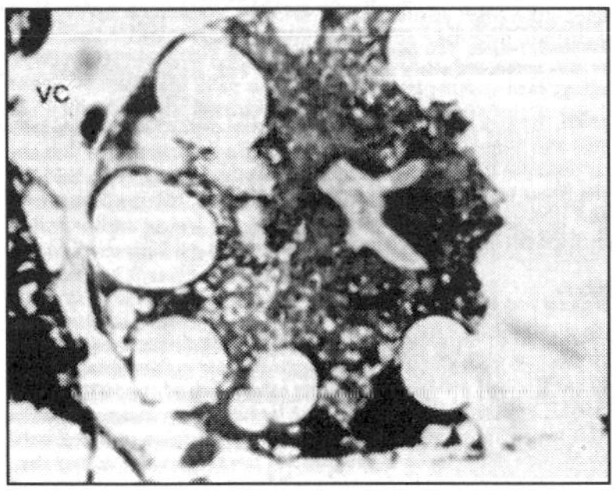

그림 2-50
소화선 세포의 흡수세포의 기저부에 보이는 대형의 공포.
VC: 내장강, Tolidine blue, X1500.

TCBS 또는 marine agar를 사용하여 균을 분리하여 보면 *Flavobacterium, Pseudomonas* 또는 *Vibrio*가 분리되어지는데, 분리되어지는 *Vibrio*는 유생 또는 치패에 치명적인 외독소를 생산하는 *Vibrio tubiashii*와 성상이 거의 비슷하다.

모패 사육조 또는 유생 사육조에 chroramphenicol 10-50ppm을 살포하여 사육하면 예방에 매우 효과적이만, 일단 발병 후에는 효과가 없는 것이 대부분이며, 투약 후에는 먹이 섭취가 불량해진다는 것을 염두에 둘 필요가 있다. 그럼으로 종묘 생산장에서는 해수 또는 먹이를 통하여 감염됨으로 사육수중의 균수는 10^2/㎖로 유지하여야 하며, 먹이나 공급수도 소독하여 균의 유입을 방지하여야한다.

3) 인대병(Hinge ligament disease)

참굴이나 넓적굴의 인대의 붕괴가 일어나는 병으로 인대의 농창 속에는 많은 세균이 함유되어 있다. 인대는 패각의 개폐에 관계하고 있기 때문에 이것의 붕괴는 패류에 생리적 장애를 초래하여 성장과 생잔율에 직접적인 영향을 미치게 된다.

폐사된 개체를 살펴보면 붕괴된 인대 주변에 *Vibrio*균이 우점종으로 나타나기 때문에 이 균에 의해 인대가 용해되고 뒤이어 내장에도 균이 증식하기 때문에 사망하는 것으로 생각하였으나 발병 초기부터 병의 진행 상황을 지켜보면, 감염 초기에는 *Cytophaga, Flexibacter* 또는 *Flavobacterium*과 같은 장간균이 관찰된다. 감염개체의 인대의 외부에 세균의 집락이 관찰되고 감염된 탄체(resilium)에도 붕괴가 일어난다.

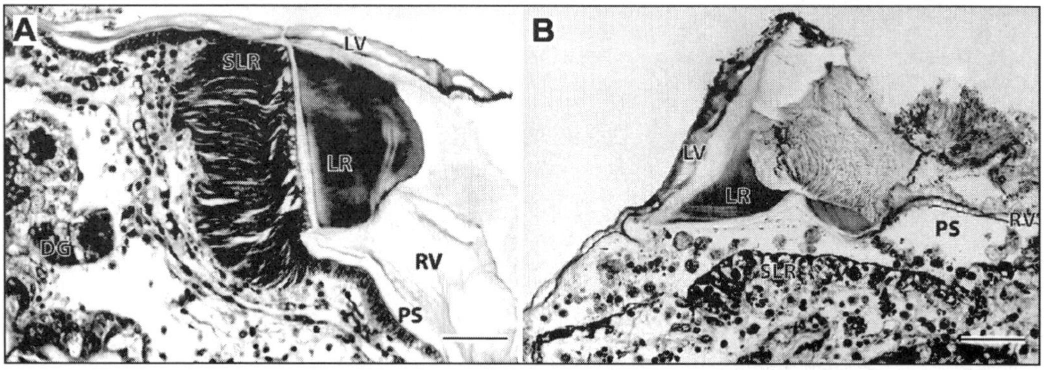

그림 2-51 A: 미감염 참굴의 인대. LR: 인대 탄체, SLR: sescretory subligamental ridge, PS: 외투강, LV: 좌각, RV: 우각, DG: 소화선. SLR은 탄체의 안쪽과 접해있고 탄체나 외투강에는 균의 집락이 발견되지 않음. B: 감염 개체의 인대. 세균의 침입에 의해 인대는 거의 붕괴되어 있다. 원인균은 붕괴된 탄체의 바깥 부분으로 실 모양으로 뻗어 있다(화살표). 탄체(SLR)는 괴사되어 외투강(PS)에 의해 격리되어 지고 있고, 외투강 내에는 많은 균과 유리세포가 존재한다. Bat=100 ㎛.

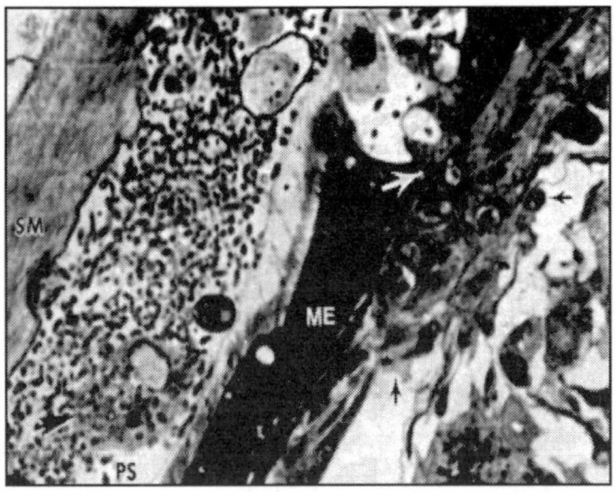

그림 2-52

외투강내의 세균증식에 대한 참굴의 숙주 반응.
패각(V)과 외투상피(ME)사이에 있는 외투강(PS) 내에 많은 세균의 집락이 관찰되며, 굴의 혈구는 외투막 상피세포의 기부(작은 화살표)에 모여 있고, 외투강 내(큰 화살표)에 있는 세균을 탐식하기 위하여 외투막의 상피를 통하여 유주하고 있다.

4)오분자기(*Sulculus diversicolor supreatexa*) 비브리오병

여름철에 발생하는 질병으로 감염개체는 은신처 밖으로 나온 채, 광기피 현상을 나타내지 않으며 부착능력이 감소되어 죽게 된다. 발병 시의 수온은 21℃정도이며 각장 20 ㎜ 정도인 치패에 주로 발생하지만 40 ㎜인 것에서도 발생하기도 하며 누적 사망률은 15% 정도이다. 발병하면 2−3일 이내에 폐사하는데 이러한 개체의 위속에는 소화되지 않은 사료가 남아있다. 병든 개체는 족부에 직경 1−3 ㎜의 백색반점이 생기는 것이 특징적이지만 다른 외부증상은 없다.

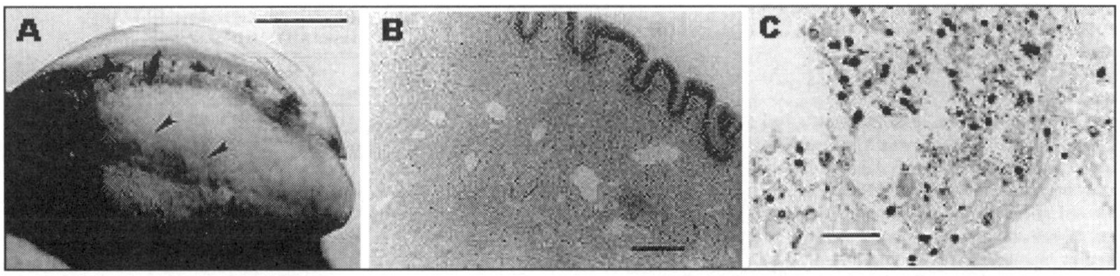

그림 2-53 A: 족부의 백점병소, 10 ㎜, B: 병소의 괴사와 공포, HE, 200 ㎛, C: 병소내의 세균, 김자염색, 20㎛. 그림 54

병원균을 분리하기 위해서는 0.2% bezalkonium chloride액에 2분간 담군 다음 70% 알콜면으로 소독하고 흰점을 포함하는 병소부위의 근육을 소독한 면도날로 절개하고 이 상처를 통하여 빠져나오는 체액을 배금이로 채취하여 식염을 2%첨가한 TSA에 접종하여 25℃에서 24시간 배양하면 정원형의 주변 원활한 무색의 집락이 형성된다.

분리균은 0.5-0.8 x 1.5-5.8 ㎛의 크기인 그람 음성균으로 1개의 극편모를 가진 상어의 궤양병과 능성어의 장염의 원인균과 같은 *Vibrio carchariae*이다. 인공감염은 마리당 10^8cells를 족부에 주사하면 3일 이내에 폐사하며 사육수에 4.5 x 10^6 cells/㎖가 되게 균을 첨가한 다음 5시간 또는 24시간 침지시키면 각각 4일과 6일 후에 폐사가 일어나는데 최종 폐사율은 40%와 20%이다.

병리 조직학적으로는 근섬유의 변성과 괴사 및 공포화가 생기는데 이러한 변화는 소화선에서도 찾아볼 수 있다.

5) 바지락의 비브리오병(brown ring disease, BRD)

1988년 여름에 스페인에서 처음 발생이 확인된 후 현재는 프랑스와 스페인지역에서 발생이 보고되고 있다(Pillard et al., 1989). 이 병의 외관상의 특징은 패각의 안쪽에 있는 pallial line과 패각의 바깥쪽 사이에 갈색의 침전물인 conchiolin이 침착하는 것이다.

감염된 개체는 성장이 느리고 패각에 변형이 생기는데 사망률은 거의 60%정도이다. 감염개체는 대개 펄에 잠입하지 못하고 바깥에 노출되어 있거나 잠입한다고 하더라도 깊숙이 잠입하지 못한다. Conchiolin이 침착되는 과정을 보면 육안으로 확인할 수는 없지만 현미경으로 확인할 수 있는 단계, 육안으로 미세한 갈색의 침전과 소수의 갈색 반점이 확인되는 단계, 두께가 1 ㎜이하인 반점이 형성된 단계 및 1 ㎜이상의 큰 반점이 형성되는 단계의 4단계로 나눌 수 있다.

갈색의 침착은 점차 두꺼워지게 되는데, 우리나라에 발병은 아직 확실하지 않다. 원인균은 *Vibrio tapetis*로 수온 20℃이하의 저수온기인 겨울과 봄, 가을에 발생할 가능성도 있다. 그러나 이러한 갈색 반점이 형성되는 것은 다른 와편모조류의 감염에 의해서도 발생함으로 원인균을 분리하여 확인할 필요가 있다.

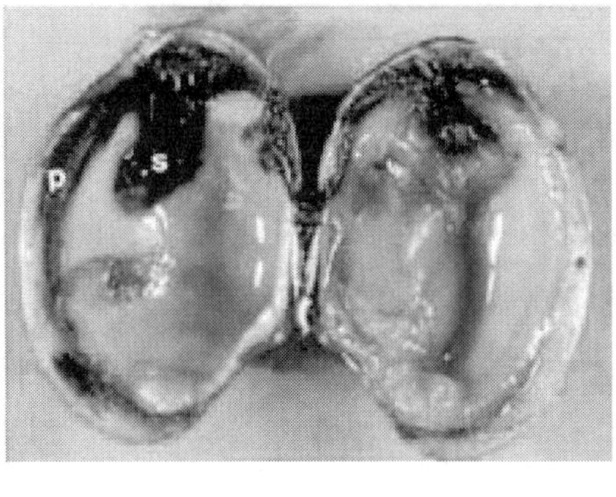

그림 2-54 바지락의 패각 안쪽에 갈색의 conchiolin이 침착된 Brown ring disease(BRD).

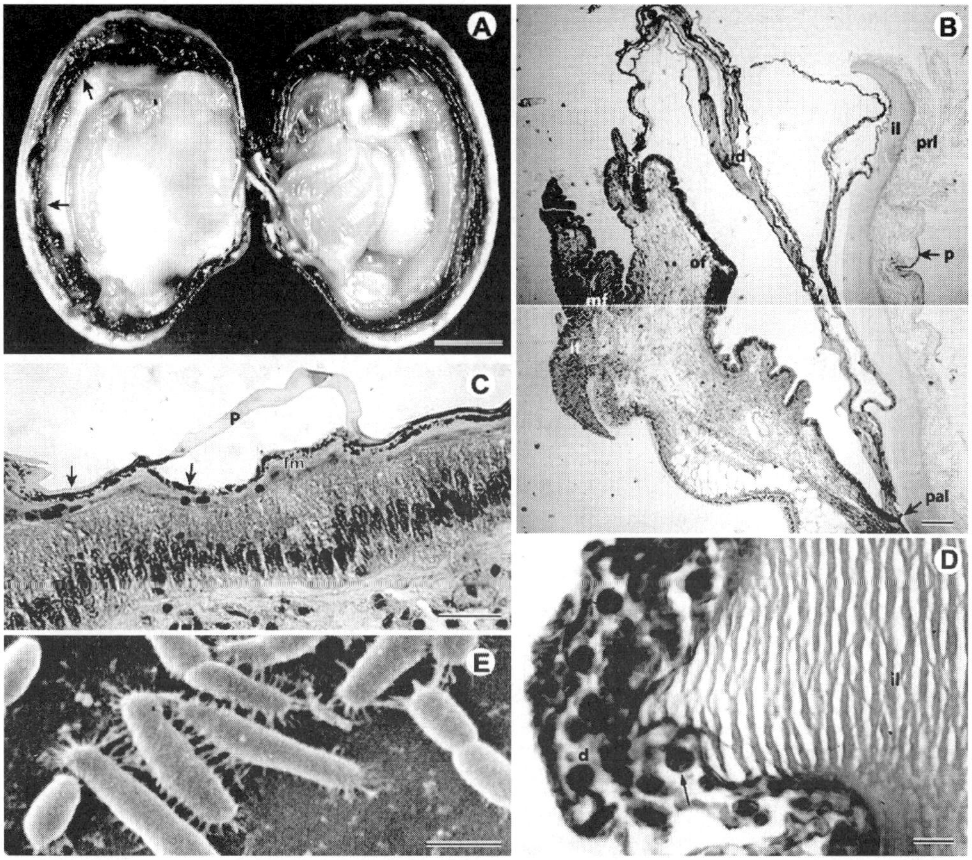

그림 2-55 A: 패각 내의 갈색 conchiolin침착(화살표). B: Conchiolin은 pallial line과 shell 사이에 침착. 두터워진 periostracal lamina는 찌꺼기가 덮고 있다. Trichrome stain. C: 외투막의 외각층, Periostracum(P)와 섬유상의 기질(fm)의 두층으로 구성된 periostracal lamina내의 수많은 세균이 존재. D: 패각의 내면(il)에 침착한 conchiolin. Trichrome stain. E: 인공감염 12시간 후의 패각 가장 자리의 SEM상. 패각 가장 자리에 붙어 있는 periostracum lamina 의 표면에 수많은 세균이 부착. 선모(화살표)가 부착에 사용. Bar=1 cm(A), 200 ㎛(B), 10 ㎛(C & DI 및 1 ㎛(E).

원인균의 분리는 TCBS에 접종하여 4℃에 접종하여 배양하면 푸른색의 집락이 형성된다. 그러나 15℃에 배양하면 집락이 노란색으로 변한다. 4℃에 배양하였을 때 푸른색의 집락이 형성되는 것은 노란색의 집락을 형성하는 세균의 번식이 억제되기 때문이다.

Peristaracal lamina에 부착한 원인균이 석회화과정에 이상을 초래하게 함으로서 특징적인 증상이 나타나게 된다. 증식한 세균이 패각 분비에 이상을 초래하여 패각의 bio-mineralization process에 적합하지 않는 물질이 분비되어 패각의 안쪽 가장자리에 침착된 것이다.

진단은 PCR방법에 의해 가능하지만 사용하는 primer sets에 따라서 검출 감도에 차이가 있지만 현재 가능 검출 감도가 높은 것은 Paillard의 VtF(5′-CGA GCG GAA ACG AGA AGT AG-3′)와 VtR (5′-GGA TGC ACG CTA TTA ACG TAC A-3′)를 사용하여 94℃ 3분간 initial denaturation시킨 다음 35사이클(94℃ 1 분; 63℃ 1분; 72℃ 45초) 반응시키면 416bp의 특이 밴드가 형성되며, 검출 한계는 10^2 CFU/㎖이다.

6) 굴 치패병(juvenile oyster disease, JOD)

수온 20-22℃에 갑자기 발병하며, 좌각이 심하게 솟아오르기 때문에 좌각과 우각이 서로 붙지 못하고 내부가 환경수의 부니에 그대로 노출되는 소위 cupping이 생기고, 패각 안쪽의 외투막 주변에 비정상의 연한 또는 짙은 갈색의 conchiolin침착이 생기고 침착된 부위가 융기되어 보이는 것이 주요 특징으로 사망률은 90%이상이다. 치패보다 큰 굴도 감염되지만 사망률은 크기와 역상관의 관계를 가지고 있어 개체의 크기가 클수록 외투막에 병소는 형성되지만 사망률은 낮아진다.

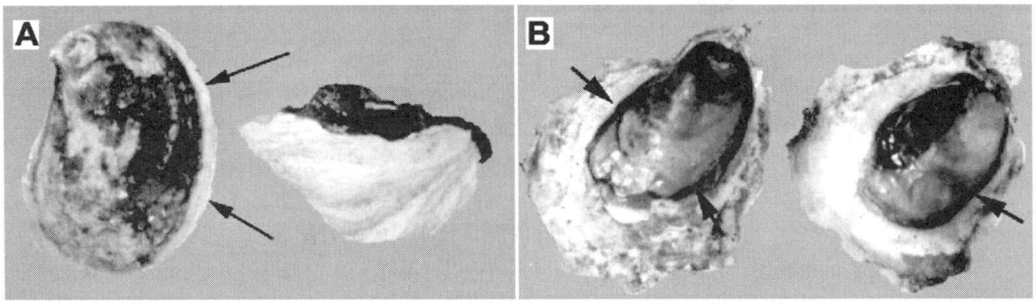

그림 2-56 A: 좌각의 심한 cupping 때문에 좌각의 안쪽이 돌출(화살표)하기 때문에 우각의 가장 자리가 붕괴. B: 패각 안쪽 표면의 conchiolin침착(화살표)되어 융기됨으로 표면에 심한 부착물이 부착.

원인으로서 *Vibrio, Pseudomonas* 및 *Aeromonas* 등이 제기되었지만 최근에 marine α-proteobacterium에 속하는 *Roseimarina arassostreae*인 것으로 밝혀졌다.

병리 조직학적으로는 conchiolin이 침착되기 전에 연체부가 수축하며 침착부의의 두께는 4-6 ㎛이지만 때로는 모든 외투막 심지어는 폐각근의 부착 부위에 까지 침착된다. 더 심한 경우에는 모든 연체부가 패각에서 떨어져 나와 두 패각 사이에 떠 있는 형상이다. Conchiolin이 침착된 안쪽의 외투막 부위에는 외투막 상피를 통하여 침윤해오는 혈구와 조직 파괴물로 구성된 유기막이 연속적으로 만들어진다. 또 침착부위에 인접한 외투막위에는 농양 병소가 형성되기도 한다. 외투막의 상피와 바깥의 혈구와 조직 파괴물 층에는 직경 1-7 ㎛의 치밀한 타원형의 구형 구조물이 생기는데, 그 숫자는 외투막 상피가 손상을 당하면 당할수록 많아지게 된다. 손상당한 외투막 상피 하부의 결합조직에는 혈구세포가 현저하게 침윤하여 축적되는 병소가 만들어진다. 외투막 상피세포가 박리된 곳에서는 원생동물과 세균이 일반적으로 발견된다.

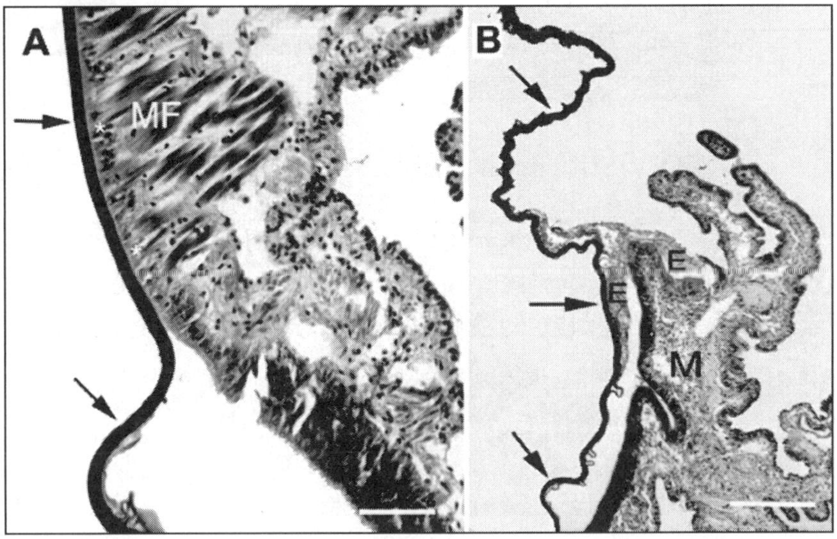

그림 2-57 A: myoepithelium(*)위의 conchiolin침착. 폐각근(MF), B: 외투막(M) 연결부위 주변의 conchiolin침착(화살표). E=침윤 혈구, 조직 파괴물 및 유기물. Bar=20 ㎛(A)과 100 ㎛(B).

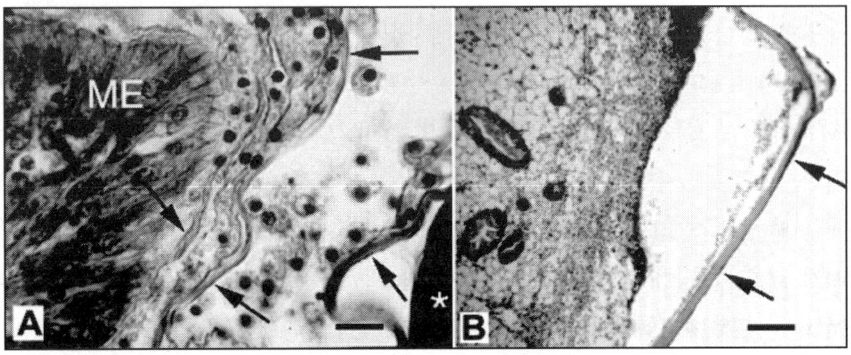

그림 2-58 A: 최초로 침착된 conchiolin(*)에 대한 반응으로 형성된 유기막(화살표) 사이에 침윤한 혈구와 조직파괴물이 축적된 외투막 상피(MF). B: 침착된 conchiolin(화살표) 아래에 위치한 외투막의 농양 병소. 상피세포 아래의 결합조직에 혈구의 침윤이 현저함. Bar=10 ㎛(A)와 50 ㎛(B).

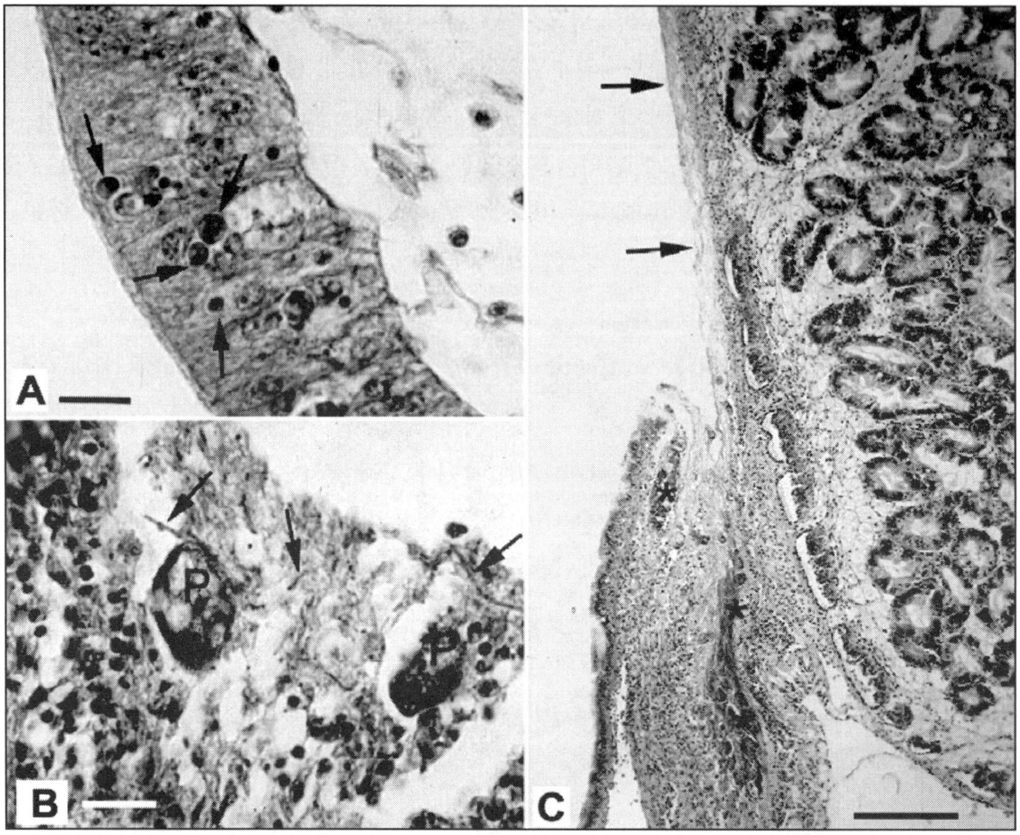

그림 2-59 A: 외투막 상피 내의 구형의 구조물(화살표). B: 상피의 손상 부위를 통하여 침투한 원생동물(P)과 세균(화살표). C: 외투막 상피(화살표)의 변성과 괴사에 의해 원생동물과 세균(*)이 침입. Bar= 10 ㎛(A & B)과 100 ㎛(C).

6) 굴의 세균성 농양병(bacterial abscess disease)

각장 1.0-2.4 ㎜의 치패에 6월경부터 발생하여 7월 말에는 종식하는데 폐사율은 26.2%-90%이상 종묘 생산장에 따라 차이가 있다. 발병은 패각의 내면을 따라서 침투한 간균에 의한 것으로 소수의 세균 침입에 의해 발병하기 때문에 병의 경과는 만성적이다. 침입한 세균에 의해 농양이 형성된 패각 내면의 아래 부분에 있는 외투막을 퇴색시켜 정상적인 패각 분비가 장애를 일으키게 된다. 때로는 침입한 세균과 숙주 세포의 괴사물이 새롭게 분비된 패각에 의해 격리되게 되면 병은 치유하게 된다.

조직학적으로 세균은 패각의 바깥 면에서 공통적으로 발견되며, 세균의 형태는 직선 모양의 간균으로 패각의 안쪽 면과 농양 내에서 발견된다. 원인세균은 HE염색한 표본에서는 발견하기 어렵지만, Giemsa염색에서는 비교적 쉽게 발견할 수 있다. 패각의 안쪽 면과 외투막의 사이인 extrapallial space에 농양이 형성되는데, 외투막을 따라서 옆으로 곳곳에 형성되어 좌각과 우각의 접합부위에도 형성되기도 한다. 농양은 대개 extrapallial space내에 한정적으로 형성되는 편으로, 농양의 내부에는 탈락한 숙주세포, 혈구세포 및 세균이 혼합되어 있다.

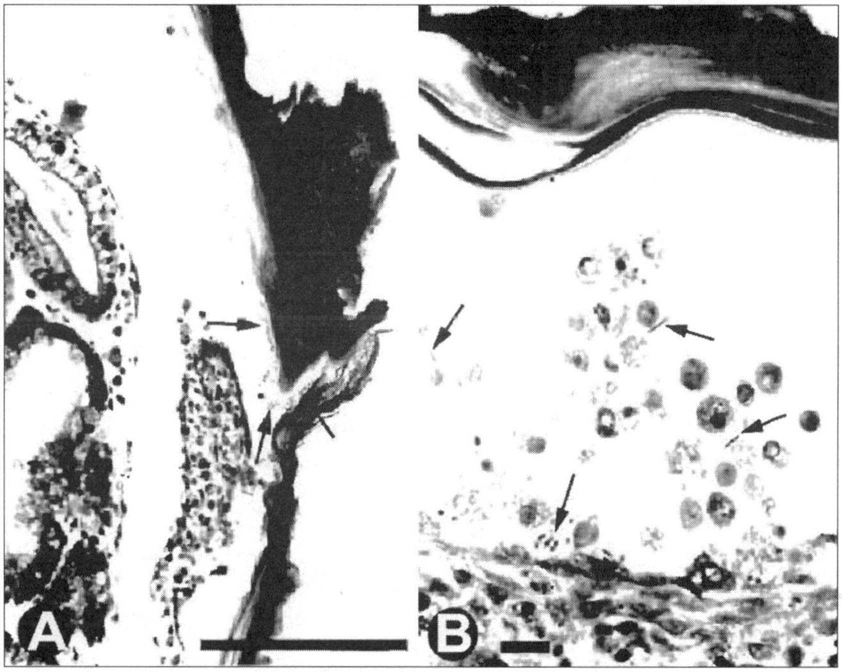

그림 2-60 A: 패각의 안쪽 면에 부착하고 있는 세균. B: Extrapallial space내의 농양 병소에는 탈락한 원형의 숙주세포와 막대기 모양의 세균(화살표)이 존재. Giemsa, bar=100 ㎛(A)와 10 ㎛(B). 검은 부분은 패각.

농양에 인접하고 있는 외투막은 퇴색되고 pallial epithelium은 현저하게 편평화되며, 일부는 변성하여 원형으로 변화된 상피세포도 섞여 있다.

패각의 안쪽 면과 농양 내부의 세균은 모두 막대기 모양으로 농양 내의 혈구세포에 탐식당한 세균 또는 괴사 숙주세포가 발견된다.

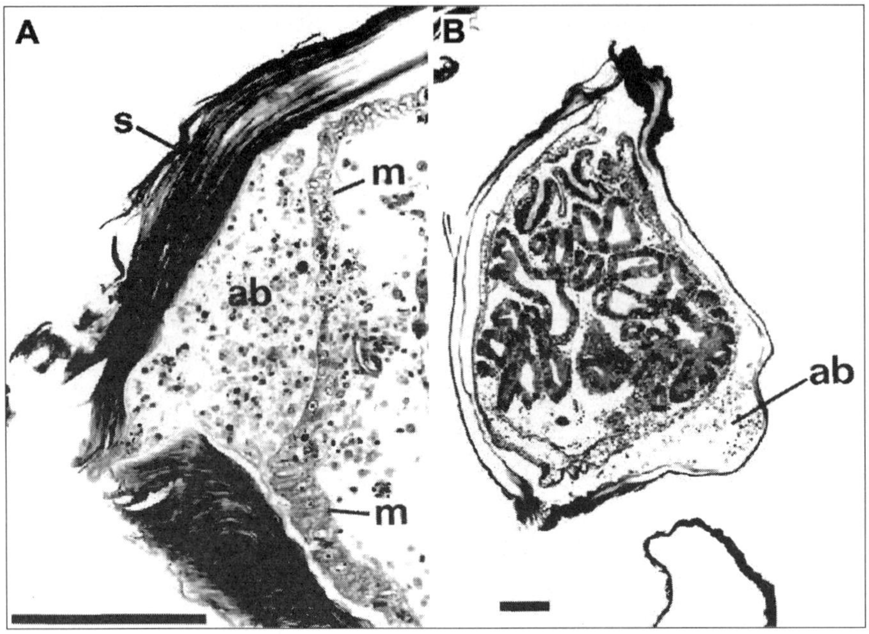

그림 2-61 A: Shell matrix(s)와 외투막(m)에 의해 둘러 쌓인 농양(ab). 현저하게 편평화된 외투막의 상피세포 내부에는 변성의 원형세포가 존재. B: Extrapallial space내의 농양. 좌측 부분은 거의 정상임. Giemsa. Bar=100 ㎛(A) 및 100 ㎛(B).

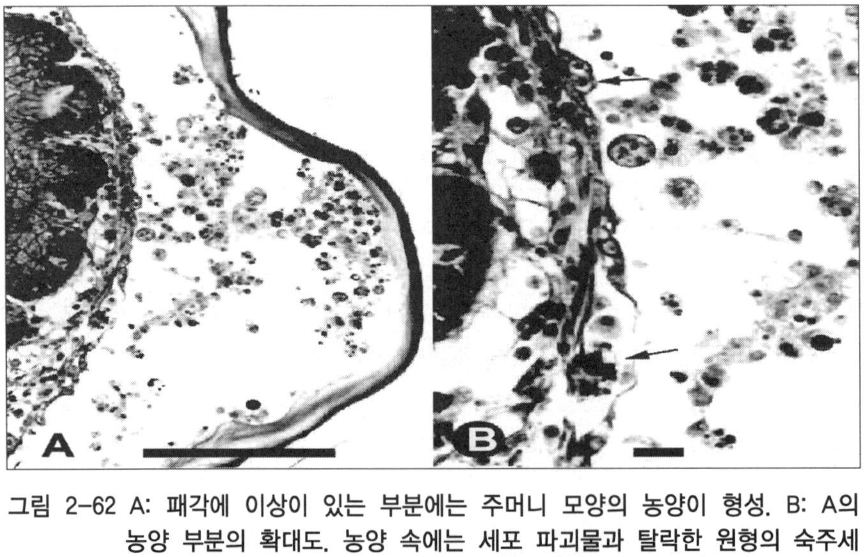

그림 2-62 A: 패각에 이상이 있는 부분에는 주머니 모양의 농양이 형성. B: A의 농양 부분의 확대도. 농양 속에는 세포 파괴물과 탈락한 원형의 숙주세포가 들어 있고, 외투막 상피는 현저하게 편평화되고, 그 중에는 변성의 원형의 상피세포(화살표)도 발견. Giemsa. Bar=100 ㎛.

7) Rickettsia

(1) 백합

백합의 아가미 또는 소화선의 상피세포에 감염되지만 폐사를 유발하지는 않는다. 병리조직학적으로 새변과 소화선의 상피세포에 호염기성의 세포질 내 봉입체가 발견된다.

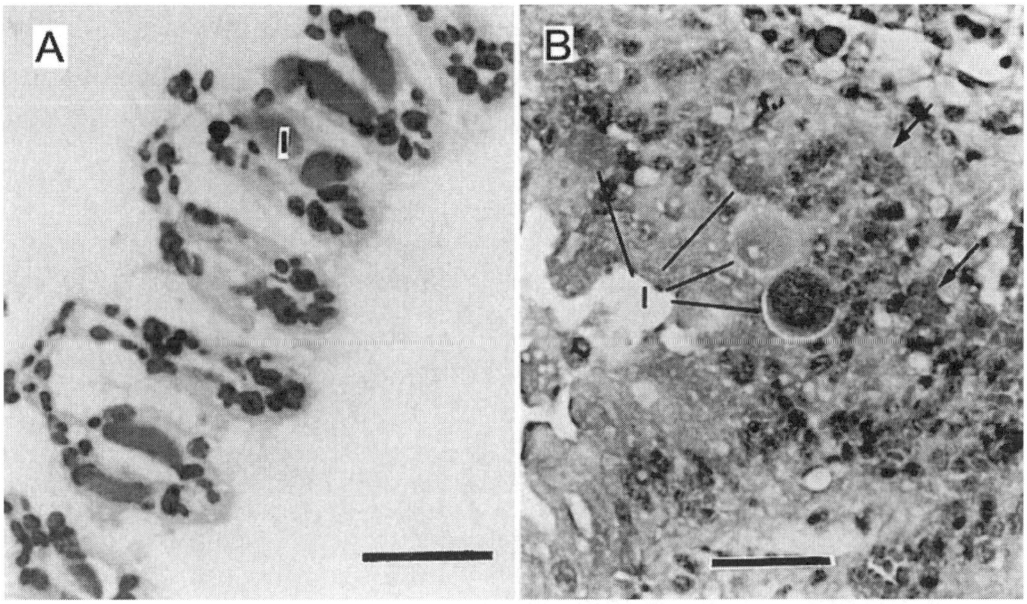

그림 2-63 A: 아가미 세포내의 Feulgen양성 반응을 나타내는 Rickettsia. B: 소화선 상피세포 내의 Rickettsia. 감염세포 주변에는 많은 호산성의 과립구(화살표)가 침윤해 있다. I=호염기성의 봉입체. HE. Bar=100 ㎛.

병원체의 감염에 의해 감염세포는 세포질이 완전히 붕괴되며, 감염 세포에 인접하고 있는 상피세포는 형태 이상 또는 세포질 내에 공포가 형성된다. 감염세포의 세포질 내 봉입체는 아가미에서는 완두콩(bean) 또는 막대기 모양이지만, 소화선에서는 타원형을 하고 있다.

아가미의 봉입체는 90x40 ㎛, 소화선에서는 직경이 22 ㎛정도이다. 봉입체의 내부에는 진하게 염색되는 과립상의 물질이 들어 있다. 봉입체는 Feulgen양성, 그람 음성이며, acridine orange (pH 3)으로 염색하면 녹색의 형광을 발한다. 일반적으로 소화선에 비해 아가미의 감염이 심한 경향이다.

(2) 굴

병리 조직학적으로는 아가미, 소화선, 소화선 관공 및 외투막의 상피세포 내에 호염기성의 세포질 내 봉입체가 발견된다. 아가미나 외투막의 봉입체는 비교적 소형의 원형 또는 타원형이지만, 소화선에서는 대형의 방추형의 봉입체, 소화선관공에는 막대기 모양의 봉입체가 발견된다. 아가미에서의 봉입체의 크기는 12.5 x 9 ㎛, 외투막에서는 12.3 x 8.2 ㎛, 소화선에서는 15.8 x 9.3 ㎛, 소화관에서는 18.1 x 7.7 ㎛이다.

세포질 내 봉입체는 Feulgen반응에 양성으로 엷은 적색으로 염색된다. 때로는 이러한 봉입체가 소화선과 외투막의 결합조직 내에서도 발견되기도 한다. 이러한 봉입체가 발견되는 세포는 비대되어 최종적으로 붕괴되게 된다. 세포질 내 봉입체의 내부에는 수많은 호산성의 과립이 들어 있다.

Rickettsia의 감염에 의해 염증반응을 유발하여 상피세포가 심하게 융해되어 아가상피세포층의 붕괴를 초래하게 된다. 상피세포의 붕괴 정도는 조직 내의 봉입체의 수와 세포질내의 봉입체의 성장과 밀접한 관계를 가지고 있다.

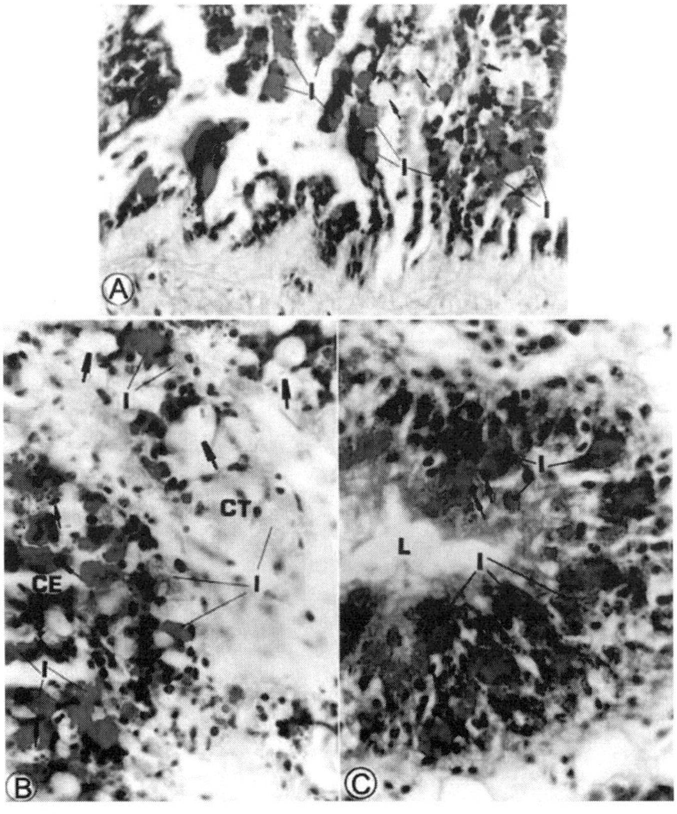

그림 2-64
A: 아가미 상피세포의 봉입체(I). 봉입체 내에는 많은 호산성이 과립이 존재하여 감염세포는 괴사되어 빈 공간(화살표)으로 보임. B: 외투막의 상피세포(CE)와 결합조직(CT) 내의 봉입체와 핵의 위축(화살표). C: 소화선 상피세포 내의 봉입체와 핵의 위축(화살표). L=관공. HE, Bar=600 ㎛ (A)와 880 ㎛ (B & C).

3. 기생충성 질병

1) 참굴의 난소 비대증(*Marteiliodes chungmuensis*)

참굴의 난모세포의 세포질 속에 기생하며 난을 용해시키며 수정난의 발생과 분화에 이상을 초래하여 폐사시키는 난소기생충이다. 감염된 난은 생식소 부근에 난 덩어리가 군데군데 뭉쳐 있으며, 그 크기도 다양하여 작은 것은 2～3 ㎜, 큰 것은 10～15 ㎜도 있으며, 개수도 1～2개에서부터 15～20개인 개체도 있다. 때로는 생식소에 여러 개의 평평한 융기부가 생기지만 정상굴과 구별이 불가능할 때도 있지만, 융기부 이외의 연체부는 탄력을 상실하여 물굴의 상태로 된다.

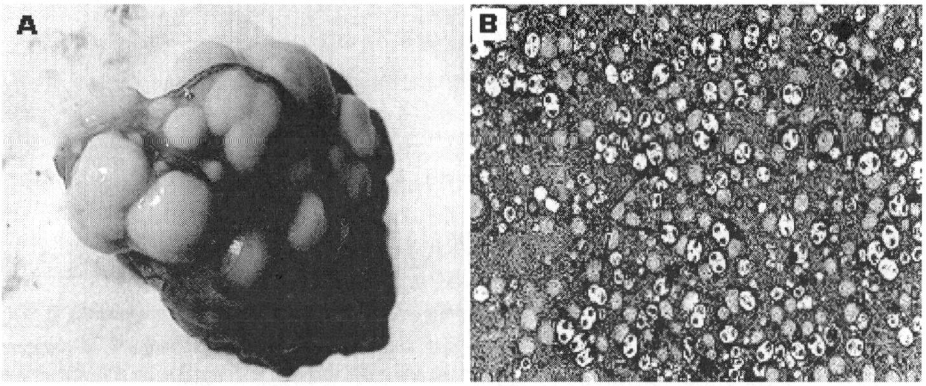

그림 2-65 난소기생충에 감염된 참굴의 난소(A)와 감염난소 내의 기생충(Pa).

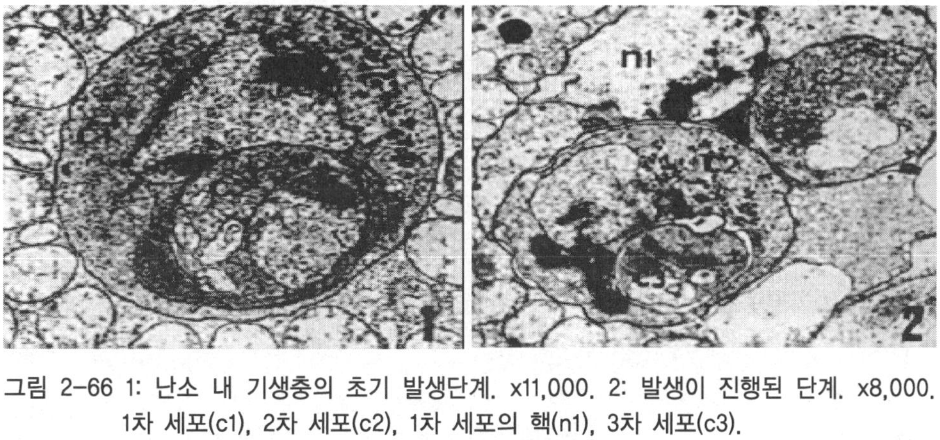

그림 2-66 1: 난소 내 기생충의 초기 발생단계. x11,000. 2: 발생이 진행된 단계. x8,000. 1차 세포(c1), 2차 세포(c2), 1차 세포의 핵(n1), 3차 세포(c3).

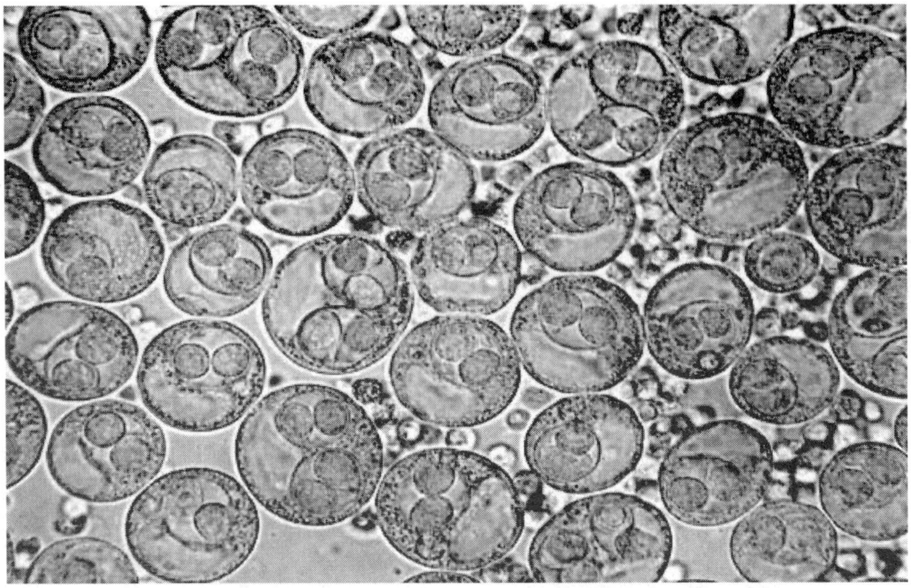

그림 2-67 감염 굴 난소의 무염색 표본. 난세포 내에 감염 기생체가 들어 있다.

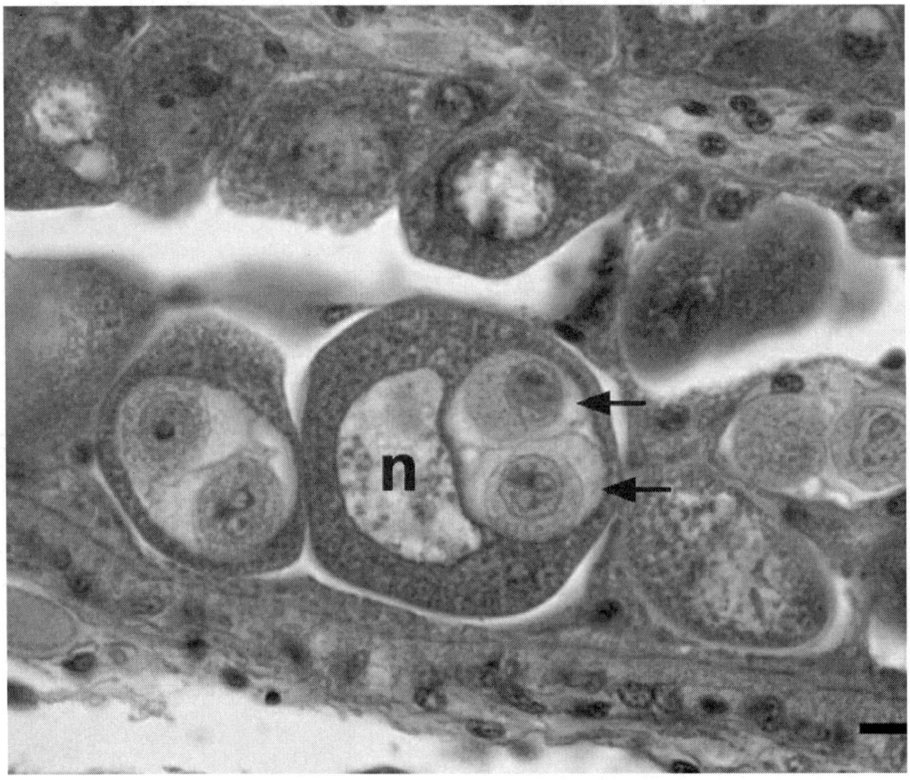

그림 2-68 굴 난모세포내의 *Marteilioides chungmuensis*충체(화살표).

우리나라에서의 감염율을 보면 5월경에는 11.8∼12.5%, 고수온기인 8월에는 64.3∼100%로 감염율이 증가하였다가 수온이 하강하기 시작하면 다시 감염율은 저하되어 수온과 감염율과는 밀접한 관계가 있다. 감염된 난은 80%이상이 비정상적인 발생을 하며, D상형 및 초기 각정기까지 발생한다하더라도 외부의 각이 녹기 시작하여 최종적으로 연체부까지 녹아 폐사하게 된다.

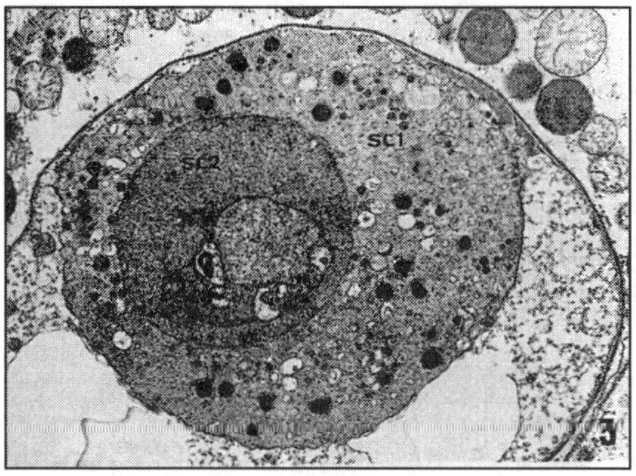

그림 2-69
정모세포 내에 3차세포까지 분화된 포자(sc1, sc2, sc3). x9,000.

기생충체는 난모세포의 세포질 내에 직경 4∼12 ㎛의 원형세포로서 관찰되는데, 중증의 개체에서는 초기 기생체와 후기 기생체를 동시에 관찰할 수 있다. 초기 기생체는 크기가 3∼6 ㎛으로 강호염기성을 나타내는 반면 후기 기생체는 세포질 내에 1∼4개의 기생체가 모여 1개의 커다란 공포를 형성하고 있다.

전자 현미경적으로는 난모세포의 세포질 내에 간세포(1차 세포) 및 2차 세포가 관찰되는데, 생식소에 침입한 충체(간세포, 1차 세포)의 세포질 내에 haplosporosome만들어지면서 1차 세포 내에서 내생 발아에 의해 2차세포가 형성된다. 형성된 2차 세포는 합포체로 성장하여 2차세포의 세포질 내에 haplosporosome이 생성되면서 2차 세포 내에 내생출아에 의해 3차세포가 만들어지고, 1차 세포는 다시 외생출아에 의해 2차 세포를 만든다. 2차 세포는 성장하여 원형질막에서 분화된 세포벽을 가진 포자모세포로 되어, 산란할 때 난과 함께 아가미를 통하여 방출된다. 난 방출 후 남아있던 것은 난의 붕괴와 함께 사멸한다.

한편 가을철에 채집한 바지락에서도 *Marteiliodes* sp.의 감염이 확인되었다. 바지락의 난소에서도 *Marteiliodes* sp.의 성숙 포자가 난세포의 대부분을 차지하고 있었지만, 혈구의 침윤이나 식세포에 의한 충체의 탐식은 관찰되지 않는다. 전자 현미경으로 관찰하면 1개의 1차 세포 내에 2개의 2차 세포가 들어 있으며, 각 2차 세포는 1개의 포자를 가지고 있다. 이들 포자는 1개의 외막과 2개의 내막을 가지고 있으며, 전자밀도가 높은

haplosporsomes을 가지고 있다. 그러나 굴의 경우와는 달리 난소의 형태적 이상이나 병리 조직학적으로 염증반응이 거의 나타나지 않지만 다음 해의 산란에는 영향을 미칠 것으로 보인다.

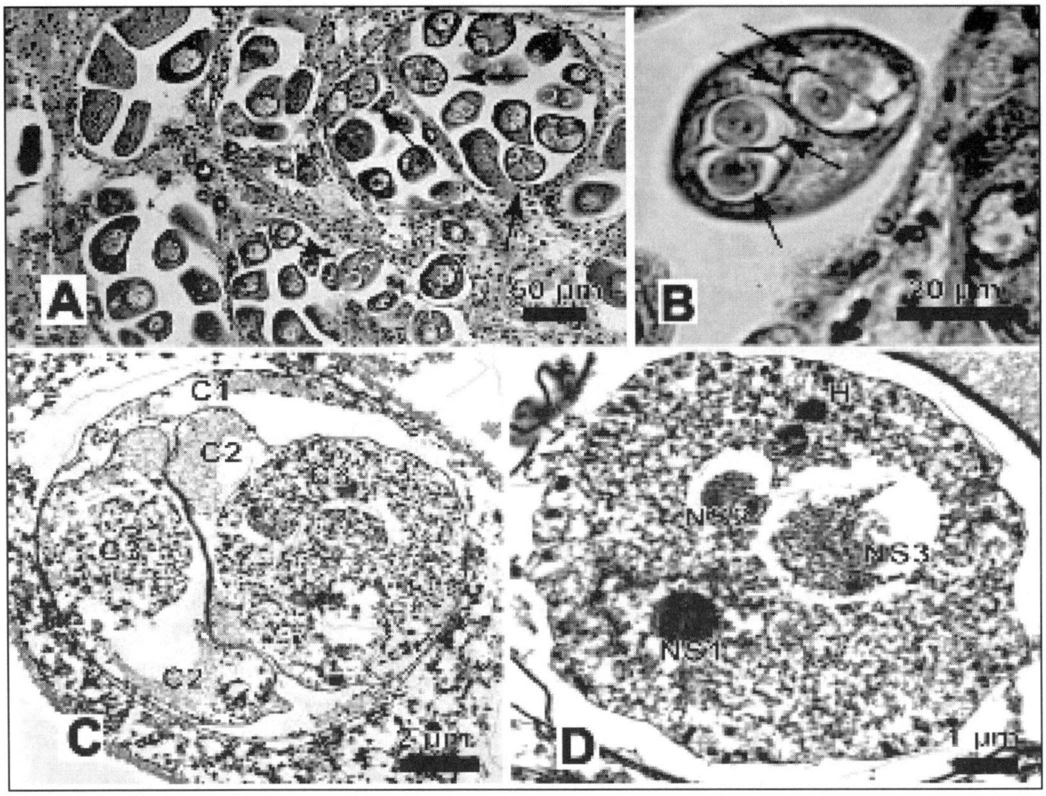

그림 2-70 바지락 생식소내의 *Marteilioides* sp.감염. 좌상: 생식소 내의 충체(화살표), 우상: 난세포 내의 성숙한 *Marteilioides* sp.의 plasmodia-1개의 plasmodium내(화살표)에 2개의 sporonts가 형성되어 있다. 좌하: Plasmodium의 전자 현미경사진-1개의 plasmodium내에 2개의 sporonts가 있고, 각 sporont에는 1개의 spore가 있다. C1, plasmodium; C2, secondary cell(=Sporont); C3, tertiary cell(=spore). 우하: spore는 2개의 세포로 구성되어 있으며 haplosporosomes을 가지고 있다. H, haplospolosomes; NS1, 1차 포자세포의 핵l; NS2, 2차 포자세포의 핵; NS3, 3차 포자세포의 핵.

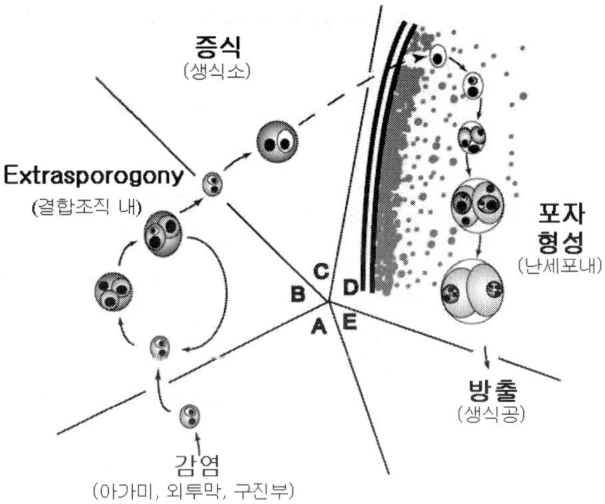

그림 2-71 **참굴에서의 *Marteiliodes chungmuensis*생활사.**
미동정의 감염단계가 아가미, 외투막 또는 구진부를 통하여 침입(A). 결합조직 내에서 extrasporogony기 반복되는 동안 1차 세포 내에서 내부 분열이 일어님 (B). 2차 세포가 방출되고 크기가 증대된다. 생식소 내에서 multiplication이 일어난다(C). Stem cell(2차 세포)이 난세포내로 침투하고, 난세포 내에서 포자형성이 시작된다(D). 성숙한 포자가 난소에서 생식공을 통하여 방출된다(E).

2) *Haplosporidium*(*Haplosporidium nelsoni*, multinucleate shpere X, MSX)

자연 감염 상태에서는 발견하기는 어렵지만 가장 특징적 증상은 성숙포자가 소화관공에 충만하기 때문에 소화관이 백탁되는 것이다. 그 외 이 병의 특징적인 증상은 아니지만 무기력, 외투막의 수축, 패각의 성장불량, 외투막의 탄력 상실, 외투막 바깥 패각에 갈색의 반점 형성 등이 있다.

진단은 병리조직학적 관찰로서 가능하지만, 심하게 감염된 경우 혈액의 도말표본만을 사용하여 methylene blue로 염색한 다음 검경함으로서 진단할 수 있다. 드물기는 하지만 성숙포자가 있다면 Ziehl-Neelsen의 carbol fuchsin염색에 엷은 적색으로 염색된다. 아가미, 소화선 결합조직 등의 조직표본을 검경하면 호염기성의 세포질 속에 호산성의 핵을 가진 타원형의 다핵 변형체(plasmodium)를 발견할 수 있다.

미국의 굴에서는 염분 농도가 15 ppt이상에서 발생하고, 30～35ppt에서는 발생하지 않는다. 그럼으로 10ppt이하의 저염분 지역에서 양식하는 것이 병원성을 약화시키고, 굴의 생잔율을 높일 수 있다. 이 질병은 우리나라 및 우리나라 및 일본의 참굴에서도 발생하고 있다.

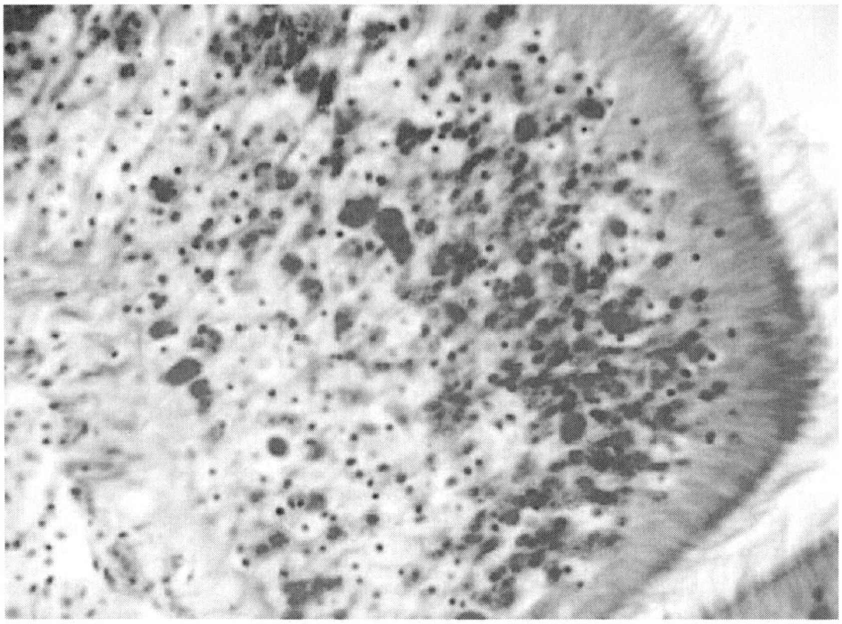

그림 2-72 버지니아굴의 *Haplosporidium nelsoni* 변형체(plasmodia).

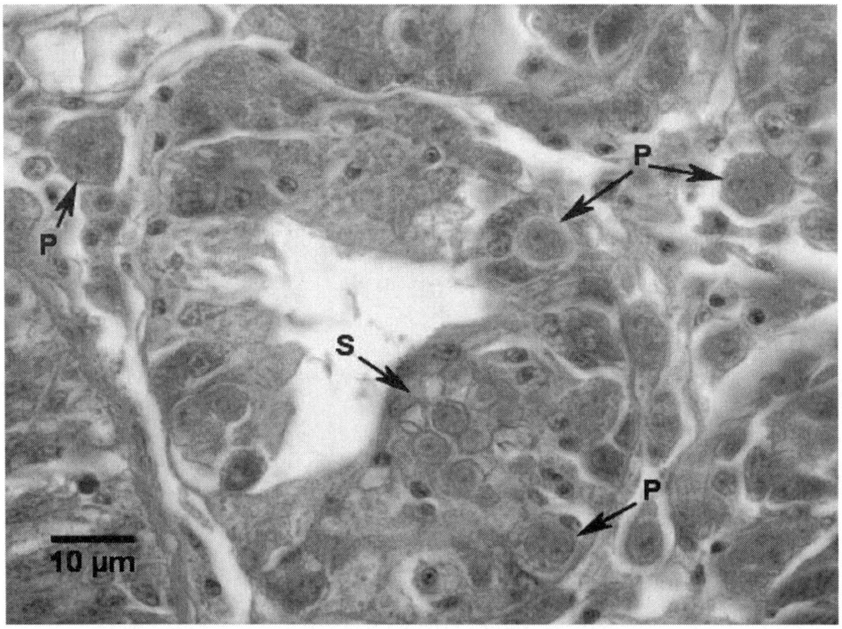

그림 2-73 버지나아굴의 소화관. 결합조직, 혈동 및 소화관 상피세포 내의 *H. nesoni*의 다핵 plasmodium((P). 성숙포자의 방출(S)은 관공 상피에서만 일어남. HE.

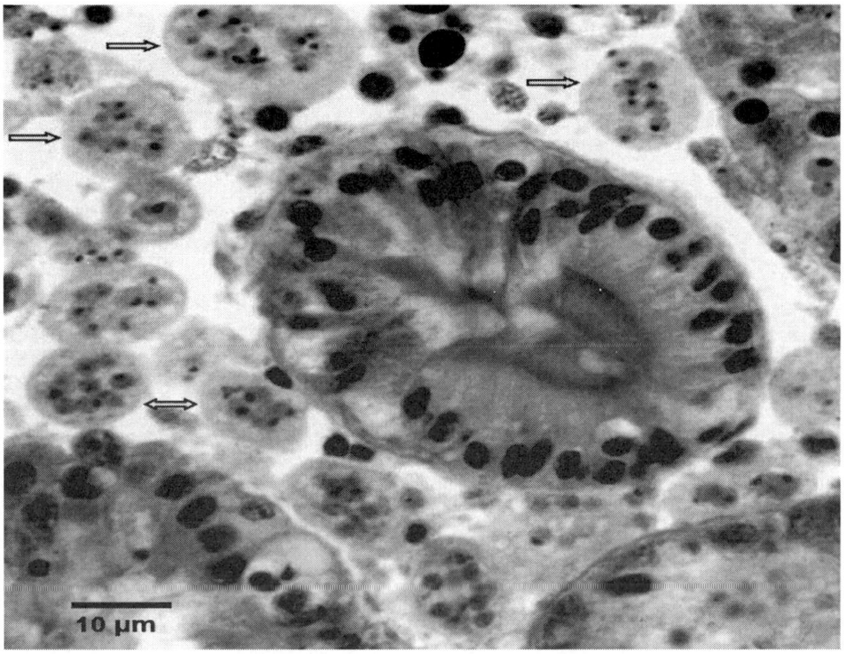

그림 2-74 버지니아굴의 소화선내의 *H. nelsoni*의 plasmodium(화살표).

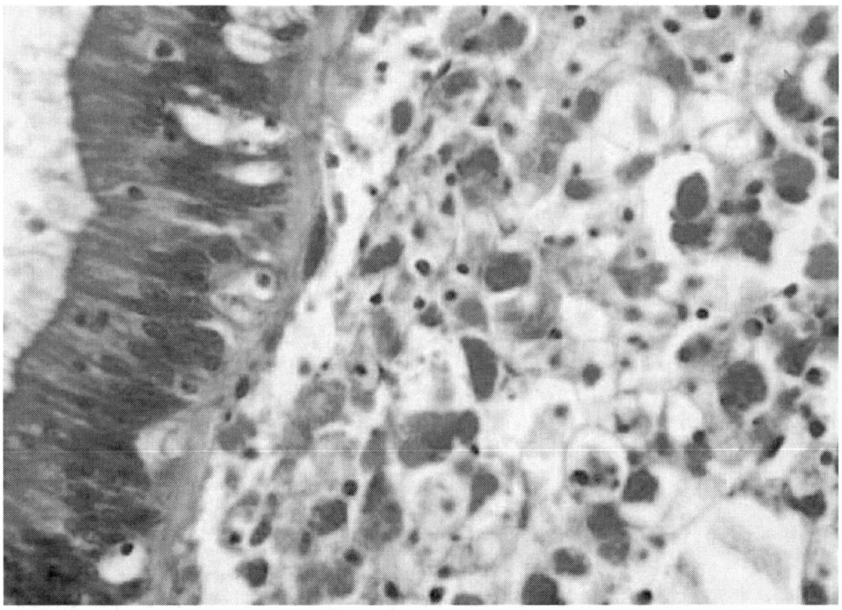

그림 2-75 버지니아굴의 *Haplosporidium costale* prespore.

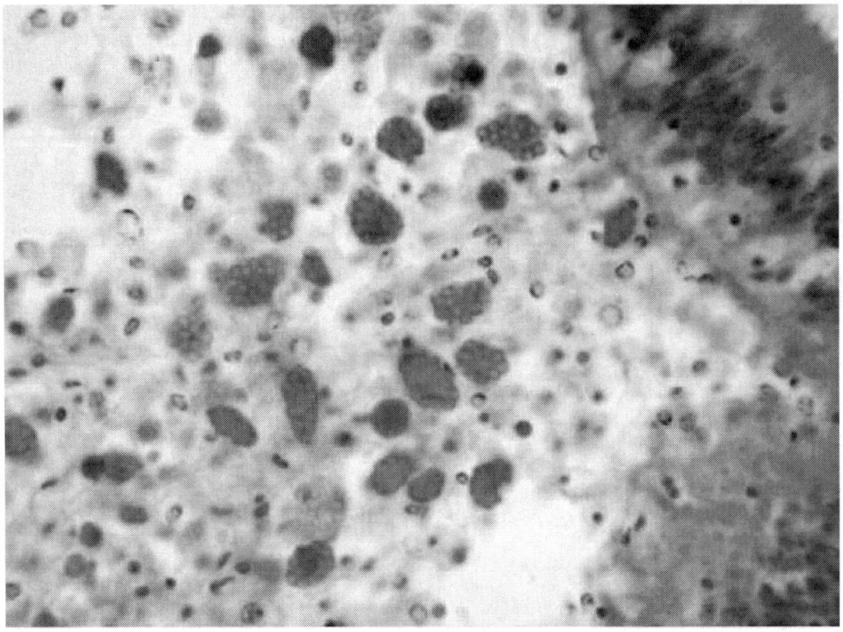

그림 2-76 버지니아굴의 *Haplosporidium costale* 포자.

*Haplosporidium nelsoni*의 형태와 생활사를 살펴보면 기생체는 타원형의 변형체(직경 4~30 ㎛, 최대 60개 까지 다핵세포, 개개의 핵의 크기는 1.5~7.5 ㎛), 소형의 변형체는 대형의 변형체의 분열에 의해 형성된다. 감염 초기 변형체는 아가미, palp, suprabranchial chamber에서 발견되지만, 이어서 소화관 또는 gonad alveoli에 인접한 vesicular성 결합 조직에서 발견되고, 최종적으로는 전신에서 발견된다. 보통 굴에서 발견되는 것은 변형체 또는 포자형성 이전 단계이며, 성숙포자를 가지고 있는 sporocyst단계는 거의 발견되지 않는다. 포자 형성은 소화관공의 상피 세포에서 일어난다. 포자는 직경 7.5 x 5.4 ㎛크기로 operculum이 있다. 초여름에 감염되어 8월초에 폐사하기 시작하여 9월에 폐사가 최대로 되며, 그 후 11월까지 점차 감소하기 시작한다.

이 병은 수온을 통해서 제어할 수 있는데, 수온 5℃에서는 충체와 숙주가 모두 불활화되고, 5-20℃에서는 충체가 숙주보다 빨리 번식하고, 20℃이상의 수온에서 살아남은 굴은 충체의 번식을 억제할 수 있다. 이 병의 6~8년 간격으로 감염율의 변화를 보이는데 겨울이 매우 추우면 다음 해의 감염률은 저하된다.

*H. nelsoni*와 다른 종류인 *H. costale*(SSO, seaside organism)는 염분농도가 25ppt 이상인 곳에서 발생하며, *H. nelsoni*와는 다음과 같은 점에서 차이가 난다. 즉 포자가 소

형이며(3.1 x 2.6 ㎛), 항원성에서 차이가 난다. 또 모든 결합 조직에서 포자 형성이 일어나지만, 소화관의 상피세포에서는 포자가 형성되지 않으며, 25ppt이상의 고염분 지역에서만 발생한다, 이 충의 발병과 포자형성은 5-6월로 아주 짧으며(약 4~6주), 그 후 8~10개월간 폐사가 지속된다. 그럼으로 종패 살포 18-24개월 후에 수확하면 *H. nelsoni*만큼 심각한 병은 아니다.

그 외 *M. armoricana*가 프랑스나 네덜란드산 넓적굴에 발병하며, 발병 개체는 육질이 갈색으로 변한다. 갈색으로 변색한 육질의 결합조직 내에 직경 35~50 ㎛의 sprocyst가 있고, 이 sporocyst내에 70-100 ㎛의 긴 돌기를 가진 operculum이 있는 크기 5.0~5.5 x 4.0~4.5 ㎛인 포자가 약 100-150개 들어 있다. 또 *H. tumerfacientis*는 충체의 이름에서 알 수 있듯이 부풀어 오른다는 의미로 미국산 담치의 소화관과 신장에 tumefaction (swelling)이 생기는 병이다. *H. tapetis*(*M. tapetis*)는 프랑스와 포르투칼산 양식 바지락에 감염되며, 직경 4~6 ㎛의 난원형의 포자가 소화관공과 아가미의 결합조직에서 관찰된다.

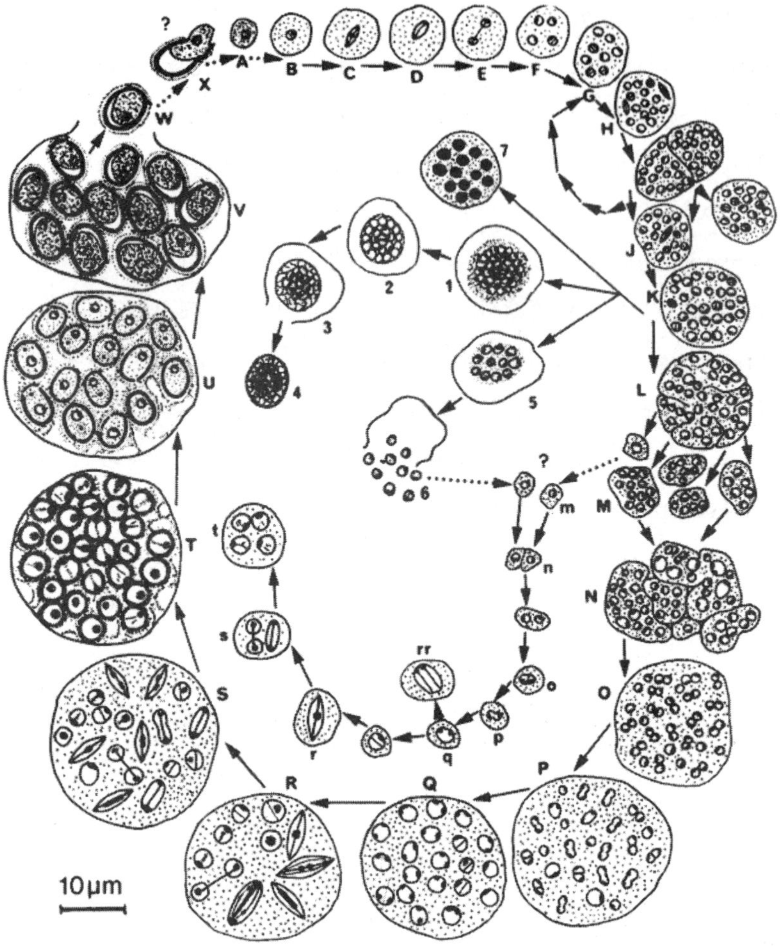

그림 2-77 ***H. nelsoni*의 생활사.** A-H: 아메바형 포자(amoebula)의 핵 다분열에 의한 다핵 변형체의 형성 과정. I: 변형체의 분열에 의한 소형 변형체(J)의 형성. K: 변형체의 신장. L: 배우체 변형체(M)를 형성하기 위한 대소 부동의 변형체의 분열. N: 배우체 변형체의 집합과 융합. O: 1 쌍의 핵을 가진 protozygote. P: 융합 핵을 가진 protozygote. Q: 비대화된 배수체 핵을 가진 핵융합체(synkaryon). R&S: 1차 및 2차 감수분열. T: 초기 sporont. U: haploid포자를 가진 미숙 sporocyst. V: 성숙 sporocyst와 포자. W: 포자 방출. X:포자 원형질(sporoplasm)분리.

1-4: Cyst형성 과정. 1-세포질의 응집, 2-두꺼운 outer coat의 형성, 3-변형체 막의 붕괴, 4-성숙 cyst. 5-6: 변형체의 핵 방출, 7: 변형체의 사멸. m-t: 비정형 배우자 형성과 감수분열, m: 배우자(gamete), n: 배우자의 융합. o: 1쌍의 핵을 가진 prozygote. p: prozygote의 핵융합. q: 2개의 endosome(소구체)을 가진 핵융합체. rr: 2개의 소구체와 방추체를 가진 유사분열 후기 상. r: 1차 분열(중기), s: 2차 분열, t: 유사분열 완료 후의 4핵 변형체.

3) Marteiliida

패류의 소화관 상피에 주로 기생함으로 감염 패류는 비만도의 감소, 글리코겐 감소, 소화관의 퇴색, 성장 저하 및 폐사가 일어난다. 기생충의 조직에 대한 특이성이 없기 때문에 소화선 상피세포 또는 아가미를 병리 조직학적으로 검사하면, 상피세포 내에 원형의 호염기성 세포질에 호산성의 핵을 가진 충체를 발견할 수 있다.

새로운 감염이 7~8월이 일어남으로 이식 시기를 조절하거나, 35~37ppt에 사육하면 충체의 발달이 억제되며, 참굴은 이 병에 대한 저항성이 높다.

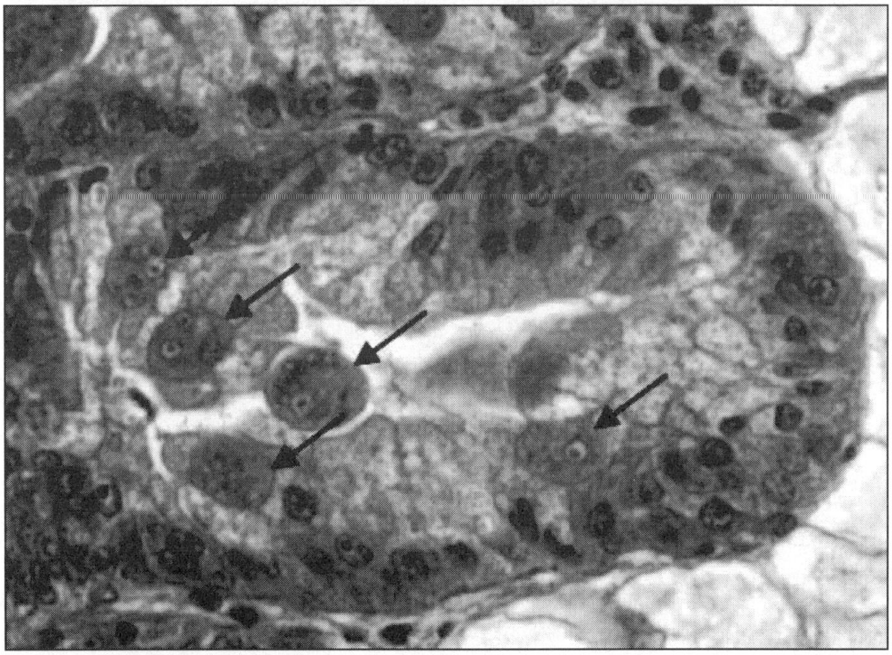

그림 2-78 넓적굴의 소화관 상피 내와 관공 내의 *M. refringens sporangia* (화살표).

넓적굴에 기생하는 충체는 *M. refingens*로 일병 수포병(aber disease, digestive gland disease)이라 불리고 있다. *Marteilia* sp.가 *Haplosporidium* sp.와 구분되어지는 특징은 포자형성(sporulation)으로, 포자 내부에서 내부 분열에 의해 포자가 형성된다는 것이다

감염 초기에 *M. refingens*는 아가미나 위의 상피세포에 침입하여 1차 세포(plasmodium, 변형체, 5~8 ㎛)가 형성되는데, 변형체의 세포질에는 단백질로 보이는 길이 1~5 ㎛정도의 막대기 모양의 봉입체(striated inclusion)가 들어 있다.

Plasmodium의 세포질 공포 속에는 이미 단핵의 2차 세포가 만들어 진다. 그 후 소화선의 상피 세포로 이동하여 여기서 포자 형성기에 들어간다. 이 종의 특징으로는 포자형성기 동안 포자낭 내에서 연속적인 내분열이 일어나, 많은 포자가 만들어 진다는 것이다.

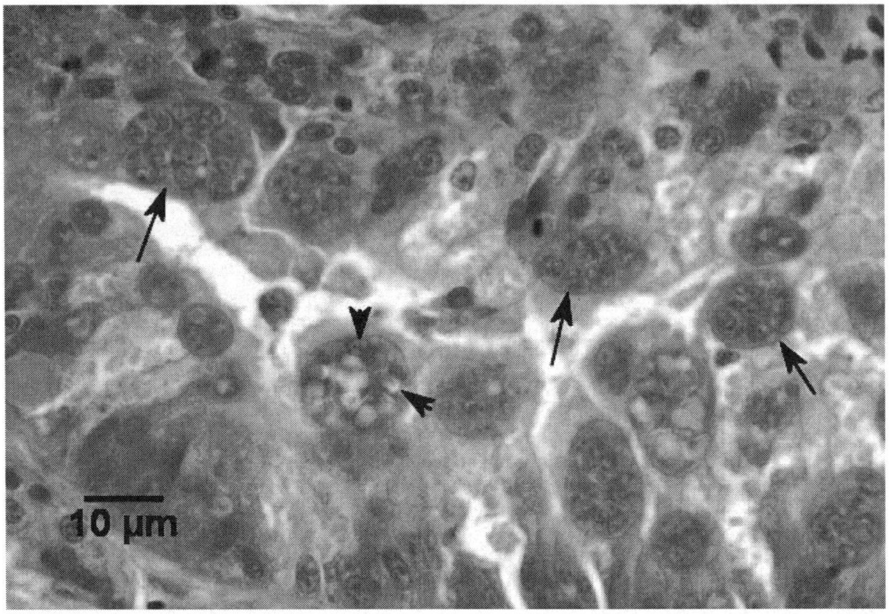

그림 2-79 유럽산 넓적굴 *Ostrea edulis*의 소화선 내에 기생한 *Marteilia refringens*의 포자낭(sporangium, 화살표)과 발육 중인 포자(화살표 머리).

포자형성 초기에는 단핵의 세포가 변형체의 세포질 내에 경계를 이루면서 sporangial primordia(2차 세포, secondary cells)을 형성한다. 보통 1차 세포의 세포질 내에 8개의 2차 세포(직경 12 ㎛, 성숙 완료시)가 만들어 짐으로 인해, 1차 세포는 크기가 15~30 ㎛ 정도로 커지지만, 여전히 자신의 핵은 가지고 있다. 이어서 2차 세포의 바깥에 1개의 바깥 벽이 만들어지고, 뒤이어 핵의 다분열과 세포질이 분열하여 3~4개의 spore primodium(3차 세포, tertiary cells)이 만들어져 포자로 성숙되게 된다.

포자에는 크기가 다른 3개의 단핵의 포자원형질(sporoplasm)이 들어 있다. 즉 가장 큰 포자 원형질의 내부에 두 번째로 큰 포자 원형질이, 다시 그 속에 가장 작은 포자 원형질이 단계적으로 들어 있는 형태이다. 포자 벽은 operculum이 없고 성숙하게 되면 구형의 3.6~4.5 ㎛정도로 되는데, 포자가 완전히 성숙하게 되면 포자 사이의 세포질 속에 굴광성의 봉입체가 만들어진다. 굴광성의 봉입체(refringent inclusion body)는 포자와 크기가 비슷하거나 포자보다 크다.

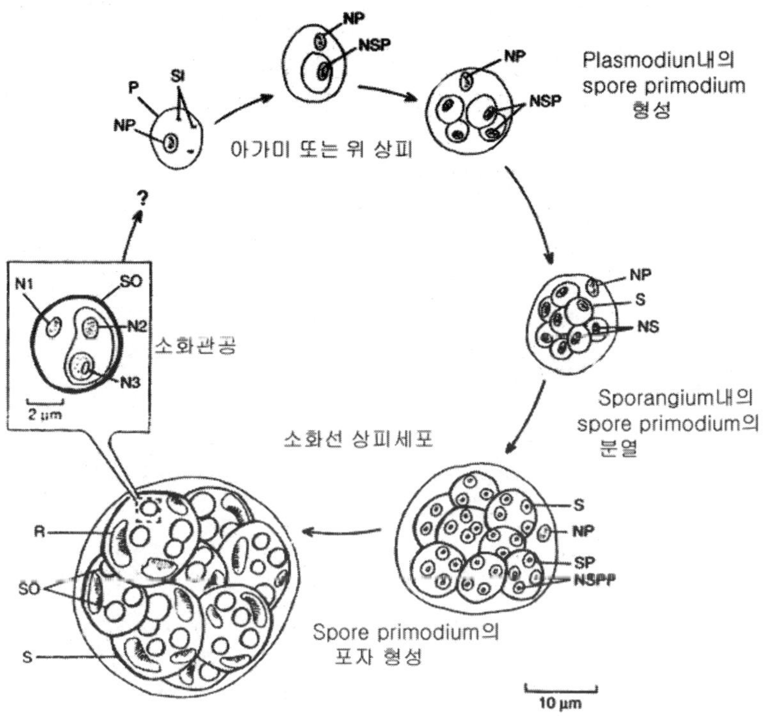

그림 2-80 ***M. refringens*의 생활사 모식도.** 성숙포자가 아가미나 위의 상피세포에 침입하여 변형체가 되고 변형체의 내부 에 2차 세포가 형성되면서 소화선의 상피세포로 이동하여 포자형성에 들어간다. P: Plasmodium(primary cell), NP: Plasmodium의 핵, SI: 막대모양의 봉입체, NSP: Nucleus of sporangial primodium(2차세포), S: sporangium(2차 세포), NS: nucleus of sporangium, SP: spore primodium(3차 세포), NSPP: 3차 세포의 핵, SO: spore, R: refringent inclusion body, N1: 포자 원형질의 핵, N2: 2차 포자 원형질의 핵, N3: 3차 포자 원형질의 핵.

바지락에 *Marteilia* sp.가 감염된 경우 다른 장기에서는 발견할 수 없고, 단지 소화관 상피세포에서만 발견된다. 그러나 감염 조직 내에서는 혈구의 침윤 또는 조직의 괴사와 같은 숙주반응은 관찰되지 않는다. 병리 표본에서 plasmodium의 장축은 16.8+1.4 ㎛, 단축은 15.1±1.3 ㎛정도이다. 전자 현미경으로 관찰하면 plasmodium은 많은 굴광성의 입자, 층상의 봉입체(striated inclusions)와 소포체를 가지고 있다. 1개의 plasmodium 속에는 항상 4개의 secondary cells(=sporonts)이 들어 있고, 1개의 sporont 속에는 2개의 포자가 들어 있다. 포자는 2개의 대형 세포와 1개의 내부 세포를 가진 1개의 소형 세포로 구성되어 있기 때문에 포자는 3개의 sporoplsams으로 구성되어 있음을 알 수 있다.

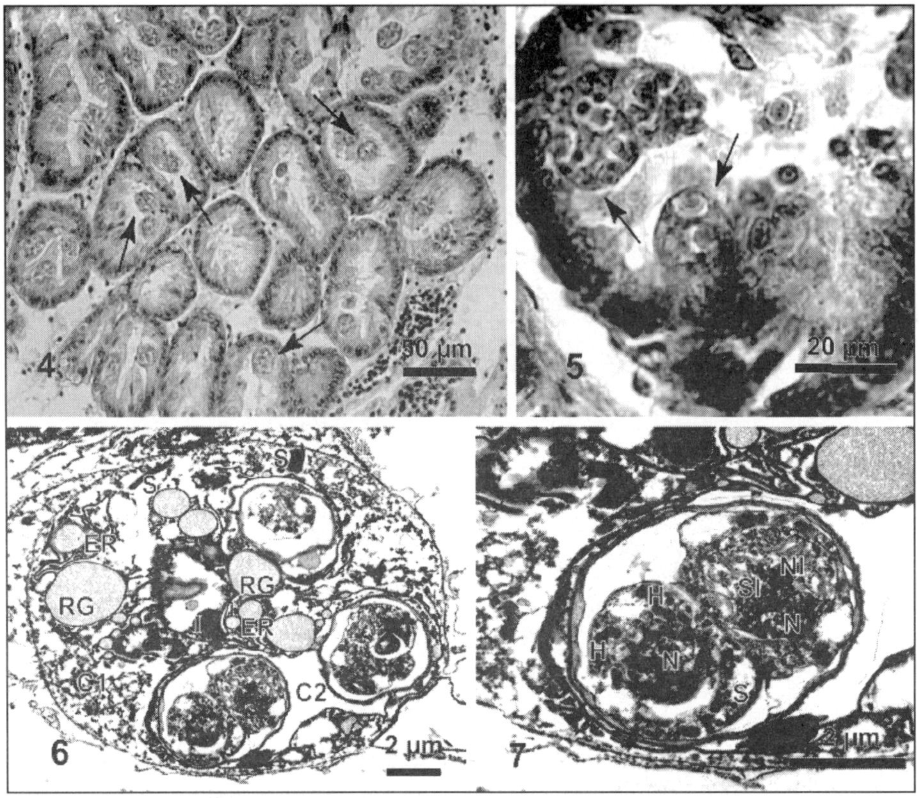

그림 2-81 바지락 소화선내의 *Marteilia* sp. 좌상: 소화관 맹낭에 감염된 *Marteilia* sp. (화살표). 우상: 소화관 맹낭내의 *Marteilia* sp.의 성숙한 plasmodium (화살표). 좌하: *Marteilia* sp.의 plasmodium의 전자현미경상, RG, refringent granules; S, striated inclusions, C1, plasmodium; C2, secondary cell; I, inclusion body; ER, endoplasmic reticulum. 우하: 뚜꺼운 벽과 sphaeroid haplosporosomes을 가지고 있는 *Marteilia* sp. 포자의 전자 현미경상, H, haplosporosomes; N, nuclei, S, spore cell; SI, inner spore cells; NI, nucleus of inner cell.

*M. refingens*이외에 열대 또는 아열대 수역(호주) 등에서 발견되는 *M. sydney*가 *M. refingens*와의 차이점은 plasmodium내에 막대기 모양의 봉입체가 없고, 1차 변형체 내에 8개 대신에 8~16개의 2차 세포가 만들어지며, 포자낭에는 4개의 포자 대신에 보통 2개 때로는 3개의 포자가 만들어진다. 또 포자 주변에 두꺼운 층이 존재한다. 이외에도 페르시아의 *M. lengehi*, 지중해의 *M. maurini*, 프랑스에서 발견되는 *M. christenseni* 등이 있다.

4) Apicomplexa

포자충의 생활사는 무성생식기와 유성생식의 세대교번을 한다는 것이 특징적으로 유성생식기를 schizogony , 유성 생식기를 sporogony라 한다. 대표적인 생활사를 중간숙주인 사람과 모기를 종숙주로 하는 말라리아 원충의 생활사를 살펴보면 schizogony는 인체에서 일어나며, sporogony는 모기의 체내에서 일어난다.

무성생식기인 schizogony는 증원생식(增員生殖)기로 모기가 사람을 물게 되면 모기의 타액선에 들어 있던 포자체(sporozoite)가 인체로 들어간다. 곧 바로 간세포 속에 들어가 발육을 시작하는데 간세포라는 조직 내에서 발육함으로 이러한 상태의 원충을 조직형 원충(tissue form)이라 하며, 이어서 적혈구로 이동하여 적혈구내에서 발육하게 되지만 아직 말라리아원충이 적혈구 밖에서 번식하는 시기임으로 전적혈구 발육기 (pre-erythrocytic stage, 잠복기)라고도 한다. 간세포 내에서 말라리아원충은 숫자를 불리는 발육 증식을 계속하여 cryptozoite가 되고, 이것이 다시 간세포를 파괴하고 나와 새로운 간세포에 침입하여 증식하여 또 cryptozoite가 되는 과정을 반복하게 된다. 간세포에서 cryptozoite는 분열하여 분자체(merozoite)가 되면, 간세포를 빠져나와 적혈구 속으로 들어간다.

Merozoite가 적혈구내에서 무성생식을 시작하는 시기를 적혈구기(erythrocytic stage)라 한다. Merozoite는 적혈구내어서 발육을 시작한 초기 단계의 원충은 반지 모양을 하고 있음으로 윤상체(ring form) 또는 영양형(trophozoite form)이라 한다. 발육이 계속됨에 따라 아메바형의 영양체(amoeboid trophozoite)를 거쳐 핵이 분열이 시작되는 분열체(schizont)로 되고, 핵이 분열하여 작은 개체를 가진 merozoite로 된다.

Merozoite는 적혈구를 파괴하고 나와 새로운 적혈구에 침입하게 된다. 이렇게 무성 생식과정이 여러 번 반복되는 동안에 merozoite의 일부는 적혈구내에서 웅성 생식 모세포(microgametocyte)와 자성 생식모세포(macrogametocyte)로 되어 자웅의 gametocyte를 형성한 다음 인체 내에서 발육을 끝내고 모기의 흡혈을 기다리게 된다. 모기에게 흡혈되지 않은 생식모세포는 변성되거나 식세포에 의해 파괴되게 된다.

이렇게 말라리아 원충이 발육하고 있는 사람의 피를 모기가 빨게 되면 혈액 속에 들어있던 웅성 생식모세포(microgametocyte)와 자성 생식모세포(macrogametocyte)의 생식 모세포 gametocyte)가 모기 속으로 들어가게 된다. 이때부터가 유성 생식기로서 sporogony시기이다. 모기의 위속에서 웅성 생식모세포의 편모 방출이 일어나면 암수가 융합하여 수정하여 접합체(zygote)로 된다. 이것이 다시 운동성이 있는 충양체

(ookinete)가 되고, 장벽을 침투한 다음 분열하여 포낭체(oocyst)로 된다. 이것이 성장하면서 크기가 수배로 불어나게 된다. 포낭체의 내부에서 포낭체는 포자낭 (sporoblast)를 형성하여 그 속에 수많은 포자체(sporozoite)가 들어있다. 포자체는 포자낭을 파괴하여 포낭체를 탈출한 다음 장벽으로부터 타액선에 모여 재감염의 기회를 기다리게 된다.

Perkinsus marinus(*Dermocystium marinum=Labyrinthomyxa marina*)는 "Dermo"라는 병명에서 알 수 있듯이, 감염 개체는 무기력, gaping, 소화관의 창백, 외투막의 수축, 생식소의 발달 억제, 느린 성장이 주 증상이다. 기생충의 주요 기생부위가 아가미, 발 및 외투막의 결합조직 내의 혈구세포 내이기 때문에 아가미나 발 등에 융기 환부가 형성된다. *Perkinsus*는 혈구에 탐식되어 전신 감염이 생기지만, 염증 반응의 정도는 매우 다양한 편으로 대개의 경우 충체가 존재하는 부위에만 가벼운 혈구의 침윤과 조직 파괴가 생긴다.

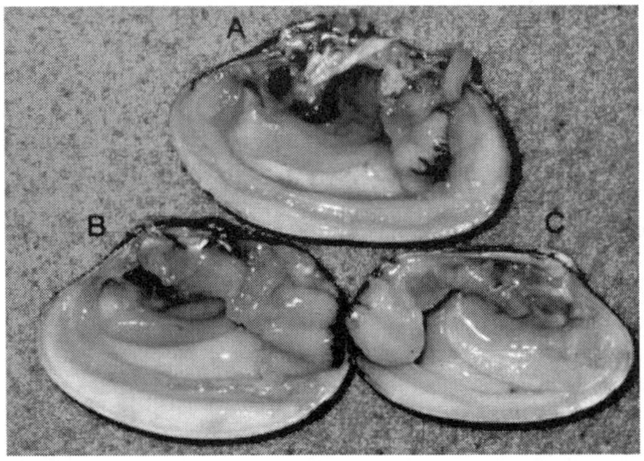

그림 2-82
*Perkinsus*에 감염된 바지락(B와 C)과 정상 바지락(A). 감염 개체는 외투막, 발 아가미 등이 퇴색되고 심하게 크기가 감소되어 있다.

충체를 fluid thioglycolate medium(FTM)에서 배양하면 영양체는 prezoosporangia로 되지만, 생존은 10일에 불과하고 zoospore를 형성하는 zoosporangia는 해수에 옮겼을 때 2~4일에 완성된다. 진단은 잘게 자른 감염 조직 또는 혈림프를 FTM에 일주일 정도 배양하여 희석 lugol액으로 염색하면 흑갈색 또는 흑청색의 prezoosporangia를 관찰할 수 있다.

병리 조직학적으로 공포를 가진 영양체는 핵이 편재되어 있으며, 세포질은 핑크, 핵은 청색으로 염색된다.

충체의 생활사는 수온과 염분 농도와 밀접한 관계가 있어, 수온이 20℃이상인 상태에서 salinity가 15ppt인 경우에 번식에 가장 활발하다. 감염 초기에는 영양체(trophozoite, 2~20 ㎛)가 혈구의 식포 내에서 발견되지만, 성숙하면서 크기도 커지고 (10~20 ㎛),

세포의 90%이상을 차지하는 편재성 공포를 형성함으로 핵은 주변으로 밀려나 공포에 모자창의 모양을 하게 된다. Sporoblast의 연속적인 분열에 의해 sporangium을 형성(15~100 ㎛이지만 보통은 직경이 25 ㎛보다 작다)하고, sporangium내에는 장축의 크기가 2~4 ㎛정도인 2~64개의 영양체(보통은 8~32개)가 형성되는 schizogony(증원 생식)에 의해 무성적으로 포자를 형성한다.

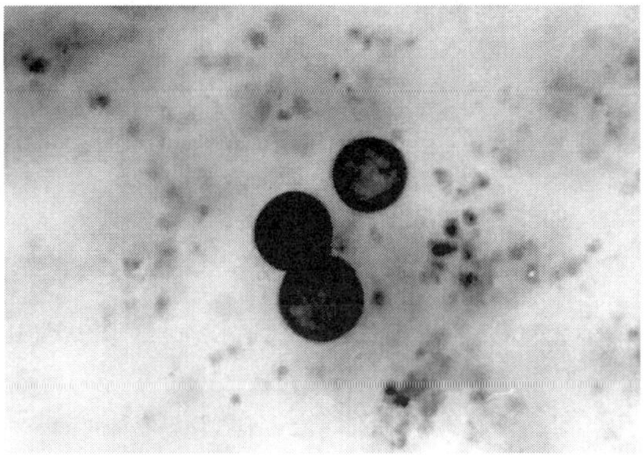

그림 2-83
Ray's fluid thioglycolate medium(RFTM)에 배양한 *Perkinsus* sp.의 hypnospores. 바지락 외투막. 포자는 Lugol액에 dark blue로 염색된다.

그러나 죽은 숙주, 해수 중 또는 혐기성의 FTM에서는 영양체의 크기가 20~100 ㎛으로 확장되어 prezoosporangia(hypnospore)로 되고, 이것이 해수와 같은 호기 조건으로 방출되면 4일 정도에 플라스크 모양의 zoosporangia(유주자낭, 포자낭)로 변화하는데, 그 속에는 2개의 편모를 가진 zoospore(유주자, 포자)가 만들어진다. 1개의 zoosporangia속에서 약 350,000개의 zoospore가 만들어진다. Zoospore는 4~6 x 2~3 ㎛정도의 난원형으로 앞뒤에 각각 1개의 편모를 가지고 있다. Zoospore는 아가미, 외투막, 장의 상피를 통해서 다시 침입하게 된다. 내에는 장축의 크기가 2~4 ㎛정도인 2-64개의 영양체(보통은 8-32개)가 형성되는 schizogony(증원 생식)에 의해 무성적으로 포자를 형성한다.

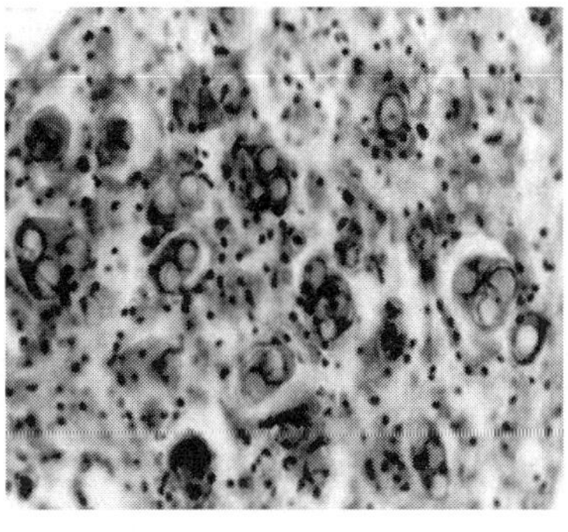

그림 2-84
바지락 결합조직속의 *Perkinsus* sp.의 영양체.

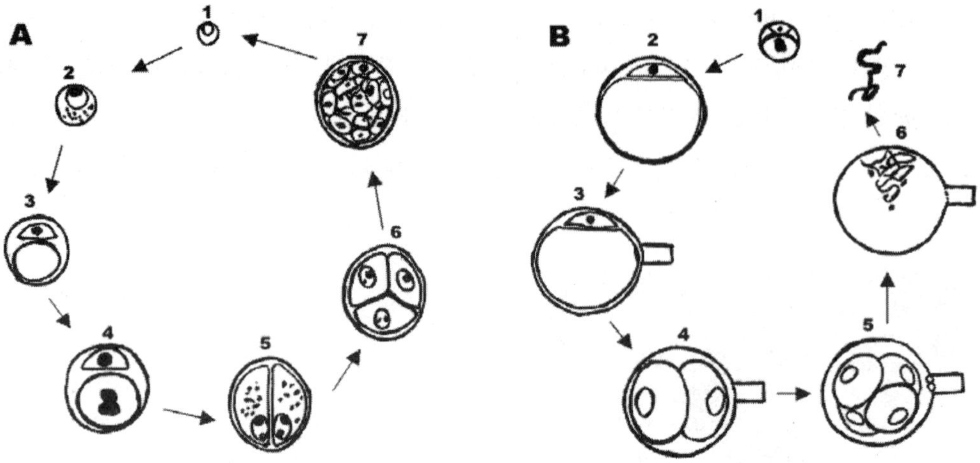

그림 2-85 *Perkinsus marinus*의 생활사.

A: 패류 조직 내, B: 해수(호기 조건). A: 1-4: 미숙 영양체(1)가 성숙하여 성숙 영양체(4)로 되는 과정으로 크기가 점점 커지면서 세포질 내에 1개의 편재성 vacuole이 형성되고, vacuole속에는 1개의 vacuoblast가 있기도 하고 없기도 한다. 핵은 vacuole에 밀려 편재되며, 핵의 중심에는 핵인이 있다. 5-7: 다분열에 의한 tomont단계. 핵은 최초의 3회의 유사핵분열에 의해 크기는 작아지고, 핵 속의 인은 광학현미경으로는 관찰 불가능하게 된다. Tomont의 벽이 붕괴되면서 8-16개(4-64)의 미숙 영양체가 방출된다. B: 감염 후 패류가 사멸하고 영양체가 호기 조건인 해수 중에 방출되면, 성숙영양체(1)는 현저하게 팽창하지만 vacuole내에 vacuoblast은 소실되고(2-3), 대신에 방출관(discharge tube)이 형성되어지고 2차 세포벽이 마개(3)로서 방출관을 막고 있다. 다분열(4-6)에 의해 많은 2개의 편모를 가진 포자(유주자)가 만들어진다(6). 다분열의 과정에 핵과 포자의 크기는 작아지며, 핵인은 관찰이 불가능해진다. 방출관을 막고 있던 세포막 성분이 용해되면 내부의 포자가 수중으로 방출되어 편모를 이용하여 이동하여 패류의 외투강에 들어가서 아가미, 외투막 및 소화관의 상피세포로 이동하여, 새로운 감염이 성립되게 된다. 패류에 도달하게 되면 뾰족한 포자의 모양이 원형으로 되면서 편모도 소실되고 미숙의 영양체로 된다.

*P. marinus*이외에 유명한 종으로는 호주의 전복에 감염되는 *P. olsoni*로서 *P. marinus*와 구별되는 점은 점으로 throphozoite가 14~18 ㎛로 크고, 약호산성의 vacuoplast가 존재하며 또한 zoosporangia에 짧은 discharge tube가 존재한다는 점이다.

또 하나의 유명한 종은 포르투갈산 바지락에 감염되어 아가미, 발, 외투막에 백색의 cyst를 형성하는 *P. atlanticus*는 *P. marinus*에 비해 trophozoite가 크다(30-40 ㎛). 따라서 주요한 3종의 영양체(trophozoite)의 크기는 *P. atlanticus*(30~40 ㎛), *P. olsoni* (14~18㎛), P. arinus(2~20 ㎛)의 순서 순으로 크다.

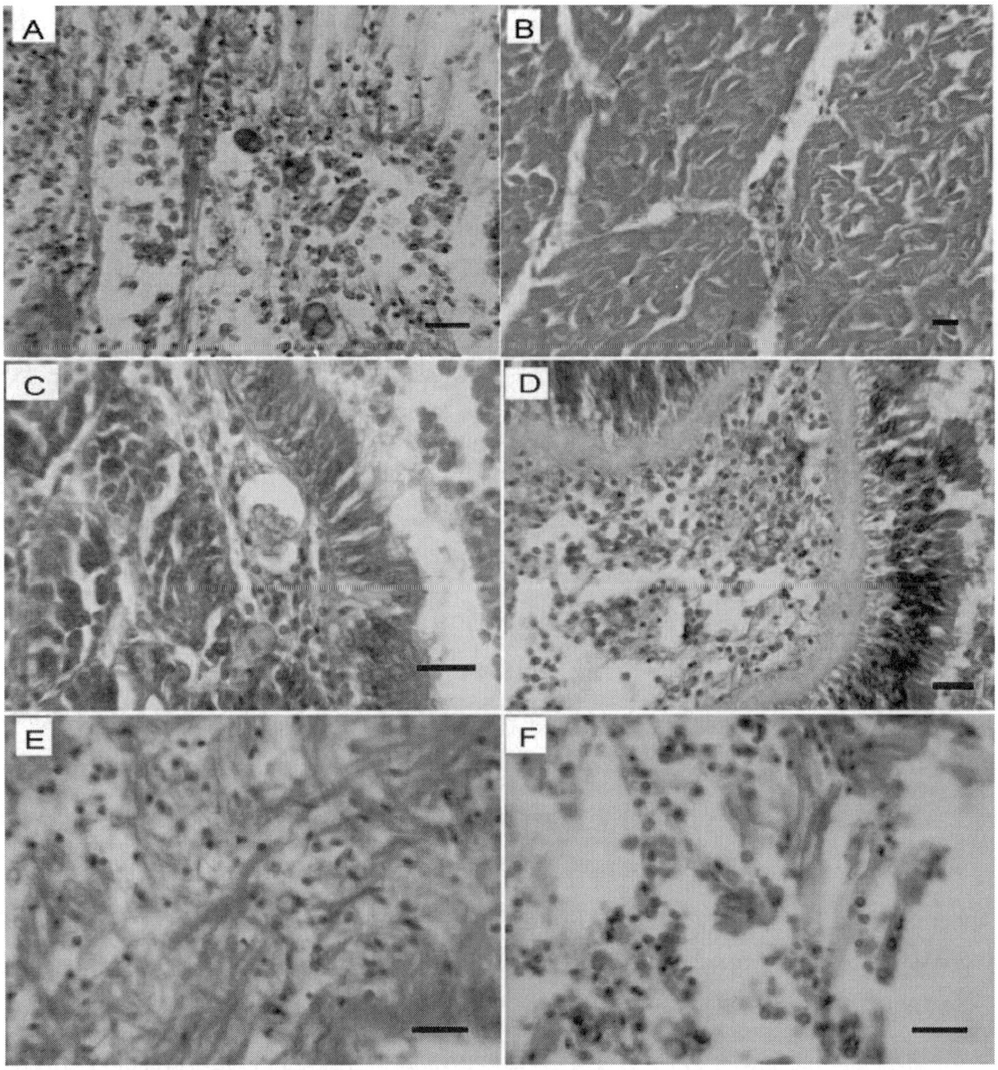

그림 2-86 바지락 결합조직내의 *Perkinsus* sp. A & F, 아가미; B, 폐각근; C, 간췌장; E, 발. 영양체(A-E)의 대부분을 차지하고 있는 편재성의 핵과 1개의 대형 공포. 1개 편재성 핵과 강한 호산성의 세포질을 가진 독립 영양체 (F). HE, 20 ㎛.

또 Chesapeaki만의 바지락에 감염되는 *P. chesapeaki*와 *P. andrewsi*, 지중해의 양식 넓적굴에 감염되는 *P. mediterraneus*가 있지만, 현재는 *P. olsoni=P. atlanticus, P. chesapeaki=P. andrewsi*인 것으로 밝혀졌다.

한편 캐나다산 피조개에 원충성 질병인 *Perkinsus*감염증이 발병하여 치패인 경우 사망률이 90%이상인 경우도 있다. 감염개체는 육안적으로 생식소, 소화관 맹낭 및 외투막에 유백색의 농양 결절이 형성된다. 원인 원충은 *Perkinsus qugwadi*로 피조개의 결합 조직 내에 기생한다. 조직학적으로는 직경 10 ㎛의 영양체와 2~8개의 소형 영양체를 가진 직경 5 ㎛이하의 tomont가 관찰된다. 또한 *Perkinsus*속의 특징적인 공포를 가진 반지 모양의 구조를 한 영양체도 관찰된다. RMTM배지에서 presporangium이 형성되지 않음으로 배양은 불가능하다.

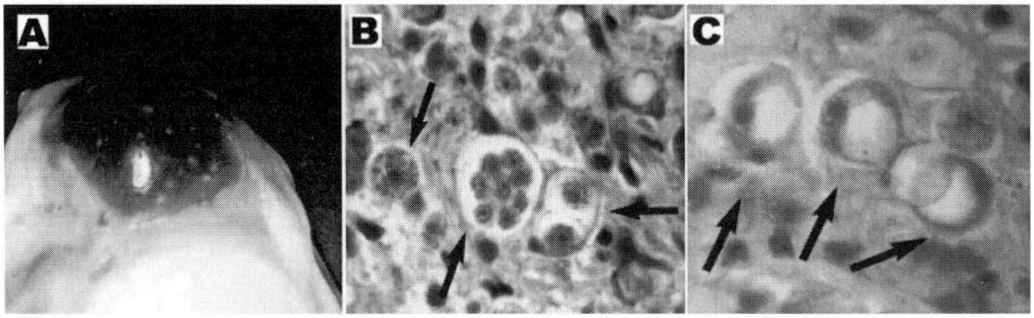

그림 2-87 피조개의 *Perkinsus*감염증.
A: 유백색의 농양 결절. B: 영양체를 가진 tomont, C: 반지 모양의 구조를 한 영양체

진단을 위해서는 Ray′s high-salt fluid thioglycolate medium(RFTM) assay를 이용하면 hypnospore의 증식은 일어나지 않고 확장됨으로 개체전체를 배양하면 정확도뿐만 아니라 정량적 조사도 가능하다. RFTM의 제법은 포도당의 함유된 FTM배지를 증류수에 넣고 20 g/㎖의 식염을 첨가하여 용해시켜 멸균한다. 멸균 후 50 ㎍/㎖ chloramphenicol, 100 U/㎖ penicillin, 100 ㎍/㎖의 streptomycin을 첨가한다. 사용하기 전에 50-200 U/㎖의 nystatin을 첨가하여 시료를 0.1 g tissue/3 ㎖ RFTM의 농도로 접종하여 배양한다.

RFTM분석을 위해서는 (1)조직의 습중량을 측정하고 homogenization한다. (2) 30-50배의 RFTM에서 20-27℃에서 4-7일간 배양한다. (3) 1500g에서 10분간 원심하여 상청액을 버린다. (4) 조직량의 5-10배의 2M NaOH를 첨가하여 60℃에서 1-6시간 30분 간격으로 혼합하면서 조직을 완전히 용해시킨 다음 다시 원심하여 상청액을 버린다. (5) 0.1 M phosphate buffered saline에 0.5%(w/v)의 bovine serum albumin을 첨가한 용액(PBS/BSA)에 세척하고 최종적으로 1 ㎖에 재부유시킨다. (6) 여과한 20% Lugol's iodine에 부유시켜 염색한다. 염색하기 전에 PBS/BSA로 단계 희석하여 100~400충체가 되도록 한다. (7) 10~250 ㎛의 타원형으로 암청색의 굴광성의 세포벽을 가진 충체를 계수한다. (8) 충체 수를 조직 습중량의 수(cells/g host tissue wet weight)로 환산한다.

5) Microcells

굴의 세포내에 기생하는 소형의 원생동물로 haplosporosome이라는 세포내 소기관이 존재하기 때문에 haplosporidian이라 불린다. Microcells는 *Bonamia*와 *Mikrocytos*의 2속으로 나누고 있다. 그러나 우리나라산 참굴과 바지락은 감염되지 않는데, 이는 혈구에 탐식되지만 혈구를 용해시키지 못하기 때문으로 생각된다.

(1) *Bonamia*

유럽산 및 넓적굴의 Bonamiosis의 원인 기생충이지만, 유럽산 넓적굴을 이식하였음에도 불구하고 지중해 연안의 넓적굴에는 감염되지 않으며, 유럽산 넓적굴의 경우 사망률이 80%를 넘는다. 감염 패류는 외관상 이상이 없거나 또는 아가미와 외투막이 황색으로 퇴색되거나 융해괴사에 의해 구멍과 같은 병소가 생겨있음으로 병리 조직학적으로 microcell의 존재를 확인하면 된다. 그러나 이런 방법으로는 감염 초기에는 발견하기 어렵다.

미국, 프랑스 및 오세아니아에서 양식되는 넙적굴(*Ostrea edulis*)의 혈구 내에 *Bonamia ostrease*가 감염되어 면역계를 파괴하여 정상적인 생리 활성을 유지하지 못하게 되며, 혈구가 이동함에 따라 여러 조직에 충체를 옮기게 된다. 감염된 것은 패각을 벌리고 있는 것이 대부분이지만 그렇지 않는 경우도 있다. 그러나 우리나라에서 주로 양식되고 있는 참굴, 바지락, 담치 등은 이병에 저항성이 강하여 이 병의 원인균의 제공처로서 의심되고 있다.

*Bonamia*병의 증상은 원인균의 종류와 숙주에 따라 상당한 차이를 나타내는데 유럽산 넓적굴에 감염되는 *Bonamia osteria*는 감염 후 혈구 내에서 충분히 성장할 때까지는 외부 증상이 없다. 혈구 내에서 충체가 성장함에 따라 주변에는 혈구의 침윤이 현저하고, 충분이 성장하면 혈구 내에서 빠져나와 혈림프로 들어가게 된다. 감염 경로는 소화관 상피라 생각되지만 때로는 아가미에 대형의 감염병소가 생김으로 아가미는 또 다른 경로라 생각된다.

한편 호주산 굴에 감염되는 *Bonamia* sp.는 유럽산 넓적굴의 경우와 상당한 차이가 난다. 즉 갑자기 대량폐사가 발생하며 살아남은 개체는 패각을 열고 있고 육질부가 여위어 소위 물굴의 상태로 되며 아가미의 표면은 불결하다. *Bonamia* sp.는 아가미, 소화관 벽 등에 감염되는데, 성숙하면 장을 통화여 다시 환경수로 방출되어 새로운 감염원으로 된다. 또한 감염병소에는 소수의 충체가 존재함에도 불구하고 혈구의 현저한 침윤에 의한 화농병소가 만들어지는 것이 특징이다. 감염경로는 장을 통하여 감염되어 다시 혈구로 옮아가는 것으로 추정되며, 혈구 내에는 최대 18개의 충체가 들어있는 경우도 있다.

신속 진단을 위해서는 혈액의 도말 표본 또는 심장의 도말 표본을 메탄올에 고정 후, 김자염색하여 현미경으로 관찰하면, 혈구의 세포질 가장자리에 호산성세포질 (*Bonamia* sp.는 무색) 속에 호염기성의 편재 핵을 가진 2~5 ㎛정도의 타원형의 기생체를 발견할 수 있다. 실제적으로는 심장의 도말표본이 가장 편리한 방법이다.

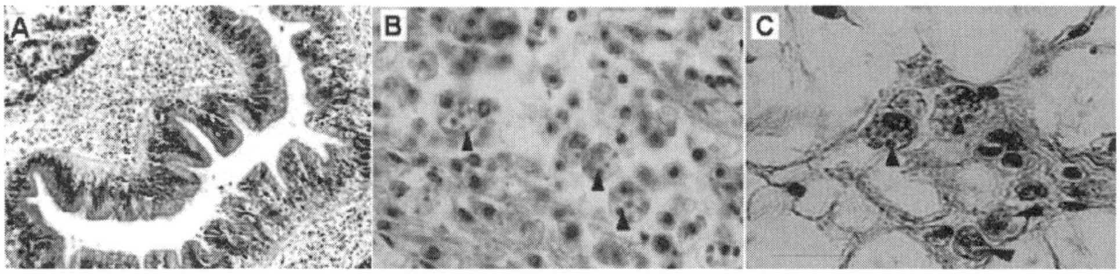

그림 2-88 A: *Bonamia ostrea*에 감염된 넙적굴의 소화관 벽에 현저한 혈구의 침윤이 보임, B: 넙적굴의 혈구세포 내의 B. *ostrea*, C: 혈구세포 내의 *Bonamia* sp.

정확한 진단을 위해서는 폐각근에서 혈구를 채취한 다음 여러 가지 염색을 하는 방법이 있다. 즉 1회용 2 ㎖주사기에 21G의 주사바늘을 부착하여 채혈하여 슬라이드 글라스에 혈구세포의 단층 도말 또는 부착 표본을 만드는 것이다.

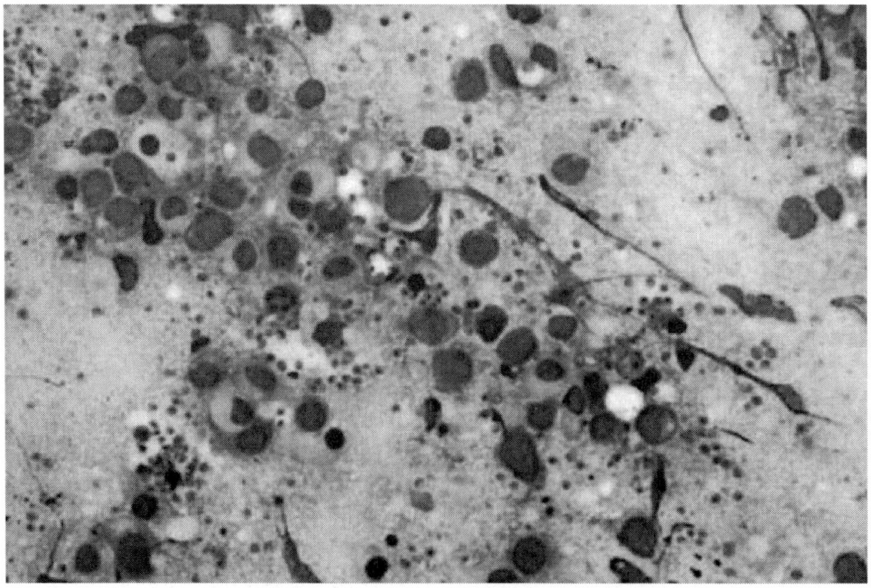

그림 2-89 넓적굴 심장의 도말 표본, 혈구세포 사이의 수많은 *Bonamia ostreae*.

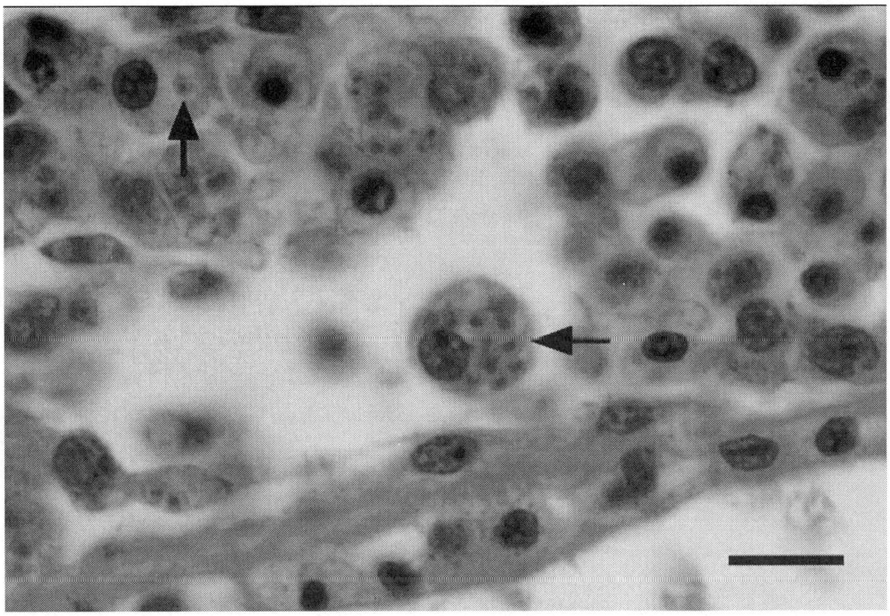

그림 2-90 굴의 외투막 내의 혈구세포 내의 *Bonamia ostreae* 충체(화살표).

채혈한 혈액 40 ㎕를 110 ㎕의 냉 Alsever's anti-aggregant sol과 혼합한 다음 4℃에서 92g, 5분간 cytospine 원심하여 슬라이드글라스에 부착시킨 다음 hemacolor kit로 염색하는 방법이 있다. 또 하나의 방법은 슬라이드에 부착시켜 부착표본을 만드는 것으로 채취한 혈액 50 ㎕를 poly-L-lysine으로 코팅한 슬라이드글라스에 낙하시킨 다음 습윤상자에 넣어 30분간 방치하여 부착시킨다. 이러한 혈구 부착 슬라이드는 시료 1개당 2장의 슬라이드를 만들어 하나는 hemacolor 염색 또 다른 하나는 PAS염색을 실시한다.

또 아가미의 도말 표본을 만들어 96%에탄올에 1분간 고정한 다음 hemacolor염색을 실시하면 검출율은 낮지만 감염은 확인할 수 있다.

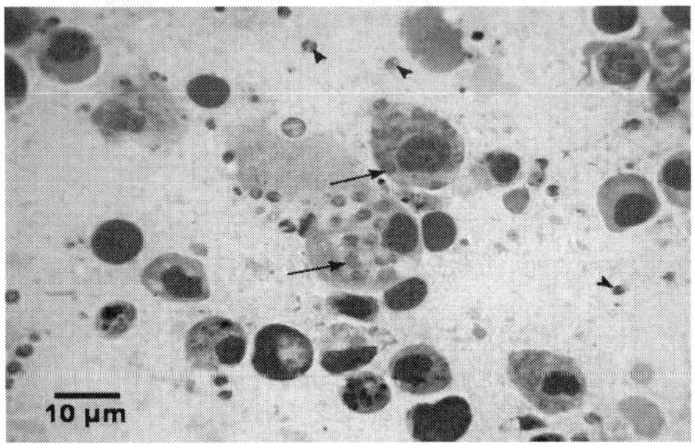

그림 2-91
유럽산 넓적굴의 심장의 도말표본의 *Bonamia ostreae*. 혈구세포 내(화살표)와 융해된 조직 내(작은 화살). Hemocolor stain.

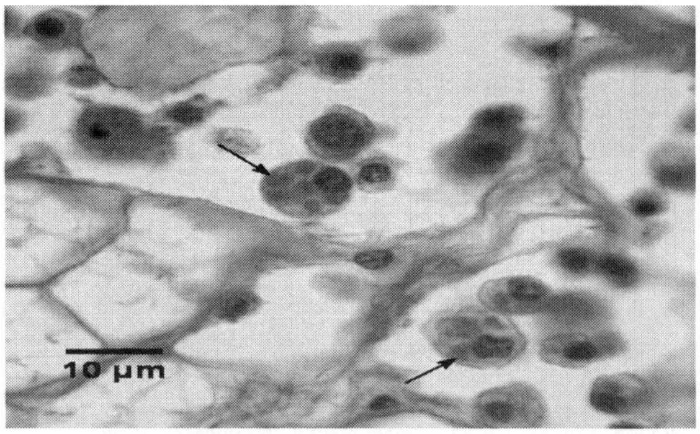

그림 2-92
넓적굴 외투막의 결합조직 내의 혈동내의 혈구 속의 *Bonamia ostreae*. HE.

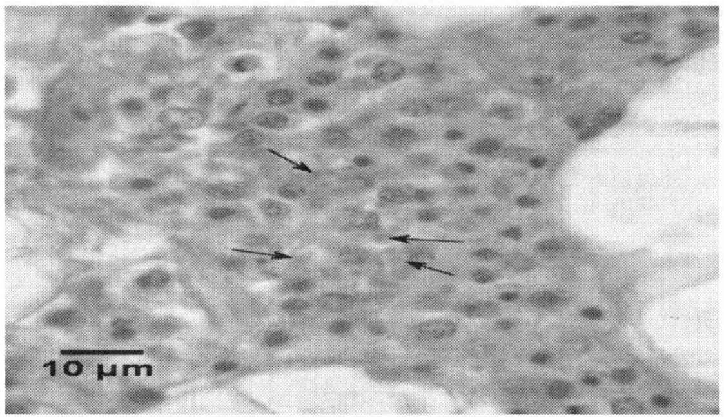

그림 2-93
결합조직 내의 혈구의 침윤과 침윤혈구 내의 *Bonamia ostreae*. HE.

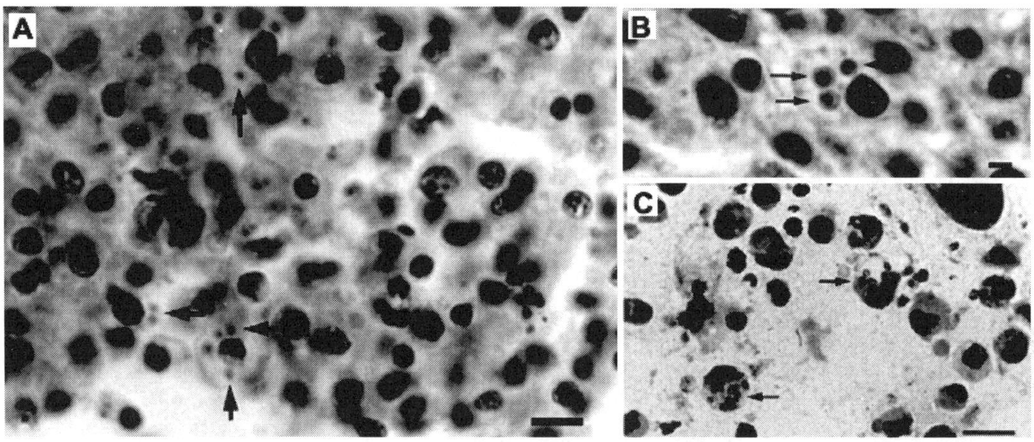

그림 2-94 조직표본(A-B)과 아가미 도말 표본(C). Bar=10 ㎛(A & C), 3 ㎛(B).

병리조직표본에서 충체는 숙주의 혈구세포의 세포질 내에 직경 1~3 ㎛정도로 핵과 세포질을 가진 봉입체의 형태로 숙주의 혈구세포의 세포질과는 완전히 구분할 수 있다. 아가미의 도말표본에서는 병리조직 표본에서 보다는 크기가 약간 크게 관찰된다는 것을 염두에 두어야 한다.

Hemacolor염색한 혈구는 경계가 분명하며, 자주색의 핵과 엷은 청색의 세포질을 가지고 있는데, 세포질 속에는 과립과 공포가 관찰되기도 한다. *B. ostrease*는 혈구내외에서 발견되는데, 자주색의 핵은 약간 편재되어 있고, 세포질은 엷은 푸른색으로 혈구와 쉽게 구분할 수 있다. 이렇게 cytospine으로 혈구를 부착시키는 것은 원심에 의해 혈구와 충체가 모두 편평하게 됨으로 쉽게 구분할 수 있기 때문에 실내에 방치하여 부착시키는 방법보다 검출 감도가 높다. 실내에 방치하여 부착시킨 혈구를 hemacolor염색하면, 자발부착에 의해 세포질이 엷어짐으로 세포질은 염색성이 저하되지만, 자주색의 핵과 엷은 청색의 세포질을 가진 *B. ostrease*는 쉽게 구분할 수 있다. 자연 부착시킨 혈구표본을 0.1 M phosphate buffer(pH 7.4)에 녹인 0.1%글루탈알데히드로 고정한 다음 Schiff's reagent로 염색하면 혈구는 세포의 윤곽은 불분명하지만 핵은 적색이나 갈색으로 진하게 염색되며, 세포질은 노란 또는 크림색으로 엷게 염색된다. 이처럼 충체의 핵은 진하게 염색되지만, 세포질은 엷게 염색됨으로 때때로 혈구 세포에서 발견되는 소핵(micronuclei) 또는 핵의 돌출부(nuclear protrusions)와 구분하기 힘들 경우도 있다.

조직의 스탬프 표본은 아가미, 소화관, 생식소 및 심장을 절취하여 여과지로 수분을 제거한 다음 스탬프 표본을 만들어 건조시킨 다음 hemacolor염색을 하는 것으로 심장의 시료가 가장 검출율이 높다. 심장 표본은 무엇보다도 혈구가 많고 hemacolor의 염색성으로 *B. ostrease*는 혈구와 구분할 수 있다. 조직표본에서는 주로 혈구 내에 관찰되지만 때로 혈구 밖에서 관찰된다. 조직 표본 상에서 충체는 호염기성의 편재된 핵과 호산성의 세포질이지만, 세포질의 중심부는 엷게 염색되는 것이 보통이다.

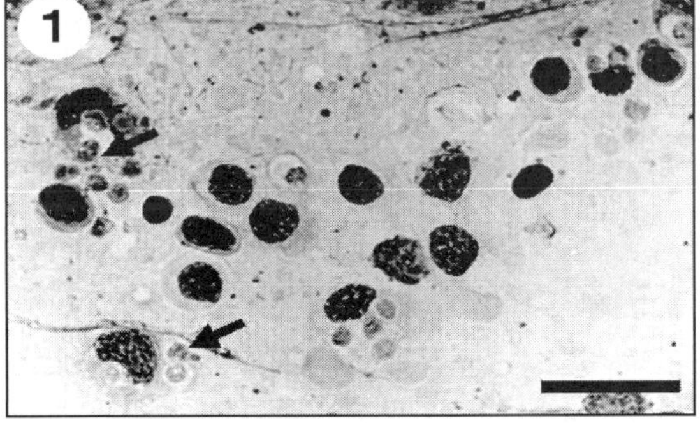

그림 2-95
심장 스탬프 표본의 hemacolor염색 표본. 혈구 세포 내의 충체(화살표). Bar=23 ㎛.

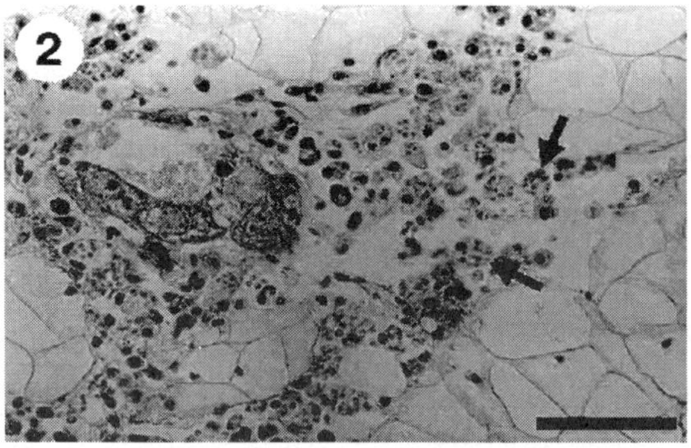

그림 2-96
생식소의 병리조직 표본. 혈구 내의 충체 (화살표). HE. Bar=50 ㎛.

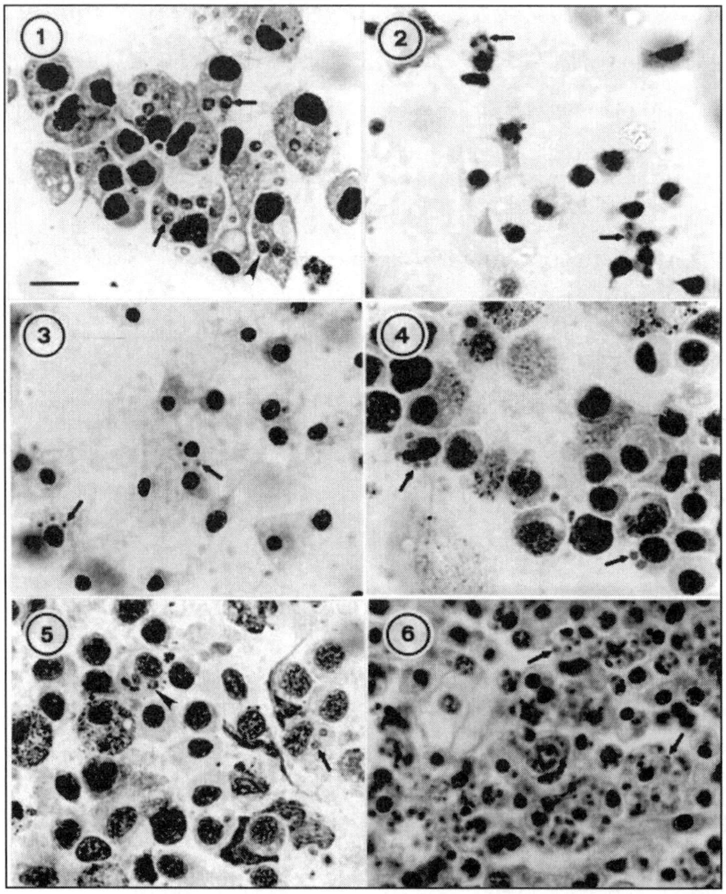

그림 2-97 *Bonamia ostreae*의 탐지를 위한 광학현미경적 방법. 1: 혈구의 cytospine표본, hemacolor염색, 2: poly-L-lysine으로 코팅한 슬라이드글라스에 부착시킨 혈구, hemacolor염색, 3: poly-L-lysine으로 코팅한 슬라이드글라스에 부착시킨 혈구, PAS염색, 4: 심장 스탬프 표본, hemacolor염색, 5: 소화선의 스탬프 표본. Hemacolor, 6: 결합조직 내에 *Bonamia ostreas*를 가진 혈구의 침윤이 관찰되는 병리조직 표본. 화살표: *Bonamia ostreas*, 삼각 화살: 분열 중인 *Bonamia ostreas*. Bars, 10 ㎛.

일반적으로 2가지 모양이 관찰되는데 하나가 손쉽게 발견되는 "dense form"으로 크기는 2～3 ㎛로 핵 주변에 1개의 엷은 halo를 가지고 있으며, 세포질은 호염기성으로 매우 치밀하다. 이 형태는 보통 충체의 의해 손상을 입은 패류의 조직 속에서 세포내가 아닌 세포 바깥에 존재하는데 아마 감염단계의 것으로 생각된다. 이러한 치밀 자유형보다 크기는 약간 크지만 세포질은 치밀하지 않은 "clear form"은 직경이 2.5～5 ㎛로서 보통 혈구의 세포질 속이나 아가미의 상피 세포 속에서 발견되는데, 성숙중인 것 또는 증원생식의 단계인 것으로 생각된다.

번식은 3～5개인 크기가 6 ㎛정도인 다핵의 변형체가 있다는 보고도 있지만, 일반적으로 단순히 2분법에 의해 증식한다. 다핵의 형태는 주로 죽거나 죽어가는 굴 조직에서만 발견되는 것으로 병의 종식 단계임을 의미하는 것으로 생각된다.

*Bonamia*는 다른 haplosporidian과는 달리 패류에서 패류로 직접 감염되며, 주로 여름철에 난소를 통한 감염으로 감염 3～6개월 후에 폐사가 발생한다.

*Bonamia*는 혈구 내에 감염하기 때문에 항상 전신 감염이 유발된다. 감염 초기에는 아가미, 외투막 및 장 주변의 결합조직 속에 항상 심한 국소적 혈구 침윤이 생긴다. 침윤한 혈구의 공포 속에는 언제나 많은 충체가 들어있다. 감염이 진행됨에 따라 충체를 함유한 혈구가 혈동과 같은 혈관계에도 출현하고, 감염 부위의 괴사된 조직 속에서는 조직의 바깥에서도 충체가 발견된다. 이러한 자유형 충체는 혈구에 탐식당한 후에 충체가 혈구를 용해시키고 방출된 것이다. 이러한 충체의 용해력 때문에 아가미, 외투막 및 소화선의 결합조직에 심한 융해에 의한 융해괴사소가 형성된다. 대책으로는 감염 집단의 폐기, 종묘 이동의 통제, 이 충의 감염에 강한 참굴을 이식하여 양식하거나 수심이 깊은 곳에서 양식할 것을 권장하고 있다.

분자생물학적으로는 Cochennec et al.(2000)의 BO (5′-CAT TTA ATT GGT CGG GCC GC-3′) BOAS (5′-GGG GCA TCG AAG ACG GAT CAG-3′)를 사용하여 initial denaturation 95℃ 5분 후 30사이클(94℃ 1분; 55 ℃ 1분; 72 ℃ 1분)후 72℃에 10분간 최종 신장시킨 다음에 전기영동하면 300bp의 밴드를 확인할 수 있다.

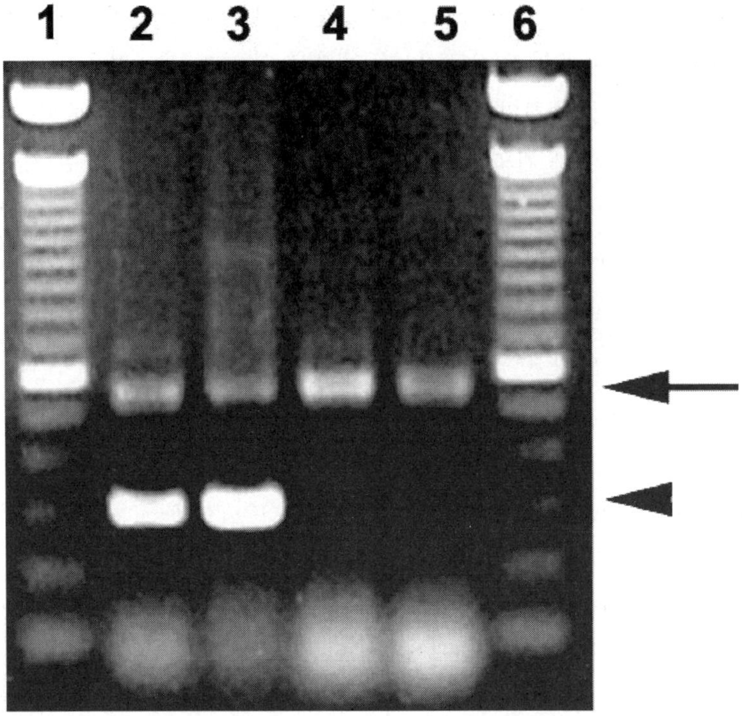

그림 2-98 BO/BOAS primer를 사용한 PCR반응 후의 gel전기 영동상. DNA ladder(Lane 1 & 6), Lane 2 & 3: 조직학적으로 양성 반응 개체, Lane 4: 조직학 및 스탬프 표본에서 음성, PCR 양성 개체, Lane 5: 모두 음성. *Bonamia ostrea*(화살표 머리), *Ostrea edulis*(화살표)

(2) Microcytos

1912년 일본에서 캐나다에 이식한 참굴이 1960년대에 들어 Denman Island의 북서연안에서 양식 중인 굴에 체표 또는 외투막, 부착근의 내부에 갈색의 결절이 형성되는 질병이 발생하였는데, 처음 발생한 지역명을 따라 "Denman Island Disease"라 불렀다.

그 후 이병이 *Microcytos mackini*의에 의해 생긴다는 것을 밝혀낸 다음부터는 "Microcytosis"라 부르고 있으며, 현재는 OIE(Office International des Epizooties)에 통보해야만 하는 질병의 하나이다. 캐나다에서의 발병상황을 보면 수온이 10℃이하인 3~4개월간 발생하고, 수온이 12℃이상이 되면 발병하지 않으며, 수온이 15℃일 때도 감염은 3개월간은 지속된다.

참굴과 넓적굴에서 발병되지만, 참굴은 넓적굴보다 저항성이 강하다. 주 발생 시기는 수온이 10℃이하로 저하되고 나서 3~4개월이 경과된 4월과 5월에 잘 발생하며, 2년 이상 경과된 성체에 빈발하는 경향이다. 감염 개체는 체벽 내, 구진부와 외투막의 표면에 직경 5 ㎜전후의 녹색 결절이 생긴다. 원인생물은 "microcell'이라고 불리는 *Mikrocytos mackini*로 밝혀졌다. 굴에 기생하는 microcell에는 *M. mackini*이외에도 *Ostrea* spp.에 감염되는 *Bonamia ostreae*와 *Bonamia* sp.와 *Saccostrea glomerata*에 감염되는 *Mikrocytos roughleyi*의 3종이 더 있다.

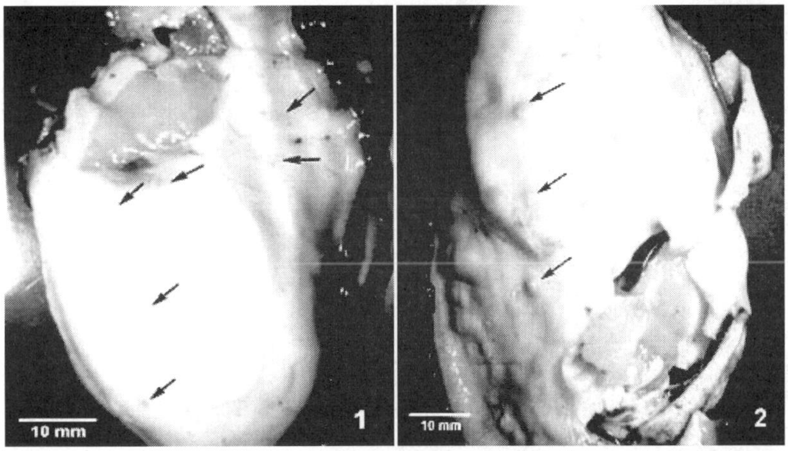

그림 2-99 좌: 패각을 제거한 감염개체의 병소(화살표). 우: 발병 말기의 병소. 병소내의 충체는 관찰이 곤란하다.

진단을 위해서는 녹색의 결절 부위를 떼어내어 슬라이드글라스에 스탬프 표본을 만들어 공기 중에 건조시킨 후, acetone 또는 methanol에 고정한 다음 Wright, Wright-Giemsa 또는 hemacolor, Diff-Quick로 염색하여 현미경으로 검경한다. 만약에 녹색의 병소가 없는 개체의 스탬프표본을 만들고자 할 때는 외투막은 구진부에서, 부착근은 중간에서 각각 3~5 ㎜ 크기의 조직을 절취한 다음 여과지로 수분을 흡수하고 슬라이드 도말표본을 만들면 좋다. 현미경으로 검경하면 직경 2~3 ㎛의 세포 내 기생충을 발견할 수 있는데, 근육 또는 혈구 세포 내에 발견하기 쉽다. 정량적인 계수는 1,000배의 배율로 25시야 당(한 시야의 직경은 200 ㎛)의 충체 수로 표시한다. 이 방법은 *Bonamia* sp.의 발견에도 유용한 방법으로 패류를 동결한 다음 -20℃에 4년간 저장 후 염색하기 전에 4℃에서 수 시간 해동한 다음에 사용해도 검출 가능한 방법이다.

또 병리 조직학적으로는 외투막과 부착근을 Davidson액에 고정한 다음 상법에 따라 HE염색, Harris hematoxylin 과 0.5% alcoholic eosin에 염색한다. 정량적으로는 100

배의 저배율로 검경하면서 microcell에 의한 염증의 유무를 확인하고, 만약 염증이 발견되면 2~3개의 염증소 주변 또는 내부를 대상으로 1,000배의 고배율 검경하면서 25시야 당의 충체의 수를 계수한다.

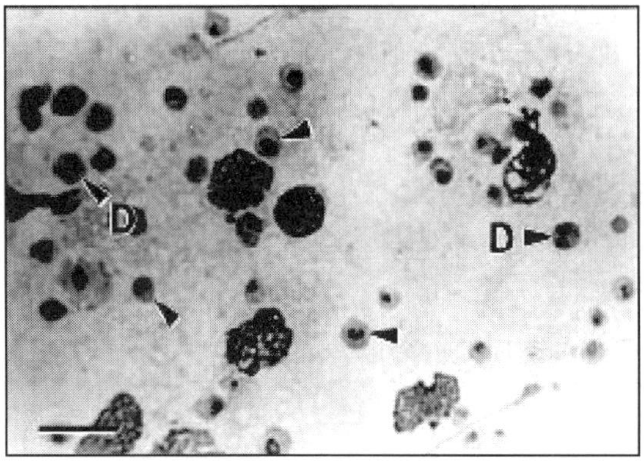

그림 2-100
***Mikrocytos mackini*에 감염된 참굴의 외투막의 도말표본.** 숙주인 굴의 정상세포 (화살표)와 감염되어 2개의 분엽으로 나누어지는 단계 (D). Diff-Quick, Bar=10 ㎛.

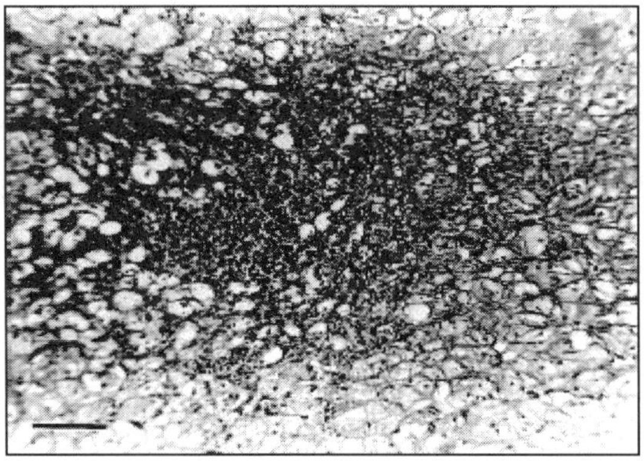

그림 2-101
***Mikrocytos mackini*에 감염된 참굴의 외투막의 전형적인 병소로 vesicular connective tissue에 혈구세포의 축적이 현저하다.**
HE, Bar=25 ㎛.

만약 염증소가 발견되지 않으면 1,000배로 25시야를 임의로 선택하여 충체를 계수한다. 조직학적으로는 vesicular connective tissue에 있는 세포의 세포질 내 또는 혈구의 축적이 현저한 병소 주변의 근섬유 내에서 주로 관찰된다. 그러나 염증소 내에 있는 혈구 내 또는 혈구와 혈구 사이에서 발견되기도 한다. 그러나 염증소가 아닌 곳에서는 이러한 세포밖에 있는 microcell과 혈구내의 microcell은 거의 발견되지 않는다.

주로 감염되는 부위는 외투막의 결합조직이지만 생식소나 소화선으로 인한 오염의 우려가 있어 충체의 분리에는 사용하지 않고 대신에 구진부와 부착근을 사용한다.

가능한 많이 감염된 굴을 사용하여 조직을 절취한 다음 1% tween을 첨가한 여과해수 (FSWT, 1.2 ㎛ filter)로 세척한다.

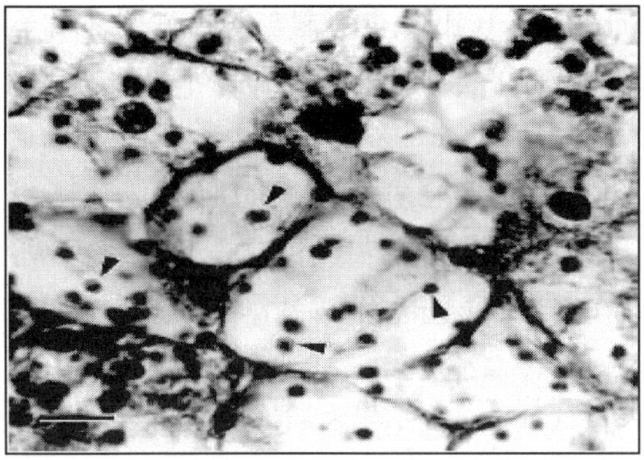

그림 2-102
*Mikrocytos mackini*에 심하게 감염된 참굴 외투막의 vesicular connective tissue cells의 세포질 내에 흩어져서 분포하고 있는 *Mikrocytos mackini*(화살표). HE. Bar=10 ㎛.

조직을 100 ㎖의 FSWT로 옮겨 호모게나이즈한 다음 조직 파편과 섬유상 물질을 제거하거 위하여 200-㎛, 100-㎛, 60-㎛, 20-㎛의 나일론 mesh를 순차적으로 통과시킨다. 그 후 충체를 모으기 위해 2,000g에 30분간 원심 분리한다. 액상의 상층부는 버리고 침전물에 FSWT를 2~4 ㎖첨가하여 현탁시킨 다음 최종적으로 40~50 ㎖가 되도록 희석시킨다. 이렇게 희석한 충체액 약 8 ㎖를 15% suculrose/FSWT(15 ㎖)에 중층시킨 다음, 2000g에 30분간 원심하면 침전물은 소수의 조직파편이 혼입되어 있지만 대부분이 충체이다. 이러한 충체의 분리 과정은 저온 6~10℃에서 실시하여야 한다. 이렇게 분리한 충체는 침지 또는 접종법으로 재감염시킬 수 있다. 침지법은 굴을 100~230 ℓ의 대형 탱크에 10℃ 로 순치시킨 다음 물의 흐름을 정지하고 충체를 첨가하기 15분 전에 먹이인 조류를 넣어 준다. 충체(분리된 것 또는 조직의 homogenate)를 첨가하여 잘 혼합한 다음 충분히 통기하면서 18-20시간 방치한다. 처리한 굴을 50 ℓ의 탱크에 옮겨 유수식으로 사육하면서 관찰한다. 접종을 위해서는 5~6시간 전에 미리 굴을 7% $MgCl_2 \cdot 6H_2O$해수에 담구어 마취시킨 다음 부착근 부위에 충체액 0.2 ㎖를 주사기를 사용하여 외투강에 주입한 다음 유수식 탱크로 옮겨 사육한다.

전자 현미경적으로는 quiescent cells(QC), vesicular cells 및 endosomal cells의 3단계의 기생상태가 관찰된다. Quiescent cell은 vesicular connective tissue(VCT), 혈구내, 부착근과 심근의 바깥에서 발견되는데, 1개의 과립성의 핵인을 가진 1개의 중심핵을 가지고 있으며, 이형의 염색질은 소수에 불과하다. Vesicular cells은 근섬유 내에서 주로 발견되며 때로는 근섬유 밖에서 발견된다. 특징적으로 공포속에 들어 있는 형태이며 공포의 막은 충체와 밀접하게 연결되어 있다. Endosomal cells은 혈구 내, VCT 또는 세포 간질에서 관찰되지만, 근섬유 내에서는 발견되지 않는다. 겉보기에는 QC와 닮아 있지만 세포질 속에 두꺼운 벽을 가진 endosome-like body와 타원형의 두꺼운 벽으로 둘러쌓인 물체(spherical thick-walled bodies, STBs)를 가지고 있다는 것이 커다란 차이점이다.

*Microcytos mackini*와 *Bonamia*와 차이가 나는 점은 감염부위가 *Bonamia*처럼 혈구 내가 아니라 결합조직의 vesicular cell내라는 것과 핵의 편재(*Bonamia*는 주변 핵) 및 mitochondria가 없다는 점이다. 그러나 감염은 *Bonamia*와 마찬가지로 공존에 의해 직접 감염되지만, 참굴의 경우 10℃이하에서 적어도 3개월 이상 공존시켜야만 감염이 성립한다. 이러한 저온과 장기간의 공존이 감염의 성립조건임으로 이 충이 북반구에서 주로 발생하며, 봄에 발생하는 것과 밀접한 관계가 있다.

그 외의 감염종으로 호주에서 발견되는 *Microcytos roughleyi*는 *Bonamia*처럼 혈구 내에 감염되어 아가미, 결합조직 또는 생식소 및 소화관에 국소적 농양병소를 만든다. 그러나 발병은 저수온과 고염분(30~35ppt)의 조건에서 발생하는 것이 차이점이며, 폐사는 가을과 겨울철의 강수 후에 많이 발생하는 경향이다.

6) QPX (quahaug (=quahog) parasite unknown)

Labyrinthulomycota문의 하등균류인 slime mould로 분류되는 thraustochytrids 또는 labyrinthulids에 의한 질병으로 곰팡이의 특성을 많이 가지고 있다. 전복에 감염되는 것은 *Labyrinthuloides haliotidis*로 동정되어져 있다.

주로 *Mercenaria mercenaria*에 발생하는 질병으로 *Mercenaria mercenaria*는 hard clam, quahog, quahaug, northern quahog, littleneck clam, cherrystone clam이라고 불리고 있고, 그 원인 기생충이 분명하지 않기 때문에 이런 병명이 붙여졌다.

감염개체의 패각 가장 자리에는 패각이 부서진 홈이 있으며, 외투막의 끝 부분은 종창되어 수축되어 있다. 때로는 외투막에 직경 1~4 ㎜의 노란색 결절이 외투막의 가장 자리 또는 후폐각근과 접하는 곳에 생겨 있다.

감염 패류는 대부분 외투막에 생기지만 때로는 사이편, 폐각근 및 아가미의 인접조직에도 생긴다. 최근에는 생식세포에도 감염하는 것으로 보고되었다.

전형적인 QPX환부는 타원형으로 그 내부에는 점액성 물질, 엽상체 및 포자낭 등이 들어 있고, 바깥을 육아종과 같은 침윤혈구가 동심원형태로 층을 이루고 둘러쌓고 있는 모양을 하고 있다. QPX는 점액성 물질을 생산하는데, 이는 패류의 혈구 세포에 의한 탐식을 저지하는 역할을 한다.

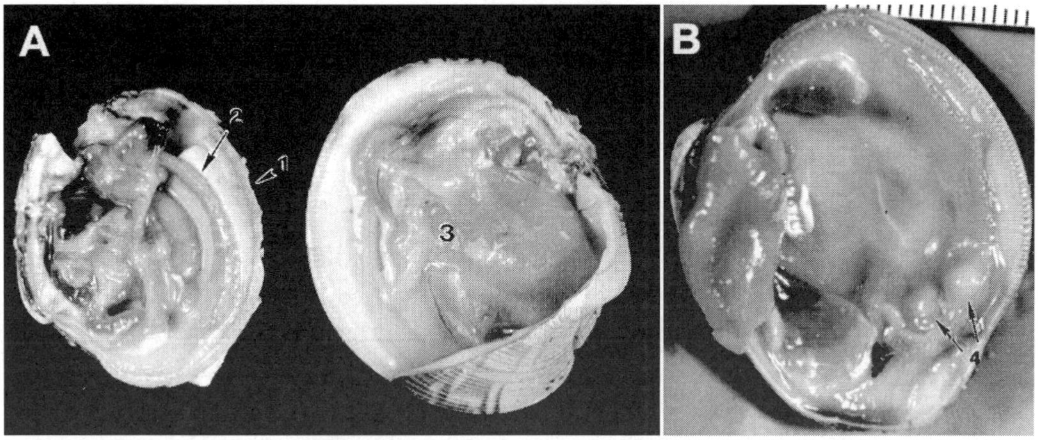

그림 2-103 A: 패각의 가장 자리의 홈(1)과 종창되고 수축된 외투막(2)과 미감염 개체(3).
B: 외투막에 형성된 염증성 결절(4).

그러나 감염 숙주에는 핵이 25이상까지 되는 다양한 크기의 충체를 탐식한 다핵거대세포(phagocytic mutltinucleate giant cell)와 혈구 세포에 의한 탐식이 숙주 반응으로 나타난다. 감염 패류는 성장이 느리며 비만도 또한 낮게 된다. 폐사는 봄-여름에 걸쳐 1년 미만의 치패에서 주로 발생한다.

감염 개체에서 크기가 1 ㎣ 정도의 아가미, 외투막, 발, 생식소 및 소화관을 절취한 다음 1 mℓ의 인공해수를 첨가하여 조직 균등액을 만든다. 조직 분쇄액을 원심관에 옮기고, 인공해수 1 mℓ당 streptomycin 10,000 U, stretpmycin 10,000 ㎍, amphotericin B 25 ㎍을 첨가한 인공해수를 2 mℓ첨가한 다음 4℃에서 1750g에 7분간 원심 분리한다.

상청을 제거하고 인공해수 3 mℓ를 첨가하여 재 부유시켜 원심한 다음, 7 mℓ의 MEM에 부유시킨 다음 25 mℓ의 조직배양용 플라스크에 옮겨 20℃의 암소에서 배양한다.

MEM은 매 3일 마다 새롭게 교환해주면서 도립현미경(200~400배)으로 QPX의 증식을 관찰한다. 배양 플라스크의 바닥에 타원형의 점조성이 있는 것을 떼어내어 슬라이드에 도말한 다음 형태를 관찰할 수도 있다.

계대배양은 배양 플라스크를 잘 흔든 다음 2개의 배양 플라스크에 균등하게 배분하여 준다. 이렇게 배양하면 길게는 5~6개월간 배양할 수 있다.

포자의 크기, 포자 벽의 두께, endogenous sporogony 등의 형태적 특징이 QPX를 확정하는 기준이 되며, MEM에 의한 배양법이 병리조직학적 검사보다도 더 정확도가 높다.

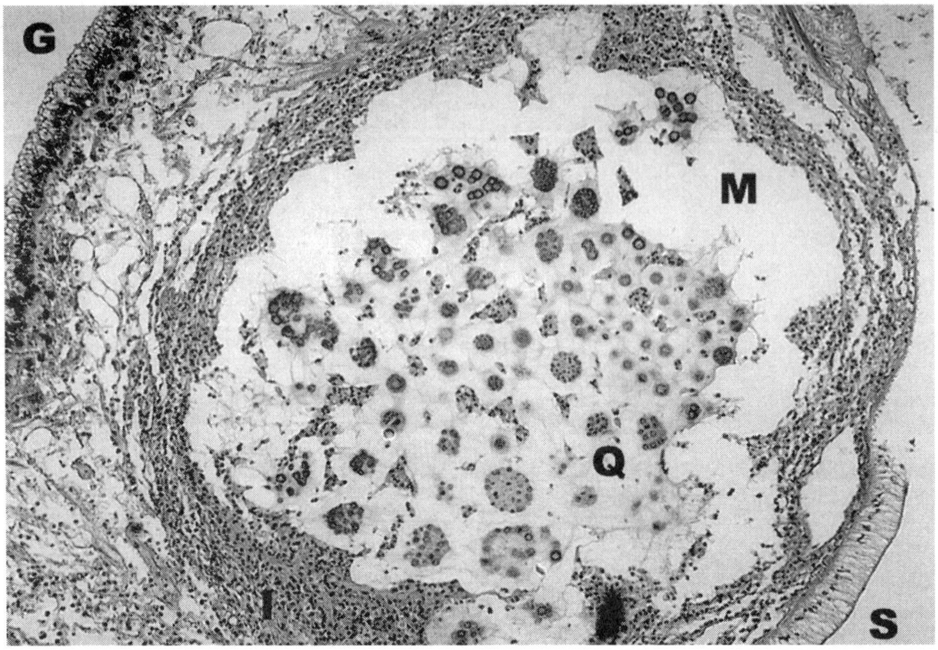

그림 2-104 정중앙선의 조직편 단면내의 외투막내부의 전형적인 QPX환부. G: 아가미 쪽, S: 패각 쪽, Q: 점액성 물질에 쌓인 QPX, M: 점액성 물질, I: 육아종성 염증 세포. Davidson액, HE.

병리 조직학적 표본에서는 충체의 생활사의 3단계 즉 엽상체(thallus), 포자낭(sporangia) 및 내생포자(endospore)를 확인할 수 있다. 이중 가장 흔하게 발견되는 것은 균사체로 직경은 2~20 ㎛로 타원형을 하고 있다. 엽상체의 세포질은 약한 호산성으로 진하게 염색되는 호염기성의 세포벽에 둘러싸여 있고, 광학 현미경으로는 핵의 특징은 식별할 수가 없다. 이러한 엽상체는 항상 폭이 8 ㎛이하인 세포가 존재하지 않는 부분인 halo에 둘러싸여 있는 것이 특징이다.

충체가 많이 있는 병소에는 숙주세포가 거의 존재하지 않는 것이 일반적이다. 또 충체의 세포벽에서 뻗어 나오는 것처럼 보이는 호염기성의 섬유상 또는 입자상의 물질이 세포벽 주변의 halo내에서 발견된다. 이러한 세포벽에서의 돌출물이 없는 것은 표본 제작과정에서 소실된 것으로 추정된다. 충체를 둘러쌓고 있는 halo에 혈구가 발견되기는 하지만, 충체가 존재하는 주변의 조직에 괴사는 거의 발견되지 않는다. AB/PAS(alcian blue/periodic acid schiff)염색 표본에서는 충체의 세포벽에서 돌출되는 물질은 점액물질임을 알 수 있다. GMS(Grocott's methanamine silver)염색 표본에서 충체의 세포벽과 세포질은 양성으로 염색된다.

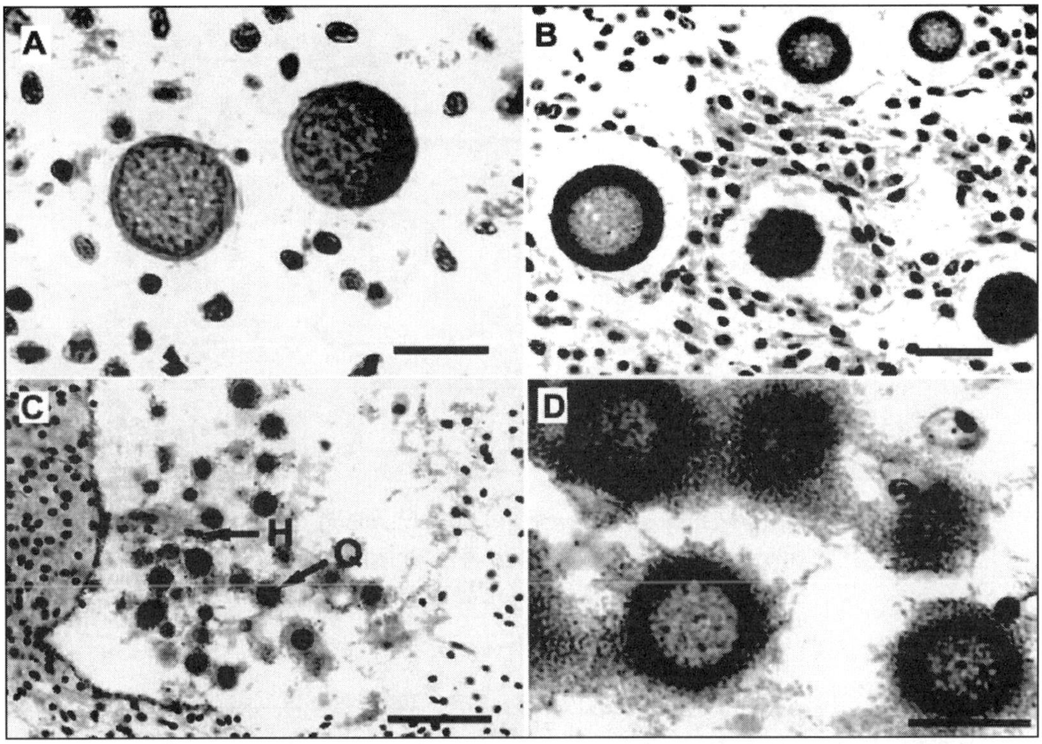

그림 2-105 *Mercenaria mercencaria*의 QPX(엽상체). A: 결합조직내의 충체. 10 ㎛. B: 충체의 두터운 세포벽과 충체 주변의 halo. 20 ㎛. C: 충체(Q)가 모여 있는 감염 병소는 세포 성분이 적고 혈구(H)침윤. 50 ㎛. D: 충체(엽상체) 세포벽에서 뻗어 나오는 섬유상의 세포외성의 점액성물질. 20 ㎛. HE.

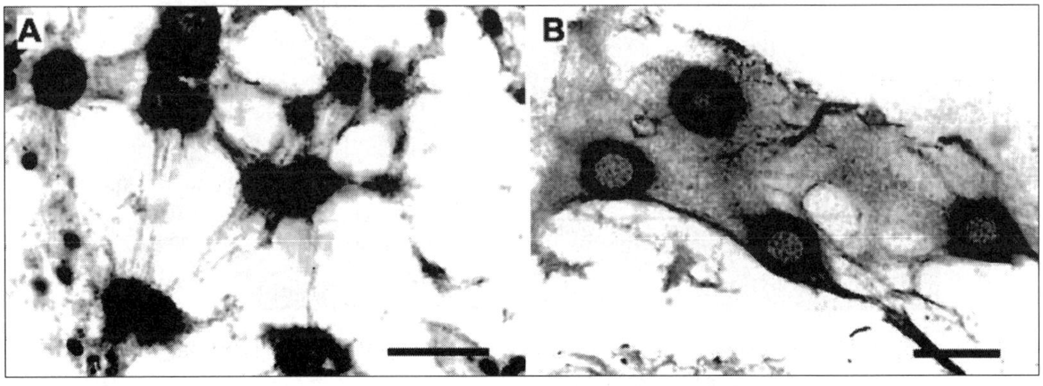

그림 2-106 A: **충체(엽상체) 세포벽에서 뻗어 나오는 섬유상의 세포외성의 점액성물질.** HE, 20 ㎛. B: 충체 엽상체 의 세포벽에서 뻗어 나와 주변을 쌓고 있는 세포외성 물질(과립상). AB/PAS, 40 ㎛.

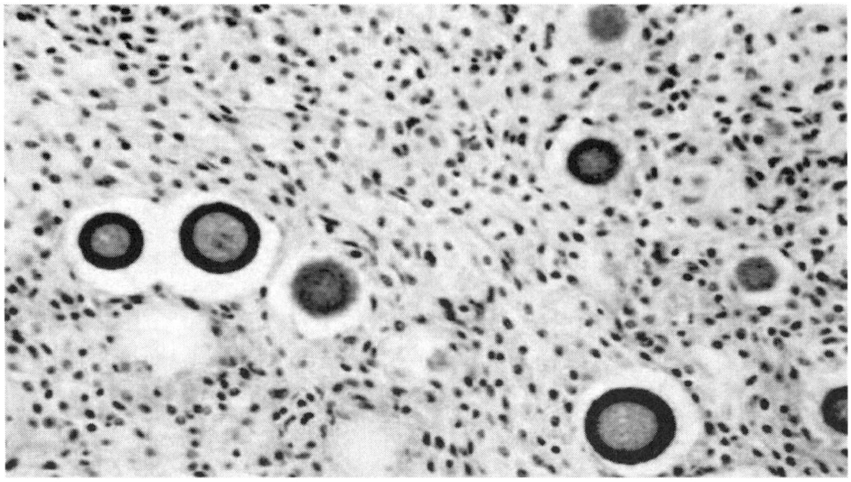

그림 2-107 대합 (*Mercenaria mercenaria*)의 QPX (quahaug (=quahog) parasite unknown-동물과 진균의 중간 종인 Chytrid-like fungus)의 엽상체 주변은 심한 혈구의 침윤을 수반한 염증이 발생. 엽상체 주변의 특징적인 비어 있는 공간인 halo.

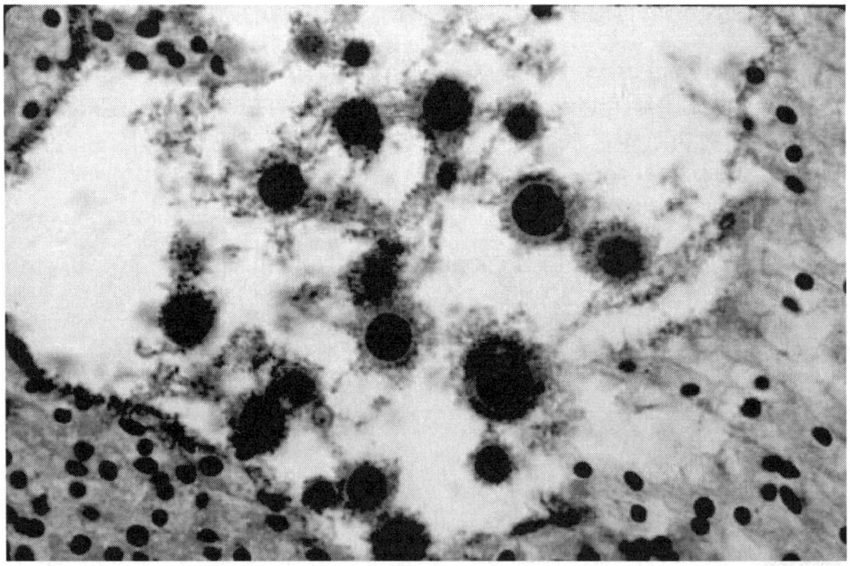

그림 2-108 대합 (*Mercenaria mercenaria*)의 QPX의 세포벽에 섬유상 또는 과립상의 돌출물이 뻗어 나옴.

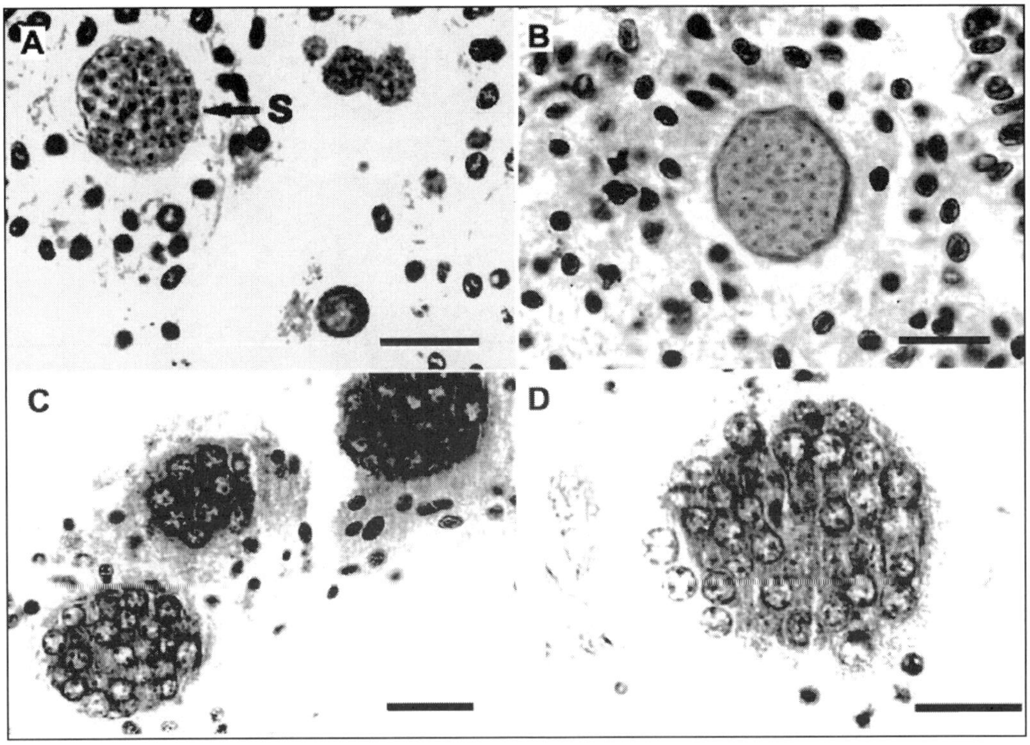

그림 2-109 조직 내에서 발견되는 QPX의 엽상체와 포자낭. A-B: 포자낭. C: 포자낭 내의 내생포자의 발육. D: 포자낭에서 방출되는 내생포자. HE, 20㎛.

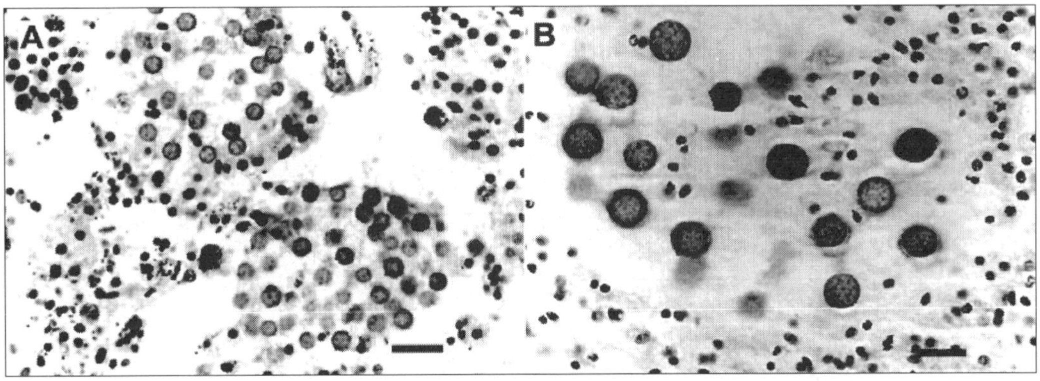

그림 2-110 조직 내에서 발견되는 미숙 엽상체의 분리. HE. 20 ㎛.

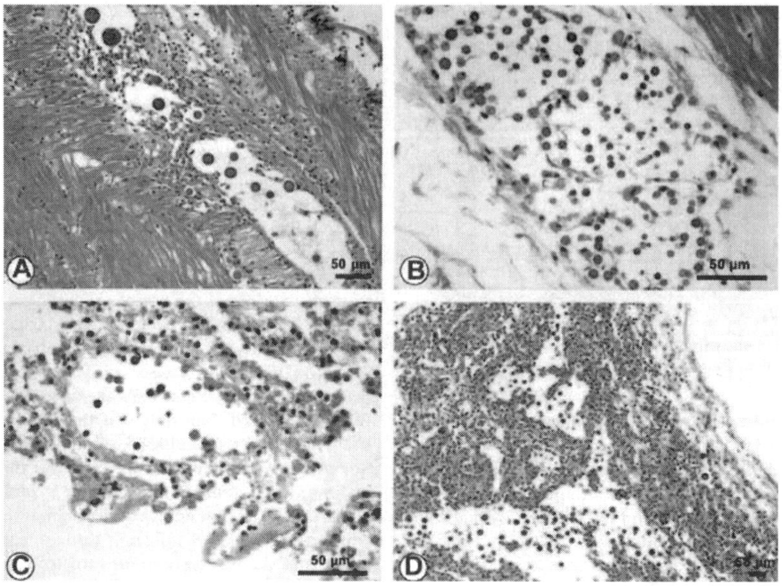

그림 2-111 대합(*Mercenaria mercenaria*)의 사이펀(A), 외투막(B), 아가미(C) 및 내장(D)의 QPX의 엽상체.

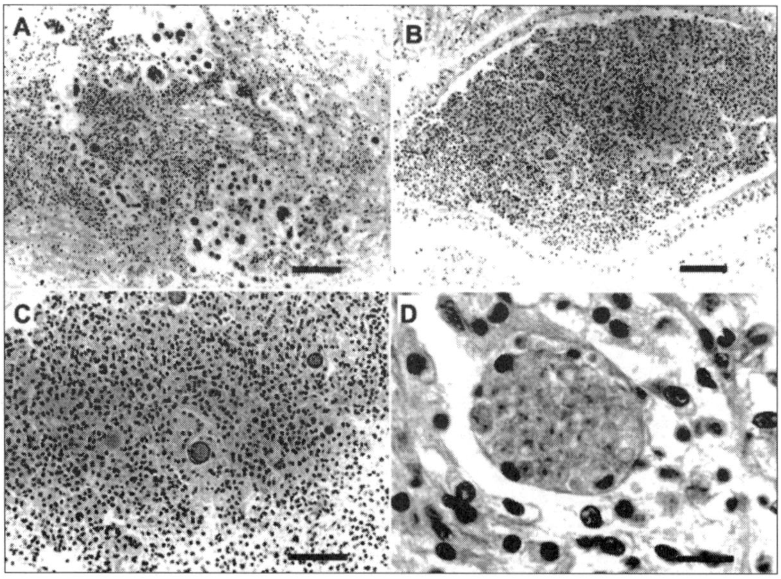

그림 2-112 **충체에 대한 숙주 반응.** A: 충체 주변에는 세포가 없지만, 감염 국소에는 혈구세포의 침윤을 유발함. 100 ㎛. B-C: 신장 내의 감염 병소. 심한 혈구 침윤을 유발. 100 & 50 ㎛. D: QPX포자낭을 피포하고 있는 혈구세포. 20 ㎛. HE.

몇몇 감염 개체에서는 엽상체와 포자낭이 동시에 관찰되는데, 포자낭은 직경이 20～48 ㎛로 내부에는 직경 1.5～2 ㎛인 원형의 내생포자(endospore)를 가지고 있다. 이러한 내생 포자(미숙 엽상체)의 세포벽의 염색성은 성숙 엽상체와 마찬가지로 호염기성이고, 핵의 특성은 광학 현미경으로는 식별하기 어렵지만 단핵 또는 다핵인 것처럼 보인다. 내생포자는 성숙함에 따라 포자낭의 세포벽은 붕괴되고, 직경 3～5 ㎛의 미숙 엽상체가 방출된다. 미숙 엽상체의 세포벽도 성숙 엽상체의 세포벽과 마찬가지로 AB/PAS에 진한 청색으로 염색된다. 이러한 포자낭이 관찰되는 개체는 대개 가을과 봄에 채집한 개체가 대부분이다.

충체는 혈구세포의 침윤, 탐식 및 encapsulation과 같은 숙주 반응을 유발하며, 때로는 충체를 탐식하고 있는 대형의 다핵 혈구세포가 관찰되기도 한다. 또 숙주 내에서 사멸한 충체 주변에는 혈구세포가 침윤하고 둘러쌓고 있다. 사멸한 충체의 핵과 세포질은 분해되어 있지만 세포벽은 그대로 남아 있다.

엽상체의 세포벽에서 나와 있는 점액성의 섬유상물질은 충체의 병원성과도 밀접한 관계가 있어, 이러한 물질은 숙주세포의 세포성 면역을 불완전하게 하는 장벽으로 작용하기 때문이다.

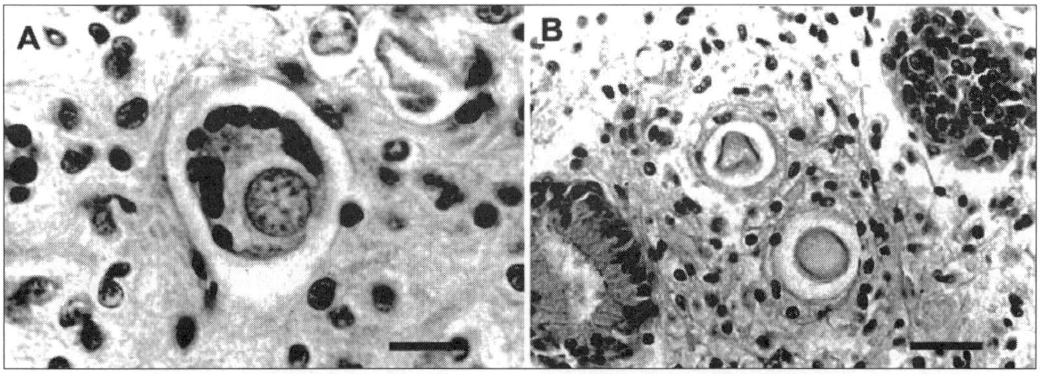

그림 2-113 QPX를 탐식하고 있는 다핵거대세포(multinucleated giant cell). 10 ㎛. B: 사멸한 QPX 충체는 혈구세포에 둘러싸여 있다. 사멸한 충체는 핵과 세포질은 분해되어 있지만 세포벽은 거의 변화가 없다. 20 ㎛. HE.

QPX의 발생지역에 따라 외투막과 아가미에 주로 감염되는 경우와 근육과 결합조직에 주로 감염되는 감염 부위에 차이가 있으며, 숙주반응에서도 차이가 난다. 또한 엽상체의 염색성에서도 차이가 있을 수도 있다. 즉 PAS와 GMS염색에서 세포벽만이 양성 반응을 나타내는 경우도 있고, 세포벽과 세포질만이 PAS에 양성이고 핵은 GMS에만 염색될 경우가 있다. 이러한 염색성의 차이는 충체 자체의 차이일 가능성도 있지만, 고정액(Davidson액 또는 포르말린액)의 차이에 기인한 인공 변화일 가능성이 높다.

전복은 북미지역의 각장 4 ㎜이하 또는 6개월 미만의 어린 전복에 발생하며, 사망률은 거의 100%이다. 각장이 5 ㎜이상이면 질병에 대한 저항성이 증가하며, 25 ㎜이상인 경우에는 족부 근육에 인위 감염시켜도 발병하지 않는다. 감염 전복은 족부와 두부에 종창이 생기는 것이 특징으로 치패의 압인 표본을 만들어 검경하면, 족부와 두부에서 직경 10 ㎛미만의 타원형의 원생동물이 발견된다.

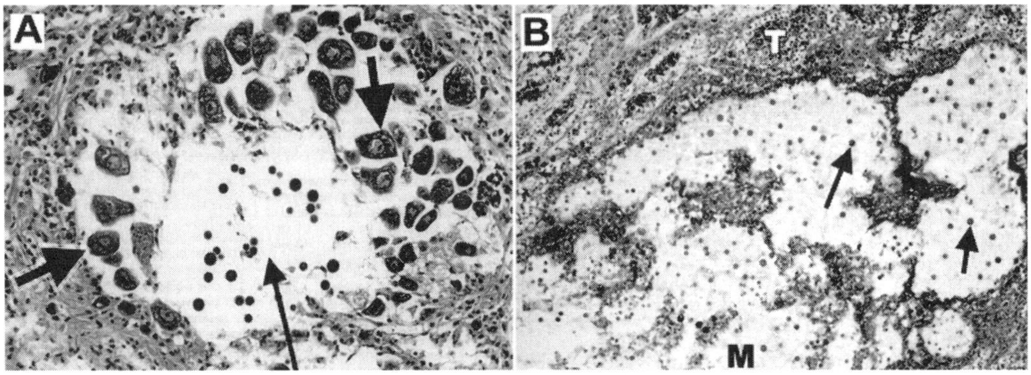

그림 2-114 A: 여포내의 병소. 난모세포 사이에 엽상체(화살표)의 집합체. B: 정소 내의 병소. T: 정소, M: 점액상 물질. HE.

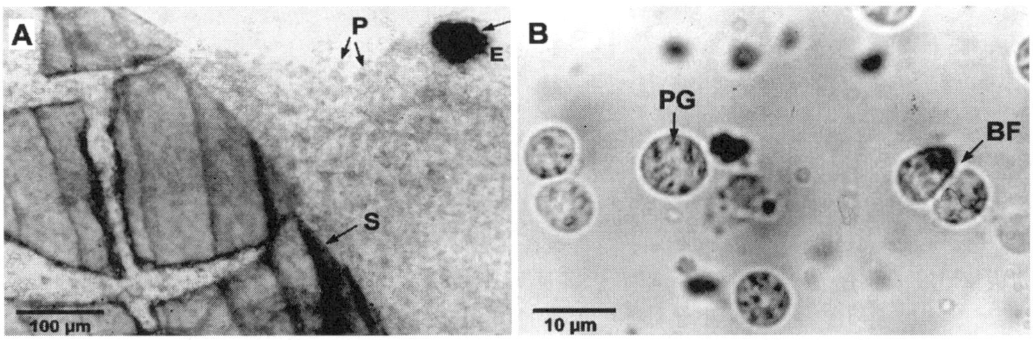

그림 2-115 A: 감염 전복 치패의 압인 표본. 충체(P), 종창된 전복의 눈(E)과 패각의 조각(S). B: 전복에서 방출된 충체는 굴광성의 과립(PG)을 가지고 있고, 2분열하고 있는 충체도 있다(BF).

7) 바지락의 *Parvatrema duboisi*

*P. duboisi*는 최초 *Gymnophallus bursicola*로 보고되었지만, 그 후 *P. timondavidi* 로 개명되었다가 *P. duboisi* 로 개명되어 현재에 이르고 있다. *Parvartrema*의 피낭유충은 주로 바지락 외투막의 바깥 부분에서 발견되며, 때로는 아가미와 hinge에 인접한 부분에서 발견되기도 한다. 때로는 딸 sporocyst 또는 포크 모양의 꼬리를 가진 유무자충(forked-tail cercaria)을 내부에 가지고 있는 sporocyst도 발견되기도 한다. 그러나 발견되는 피낭유충의 수는 각장의 크기와 상관이 없다. 발견되는 피낭유충은 완전한 피낭을 형성하지 않고 바지락에서 분비된 것으로 추정되는 젤라틴성의 물질에 둘러싸여 있는데 육안으로는 흰 반점으로 보인다.

피낭유충의 모양은 외투막에서 채취한 다음 10%중성포르말린에 고정하여 Semichon's acetocarmie으로 염색하여 검경한다. 구흡반은 크고 잘 발달되어 있고 입 주변에는 lateral projection이 있다. Prepharynx는 없고, pharynx는 원형이며 근육성이다.

피낭유충은 난원형으로 표면에는 횡으로 배열된 미세한 가시모양의 구조물(피극)로 덮여 있다. 전반부에 구흡반이 있고 이어서 인두와 짧은 식도를 거쳐 좌우로 분지되는 커다란 소화관에 연결되어 있다. 복흡반은 충체의 가운데-1/3후방에 위치하며 구흡반에 비해 5:2로 크기가 훨씬 작다. 배설낭은 "V"자 형태이며, 배설낭 내에는 굴광성의 배설과립이 충만되어 있다. 배설과립은 소형은 2~3 ㎛, 대형은 5~6 ㎛정도이다. 또한 소화과내에도 2~3 ㎛의 과립이 충만되어 있다.

감염 바지락의 외투막을 잘게 다진 다음 병아리(2일령), 쥐 등에 강제 주입하여 병아리는 4일 후부터 변속의 성충과 알을 조사하면 성충을 얻을 수 있지만 병아리에서서는 성충이 발견되지 않는다.

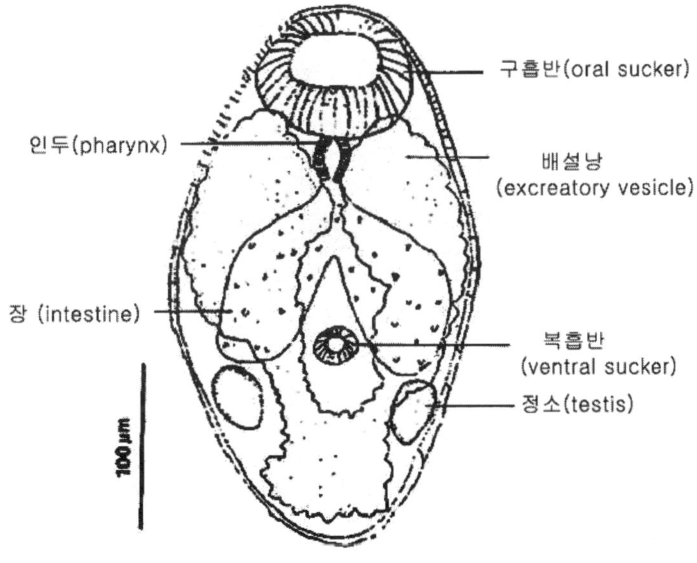

그림 2-116 *P. duboisi*의 모식도.

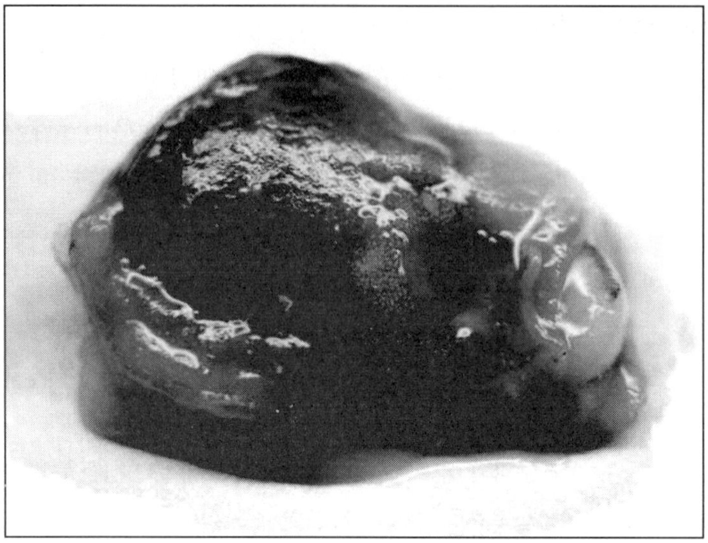

그림 2-117 서해 인천 연안에서 채집한 바지락 외투막의 피낭 유충.

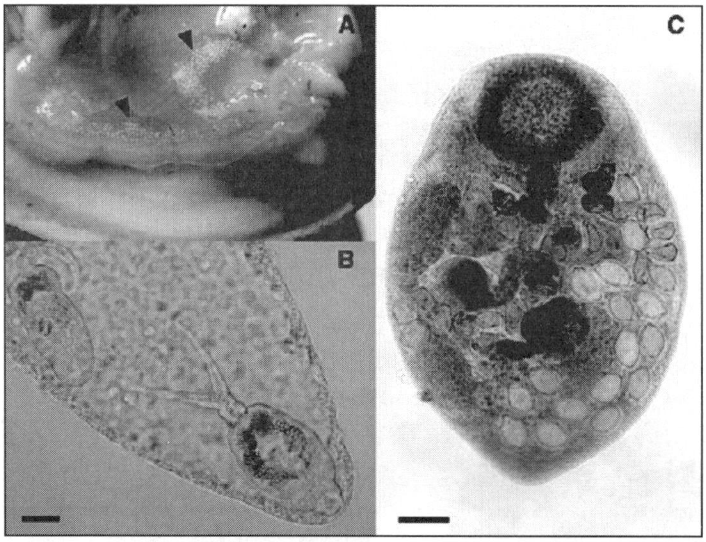

그림 2-118 여러 가지 발육 단계의 *P. duboisi.* A: 외투막 가장 자리의 피낭유충이 집합체. B: 포크 모양의 cercaria(forked-tail cercaria)를 내부에 가지고 있는 sporocyst. C: 생쥐에 인위감염 후 얻은 성충. Bar=30 ㎛.

감염실험의 결과 변속에서 발견되는 성충은 80%알콜에 고정하여 철헤마톡시린으로 염색한 다음 슬라이드에 봉입하여 현미경으로 검경한다. 발견되는 성충은 알을 가지고 있기 때문에 4일 이내에 성충이 된다는 것을 알 수 있다.

8) 소라의 *Panietis*증

기생성 가이아미류인 *Panaietis yamaguchi*가 소라의 구강과 식도에 기생하는데 감염 부위에는 현저한 병변이 없기 때문에 감염되더라도 외관상 이상이 거의 발견할 수 없고, 숙주에 대한 해작용도 없다. 기생률은 매우 높은 편으로 거의 대부분의 소라가 감염되어 있는 경우도 있다. 소라 1개체에 보통은 2~3개체(암수 각각 1개체 또는 수컷 1개체와 암컷 2개체)가 감염되어 있는 경우가 보통이지만 최대로 많을 때는 5개체가 기생한 예도 있다. 암컷이 난낭을 가지고 있는 비율은 봄-가을이 높고, 이 시기에 부화유생이 난낭에서 수중으로 방출되어 진다.

그림 2-119 *Panaietis yamaguchi*가 기생한 소라.

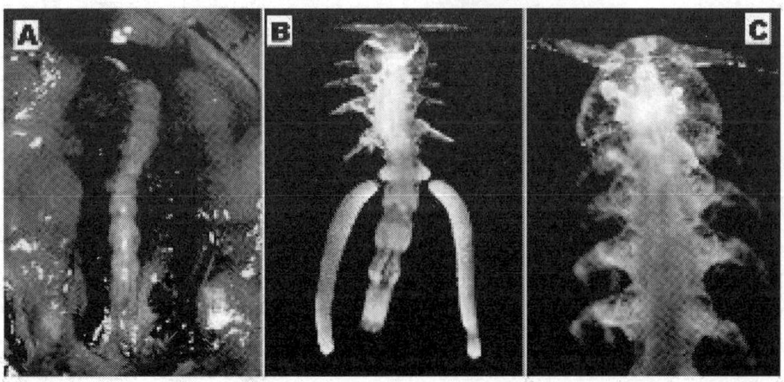

그림 2-120 소라에 기생하는 *Panaietis yamaguchi*. A: 구강에 기생한 암컷 충체. B: 암컷 성충의 등쪽. C: 암컷 성충의 앞쪽 등 부분.

자웅이체이며, 난낭을 가진 암컷 성충의 체장은 6~9 ㎜, 수컷 성충의 체장은 4~7 ㎜ 정도이다. 살아 있는 충체는 무색 투명하고, 소화관이 선명한 등색을 띠고 있기 때문에 소라를 해부하였을 때 쉽게 발견할 수 있다. 암수 모두 원통형으로 두흉부는 등갑과 제1흉절이 합쳐져서 거의 육각형을 하고 있다. 복부의 길이는 흉부의 길이와 거의 비슷하게 길게 늘어난 형태를 하고 있다. 감염개체를 사람이 생식하여도 인체에 기생되지는 않는다.

9) 백합의 *Ostrincola*

*O. koe*와 *O. japonicus*의 2종류가 알려져 있지만, 형태적으로 차이가 난다. 원인 기생충은 패류의 외투강 내에 기생하면서 주로 아가미나 외투막에서 분비되는 점액을 먹이로 하고 있다. 따라서 스트레스를 받은 패류는 점액이 많이 분비되기 때문에 이러한 패류일수록 감염 충체의 수는 비정상적으로 많아진다. 1972년 전남 부안의 백합의 대량폐사 원인으로 *Pseudomonas ichthyodermidis*가, 중국 양식 백합의 경우는 *Vibrio parahemolyticus*가 대량폐사의 원인으로 제기되었지만, 아마 이 2경우에도 폐사의 일차적 원인은 *Ostrrincoloa*의 기생으로 추정되고 있다. *Ostrincola*는 우리나라 서해연안에 많이 존재하는 종류이지만, 수컷이 0.7-0.9 ㎜, 암컷이 1.2-1.5 ㎜의 소형 갑각류이기 때문에 육안적으로는 발견하기 어렵기 때문에 발견하지 못하였을 가능성이 매우 높다.

진단은 패류를 개각한 다음 희석 알콜로 세척하여 실체현미경으로 검경하면서 채집하는데, 백합에서는 외투강 내에 다량으로 기생하고 있는데, 충체의 두부에 있는 색소를 가진 안점을 확인할 필요가 있다.

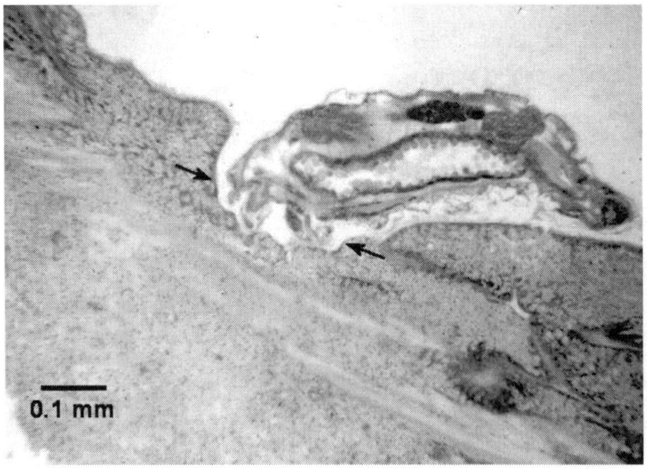

그림 2-121 버지니아굴 아가미. *Ostrincola* sp.의 기생에 의해 아가미의 부식(화살표 사이)과 염증세포의 침윤. HE.

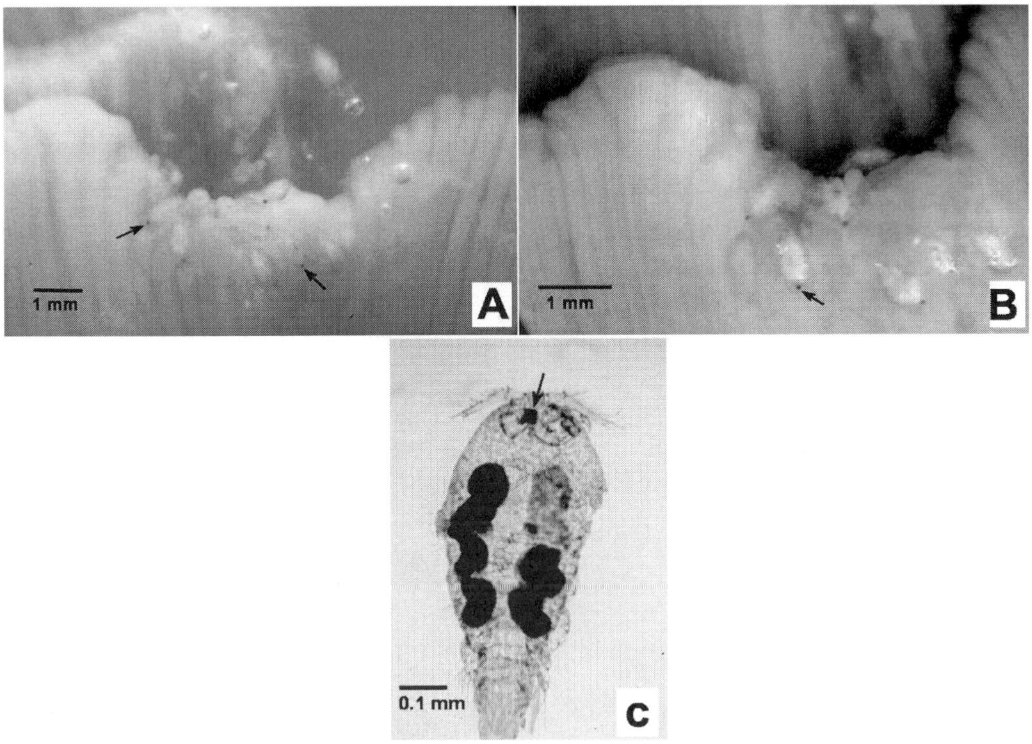

그림 2-122 A-B: **아가미 부식을 나타내는 버지니아굴 아가미의 무염색도말표본.** *Ostrincola* sp.는 pigmented ocellus (안점, eyespot 화살표)가 선명. C: 버지니아굴 아가미 기생 *Ostrincola*는 두부 중앙에 안점(화살표)이 분명. 충체는 부착부위에 조직을 용해하는 효소를 분비하여 그 현탁액을 먹이로 사용.

제 3 장 해삼(*Apostichopus japonicus*)의 질병

1. 자삼(*Apostichopus japonicus*)의 생물학

자삼(*A. japonicus*)의 발육 단계는 6개의 단계로 구분할 수 있다. 즉 수정난, 초기 분화단계(난활, 포배 및 낭배기), auricularia (초기 auricularia, 중기 auricularia 및 후기 auricularia), 변태(metamorphosis, doliolaria기 및 pentactula), 어린 해삼(juvenile), 새끼 해삼(young sea cucumber) 및 성체(adult)의 6단계이다.

난세포는 수정 후 천천히 침강하면서 분화를 시작한다. 수온이 21~24℃일 때 수정난이 난할을 시작하기까지는 약 45분이 소요된다. 그 후 분열하여 포배기로 된다. 포배는 섬모가 있어 활발히 회선운동을 한나. 2~3시산 후 배세포는 섬자 신상뇌년서 부화소의 표면으로 이동한다. 이처럼 물 표면으로 떠오르는 동안 함몰이 생겨 낭배로 되는데, 충분히 분화된 낭배가 수정 후 24~48시간 후에 물 표면에 출현하게 된다. 12~20시간 후 낭배는 점차 신장하여 auricularia stage로 된다.

자삼은 10~26℃에 적응할 수 있지만 종묘생산의 적수온은 23~25℃, 최적 염분농도는 31.6(26~33), 최적 pH는 7.8(7.5~8.2), 용존산소는 5 ㎎/ℓ 이상으로 유지하여야 한다.

1) Auricularia stage

Auricularia stage단계는 수온 18~26℃에서 7~10일간 지속된다. 초기 auricularia는 좌우 대칭이며 크기는 320-600 ㎛정도이다. 성장함에 따라 위의 크기가 커지게 되고, 유생의 크기가 600~750 ㎛가 되게 되면 위와 gullet가 연결되어 관공이 만들어진다. 이 단계에서 중기 auricularia이 되고, 그 후 섬모가 생겨나오면서 유생이 후기 auricularia가 되면서 촉수가 생겨나온다. 그 후 종모양의 형태로 되면서 doliolaria stage의 초기단계로 된다.

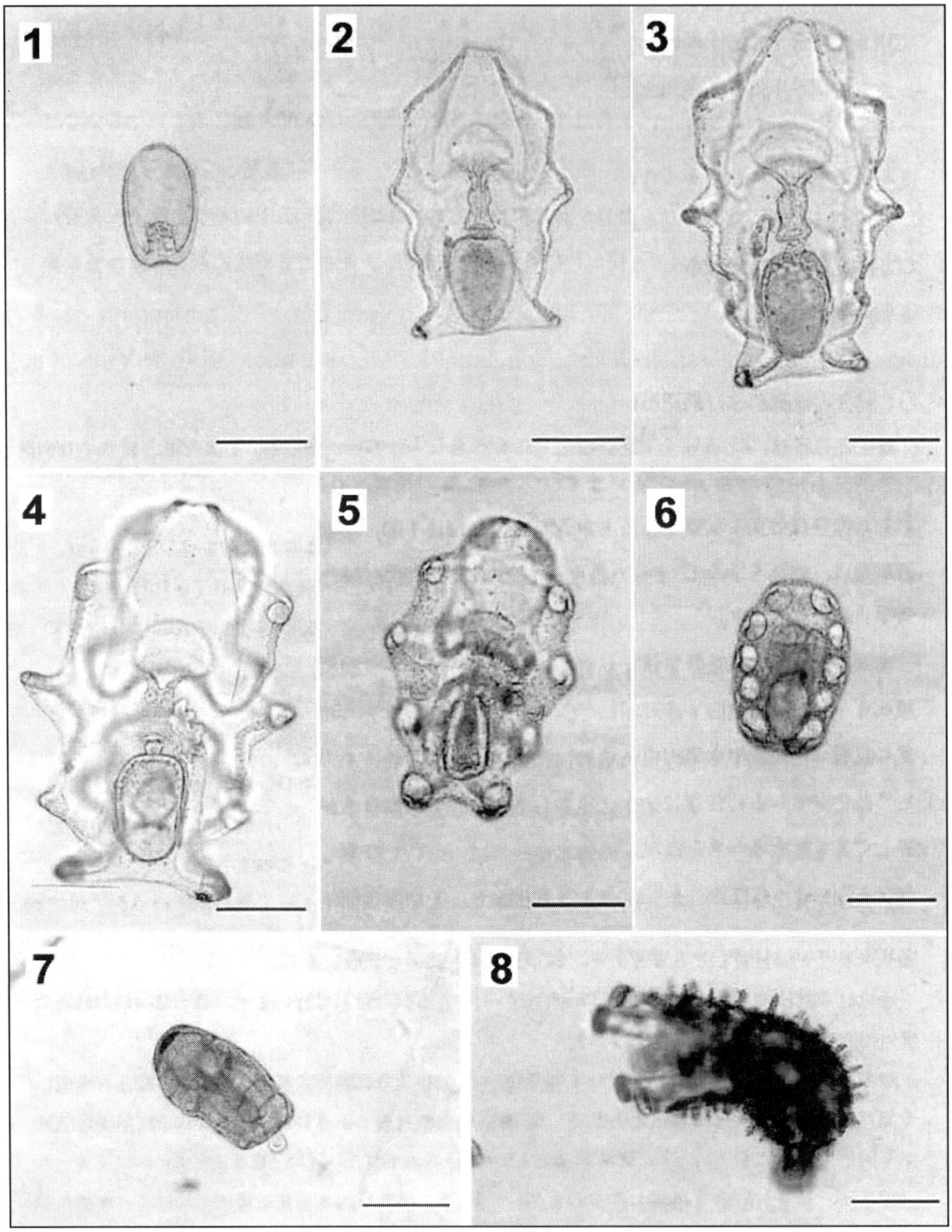

그림 3-1 자삼의 발육 단계. 1. Gastrula; 2. Early auricularia; 3. Mid auricularia; 4. Late auricularia; 5. Early doliolaria; 6. Doliolaria; 7. Early pentactula; 8. Pentactula (bar = 100 ㎛).

표 3-1 자삼의 발육 및 각 단계별 발육에 소요되는 시간

발육 단계	각 발육 단계별 소요시간			
	Marine Fisheries Research Institute, Liaoning Province	Marine Fisheries Research Institute, Hebei Province	Yantai and Changdao[2]	Japan[2]
First polar body	15-20min		43-48min	
Second polar body	45min		48-53min	30min
2-cell stage	1h 50min	1h 10-20min	1h 3-30min	
4-cell stage	2h15min	1h 58min to 2h 15min	1h30min-2h 15min	
8-cell stage	2h 41min	1 58min-2h 15min		
16-cell stage	3h 3min	2 30min-2h 50min		
32-cell stage	3h 25min	2h 53min		
64-cell stage	3h 50min	3h 24min		
128-cell stage	4h 10min	3h 40min		
Blastula	7h 5min	10-12h	3h40min~5h 40min	11h
Gastrula	28h 35min	24-26h	17h-20h	24h
Early auricularia	40~48h	46~48h	25h 20min-31h	45-46h
Middle auricularia	4-5d	5-7d		4-5d
Later auricularia	6-7d	7-10d		11-13d
Doliolaria	8-9d	10-16d	5-7d	13-15d
Pentactula	10-11d	13-17d	9d	15-17d
Juvenile sea cucumbers	11-13d	13-17d	13d	15-23d
Juvenile sea cucumbers (2~4 tube-feet)	30d			

*수온은 21.5-23℃.

2) Doliolaria stage

후기 auricularia단계에서 유생은 수축하기 시작하면서 5개의 유구가 연결되어 있고, 촉수가 확대되면서 몸의 중심부로 이동한다. 이 단계에서 auriculariae는 수조 내를 유영하면서 표면에서 바닥에서 바닥으로 움직인다. 이 때 부착반을 부화조의 바닥에 넣어 주어야 한다.

3) Pentactula

Doliolaria단계는 1~2일간 지속된다. 5개의 촉수의 끝이 유생의 바깥 부분에 도달하게 된다. 이때부터 1~2일 동안 유생은 부화조 바닥을 기어 다닌다. 몸 표면의 섬모는 점차 감소하고 "X"자형의 ossicles가 나타나기 시작한다. 유생의 형체는 점차 둥근 형태로 되면서 처음으로 관과 같은 발이 몸의 왼쪽 후방에 생겨나온다, 이처럼 발의 출현은 juvenile단계의 바로 전 단계의 주요한 지표가 된다.

4) Juvenile

이 단계에서의 가장 근본적인 변화는 관과 같은 발이 출현하여 기질에 부착하거나 먹이를 섭취하는 것이다. 장, 입 및 papillae가 분명해지며, 2달간에 걸쳐 거의 성체와 닮은 약 1 ㎝의 크기로 성장한다. 체색은 점차 불투명한 백색에서 적색, 회색 및 녹색 등으로 변화되면서 새끼 해삼으로 된다.

5) 새끼 해삼 및 성체

새끼 해삼과 성체 간에는 형태적 차이는 거의 없다. 인공 종묘 생산장에서 수온이 23℃를 초과하면 새끼해삼의 움직임과 먹이 섭취는 현저하게 둔화된다.

새끼 해삼은 물의 표면에서 바닥으로 이동하게 되는데 이 때문에 적절한 성장을 위해서는 사육지의 수온을 적정하게 유지하는 것이 매우 중요하다.

2. 종묘생산기의 질병

1) Rotting edges symptom

종묘 생산하여 사육 중인 새끼 해삼에 6~7월경의 auricularia stages에 발생하며 사망률은 90%이상이다. 정상 새끼에 비해 감염 해삼은 몸의 가장 자리가 검어져 있다는 것을 알 수 있다. 감염 해삼은 자가 분해를 일으키기 때문에 2일 이내에 완전히 녹아버린다. 만약 변태를 성공적으로 하여 pentactulae가 된 개체도 쇠약하여 생존율은 낮아진다.

감염 해삼으로 부터는 2종류의 *Vibrio* 세균이 분리되어 진다. 감염 새끼 해삼을 병리조직학적으로 검게 보이는 가장자리는 HE염색에 진한 자주색으로 염색된다. 상피세포는 다층으로 종대되어 있으며 핵은 진하게 염색된다.

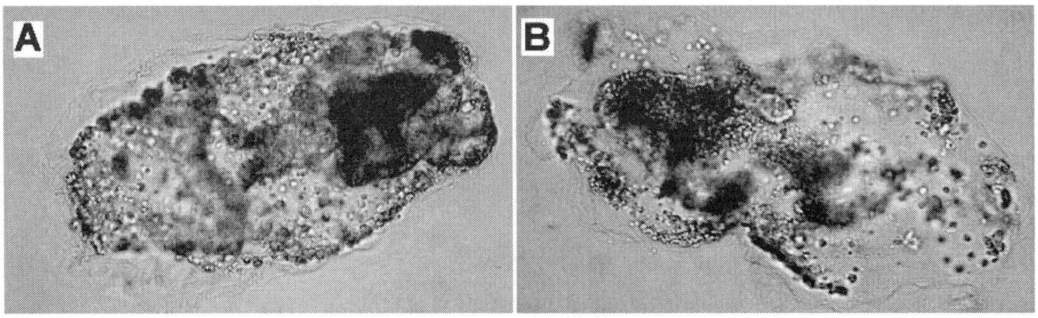

그림 3-2 감염에 의해 자가 분해가 일어나고 있는 개체(A)와 완전히 자가 분해된 개체(B).

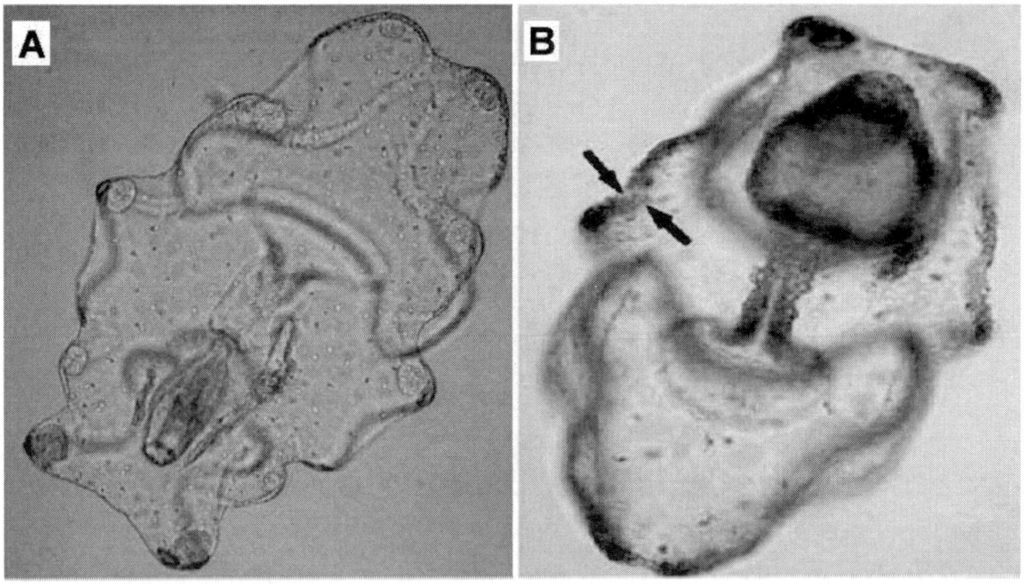

그림 3-3 정상(A)과 감염(B) 자삼(*Apostichopus japonicus*)의 auricularia. 감염 개체는 가장자리가 검게 변색됨(화살표).

표 3-2 새끼 해삼으로 분리되어지는 *Vibrio*균의 성상

Characteristic	LB-1	LB-2	Characteristic	LB-1	LB-2
Gram Stain	-	-	Indole production	+	+
Movement	+	+	H_2S production	-	-
O/129 Sensitivity (10μg)	-	+	Lysine decarboxylase	-	-
O/129 Sensitivity(150μg)	+	+	Arginine dihydrolase	+	+
Growth on TCBS	+	+	Ornithine decarboxylase	+	-
0% NaCl, growth (w/v)	-	-	Gas from glucose	-	-
3% NaCl, growth (w/v)	+	+	Arabinose	+	+
6% NaCl, growth(w/v)	+	+	Mannitol	+	-
8% NaCl, growth (w/v)	+	-	Inositol	-	-
10% NaCl, growth (w/v)	-	-	Raffinose	-	-
4°C, growth	+	+	Rhamnose	-	-
25°C, growth	+	+	Sucrose	+	+
28°C, growth	+	+	Glucose	-	+
35°C, growth	+	+	Salicin	+	+
40°C, growth	-	-	Sorbitol	-	-
45°C, growth	-	-	Gelatinase	-	-
Oxidase	+	+	Urease	-	-
Oxidation-Fermentation	F	F	ONPG	+	+
Citrate utilization	-	-	Spore stain	+	-
Vogus-Proskauer reaction	+	+	Methyl red test	-	-

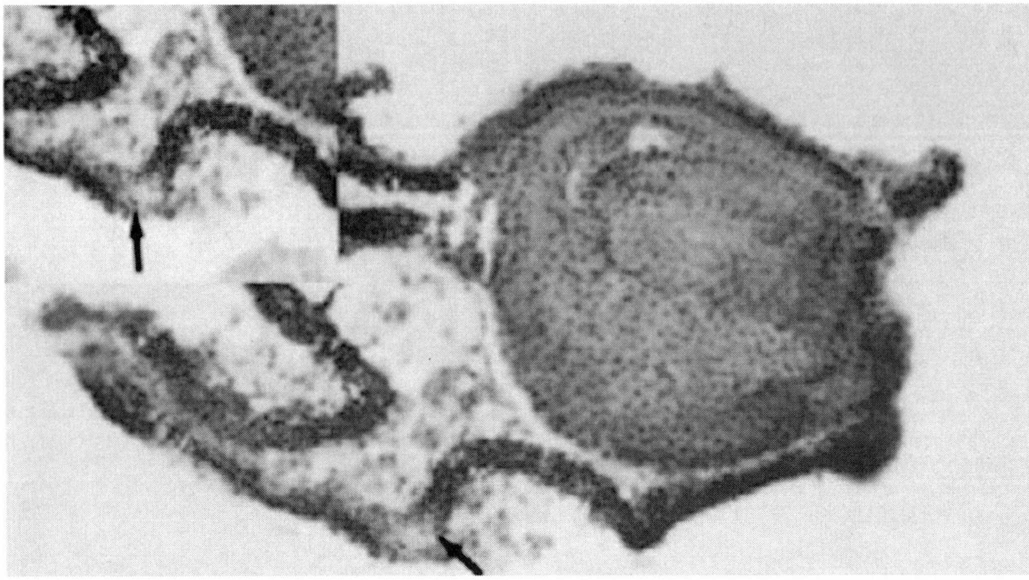

그림 3-4 상피의 증생에 의해 두터워진 감염 개체는 위의 벽. 삽입(가장 자리의 확대도). HE.

2) 위궤양증(stomach ulceration symptom)

수온이 높은 여름철에 주로 발생하며 발병원인은 부적절한 사료 및 고밀도 사육에 의해 발생하는 세균성 질병이다. auricularia단계가 주 감염단계이며 폐사율은 90%이상이다.

감염 개체를 현미경으로 관찰하면 위의 벽이 두터워져 있고 감염 말기가 되면 위축된다. 위의 궤양 때문에 감염 개체는 성장이 느려지고 변태도 낮은 비율로 진행될 뿐이다. 그럼으로 auricularia에서 doliolaria로 변태될 때 사망이 높아지게 된다. 발병원인은 크게 2가지로 생각할 수 있는데, 첫 번째는 chrysophte 또는 Platymonas만을 급이함으로 인한 적절한 사료의 결핍과 위의 궤양을 유발하는 세균의 감염에 기인하는 것이다.

치료법으로는 해산 효모와 같은 것을 첨가하여 적절한 영양을 유지하거나 사육지에 세균수가 증가할 때는 페니실린이나 스트렙토마이신을 3~5 ppm첨가하는 것이 효과적이다.

3) 가스병(gas bubble disease)

Auricularia에만 발생하지만 사망률은 비교적 낮은 편이다. 감염 개체는 몸의 내부에 기포 방울이 존재함으로서 질식 상태에 빠지고 심한 경우에는 사망하게 된다. 사육지에 과도하기 폭기시킬 경우에 새끼 해삼이 기포 방울을 삼켜서 발생한다.

과도한 폭기와 연속 폭기를 피하고 2시간 간격으로 30분간 폭기하는 것이 가장 좋은 폭기 방법이다.

4) 파판 탈락증(off-plate syndrome)

Doliolaria에서 pentactula로 변태한 다음 파판에 부착하고 있는 새끼 해삼에 발생하며 사망률은 거의 100%에 가깝다. 감염 개체는 크기가 수축되면서 부착기질에 부착하는 능력이 점차 감소하여 부착판에서 탈락하게 된다. 감염 개체의 상피는 소실되고 몸 전체가 자가 분해에 의해 완전히 분해되기도 한다. 사육수조의 바닥에서 교미침(spicule)이 발견되는데 이는 감염된 개체가 분해될 때 떨어져 나온 것이다.

감염 개체에서는 *Vibrio*에 속하는 2균주와 미동정의 1개의 균주(HB-2)가 분리되어진다.

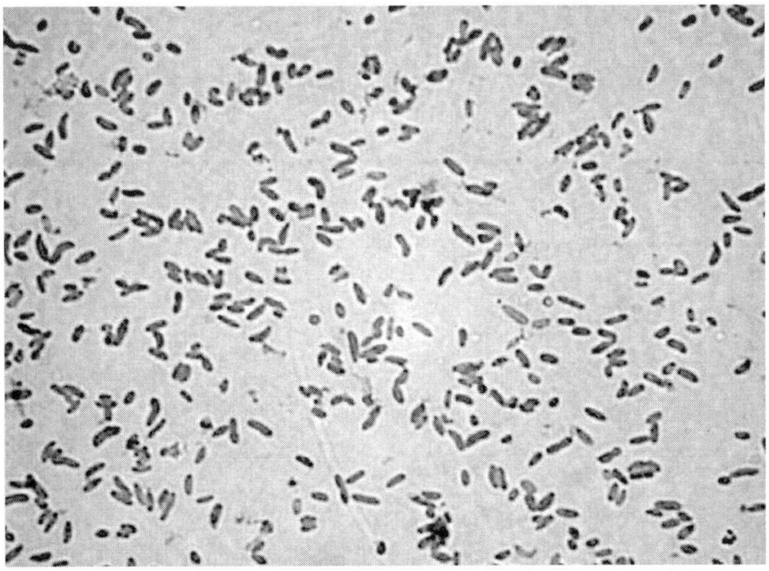

그림 3-5 감염 개체에서 분리한 *Vibrio* sp.

표 3-3 감염 개체에서 분리한 *Vibrio*와 미동정 세균(HB-2)의 특성

Characteristic	HB-1	HB-2	HB-3	Characteristic	HB-1	HB-2	HB-3
Gram Stain	-	-	-	Indole production	-	-	+
Movement	+	+	+	H_2S production	-	+	-
O/129 Sensitivity (10μg)	+	-	+	Lysine decarboxylase	-	-	-
O/129 Sensitivity(150μg)	+	-	+	Arginine dihydrolase	-	-	+
Growth on TCBS	-	+	-	Ornithine decarboxylase	-	-	+
0%NaCl, growth	-	-	-	Gas from glucose	-	-	-
3%NaCl, growth	+	+	+	Arabinose	-	-	-
6%NaCl, growth	-	-	-	Mannitol	+	-	-
8%NaCl, growth	-	-	-	Inositol	-	-	-
10%NaCl, growth	-	-	-	Raffinose	-	-	-
4°C, growth	+	+	+	Rhamnose	-	-	NT
25°C, growth	+	+	+	Sucrose	+	-	-
28°C, growth	+	+	+	Glucose	-	+	+
35°C, growth	-	+	+	Salicin	+	+	+
40°C, growth	-	-	+	Sorbitol	-	-	-
45°C, growth	-	-	-	Gelatinase	-	-	-
Oxidase	+	+	+	Urease	-	-	-
Oxidation-Fermentation	F	F	F	ONPG	+	+	+
Citrate utilization	-	-	-	Spore stain	+	-	-
Laetrile	+	-	NT	Methyl red test	-	-	-
Lactose	-	-	-	Tryptophan deaminase	-	-	-
Vogus-Proskauer reaction	+	-	-	Pigmentation	-	-	-

3. 하면(aestivation)기의 질병

1) Skin ulcer disease

하면 동안의 고수온과 고밀도에 의해 발생하는 질병으로 전염이 빠르기 때문에 치료하는 것은 거의 불가능하며, 사육 개체가 전멸하기도 한다.

감염 개체는 무기력하며, 몸은 수축되고, 입주변의 종창 및 피부에 궤양 병소가 형성된다. 피부 궤양은 소형의 백색 반점의 형태에서 출발하기 시작하여 점차 반점이 커지면서 피부의 아래쪽에 있는 근육 또는 교미침이 노출되게 된다. 폐사한 개체는 부착 기질에서 탈락하여 바닥으로 떨어지며 부착되어 있던 파판은 희게 변색되어 있다. 종묘 생산장에서는 2~3월, 양성장에서는 4~5월에 발생하여 사망률은 약 50%정도이다. 원인균은 파판에 증식하여 적색, 핑크색 또는 자주색의 반점을 형성한다. 피부 궤양병은 이러한 세균이 파판위에 증식하면서 옆으로 퍼져나가기 때문에 발생한다.

감염 해삼을 멸균 해수, 75%에탄올 및 생리식염수에 순차적으로 세척한 다음 3 ㎜의

두께로 절단한 균질액을 제조하여 marine agar에 접종하여 25℃에 24시간 배양한다. 분리균은 그람 음성균으로 양성균으로 oxidase 양성, vibrio inhibitor 0/129 (150 μg/㎖)에 발육저지 및 포도당을 발효적으로 이용하지만 가스를 생산하지 않는 Vibrio속의 특징을 가지고 있다. 원인균은 *V. cyclitrophicus*, *V. splendidus*, *V. tasmaniensis*, *V. harveyi* 및 *Photobacterium phosphoreum*로 동정되는 3종류의 원인균이 분리되어진다.

예방책으로는 사육관리가 필수적이며 테라마이신, acheomycin 또는 sulphanilamide를 3～5ppm 살포하여 준다.

2) 내장토출증(viscera ejection syndrome)

12월에 발생하며 양성장의 바닥 또는 가두리에 감염초기에는 내장을 토출하고 있는 개체가 소수 발견되지만, 그 후 이런 증상을 나타내는 개체가 증가하기 시작하면서 2～3일 이내에 내장이 완전히 토출되면서 폐사한다. 최종 사망률은 거의 90%이상이 됨으로 종묘 생산장에는 심각한 질병이다. 분리균은 *Arthrobacter protophormiae*와 *Staphylococcus equorum*와 유사한 균이 분리되어진다.

3) 갑각류에 의한 식해

여름은 copepod 산란의 최성기로 사육지내의 copepod수가 급격히 증가하게 되면 1-2일 이내에 새끼 해삼의 숫자는 급격히 감소한다. 식해성 copepod는 보통 5 ㎝미만의 해삼에 부착하여 높은 사망률을 유발시키기도 한다.

Copepod가 부착한 해삼은 피부에 손상이 생기기 때문에 약해져서 파판에서 탈락하면서 몸이 자가 분해되기 시작함으로서 사육지 바닥에 교미침을 쉽게 발견할 수 있다.

원인 copepod인 *Microsetella* sp.는 해삼을 사육하고 있는 온도 범위가 성장과 번식에 가장 적합한 범위이다. 수온이 15～25℃에서 성충은 20일 이내에 90개의 새끼를 생산하며, 성숙한 암컷은 알을 산란한 수분이내에 다시 다음 산란을 위한 난을 형성하기 시작한다. 부화된 copepod는 해삼과 먹이 및 공간을 경쟁할 뿐만 아니라 어린 해삼을 식해하기도 한다.

Chlorophos을 2～3ppm살포하는 것이 2시간 약욕시키는 것이 최선의 방책으로 이 농도에서 copepod는 2시간 이내에 사멸하지만 새끼 해삼은 생존할 수 있다.

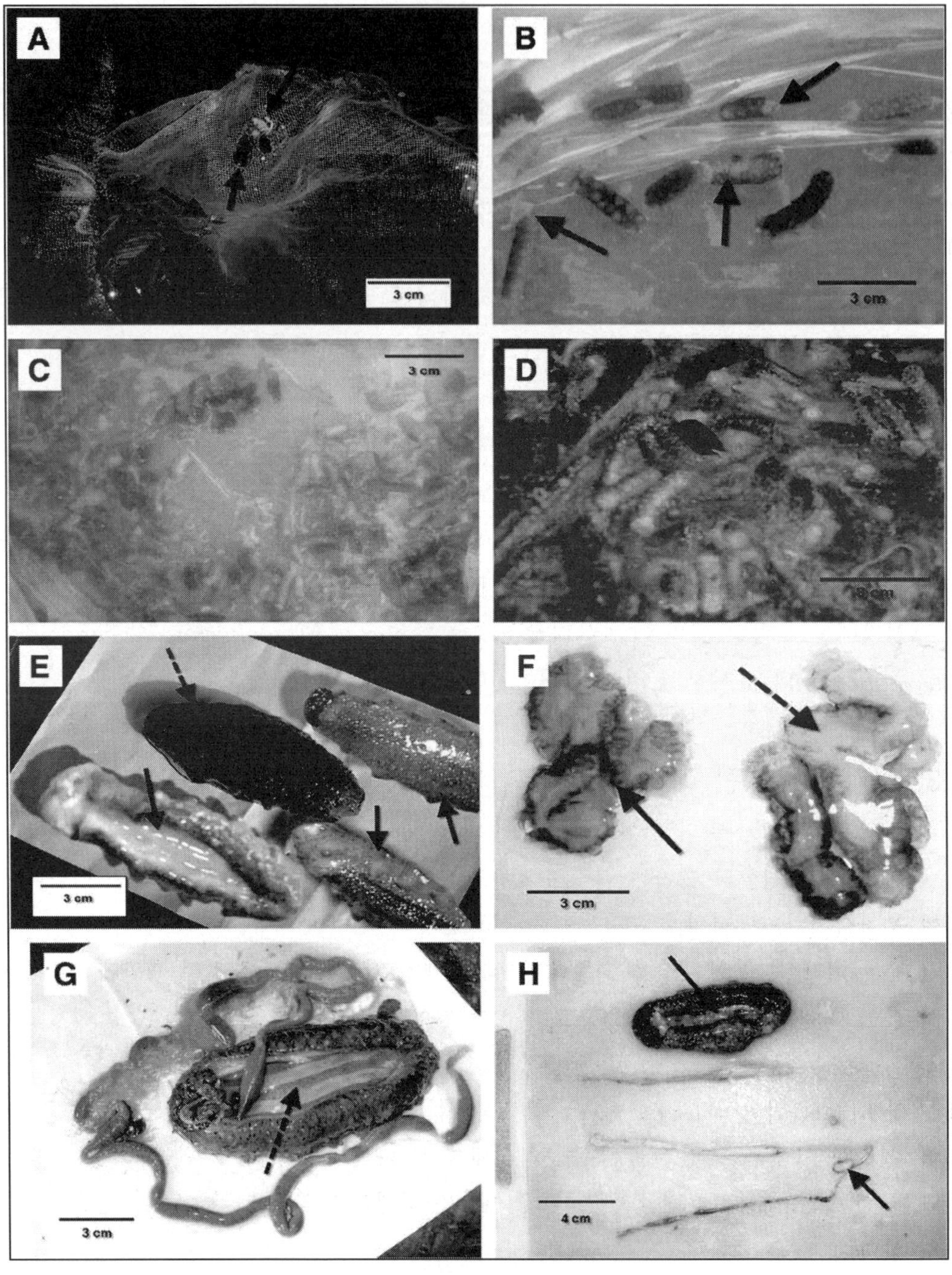

그림 3-6 내장 토출증의 해삼. A-D: 입주변의 종창과 내장을 토출하고 있는 감염 어린 해삼, E & F: 감염 개체(점 화살표)와 건강한 해삼(화살표)의 소화관, F: 감염(점 화살) 및 미감염(화살) 성체의 체벽, G: 감염 개체는 소화관이 비어있고 체벽에 궤양이 있다. H: 건강한 개체의 소화관.

4. 육성 해삼의 질병

1) 급성 구구 부종병(acute peristome edema disease)

구구(입 주변 함몰구; peristome, 구위, 구연)에 최초로 부종이 생기고, 촉수는 거의 수축할 수 없기 때문에 관족의 부착 능력이 저하되어 부착기질에서 탈락한다. 또 먹이 섭취가 감소하여 감염 해삼의 80%이상이 내장을 토출하고 있다. 2~3일이 경과하면 체벽에 소형 백색 환부가 형성되어 점차 확대되는데, 점액이 과잉으로 분비되어 있다. 5~6일이 경과하면 감염 해삼의 90%이상이 폐사한다.

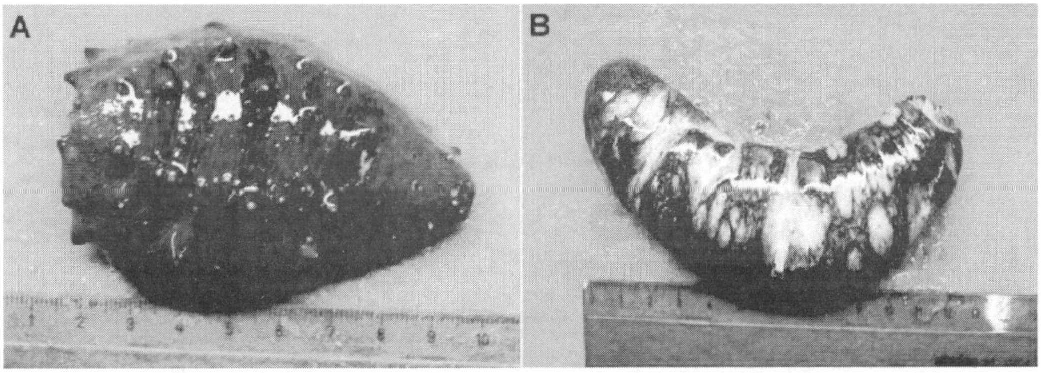

그림 3-7 A: 정상해삼. B: 몸체의 궤양 병소를 가진 해삼.

감염 해삼을 물에 적신 여과지를 깔고 냉각한 샤-레에 올려 10분간 방치한 다음 4℃의 담수에 5분간 담궈 마취시킨다. 이러한 마취법은 근육을 부드럽게 함으로서 해부하기 용이하다. 등쪽 부위를 절개하여 촉수, 구구, 호흡수, hemal channel, papillate podia 및 장을 적출하여, 일부는 전자 현미경 표본으로 사용하고 다른 부분은 동결절편 제작용으로 사용한다.

동결표본은 5 ㎛의 절편을 만들어 Mayer's HE염색 후 광학현미경으로 검경하면 구구 부종병의 원인 생물은 소화관 조직을 표적으로 하고 있음을 알 수 있다. 즉 소화관의 환부에는 조직이 괴사 융해되어 여러 곳의 조직에 빈 공간으로 남아 있다. 정상 개체의 소화관 융모는 형태가 분명하고 상피층이 두터우며 상피세포의 핵도 규칙적인 배열을 하고 있다. 그러나 감염 해삼의 소화관 융모는 수축되어 짧아지거나 심지어는 소실되어 있다. 상피세포의 수와 상피세포 층이 두께는 감소되어 되며, 잔존 상피세포의 핵은 불규칙한 형태로 배열되어 있다. 손상 상피에는 자주색으로 염색되는 직경 0.5~1.0 ㎛의 타원형의 세포질 내 봉입체가 발견된다. 이러한 동결절편을 만들어 검경하는 것은 바이러스의 감염에 매우 유익한 방법이라 할 수 있다.

전자현미경 표본은 0.1 M phosphate buffer로 제작한 3% glutaraldehyde액으로 4℃에서 3-4시간 전 고정한다. 같은 buffer로 4℃에 2.5시간 세척한 다음 PBS로 제조한 1% osmium tetroxide로 4℃에서 2시간 후고정한 다음 알콜로 탈수한다. 표본은 Araldite혼합액에 포매한 다음 60℃에서 중합시킨 다음 박편을 만들어 상법에 따라 TEM으로 검경한다.

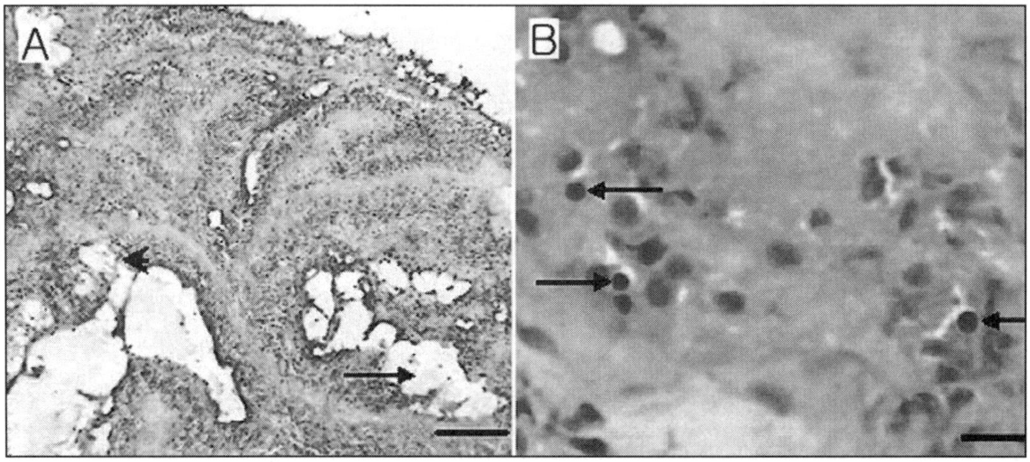

그림 3-8 A: 소화관 융모의 배열이 불규칙하고 상피층이 손상되거나 소실되어(화살표 머리) 빈 공간으로 남게 된다(화살표). B: 상피층에 자주색으로 염색되는 타원형의 세포질 내의 봉입체(화살표). 동결표본, HE. Bar=50 ㎛(A)와 3 ㎛(B).

제작한 표본 중에서 단지 소화관의 상피세포에서만 바이러스의 봉입체가 발견된다. 소화관 상피세포의 연결이 치밀하지 못하고 변성을 일으킨 상피세포들 사이의 간격이 넓어져 있다. 세포 변성을 일으킨 상피세포는 세포질 내에 3~4개의 공포가 있고 세포질의 내부는 바이러스 입자로 충만되어 있다. 정상 세포는 핵막이 2중으로 명확하며, 1~2개의 핵인을 가지고 있으며, 세포질 내 소기관도 분명하다. 그러나 감염세포의 핵은 부정형으로 진하게 염색되며 핵인은 발견되지 않는다. 소포체는 종대되어 있고, 미토콘드리아의 수가 비정상적으로 많은 것을 제외하고는 세포질 내 소기관은 거의 발견되지 않는 대신에 과립상의 물질 또는 빈 공포로 채워져 있다. 세포질 내 공포는 경계막이 분명한 것과 그렇지 못한 것도 있으며, 어떤 것은 경계막의 안쪽을 따라 바이러스 입자가 들어 있는 것도 있다.

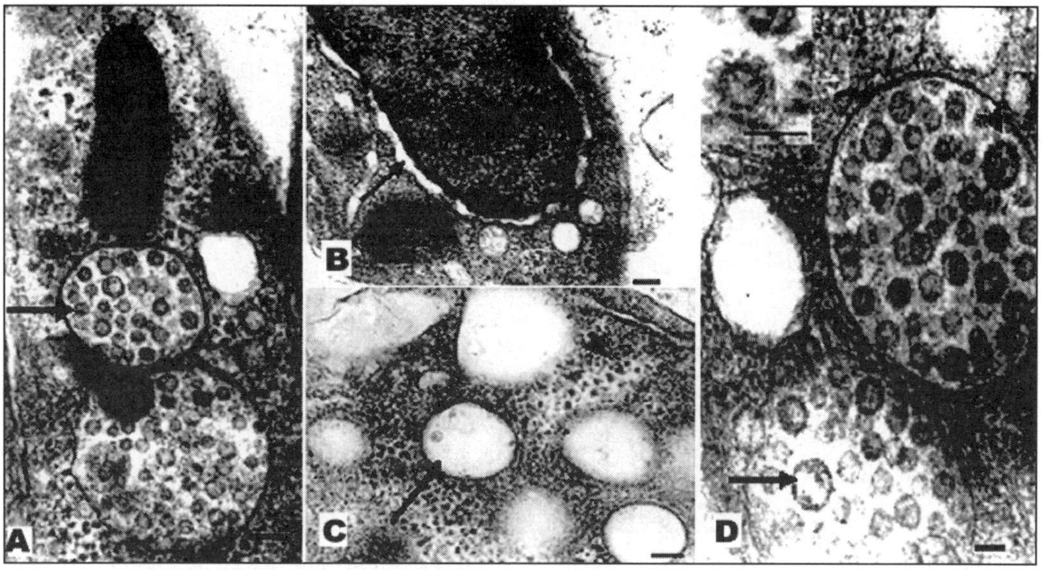

그림 3-9 A: 바이러스입자로 충만된 2개의 공포를 가진 감염세포의 세포질. B: 핵은 균질성으로 진하게 염색되지만 핵인은 발견되지 않으며, 핵과 세포질의 경계는 분리되어 crista가 형성(화살표). C: 과립상의 물질이 있는 세포질 내의 공포는 경계막이 분명한 것(화살표)와 분명하지 않은 것(화살촉)이 있다. D: 공포 내의 바이러스는 중앙부가 밝은 것(화살표)과 꽃잎 모양을 한 것(화살촉)이 있고, 공포 주변에는 관상 구조물이 발견됨. 삽입: envelope와 입자 주변에 규칙적인 꽃잎 모양의 돌출물(화살표)을 가진 바이러스 입자. Bar= 200 nm(A-C), 50 nm(D) 및 100 nm(삽입).

감염 세포의 내외에서 발견되는 바이러스 입자는 직경 80～100 ㎚의 envelop를 가진 바이러스이다. 바이러스 입자는 항상 함께 집합하여 막으로 둘러싸인 공포 내에서 발견된다. 바이러스입자의 염색성은 중심부가 전자밀도가 낮은 것도 있고, 꽃잎 형태로 전자밀도가 높은 것도 있다. 이러한 바이러스 입자의 형태는 Coronavirus와 유사하다.

그러나 때로는 환부를 여과 해수로 3회 세척한 다음 구구를 포함한 환부 조직을 채취하여 잘게 부순 다음 해수로 10-1,000배 희석하여 각 희석액의 100 ㎕를 marine agar에 접종하여 27℃에 배양하면 여러 종류의 세균이 분리되어 진다. Marine agar에서 노란색 원형의 편명하면서 투명한 정원형의 집락은 그람 음성 간균의 극성의 편모를 가지고 운동성이 있는 *Pseudoalteromonas* sp.와 다른 종은 엷은 노란색으로 대형이며, 투명한 정원형이지만 집락의 테두리가 불규칙한 그람 음성균인 *Pseudoalteromonas tetraodonis*이다.

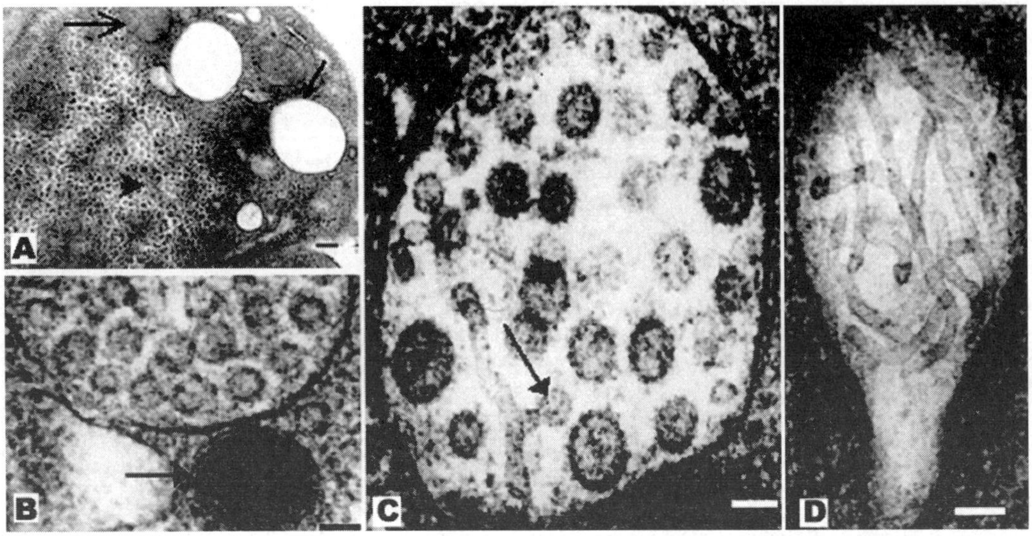

그림 3-10 A: 감염 장 상피세포의 세포질은 소수의 미토콘드리아를 제외하고는 세포질 내 소기관이 거의 없고, 세포질 내부는 과립상의 물질(화살표)과 공포가 관찰. B: 바이러스 입자함유 공포(화살표)와 이중막을 가진 공포. C: 바이러스 입자를 가진 관모양의 구조물, 끝부분이 종대되어 있는 관상 구조물의 끝부분(화살표)은 바이러스 입자와 유사. D: 막으로 둘러쌓인 공포내의 관상 구조물. Bar= 200 nm(A), 100 nm(B & D) 및 25 nm(C).

감염실험을 위해 액체배지에 27℃, 24～48시간 배양한 균을 원심 분리한 다음 PBS에 현탁시켜 감염수조에 최종농도가 3.5 $x10^9$/mℓ 및 3.5 $x10^8$/mℓ이 되도록 첨가한 다음 매일 물을 교환하여 수온을 18～20℃로 유지하여 관찰한다. 주사 감염은 1.5 $x10^9$/mℓ 및 1.5 $x10^8$/mℓ의 균액을 해삼의 체강에 각각 0.1 mℓ접종하여 병원성을 조사한다.

Pseudoalteromonas sp.를 3.5 $x10^9$/mℓ에 침지 감염시키면 4일 후에 폐사가 발생하기 시작하여 14일째는 전량 폐사한다. 3.5 $x10^8$/mℓ에 침지시키면 5일에 폐사가 시작되어 16일 째에 전량 폐사한다. *Pseudoalteromonas tetraodonis*는 3.5 $x10^9$/mℓ의 침지에서는 4일째에 폐사가 나타나며, 16일 째에 67%가 폐사된다. 3.5 $x10^8$/mℓ의 침지에서는 6일째에 폐사가 나타나기 시작하여 16일 째에 67%가 폐사된다. 세균의 침지 감염실험에서 체표의 궤양 병소는 감염의 초기 단계에 나타나기 시작하여 점차 수가 증가하면서 서로 합쳐지게 된다. 또한 1.5 x 10^7～10^8 cells/mℓ를 접종하면 침지와 마찬가지로 체표에 백색 궤양 환부가 형성되며 폐사가 발생한다.

바이러스의 감염실험은 4마리 이상의 해삼에서 장과 촉수를 채취하여 pool한 다음, 얼음물을 소량 첨가하여 균등액을 만든 다음 페니실린(100 IU/mℓ)과 스트렙토마이신 (100 μg/mℓ)을 첨가한 여과 멸균해수로 희석한다. 희석액은 500g, 4℃에 30분간 원심하여 상청액을 다시 원심(1500g, 4℃에 30분)한 다음 다시 상청액을 회수하여 3번째 원심(9000g, 4℃에 30분)한다. 다시 상청액을 회수하여 여과멸균해수로 만든 25% sucurose solution에 현탁시킨 다음 원심(20,000g, 4℃에 60분)하여 침지물을 여과멸균해수에 현탁시켜 바이러스 조정액으로 한다. 이러한 조정제액은 negative염색에 사용하고, 일부는 감염실험에 사용할 수 있다.

바이러스의 감염을 위해서는 약 16일 동안 순치시킨 다음 바이러스 조정제액을 접종하기 전에 미리 세균의 번식을 억제하기 위하여 페니실린(100 IU/mℓ)과 스트렙토마이신(100 μg/mℓ)의 혼합액을 200 μℓ주사하여 둔다. 침지는 바이러스 조정제액의 최종농도가 1.2 mg/ℓ와 12 mg/ℓ가 되도록 첨가하고 주사법은 개체당 0.18 mg 또는 1.8 mg을 주사한다. 바이러스의 감염에서도 침지법과 주사법 모두 증상과 폐사가 발생한다.

그럼으로 이 병의 원인은 세균(*Psuedoalteromoans* sp, *Pseudoalteromonas nigrifaciens* 등)과 바이러스의 감염, 또는 단일 감염에 의해 발병할 수 있다. 자연 발생의 경우는 대부분이 혼합감염의 발생빈도가 높은 편이다. 그러나 주 병원체의 여하에 따라 증상은 약간 차이가 난다. 즉 세균 감염일 경우의 초기 증상은 등 쪽과 복부의 parapoia에 궤양이 나타나서 점차 확대되면서 촉수의 활동이 소실되게 된다. 그러나 바이러스가 감염되었을 때의 초기 증상은 촉수 활동의 저하와 촉수 소실, 구구의 궤양, 등 쪽의 papillate podia와 구구의 수축 및 복부의 궤양이 형성된다. 이처럼 세균과 바이러스가 원인인가에 따른 증상의 차이는 바이러스는 우선 촉수와 구구의 세포 기능에 영향을 미치는 반면 세균은 체표에 궤양이 우선적으로 형성된다. 또 그 외 체표에 궤양을 유발하는 것으로 *Vibrio splendidus*가 원인일 경우도 있다.

2) Bacterial ulceration syndrome (BUS)

수온이 높을 때에 육성중인 성체에 발생함여 누적 사망률은 약 30%정도 이며 증상이 나타나기 시작하여 15일 정도 경과하면 폐사한다.

감염 해삼은 몸이 수축하면서 입 주변에 소형의 병소가 나타난다. 환부는 점차 커지게 되면서 점액의 분비가 많아지게 되어 몸 전체가 점액으로 덮이게 된다. 감염 피부는 깊은 궤양을 형성하면서 부식되면서 청백색을 띄게 된다. 심한 개체는 내장을 토출시키지만 증상이 가벼운 개체는 먹이 섭취가 중단될 뿐이다.

환부의 도말표본을 검경하면 많은 수의 세균이 발견되지만 때로는 선충류도 발견된다. 환부에서 발견되는 세균이 1차 원인이고, 선충류는 2차 감염에 의한 것으로 생각된다.

원인은 세균과 바이러스에 의한 것으로 추정되는데, 원인 세균의 분리는 체표의 궤양 환부를 잘게 썬 다음 멸균해수로 희석하여 marine agar에 접종하여 배양하면 오렌지색의 불투명한 집락, 그람 음성의 극편모를 가진 간균과 옅은 노란색의 투명한 테두리가 불규칙한 대형의 그람 음성균이 분리된다.

해수에 균액 10^8-10^9첨가한 다음 매일 새로운 물로 교환(균의 숫자는 변동이 없도록), 수온은 18-20℃, 16일간하면 4일째에 폐사 시작되어 14일째 전량폐사, 10^8에서는 5일부터 폐사가 시작되어 16일째 전량 폐사한다. 균의 특성에 관해서는 불확실한 점이 많지만 원인균은 *Pseudoalteromonas*에 속하는 세균임이 밝혀졌다.

표 3-4 원인균의 특성.

Characteristic	KL-1	KL-2	Characteristic	KL-1	KL-2
Gram Stain	-	-	Indole production	+	-
Flagella	m	-	Esculine	-	+
Movement	+	+	Glucose	-	-
O/129 Sensitivity (10μg)	+	+	Nitrate reduction	+	+
O/129 Sensitivity (150μg)	+	+	Arginine dihydrolase	-	-
Growth on TCBS	-	-	Raffinose	+	-
0%NaCl , growth	-	-	Gas from glucose	-	-
3%NaCl , growth	+	+	Arabinose	-	-
6%NaCl , growth	+	-	D-Mannose	-	-
8%NaCl , growth	-	-	Mannitol	-	-
10%NaCl, growth	-	-	N-Acetylglucosamine	-	-
4°C, growth	+	+	Capric acid	+	-
25°C, growth	+	+	Sucrose	+	+
28°C, growth	+	+	Maltose	-	-
35°C, growth	+	+	Lactose	-	-
40°C, growth	-	-	Salicin	-	-
45°C, growth	-	-	Glucoheptonate	-	-
Oxidase	+	-	Cellobiose	-	-
Xylose	-	-	Gelatinase	-	-
Oxidation-Fermentation	O	-	Urease	-	-
Methyl red test	-	-	Adipate	-	-
Pigmentation	-	-	Malate	-	-
Citric acid	-	-	Phenylacetic acid	-	-

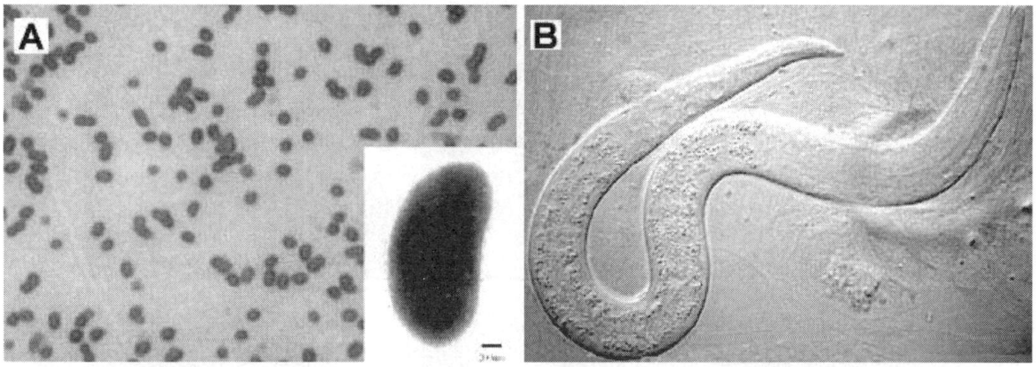

그림 3-11 편모가 없는 그람 음성 단간균의 원인균(KL-2)와 환부에서 발견되는 섬모충.

3) 해삼의 *Shewanella marisflavi*감염증

*Shewanella*는 그람 음성의 운동성 장간균으로 가장 특징적인 것은 TSI에서 H_2S를 생산한다는 것이다. 과거에는 *Acromobacter, Pseudomonas, Alteromonas* 등으로 분류되었지만, 2004년에 *Shewanella*로 분류되어졌으며, 해수 및 담수에 광범위하게 분포하고 있다. 해삼에 감염되는 것은 *S. marisflavi*로 25℃에 배양하면 marine agar, 보통한천, TSA 및 BHIA에서는 엷은 적색, TCBS에 배양하면 녹색의 집락, MacConkey agar에서는 적색의 집락이 형성된다. Oxidase와 catalase 양성이며, 혈액한천에 배양하면 β용혈을 일으키고 편모를 가지고 운동한다. 발육 가능 온도는 4-35℃이며, 40℃에서는 발육하지 못한다. pH 6.0-9.2에서는 발육하지만 pH 5에서는 발육하지 못한다. 식염농도 0-8%에 발육하며, 최적 발육 농도는 2-6%이다. 0/129에 감수성이 없으며 LAO는 "-,-,-"이다.

감염 해삼은 내장 토출, 주둥이의 종창, 체표 궤양이 형성되며 폐사한다. 이 들 증상 중에서 내장 토출과 체표에 궤양이 형성되는 것이 공통적인 증상이며, 주둥이의 종창은 때때로 발견된다. 이러한 증상이외에 몸의 뒤쪽 끝부분에 경련이 관찰되기도 한다. 원인균을 체표에 접종하면 재감염이 성립하지만, 침지시키면 성립되지 않는다. 주사에 의한 접종에도 해삼의 크기에 따라 차이가 있어, 어린 해삼은 복강 접종하였을 때만 폐사가 발생하지만, 성체는 복강 접종 또는 체벽에 접종하였을 때 폐사한다. 그러나 성체의 경우에도 복강 접종하였을 경우에는 주둥이의 종창은 생기지만 폐사되지 않을 때도 있다.

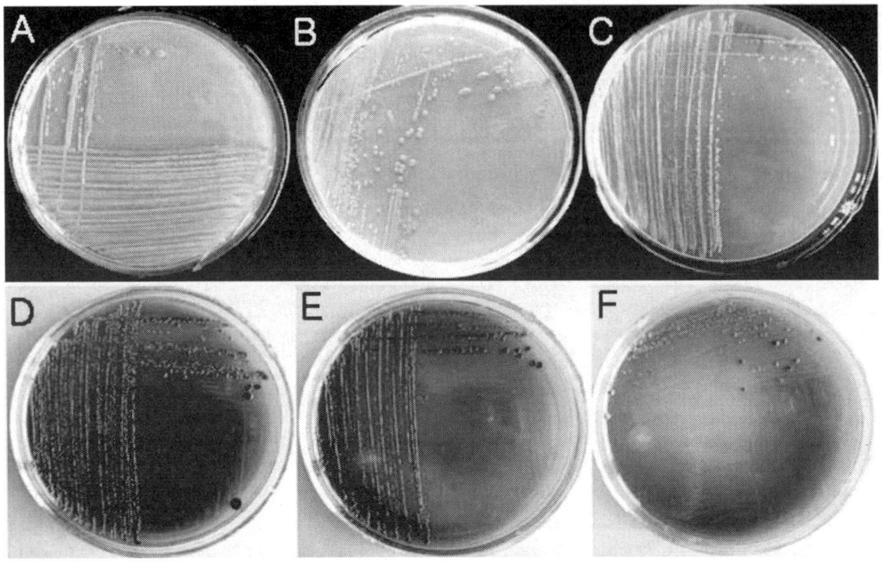

그림 3-12 *S. marisflavi*(A-B & D-E)와 *Vibrio parahemolyticus*(C & F). 25℃, 48시간 배양. A: marine agar. B: TCBS.

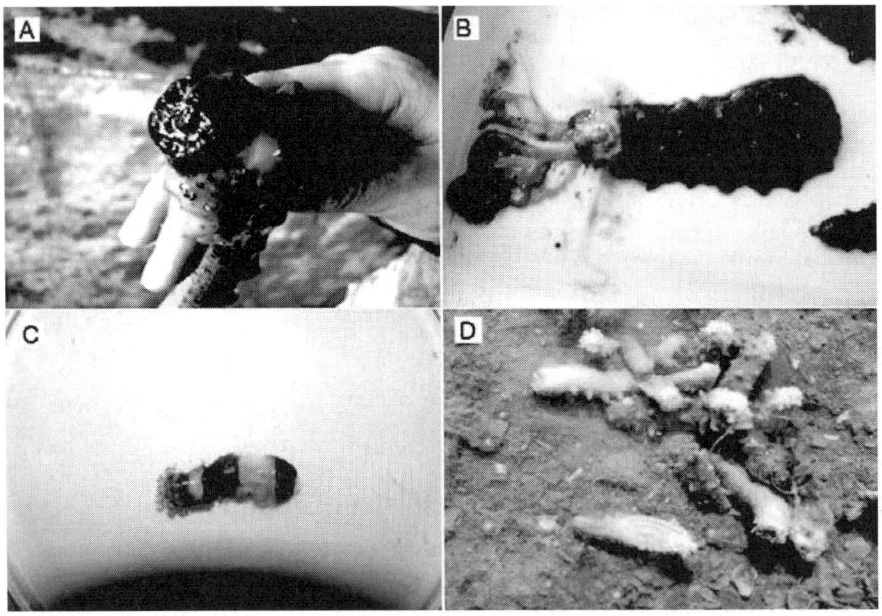

그림 3-13 *Shewanella marisflavi*에 의한 자연 발병(A&B) 및 인위 감염(C&D) 해삼의 증상. A: 내장 토출. B: 체표 궤양. C: 내장 토출, 주둥이 종창 및 체표 궤양. D: 주둥이 종창과 체표 궤양.

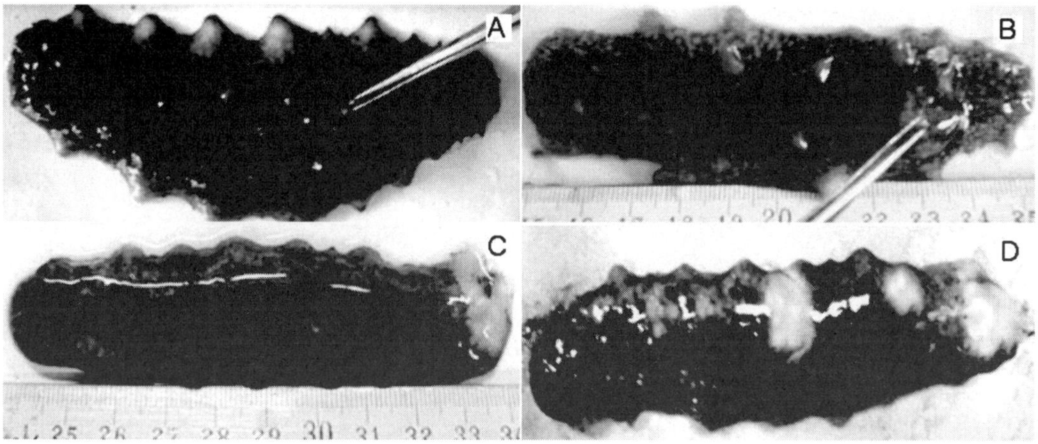

그림 3-14 복강 접종에 의한 인위감염. A: 접종 부위 주변의 궤양. B: 접종 2일 후의 궤양의 확대. C: 주둥이 부근의 종창. D: 체표의 궤양.

4) 곰팡이성 질병

4-8월에 걸쳐 육성중인 어린 해삼과 성체에 발생하지만 해삼 유생에는 발생하지 않는다. 사망률은 높지 않지만 외관상 추악함으로 상품성이 저하된다.

감염 개체는 초기에는 papillae가 백색으로 변색되지만, 질병이 진행됨에 따라 피부가 부식되기 시작하여 병소부분이 청색을 띈 흰색으로 보인다. 그러나 세균성 질병의 감염과는 달리 환부 주변에 과다한 점액의 분비는 없다. 몸의 외관은 전체적으로 퇴색되어 불투명하게 되며 체벽이 얇아지면서 부종상을 띈다.

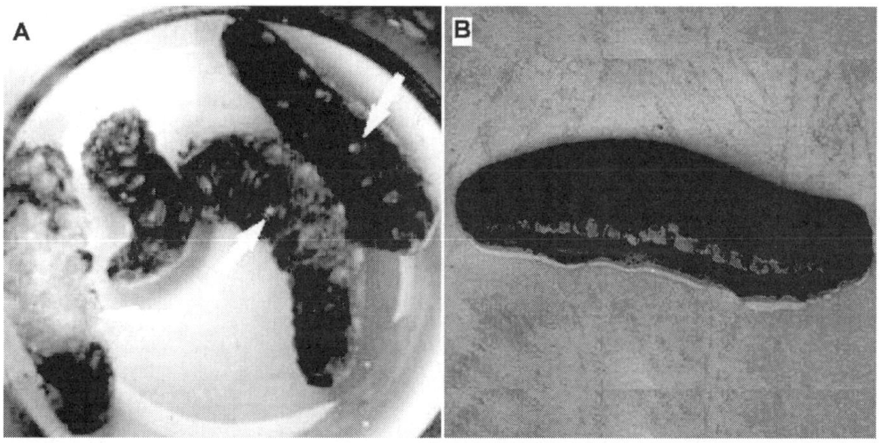

그림 3-15 A: 부식된 papillae와 부식된 체표가 청색을 띈 감염 개체, B: 곰팡이 감염에 의해 부종상을 나타내는 감염 해삼.

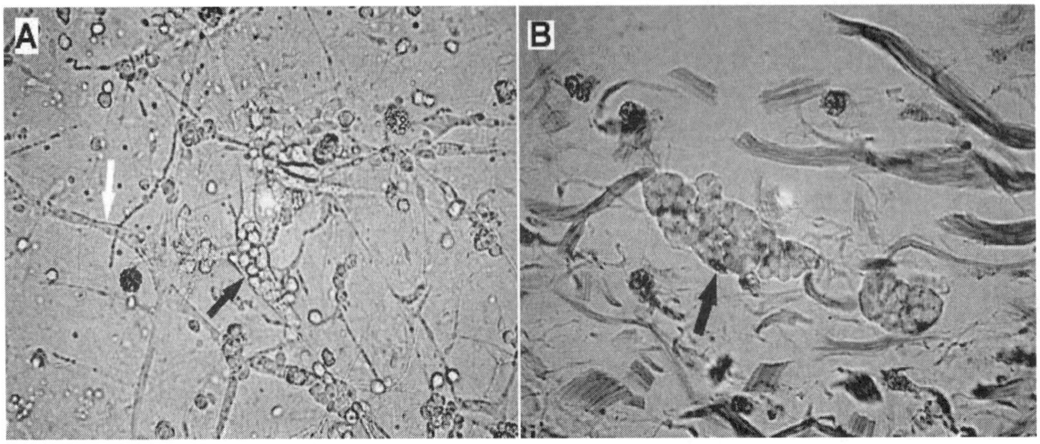

그림 3-16 A: 분지된 균사체와 macroconida(검정 화살표)가 발견되는 환부의 도말표본. B: 근육 조직 내의 곰팡이의 포자.

환부의 도말표본을 검경하면 2종류의 곰팡이 균사체를 발견할 수 있다. 즉 1종류는 분지된 균사체와 8개 이상의 포자가 들어 있는 macroconidia가 있는 종과 다른 1종의 균사체는 엷으면서 직선 모양의 균사체와 소형의 포자낭을 가진 곰팡이를 발견할 수 있다.

병리 조직학적으로는 근육 내에서 곰팡이의 균사체와 포자를 발견할 수 있다. 이는 곰팡이가 체벽을 통하여 침입한 다음 근육 속으로 퍼져 나가 발육한 것이다. 결합조직은 괴사되어 붕괴된다.

5) 원생동물(protozoan)

어린 해삼과 성체에 발생하지만 사망률은 높지 않다. 감염 개체는 약해져서 정상 개체에 비해 활동성이 둔하다. 체표에는 육안적 환부는 형성되지 않지만 심한 경우에는 장, 호흡수 등이 몸 밖으로 빠져나온다. 원인 기생충은 1개의 핵과 체표에 많은 섬모를 가진 70 ㎛정도에 대형 원충류이다. 원인 기생충은 항상 호흡수의 내벽에서 발견된다.

병리 조직학적으로는 호흡수의 내벽에 부착된 많은 충체를 발견할 수 있다. 충체의 머리 부분은 호흡수 내벽의 상피세포에 삽입하여 영양을 취하고 있기 때문에 호흡수의 상피세포는 손상을 입게 된다.

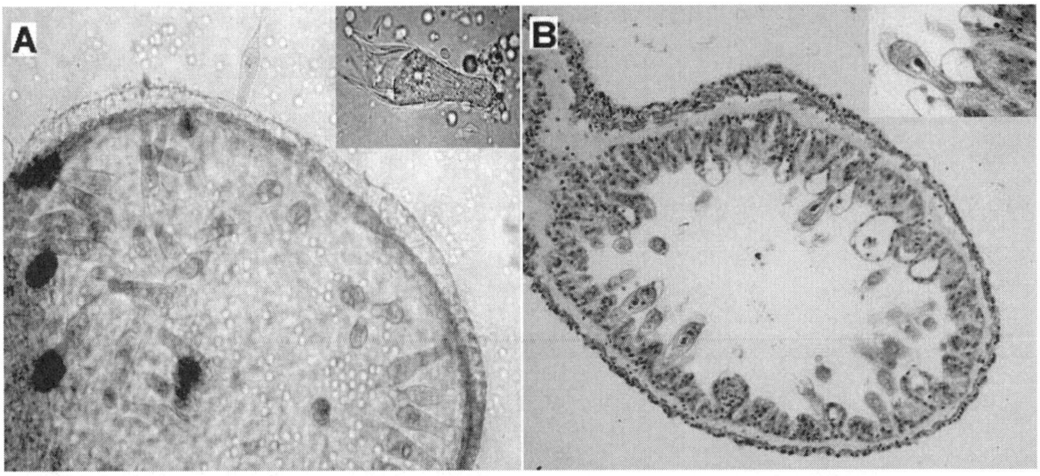

그림 3-17 A: 호흡수의 내벽에 부착하고 있는 원생동물과 충체. B: 호흡수의 내벽에 부착하고 있는 충체 와 내벽의 상피세포에 두부를 삽입하여 영양을 취하고 있는 충체.

6) 편형동물(platyhelminth)

1 ㎝이상의 어린 해삼과 성체에 감염되며 감염 후 1달 이내에 90%이상이 사망한다. 감염 어린 해삼은 무기력하여 부착기질에서 쉽게 탈락하여 탱크에 바닥에 떨어져 나온다. 감염 개체의 몸은 단단하게 경직되어 있으며 많은 점액으로 덮여 있다. 병이 진행됨에 따라 보통 장 및 호흡수는 토출되어진다. 입과 항문 주변에 궤양병소가 생겨서 점차 등쪽과 배 쪽으로 퍼져나가면서 감염 개체는 폐사하게 된다.

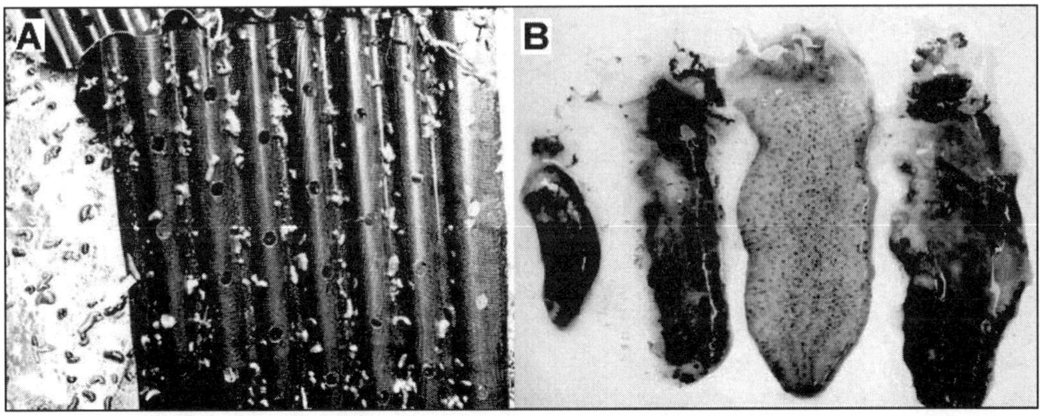

그림 3-18 A: 부착 기질에서 탈락하여 수조 바닥에 떨어져 있는 감염 개체, B: 체표의 심한 궤양 때문에 내장 기관이 노출된 감염 개체.

피부의 환부를 도말하여 검경하면 원인 편형동물을 발견할 수 있다. 충체의 크기는 다양하여 50～130 ㎛정도이다. 원인충은 각 체절에서 무성생식기관인 둥근 모양의 돌기가 돌출되어 있다.

병리 조직학적으로는 환부의 조직에서 많은 수의 충체를 발견할 수 있다. 충체는 감염 조직 내에 넓은 공간을 차지하고 있기 때문에 조직이 괴사되고 근육의 파편이 조직 내부에 흩어져 있다.

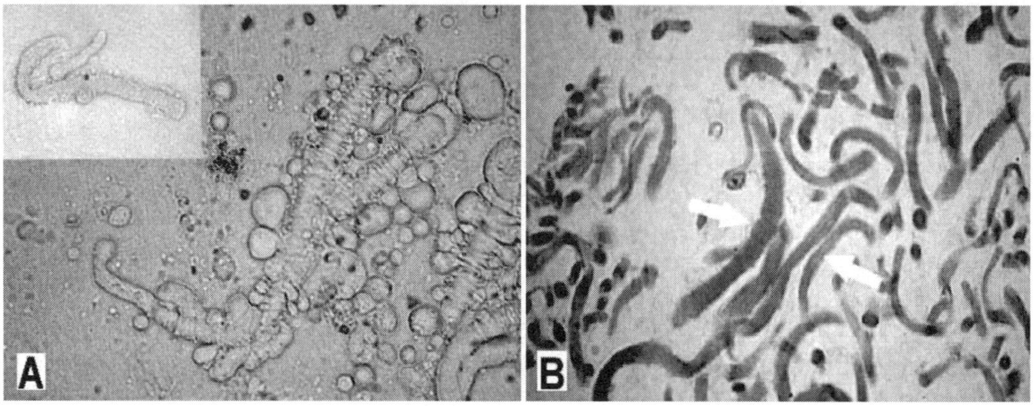

그림 3-19 A: 충체의 체절의 무성생식 기관의 돌출부.(삽입은 lugol액 염색 충체), B: 근육조직 내의 감염 충체(화살표). HE.

제 4 장 가재의 질병

블루가재(*Cherax quadricarinatus*)는 호주 원산으로 서식 수온은 20~25℃로 최대 크기는 20 ㎝까지 성장한다. 수족관 등에서 애완용으로 사육하였지만, 현재는 식용으로 양식되고 있는 담수산 가재이다. 질병을 조사하기 위해서 가장 중요한 사항은 고정이나.

이는 갑각류는 사후 자가 분해가 빠르기 때문에 병리학적 변화를 발견하기 어렵기 때문이다. 그럼으로 병리검사에 사용되는 가재는 반드시 살아있는 것을 사용하여야 하며, 살아있는 것이 없을 경우에는 죽은 것 중에서 가장 최근에 사망한 것을 사용할 수도 있다. 그러나 가능한 사망한 개체는 시료로 사용하지 않는 것이 바람직하다. 고정에는 보통 Davidson액(95% 에탄올 330 ㎖. 포르말린 220 ㎖, glacial acetic acid 115 ㎖, distilled water 또는 tap water 335 ㎖)을 사용하는데, 이 고정액은 약간의 탈회작용이 있을 뿐만 아니라 핵산의 파괴가 적다는 것이 최대의 장점이라 할 수 있고 또한 여러 가지 염색을 실시할 수 있다는 것이다. 또 다른 고정액은 10% 중성포르말린과 부안액이다. 각각의 고정액에 2일 정도 고정한 다음 Davidson액은 핵산의 파괴를 줄이기 위해 70% 에탄올에 옮겨서 보관하여야만 한다.

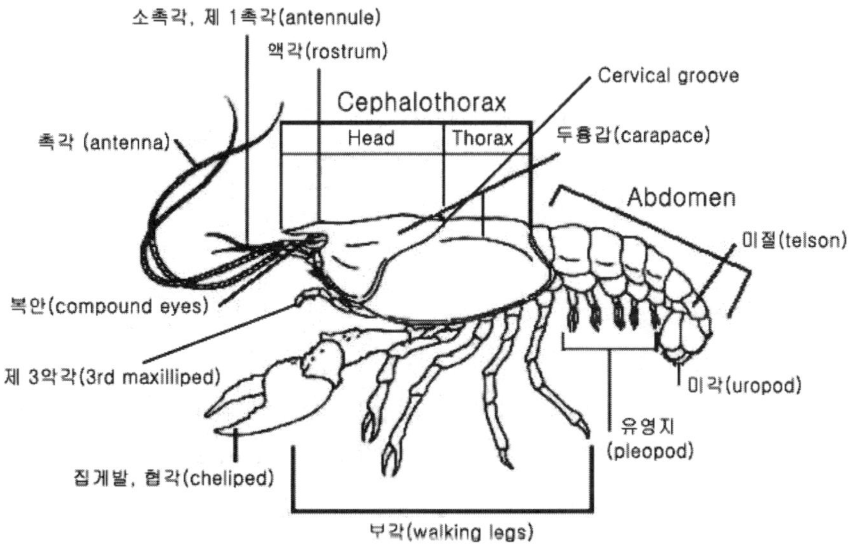

그림 4-1 가재의 외부 기관의 명칭-1.

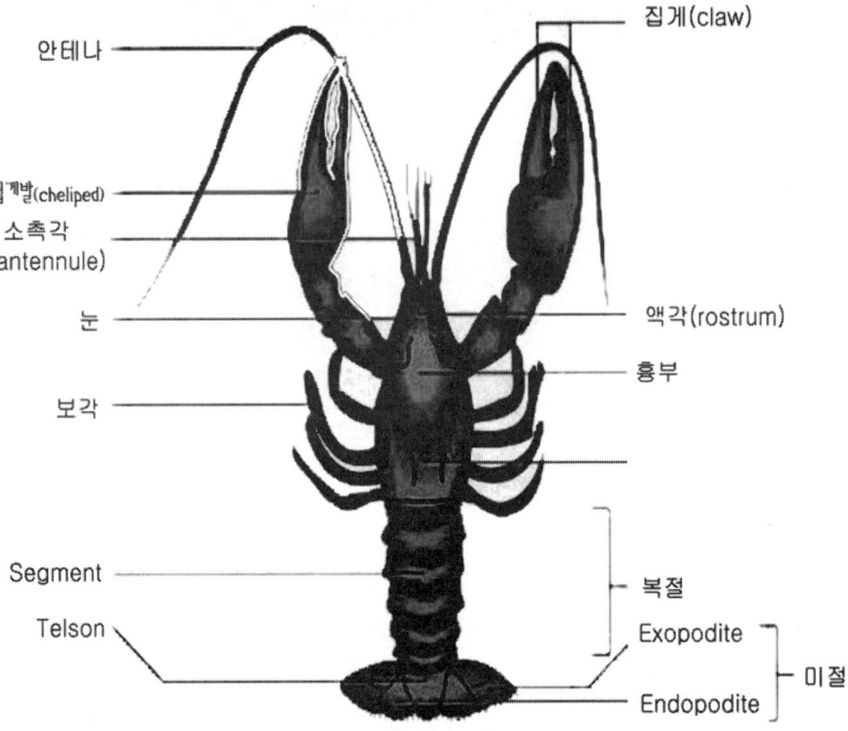

그림 4-2 가재의 외부 기관의 명칭-2.

고정할 때 가재를 뒤집어서 복부를 위로 한 다음 20G를 사용하여 첫 번째 복절에서 두흉부 쪽으로 주사기를 삽입한 다음 고정액을 주입한다. 주입하는 양은 고정액의 10%정도이다. 만약 크기가 10 g이하라면 1 mℓ, 20 g라면 약 2 mℓ를 주입한다. 주입할 때 두흉부의 반쪽에 우선 주입하고 이어서 다른 반쪽에 주입한다. 이렇게 고정액을 주입하면 가재는 1~2초 내에 사망한다. 고정액을 두흉부에 주입하여 가재가 죽으면 두흉부에서 꼬리를 잘라내어, 두흉부는 10배량의 고정액에 고정시킨다. 필요하면 꼬리 부분도 고정한다.

이 때 *Aphanomyces astaci*가 의심스러우면 고정액을 주입하기 전에 두흉부를 잘라내어 얼음위에 올려놓고 검사하여야 하며, 세균성 질병이 의심스러울 때도 고정액을 주입하기 전에 제 5보각의 기부 또는 심장에서 혈림프를 채취하고 나서 고정하여야만 한다.

고정 후 발과 안테나와 같은 부속지를 모두 잘라내고, 두흉부를 뒤집어 복부가 위로 향하게 한 다음 면도날 또는 마이크로톰 날을 사용하여 정중앙부에서 약 0.5 ㎜정도 벗어난 부위를 길게 자른다. 두 조각의 자른 면에서 중심에서 약 2~3 ㎜간격으로 다시 자른 면과 평행으로 자른다.

포매할 때는 본디의 중앙부에 가까운 면이 아래로 가도록 포매한다. 만약 절취한 부위가 포매 cassette보다 클 경우에는 반으로 절단하여 포매하여도 무방하다. 이렇게 절취함으로서 위, 전장, 중장, 간췌장 및 조혈조직, 복부 신경색, 심장 등을 동시에 관찰할 수 있다. 이러한 표본에는 안테나선 또는 아가미는 포함되지 않음으로 나머지 두흉부의 부분에서 절취하여 별도로 처리하여야 한다.

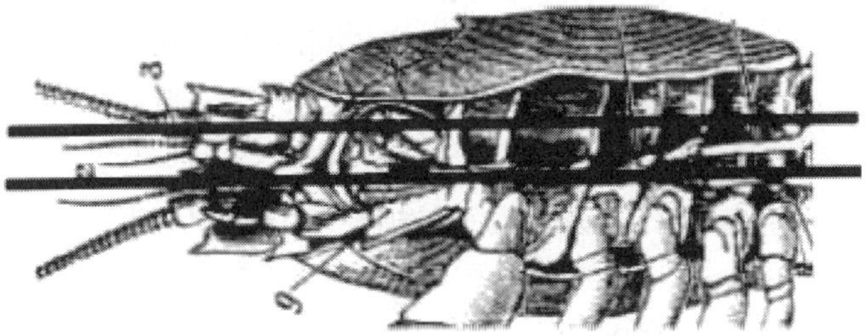

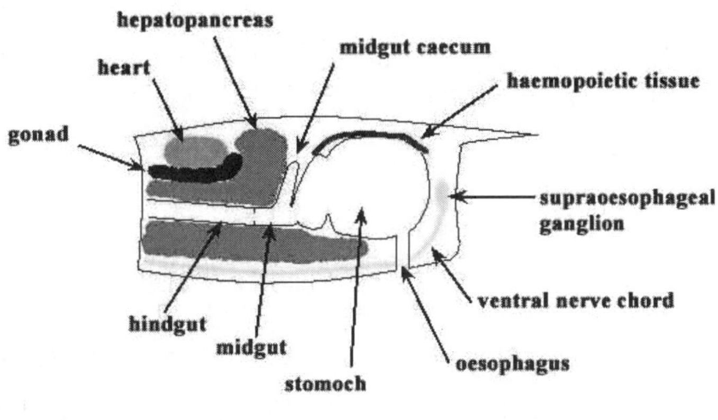

그림 4-3 가재의 절개 방법과 내부 구조의 모식도.

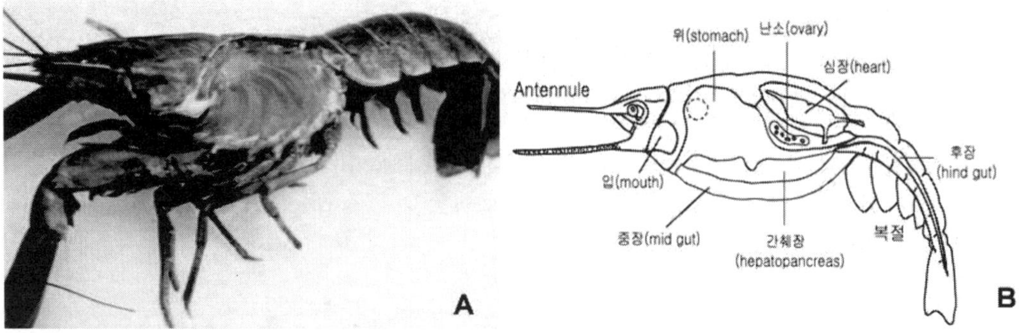

그림 4-4 A: 두흉부의 두흉갑을 제거하면 그 아래의 아가미가 있음, B: 내부 장기의 모식도.

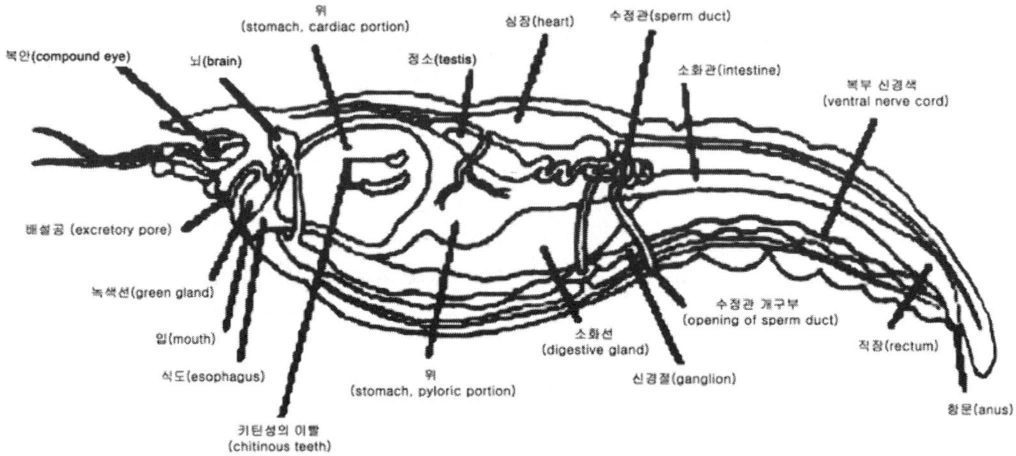

그림 4-5 가재의 내부 구조의 모식도.

또 다른 해부 방법은 그림 4-6의 1을 따라 등 쪽의 중앙부를 절개한 다음, 다시 2를 따라 액각까지 절개한 다음 두흉갑을 제거하는 방법도 있다. 이렇게 절개하면 아가미를 가장 쉽게 확인할 수 있다.

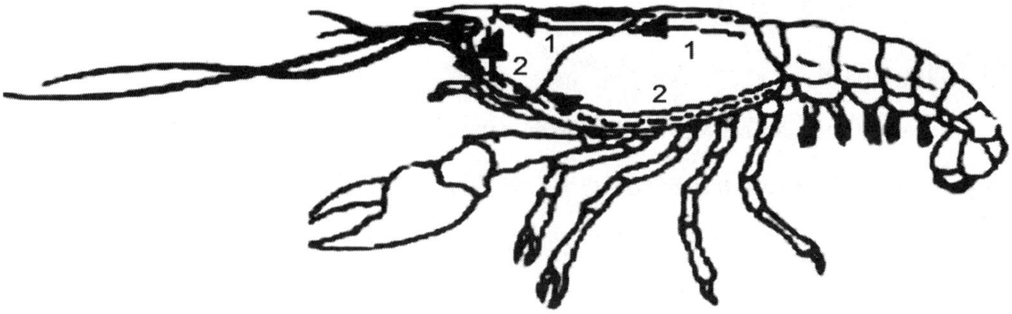

그림 4-6 아가미의 확인 방법.

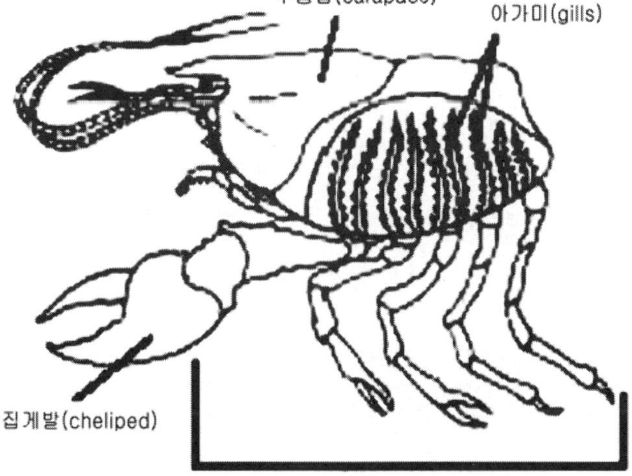

그림 4-7 주요 구조의 모식도.

1. 바이러스성 질병

1) DNA virus

(1) *Cherax* quadricarinatus bacilliform virus(CqBV, *Cherax* baculovirus)

양식 또는 야생 *C. quadricarinatus*에 감염되지만 병원성은 낮다. Juvenile stage 3단계 이후의 모든 발육 단계의 *C. quadricarinatus*에 감염됨으로 처음으로 먹이를 먹기 시작하는 단계인 stage 3에 최초로 감염된다. 감염은 변, 퇴적물 또는 동식물성 플랑크톤을 매개로 감염된다.

중증어는 무기력해져 쇠약해지며, 꼬리를 튀기는 동작(tail-flick response)이 불가능하기 때문에 뒤집어 놓으면 원래의 상태로 되돌아가지 못한다. 간췌장, 중장, 중장 맹낭 등에 감염되며 세균이 혼합 감염되어 있는 것이 보통이다. 간췌장 상피의 괴사, 간췌장 세포의 위축 등이 생기기도 한다.

CqBV는 핵에 심한 변화를 초래하는데 핵 비대, 핵막과염, 핵인의 주변 이동 및 과립성의 호산성 봉입체가 형성된다. 그럼으로 감염세포의 핵은 반지 모양을 하고 있다. 그러나 고정할 때 핵의 halo가 수축하는 경우도 있다. 세포질은 호염기성이 증가하고, 감염초기에는 소형의 halo가 있는 호산성의 핵 내 봉입체를 확인함으로서 진단할 수 있다.

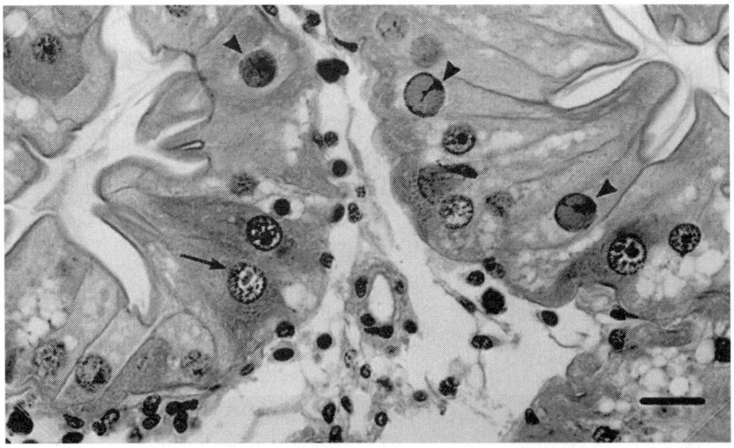

그림 4-8 CqBV에 감염된 가재의 간췌장. 감염세포(화살표)의 핵은 과립성 바이러스의 봉입체 때문에 편재되며 염색질이 막 쪽으로 이동하여 핵막 과염상이 현저하며. 감염초기의 세포(막대 화살표)는 핵질 내에 소형 halo상의 봉입체를 가지고 있다. HE, Bar= 32 ㎛

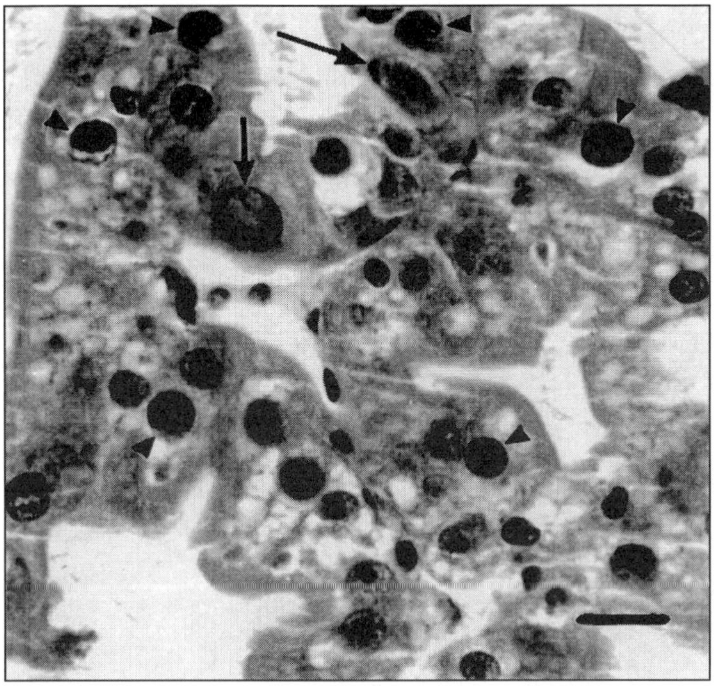

그림 4-9 Cheras Giardiavirus-like virus와 *Cherax quadricarinatus* bacilliform virus(CqBV)에 감염된 *C. quadricarinatus*, HE, Bar=25 ㎛.

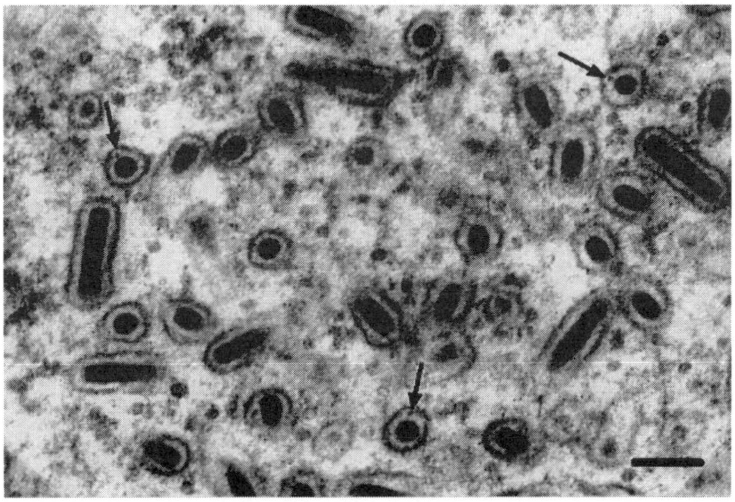

그림 4-10 *C. quadricarinatus*의 간췌장내의 *C. quadricarinatus* bacilliform virus (CqBV). 막대기 모양이며 한 쪽 끝에 내부로 굽어 있는 꼬리 모양의 구조물(reflexed tail-like structure, 화살표)을 작동하기 위한 한쪽 면이 튀어나온 구조물을 가짐.

(2) *Cherax destructor* bacilliform virus (CdBV)

호주지역에서 발생되며 병원성이 있는지는 확인되지 않았다. 간췌장에 감염되어 용해 또는 상피세포가 박리된다. 감염세포의 핵은 핵 비대, 핵막과염, 1개의 호산성 핵 내 봉입체를 가지고 있다. 바이러스입자는 핵막에 집중적으로 분포한다. 세포질은 호염기성이 증가하고 감염후기에는 대형의 공포가 세포질 내에 생긴다. 이 공포는 리보소옴이 많은 endoplasmic reticulum cistemae가 팽창하여 형성된 것이다.

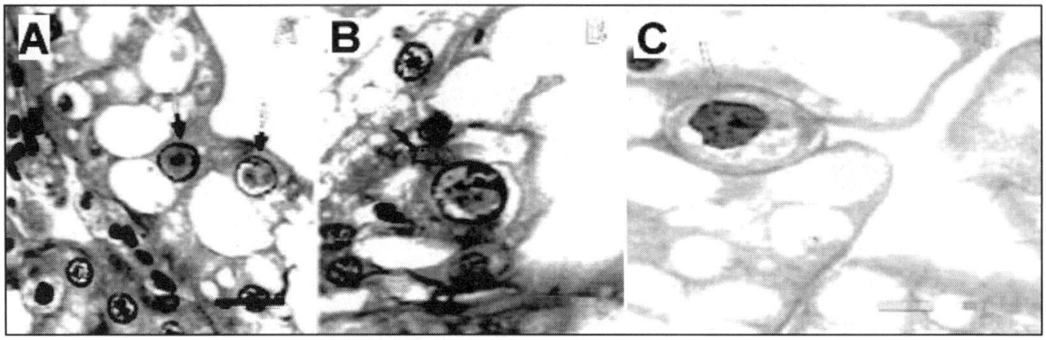

그림 4-11 *Cherax destructor* bacilliform virus(CdBV). A: 감염세포의 핵비대, 핵막과염 및 핵인과 염색질이 과립성의 봉입체내에 위치, B: 감염세포는 기저막에서 박리되어 원형으로 됨, C: 상피세포로부터 감염세포의 박리.

병리 조직학적으로 간췌장의 상피세포의 핵에서만 변화가 발견되는데, 핵은 현저하게 비대되고, 염색질의 핵막주변 이동으로 핵막과염 및 호산성의 핵 내 봉입체가 형성되는 것이 특징이다. 또한 때로는 염색질이 봉입체의 중앙부에 위치하기도 하며, 호산성의 핵인은 보통 비대 핵의 중앙에 위치한다. 감염세포의 세포질은 호염기성의 과립상으로 된다.

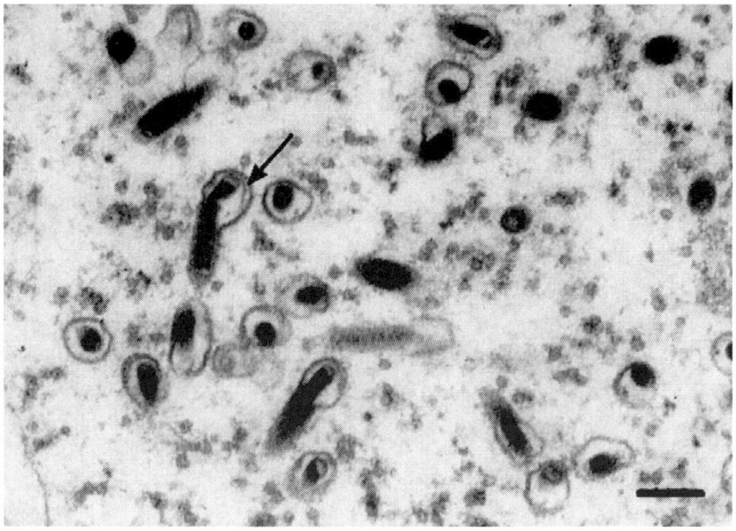

그림 4-12 *C. destructor*의 간췌장의 *Cherax destructor* bacilliform virus(CdBV). 간상이며 capsid는 3층의 envelope로 쌓여 있다. envelope의 한쪽은 내부로 꼬리와 같은 구조(화살표)를 가지고 있다. 바이러스입자는 한쪽이 굽어지기도 한다. bar= 150 nm.

(3) *Astacus astacus* bacilliform virus (AaBV)

감염 세포는 핵 비대, 핵막과염, 핵내 호산성의 봉입체가 형성된다. 어떤 경우에는 봉입체의 중심부가 어두워 보이며, halo가 있거나 염색질에 의해 몇 개의 구획으로 나뉘어져 있는 경우도 있다. 감염 초기에는 핵 내에 halo를 가진 소형의 원형 호산성 봉입체가 형성된다. 감염 초기에는 핵인이 핵 내에 존재하지만 말기에는 핵인은 용해되어 관찰이 불가능하다. 감염 세포의 세포질은 강호산성을 띄고 있다. 감염 세포는 간췌장, 중장, 중장 맹낭 및 중장과 후장의 연결 부위에서 발견된다. 중장 또는 중장과 후장의 연결 부위의 감염세포는 감염이 심하기 때문에 상피세포가 박리되기도 하며, 박리된 상피세포는 혈구세포에 의해 피포되기도 한다.

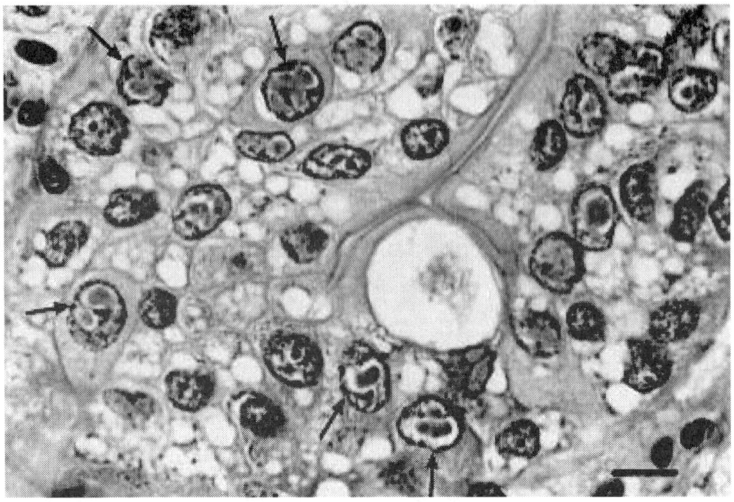

그림 4-13 AaBV에 **감염된 간췌장.** 감염세포의 핵은 핵막과염상을 나타내며, 핵 속에는 halo 또는 염색질에 의해 구획되어 지는 봉입체가 존재, bar= 25μ m. H&E.

전자 현미경으로는 감염 세포의 핵은 주변으로 밀려나 있으며, 그 속에 막대기 모양의 바이러스 입자가 들어 있다. 바이러스 입자는 보통 열을 형성하고 있으며, 핵인의 잔존물과 연결되어 있다. 질병이 진행되면 핵막은 붕괴되지만 핵막이 붕괴된 후에는 세포질에 바이러스 입자가 관찰된다. 바이러스입자는 envelope에 둘러싸인 막대기 모양의 nucleocapsid를 가지고 있다. Nucleocapsid는 양끝이 둥글고 전자밀도가 높기 때문에 core와는 쉽게 구분할 수 있다

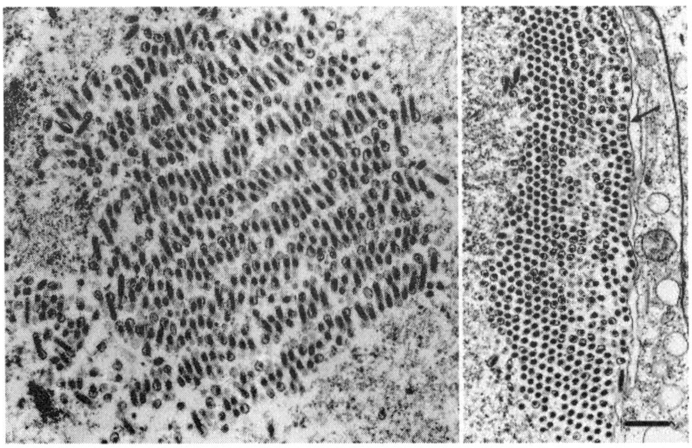

그림 4-14 **감염 *Astacus astacus*의 간췌장 세포.** 바이러스 입자는 열을 지어 배열하고 있고 핵막 가까이에 위치하고 있다(화살표). bar= 500 nm.

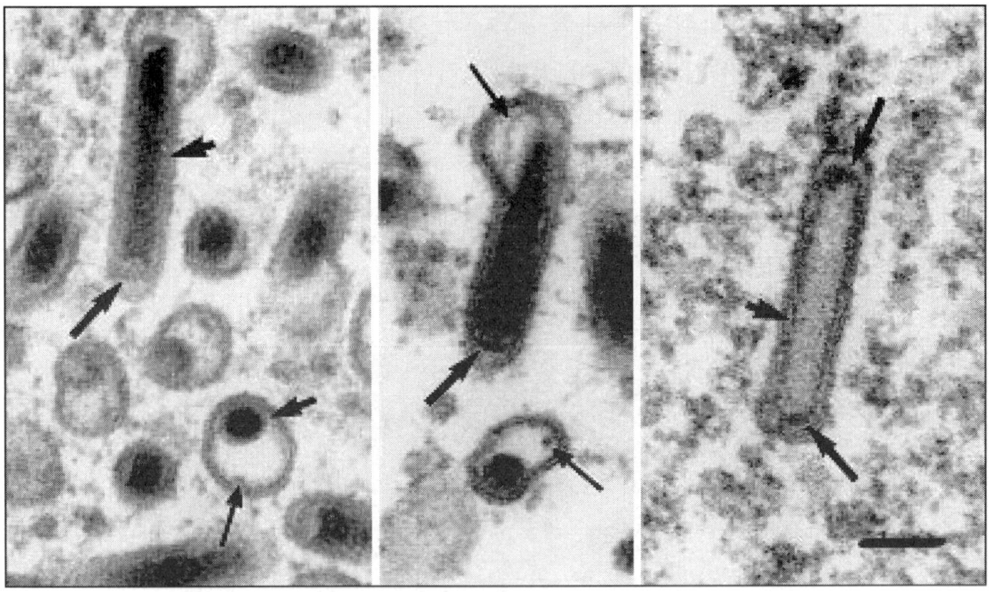

그림 4-15 감염 *Astacus astacus*의 간췌장 세포 내의 바이러스 입자는 세층의 envelope에 둘러 쌓인 막대기 모양의 nucleocapsid를 가지고 있으며, capsid(작은 굵은 화살표)는 두꺼운 apical caps(대형 두터운 화살표)를 가지고 있다. 오른쪽 그림은 capsid가 비어 있다. Bar= 91 nm.

(4) *Pacifasticus leniusculus* bacilliform virus (PlBV)

PlBV는 미국에서 양식중인 *Pacifastacus leniusculus*에 감염된 예가 있는데, 바이러스는 막대기 모양으로 envelope가 있으며 크기는 210 nm x 66 nm, neucleocapsid는 189x 44 nm이다. 감염 증상에 관한 기록이 없기 때문에 질병의 원인인지는 아직 불확실하다. 감염은 간췌장 상피 세포에 감염되며, 감염 세포는 기저막에서 박리되어 관공으로 떨어져 나온다. 감염 세포의 핵은 비대, 핵막과염상을 나타내며 과립성의 호산성 봉입체가 들어 있다.

(5) *Astacus bacilliform* virus (AaBV)

AaBV는 최근에 *A. astacus*에서 발견된 바이러스로 감염된 가재는 뚜렷한 외부 증상은 없다. AaBV는 간췌장 상피세포, 중장 및 중장 맹낭의 상피 세포 그리고 중장과 후장의 연결 부위에 있는 temental gland세포에 감염된다. 이 중 간췌장, 중장 및 중장 맹낭의 감염률이 매우 높다. 심하게 감염된 상피 세포는 괴사되고, 괴사소는 혈림프에 피포된다.

감염 세포는 약간 비대화되며 핵의 모양도 불규칙하게 된다. 감염 세포의 핵은 염색질의 주변 이동, 호산성의 봉입체가 들어 있다. 그러나 감염 후기가 되면 핵은 붕해되고 세포질은 강한 호염기성을 띄게 된다.

병리 조직학적으로 간췌장은 핵 비대, 핵막과염 및 호산성 과립성의 핵 내 봉입체가 관찰된다. 감염 세포의 핵은 때로 상피 세포의 꼭대기 부분에 위치하기도 하고, 감염 세포가 간췌장의 관공에서도 발견되기도 한다. 핵 주변에는 halo가 관찰되는데, 이는 인공 산물이다.

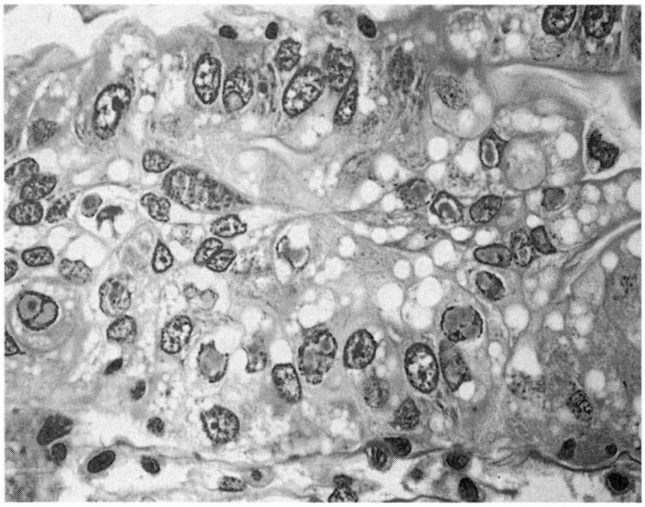

그림 4-16 Astacus bacilliform virus (AaBV)에 **감염된** *Astacus astacus*의 **간췌장.**

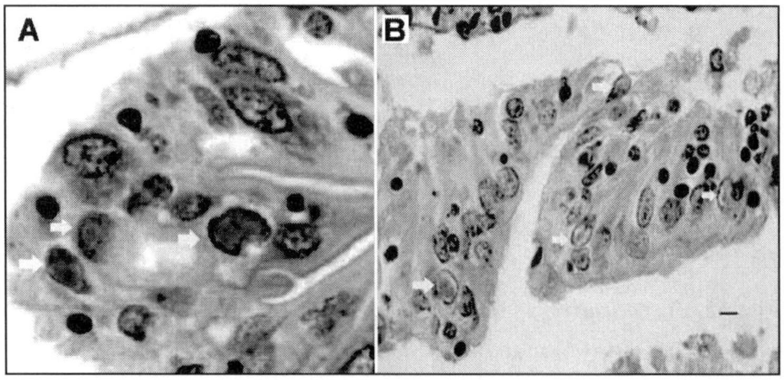

그림 4-17 Intranuclear bacilliform virus**에 감염된** *Austropotamobius pallipes*의 **감염세포의 핵의 모양.** A: 비대 핵은 염색질이 핵막으로 이동하여 핵막과염상을 나타내며 봉입체는 호산성임. B: 간췌장의 상피세포. B: 중장의 상피세포.

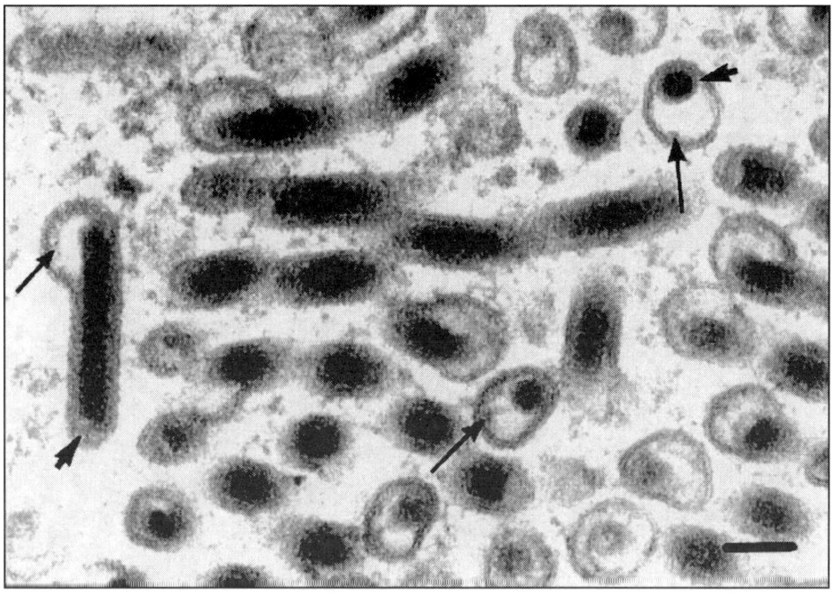

그림 4-18 *A. astacus*의 간췌장내의 AaBV바이러스 입자. AaBV는 막대기 모양으로 전자밀도가 높은 necleoprotein core와 전자밀도가 낮은 capsid (굵은 화살표)를 가지고 있다. Nucleocapsid는 내부로 꼬리 모양으로 뻗어 있는 구조(가는 화살표)를 가진 3층의 envelope에 쌓여 있다.

(6) White spot syndrome virus (WSSV)

새우의 흰반점 바이러스의 원인바이러스와 마찬가지로 *Whispervirus*에 속하는 것으로 새우류 이외에 무척추동물인 민물가재, 게, 바다 가재 등에도 감염된다.

WSSV에 감염된 *Orconectes punctimanus*와 *Procambarus* sp.는 체색의 퇴색, 외골격 특히 갑각 때로는 cheliped에 반점이 생긴다. 흰반점바이러스는 혈구, 중배엽성 또는 외배엽성의 기관 특히 큐티클성 외피에 감염된다. 감염조직의 괴사소에서는 혈구에 의해 피포되는 것이 일반적인 병리상이다. 감염세포의 핵은 비대되고, 염색질은 핵막으로 이동되며 엷은 호산성에서 진한 호염기성의 봉입체를 가지고 있다.

(7) Parvo-like virus

① *Cherax destructor* systemic parvo-like virus (CdSPV)

호주의 *C, destructor*에서만 발견되었으며, 복부의 투명한 갑각 아래로 백색의 투명한 근육의 반섬이 보인다. 아가미, 간췌장 및 근육에 심한 괴사가 생기지만 바이러스와의 관련성은 입증되지 않았다. 감염은 위심강과 소성결합조직에서도 발견된다.

감염세포의 핵은 핵 비대, 핵막과염 및 Cowdry A type의 봉입체가 발견된다. 핵인도 비대되어 있고 핵인의 섬유성 또는 과립상의 물질은 간격이 느슨해진다. 즉 섬유성 물질은 공포화되어 과립상의 물질에 의해 둘러싸이게 된다.

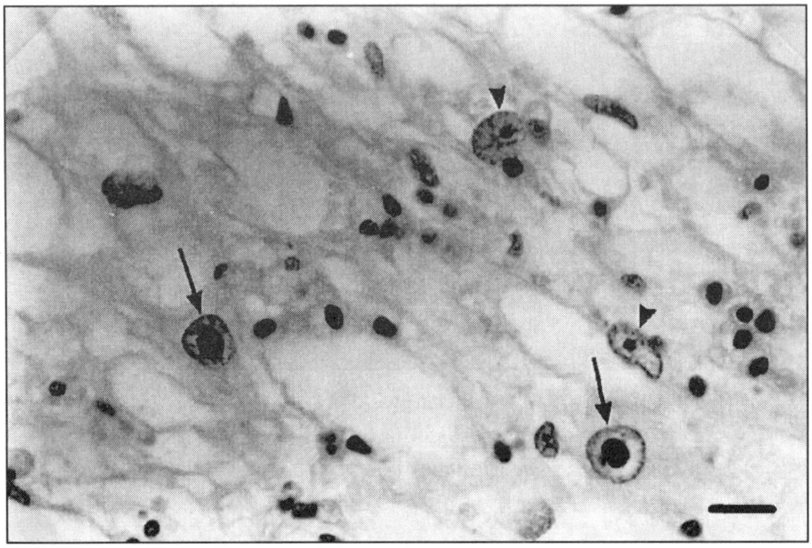

그림 4-19 *C. destructor*의 심외막에 Cowdry A type의 핵 내 봉입체(짧은 화살표)를 가진 *Cherax destructor* systemic parvo-like virus(CdSPV). 봉입체가 없는 감염세포도 비대 핵(화살표)을 가지고 있다. HE, bar=25 μm.

② *Cherax quadricarinatus*의 Parvo-like virus

감염된 가재는 무기력하며, 갑각이 연화되어 있고 꼬리를 구부리는 행동을 하지 못한다. 감염 가재는 대부분이 양어지의 가장자리에 모여 있는 경향이며, 어떤 개체는 갑각에 엷은 오렌지 색깔의 반점이 있다.

병리 조직학적으로 핵 내에 발견되는 봉입체는 2가지 형태가 있다. 즉 감염 초기의 것으로 판단되는 것은 정상 또는 약간 비대화된 핵 내의 소형의 호산성 봉입체로 Feulgen 또는 phloxine-tartrazine염색에 음성이다. 또 다른 봉입체는 감염 후기의 것으로 비대된 핵의 대부분을 차지하는 대형의 호염기성 봉입체로, Feulgen 또는 phloxine-tartrazine 염색에 적색으로 염색된다. 아가미, 큐티클, 전장, 중장 및 후장의 상피 세포와 결합 조직에 심한 변화가 초래되며, 안테나선 및 조혈조직 및 난소의 간질에는 경미한 변화가 생기며, 간췌장의 세포에서는 봉입체가 발견되지 않는다.

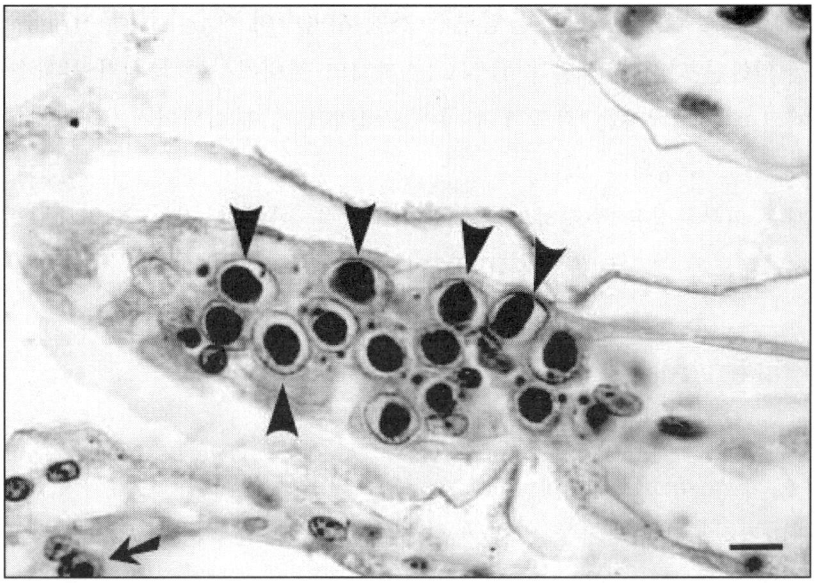

그림 4-20 Parvo-like virus**에 감염된** *Cherax quadricarinatus***의 아가미**. 아가미 상피 세포의 핵은 심하게 종대되어 있고 그 속에 대형의 호염기성 봉입체를 가지고 있다. 그러나 왼쪽 아래의 핵 내의 봉입체는 감염 초기의 봉입체임. H&E. bar = 14 ㎛.

③ Spawner-isolated mortality virus (SMV)

감염 개체는 외부 증상은 거의 없다. 또한 부족지의 멜라닌 침착, 흑색반점, 갑각 부식 또는 체색의 변화 등 이렇다 할 증상은 없다.

병리 조직학적으로 조사하면 약 17%의 가제가 감염되어 있을 정도로 감염률은 낮은 편이다. 전장과 중장에 혈구 세포의 침윤을 동반한 장염이 발생되어 있으며, 간췌장 세포의 위축되어 간췌장의 관공이 넓어져 있다는 감이 든다. 이렇게 간췌장의 위축은 절식에 기인된 것으로 생각된다.

2. RNA virus

1)Birnavirus

(1) Infectious pancreatic necrosis virus(IPNV)

송어류의 바이러스병의 원인 바이러스 Birnavirus, IPNV sp strain이 민물 가재인 *Astacus astacus*에 감염된다. 감염은 주사, 물, 먹이를 통하여 감염되며 IPNV에 감염된 무지개 송어 치어와 함께 수용하여도 감염된다. 또 실험적으로 감염된 가재에서는 지속적으로 IPNV를 수중에 방출함으로 감염시킨 가재 사육수의 배출수를 무지개송어의 난 또는 치어에 주입하면 역시 감염된다. IPNV는 가재의 체내에서는 복제가 불확실하지만 감염시킨 가재의 혈림프에서는 감염 1년 후에도 IPNV가 분리되어지기 때문에 송어류의 IPNV의 매개자로 추정되고 있다.

감염 가재는 외부증상은 뚜렷하지 않지만 위, 근육, 아가미, 간췌장, 안테나선, 장 심장 및 생식소 등의 모든 조직으로부터 IPNV는 분리가능하다.

2) Toti-like virus

(1) *Cherax Giardia irus*-like virus(CGV).

CGV는 *C. quadricarinatus*에서 stage 3이후의 어린 가재에 감염되며, 감염 경로는 CqBV와 마찬가지로 변, 퇴적물 또는 동식물성 플랑크톤을 매개로 감염된다. 최근의 연구에서 성체에는 감염되지 않는 것으로 밝혀졌다.

간췌장의 R세포에 주로 감염되지만, F세포와 B세포에도 감염된다. 그러나 E세포는 현미경적으로도 이상은 발견할 수는 없다. 감염된 세포는 간췌장의 관공내로 박리 이탈된다. 감염세포는 핵 비대, 해막과염, 염색질의 응결 및 자주-적색의 봉입체가 핵 내에 다수 들어 있다. 감염후기에는 봉입체는 합쳐지기 때문에 수적으로는 감소하지만 크기는 대형으로 된다. 핵인은 봉입체의 rosette내의 중앙에 위치하고 있다.

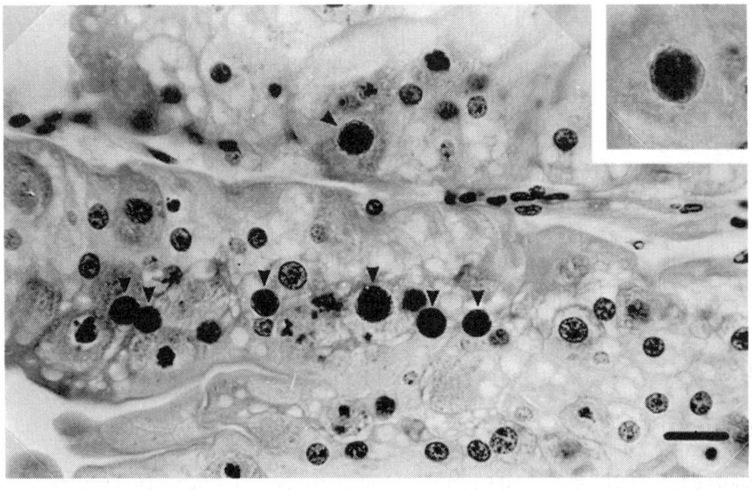

그림 4-21 Cherax Giardia irus-like virus(CGV)에 감염된 가재의 간췌장 세포(화살표)의 핵 비대, Bar=32 ㎛. Inset-비대 핵의 고배율, 염색질의 주변부에 무정형의 원형 봉입체. HE, Bar=20 ㎛.

3) Picorna-like virus infection

직경 20 ㎚정도인 바이러스가 *A. astacus*의 아가미 결합조직에서 발견된다.

3. Rickettisa

1) Systemic rickettsial infection (RLO)

원인 Rickettsia는 그람 음성의 세포내 기생으로 담수산 가재에 감염된다. 감염어는 양어지에서 다른 양어지로 옮겼을 때 사망률이 급증한다. 감염 가재는 쇠약해지며 꼬리를 튀기는 동장이 약해지며 뒤집어 놓으면 본래의 상태로 되돌아 갈수 없게 되며, 체색이 푸른색으로 변색된다.

감염세포는 모든 기관의 결합조직 및 혈관의 상피세포의 세포질 내에 호염기성의 그람 음성 집락을 관찰할 수 있다. 간췌장 세포는 위축되며, 아가미, 심장, 눈, 신경조직 및 안테나선의 nephridal canal및 혈구세포가 심하게 감염된다. 감염세포는 세포질 내에 엷은 공포에 둘러싸인 호염기성의 봉입체 집합체를 발견할 수 있다.

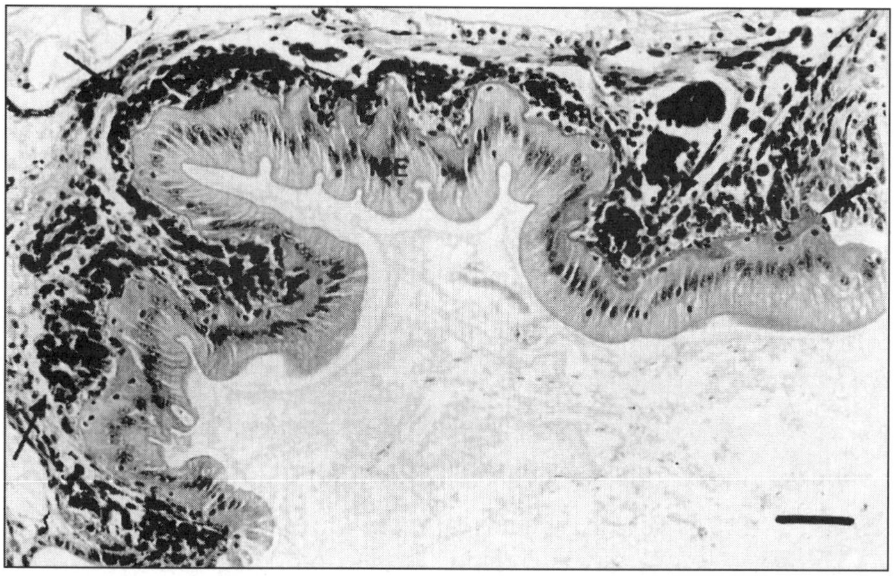

그림 4-22 *C. quadricarinatus*의 중장의 점막하 조직 내의 rickettsia집락(가는 화살표). 중장의 상피는 감염되지 않았지만, 상피세포는 두터워지면서(굵은 화살표) 기저막에서 박리되고 있다. HE, bar= 94 ㎛.

2) Hepatopancreatic rickettsial infection

*C. quadricarinatus*에서 발견되었으며, RLO의 감염과는 차이가 난다. 즉 이름에서 알 수 있듯이 간췌장 상피에만 감염되는데 이러한 증상은 RLO에서는 발견되지 않는다. 감염세포의 세포질은 호염기성의 그람 음성 봉입체가 들어있다.

4. 세균성질병

1) Asymptomatic bacteremia & bacterial septicemia(=비브리오병)

그람 음성의 *Acinetobacter, Aeromonas, Citrobacter, Flavobacterium, Pseudomonas, Vibrio* 및 그람 양성의 *Corynebacteriu, Bacillus, Micrococcus* 및 *Staphylococcus* 등이 분리되며, *Vibrio*균이 우점종일 때는 비브리오병이라 한다.

외견상 건강한 민물새우에서 채취한 혈림프를 blood agar 또는 보통한천배지를 이용하여 배양하였을 때 다양한 세균이 분리되어진다. 가장 많이 분리되어지는 세균은 *Pseudomonas, Aeromonas, Acinetobacter, Flavobacteriu* 및 *Vibrio, Micrococcus, Staphylococcus*등이다.

이처럼 건강한 민물가재의 혈림프에서 다양한 세균이 분리되어지는 이유는 불분명하다. 기본적으로 건강한 갑각류의 혈림프는 무균상태라야 하지만, spiny lobster, 게, 새우 및 다른 갑각류의 혈림프에서도 세균이 분리되어진다. 이러한 현상을 대부분의 연구자는 심한 스트레스에 노출되었을 때 나타나는 현상이라 주장하고 있다. 실제로 양식 현장에서 수온이 상승하거나 용존산소가 낮아지면 혈림프 중의 세균 수는 증가한다.

이러한 상태의 가재는 무기력해지며, 자극에 대한 반응이 둔화되며 근육의 색조가 퇴색되거나 하지만 증상이 없는 것이 보통이다. 그러나 외부 증상을 나타나는 경우에는 Pseudomonas *sp. Pseudomonas morganii, Pseudomonas aerogenes, Proteus vulgaris, Pseudomonas fluorescens, Pseudomonas putida, Aeromonas hydrophila, Vibrio mimicus, Vibrio cholerae*등이 언제나 분리되어진다. 이중 상처가 난 가재를 수중에 방양하였을 때는 *P. florescens*와 *P. putida*의 감염에 의해 세균성 질병이 유발된다.

병리 조직학적으로는 심장, 혈동 및 간췌장, 안테나선 Y organ 등에 혈림프가 침윤하여 집합하게 된다.

2) 장내세균

Citrobacter freundii, Citrobacter sp., *Acinetobacterium* sp. 및 *Pseudomonas* sp.등이 원인이다. 특히 *Citrobacter freundii*는 경구투여에 의해 병원성이 재현되었지만 독력은 낮은 편이었다. 그럼으로 가재가 환경적 조건에 의해 스트레스를 받았을 때 발병하는 것으로 추정되고 있다. 감염가재의 중장 관공이나 간췌장에서 세균이 분리되어진다,

세균의 감염은 혈림프의 침윤을 유발하는데 특히 간췌장의 괴사소는 혈림프에 의해 피포되지만, 멜라닌의 침착은 비교적 적은 편이다.

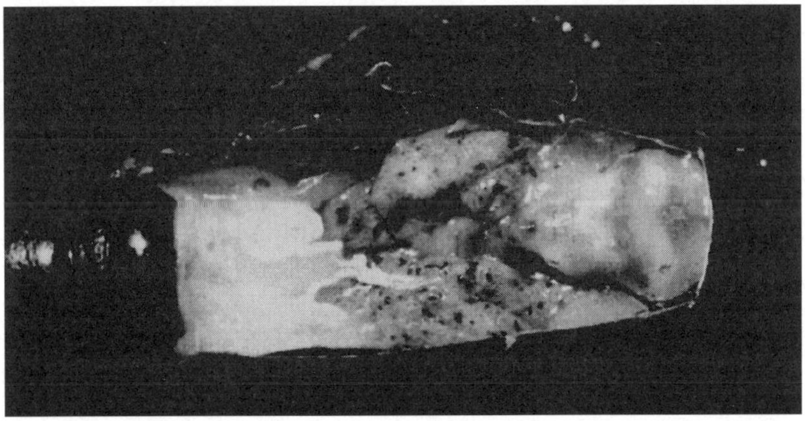

그림 4-23 장내세균에 감염된 *A. astacus*의 간췌장의 흑색 반점은 감염에 반응하여 멜라닌화의 집합체이다.

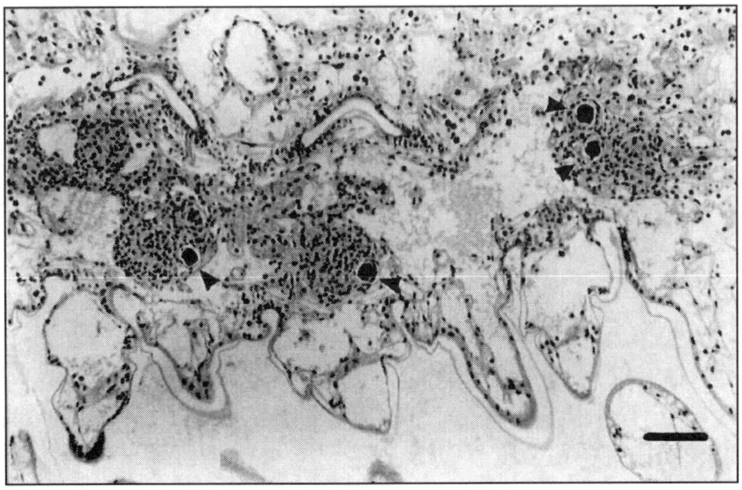

그림 4-24 세균감염에 의한 혈림프의 집합과 whirling(화살표)으로 인한 다수의 결절. HE, bar=130 ㎛.

중장과 중장 맹낭(midgut caecum), 간췌장이 감염된다. 간췌장에서의 초기 변화는 관공 내에 균의 집합체가 나타나는데, 때로는 상피세포에 부착하여 있을 때도 있다. 간췌장 세포는 입방형 또는 원주상을 나타낸다. 간췌장 상피세포의 기저부에는 소형의 타원형의 호염기성 봉입체 같은 것이 관찰되는데, 이것은 융해 핵의 조각이거나 세균의 집합체로 여겨진다. 상피의 괴사된 부분에 접하고 있는 유동에는 호염기봉입체를 함유한 혈구의 침윤이 일어나고 이어서 멜라닌이 침착되면서 관공 주변부 전체를 둘러쌓게 된다. 이때는 간췌장 상피세포는 입방상피로 되면서 괴사세포가 증가하게 된다. 그 후 괴사되고 멜라닌이 침착된 관공은 혈구와 멜라닌에 의해 완전히 둘러싸이게 된다.

중장과 중장 맹낭도 혈구의 침윤과 멜라닌의 침착에 뒤이어 국소적 괴사가 일어난다. 심한 경우에는 관공 내에 상피세포의 박리와 박리된 상피세포가 발견된다.

3) *Nocardia*

그람 양성의 항산성균인 *Nocardia* sp.의 감염에 의한 것으로 *Austropotambius pallipes*에서만 발병이 보고되어 있다.

감염 가재는 무기력해지며, 빛의 반응에도 무반응하여 밝은 곳에서도 발견할 수 있다. 복부의 갑각 아래에 소형 타원형의 흑색 결절(직경 0.5~2 ㎜)이 근육 내에 산재하고 있다.

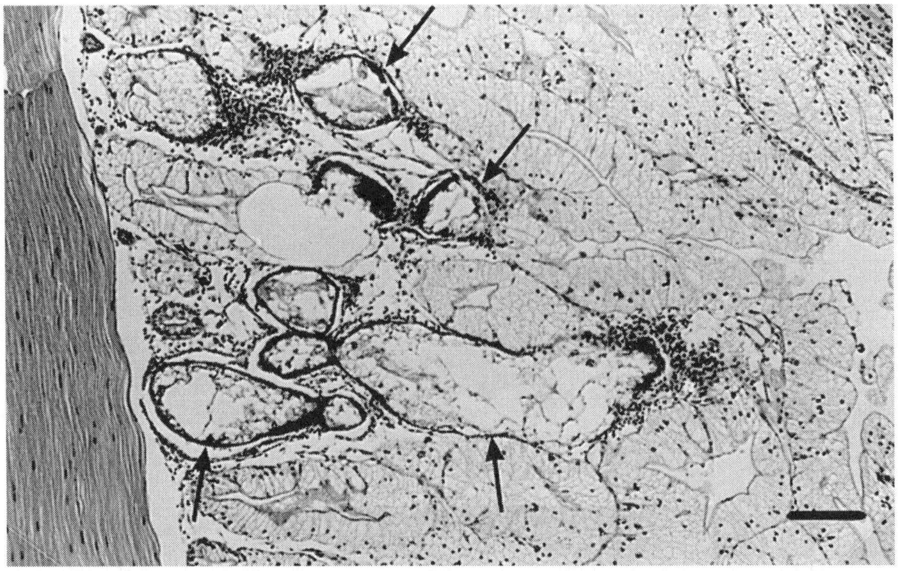

그림 4-25 장내세균 감염증. 간췌장 관공은 괴사되고(화살표) 육아종성의 막에 의해 피포되어 있다. HE, Bar=200 ㎛.

병리 조직학적으로는 분지된 섬유상의 세균이 혈구세포의 침윤에 의한 멜라닌 침착 층에 의해 둘러싸여 있다. 그러나 HE염색표본에서 섬유상은 현저하지 않음으로 Grocott methenamine silver& HE염색을 실시하면 쉽게 발견할 수 있다.

4) Bacterial cuticular fouling

Leucothrix-like 세균 또는 *Leucothrix mucor* 등의 격벽이 있는 섬유상 세균에 의한 것으로 호주나 북미의 가재에 빈발한다. 원인균은 외골격과 아가미에서 발견되며, 해산 갑각류의 아가미가 심하게 감염되는 경향이다. 원인균은 아가미나 알에 두꺼운 층을 형성함으로 호흡과 물질대사 이상을 일으킨다. 원인균의 긴 섬유상의 형태 때문에 유영이나 탈피에 장애가 생기기도 한다. 이종은 수질이 나쁜 조건하에서 잘 발생하는 것으로 알려져 있으며, 담수 가재에서의 전염 경로는 아직 명확하지 않다.

감염 가재의 아가미 도말표본을 만들어 검경하면 특징적인 세균의 형태를 쉽게 발견할 수 있다. 감염 시에는 항생제의 사용도 도움이 되지만 수질을 좋게 유지하는 것이 좋은 치료법이라 할 수 있다.

5. 진균성 질병

1) Crayfish plague, *aphanomyciasis*

*Aphanomyces astaci*의 유주자는 감염 가재가 죽거나 죽은 후에 유주자낭에서 수중으로 방출된다. 유주자는 수온 10℃에서 3일 이상 동안 운동성이 있지만, 이보다 수온이 높아지면 운동성의 보유 기간은 점차 짧아진다. 또한 유주자는 펄 속에서 2주 이상 생존 가능하다.

유주자는 가재의 상처 난 갑각의 외피 부근에 부착한다. 부착 후 편모가 소실되고 외피 내에 cyst를 형성한다. 유주자는 처음 부착한 부위가 적합하지 않을 경우 적어도 3회 이상 cyst를 형성할 수 있다. 그러나 이러한 cyst는 진정한 의미의 휴지상태가 아님으로 생존기간은 1-2일에 불과하다. 가재의 joint부위 또는 복부의 복절 마디 등이 유주자가 cyst를 형성하기에 적합한 장소이다. 유주자는 단백질 분해효소를 방출하여 큐티클의 외피로 발아관 또는 penetration peg를 형성하여 큐티클 내로 침입한다. 큐티클 내에 발아관을 주입하고 나면 키틴분해 효소 및 단백질 분해효소를 가진 균사체가 발육하기 시작한다.

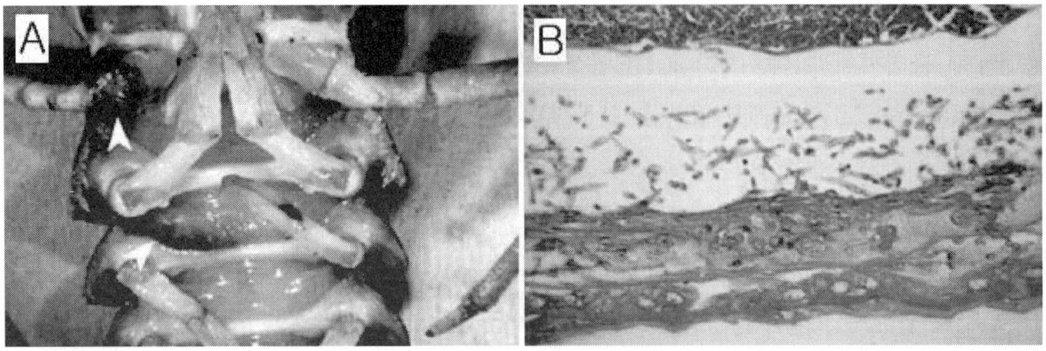

그림 4-26 감염 가재의 환부(A)와 조직 내의 격벽이 없는 균사체(B).

*Aphanomyces astaci*의 중간숙주는 알려진 것이 없고, 전염은 물을 통하여 감염되지만 조류를 포함한 다른 동물들도 유주자의 전파원으로 작용하고 있다. 감염 가재는 최초 감염 1～2주 후에 사망하게 되며 종류에 따라서는 거의 100%사망하는 경우도 있다. 병의 진행은 수온이 높으면 높을수록 빨리 진행된다. 감염 가재의 증상은 감염의 정도와 온도에 따라 다양하지만, 감염 유주자의 수가 많을 경우에는 사망은 빨라지지만, 심하게 감염된 부위가 꼬리인 경우의 꼬리 근육이 백탁되는 것 이외에 증상이 없는 경우도 있다.

만약 감염 유주자의 숫자가 적으면 병의 진행은 서서히 진행되기 때문에 외골격에 갈색의 멜라닌화가 생긴다.

감염의 초기에는 가재가 활동이 더욱 활발해지면서 사망이 발생하기 시작하는데, 말기에는 발의 합동적인 움직임이 없어지면서 마비가 생기는 것은 신경독소의 작용에 의한 것으로 생각되고 있다.

조직 내에 감염된 *Aphanomyces astaci*는 숙주의 방어 작용에 의해 조직 내에 페놀산물이 만들어진다. 이러한 페놀산물이 큐티클내의 멜라닌 반응과 밀접한 관련이 있다. 곰팡이의 균사체에 대한 멜라닌 반응은 오래된 균사체와 새로 형성되는 균사체의 끝부분보다는 약하게 일어난다. 그러나 이 곰팡이 저항성이 강한 가재인 *Pacifastacus leniusculus*는 균사체가 포함된 갈색 또는 흑색의 반점이 발, 복절 및 입 주변에 생기기도 한다.

진단을 위해서는 죽은 직후의 가재의 복부 큐티클을 검경하면 직경 7～10 ㎛의 격벽이 없는 균사체가 발견되는데, 균사체의 끝부분은 둥근 형상이다. 원인 곰팡이의 배양은 큐티클을 여러 번 멸균수로 세척한 다음 항생제 또는 0.05% potassium tellurite첨가 peptone-glucose agar에 접종하여 20℃에 배양하면 균사체가 발육함으로 2-3일 후에

계대 배양하여 균사체와 유주자낭의 형상을 확인한다.

동결된 어류의 근육 내에서 유주자는 오래 동안 생존가능하며 펄 속에서는 2주 이상 생존할 수 있다.그러나 균사체와 유주자는 48시간 건조, -20℃ 2시간, 30℃ 30시간 방치하면 사멸한다.

병든 가재의 복절 큐티클에서 DNA를 추출하는 방법은 phenol - chloroform추출법과 곤충의 DNA추출을 위한 시판 키트(DNeasy kit for insect tissue, Qiagen)를 사용하여 분리하면, 2방법 모두 용이하게 DNA를 분리할 수 있다. 즉 phenol - chloroform추출법은 복절의 큐티클 100-200 ㎎을 절취하여 액화질소에 얼린 다음 잘 갈아서 분말을 extraction buffer (10mM Tris - HCl (pH 8.0), 2mM EDTA; 10 ㎎/㎖ DTT; 0.5 ㎎/㎖ proteinase K; 0.1% SDS) 4 ㎖에 현탁시킨 다음 37℃에서 천천히 교반하면서 하루 밤 방치한다.

DNA는 1M Tris - HCl (pH 8.0) phenol 포화액과 chloroform - isoamyl alcohol (24:1, v/v)로 추출한 다음 0.1배량의 sodium acetate (pH 5.2)와 2배량의 100% cold ethanol로 침전시킨 다음 최종적으로 증류수에 현탁시킨다.

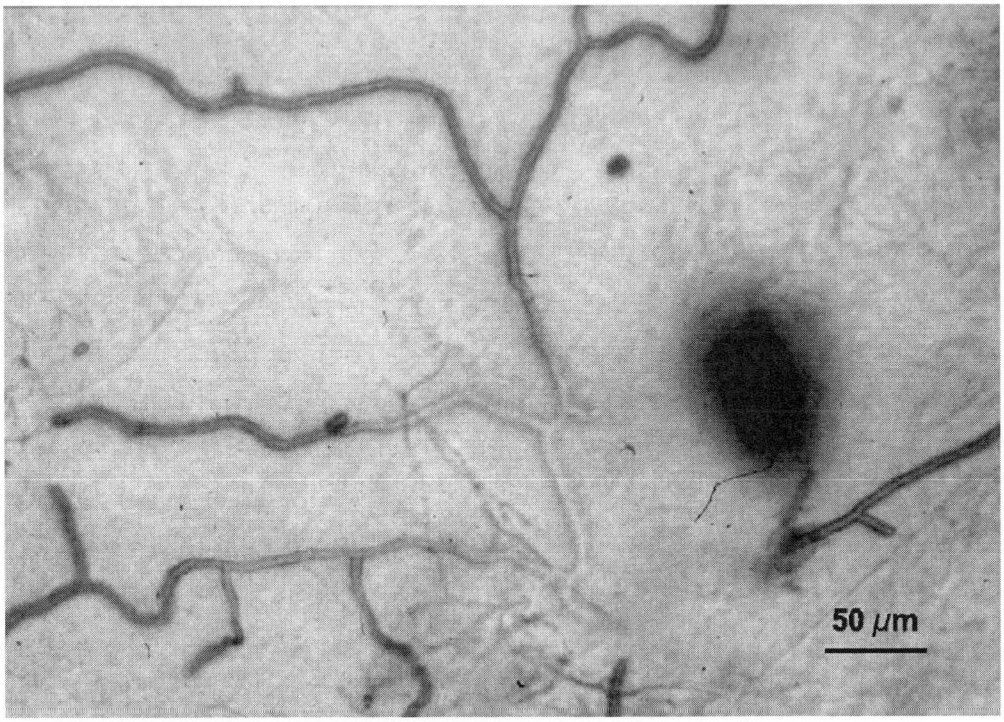

그림 4-27 감염 가재의 복부 큐티클의 도말표본으로 흑색으로 변한 균사체가 특징적임.

시판 곤충용 키트를 사용할 때는 제조자의 방법에 따라 액화질소에 간 큐티클 분말 50 ㎎(대략 2-3개의 복절에서 절취한 양)을 제조사의 방법에 따라 사용하지만, proteinase K는 제조사의 용량의 2배를 첨가하여 추출하는 것이 효율적이다.

Primer 525(5-AAG AAG GCT AAA TTG CGG TA-3), primer 640(5-CTA TCC GAC TCC GCA TTC TG-3)을 사용하여 initial denaturation (94℃ 5 min)후 45 cycle(94℃ 1 min; 54℃ 1 min; 72℃ 1 min) 반응시킨 final extension (72℃ 7 min)하면 115bp의 특이 밴드가 형성된다.

배양하여 발육한 균사체를 이용하여 DNA를 추출하고자 할 때는 PG1 medium(broth)에 21℃에 3일간 배양한 다음 여과지 위에 쏟아 3분 정도 방치하여 배양액을 버린다. 모인 균사체는 액화질소에 넣어 분말을 만든 다음 동일 량의 lysis buffer (9mM Tris-HCl, 0.9mM EDTA, pH 8.0; 2% SDS)에 현탁시킨다. 현탁액 10 ㎖에 250 ㎕의 Proteinase K (18 ㎎/㎖; Boehringer Mannheim GmbH, Germany)를 첨가하여 56℃에 2시간 배양한다. DNA의 추출은phenol, phenol-chloroform (1:1), chloroform-isoamyl alcohol (24:1)을 순차적으로 사용하여 추출한 다음 침전물의 상청액을 회수하여 동량의 isopropanol을 첨가하여 침전시킨다. 침전물은10 ㎕의TE buffer (Tris-HCl 10 mM, EDTA 1 mM)에 현탁시킨다.

2) *Fusarium*

Fusarium solani, F. oxysporum, F. tabacinum, F. roseum var. culmorum.등의 *Fusarium*에 의해 감염된다. 분리는 가재의 표면을 sodium hypochlorite로 소독한 항생제액에 가재를 담구고 조직을 떼어내어, malt agar에 접종한 다음 25℃에 배양한다. 발육한 집락은 처음에는 백색이지만 시간이 경과함에 따라 핑크빛을 띤다. *F. tabacinum* 는 streptomycin sulphate와 penicillin G를 첨가한 RGY agar에 접종하여 16℃에 배양한다.

감염 가재의 폐사는 감염된 후 수개월이 지난 후에 발생하는데 이는 병의 진행이 비교적 서서히 일어나기 때문이다. 폐사의 원인은 탈피에 장애를 초래하는 생리적 이상, 곰팡이가 생산하는 외독소 및 삼투압 조절 장애와 혈림프의 나트륨과 염소이온의 불균형 때문에 발생한다.

사망률은 감염 가재의 종류에 따라 다양하지만 탈피 또는 탈피 후에 사망률이 높아지는 경향이다. 또한 세균의 2차 감염이 폐사율을 증가시키는 요인으로도 작용할 수 있으며, 사망률이 높을 때는 100%사망하는 경우도 있다.

*Fusarium*은 큐티클, 아가미 또는 혈체강에 병소가 만들어지는데 곰팡이 균사체 주변에 멜라닌화가 일어나기 때문에 큐티클의 대형의 갈색 반점과 기저막에 심한 세포성 면역반응을 유발하게 된다. 그 결과 혈구의 집합에 의한 대형의 육아종이 생기기 때문에 이것이 이 병의 특징적인 증상이라 할 수 있는 복절에 갈색 반점을 형성하게 된다. 아가미에는 갈색 반점이 형성될 뿐만 아니라 상피세포에도 다양한 변화가 생긴다.

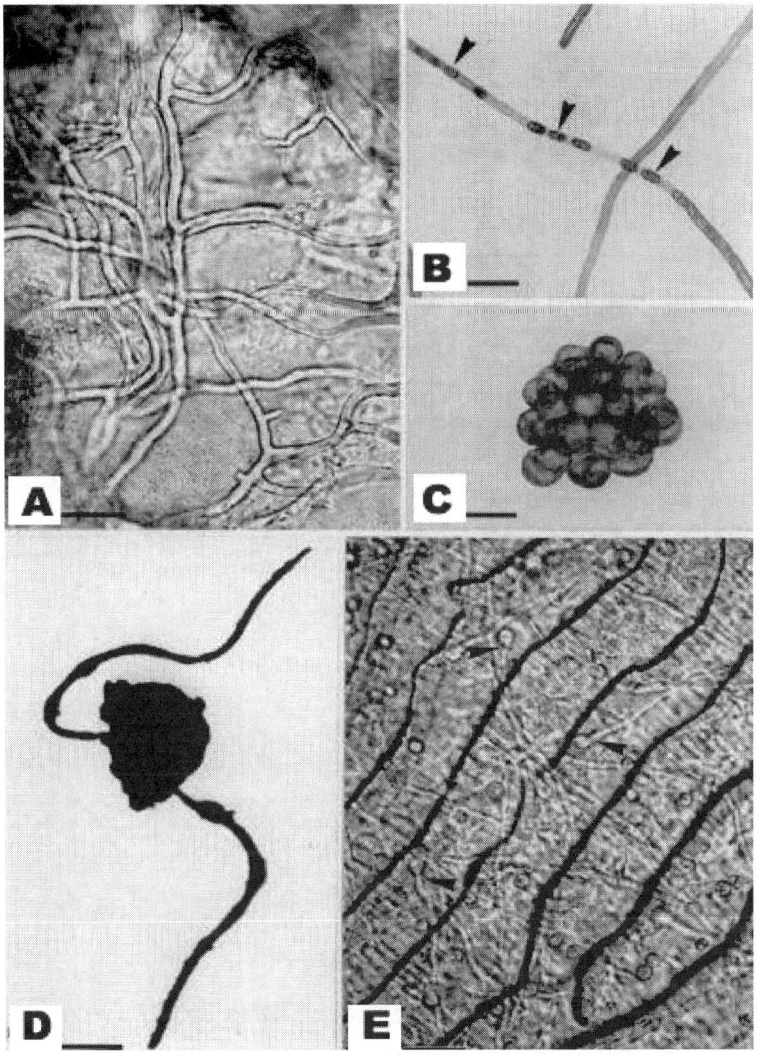

그림 4-28 가재의 *Aphanomyces astaci*감염증. A: *Astacus astacus*큐티클 내의 균사체, B: 균사체내의 포자 형성(화살표) C: 균사체의 끝부분의 포자 집합체, D: 2개의 편모를 가진 유주사, E: 어류의 비늘 위에 유주자(화살표)로부터 균사체의 발육.

3) 기타

Saprolegnia parasitica, Trichosporon beigelii, Achyla sp., *Aphanomyces laevis* 와 trichomycete fungi의 감염에 의한 것으로, 체표에 상처가 있거나 나쁜 수질조건하에서 스트레스를 받은 가재에 빈발하는 경향이다.

*Aphanomyces laevis*는 상처가 난 *Procambarus clarkii*에 감염되는 것으로 보고되었는데, 밀식 또는 나쁜 환경에 수용하였을 때는 사망이 생길 수도 있다.

*T. beigelii*는 *Aphanomyces astaci*의 치료를 위해 $MgCl_2$를 살포하였을 때 잘 발생하며 사망률은 50%정도인데, 이는 약제에 의함 면역 억제 때문으로 생각된다.

*Trichomycetes fungi*는 민물 가재의 장 또는 큐티클에서 보통으로 발견되는데, 절지동물 자체에는 비병원성으로 생각되고 있다. *Achyla* sp는 호주나 유럽의 가재에 발생하는 것으로 보고되었다.

그 외 *Alternaria* sp., *Hormodendrum* sp., *Aspergillus* sp., *Saprolegnia* sp., *Uncinula* sp. 및 *Hormisum* sp 등도 민물가재의 외부에서 발견되고 있다

S. parasitica 와 *T. beigelii*의 진단은 도말표본이나 *Aphanomyces astaci*의 배양법으로 배양한 다음 균사체를 확인하는 것이지만, *Saprolegnia*의 분리에는 corn meal agar나 Saboraud agar를 사용하는 것이 좋다. *S. parasitica*는 큐티클에 흑색 환부를 만들지만 *T. beigelii*의 균사체 주변에도 강한 흑색 색소의 침착 반응이 일어난다.

4) 알의 곰팡이병

Saprolegnia sp.를 비롯한 난균류의 감염에 의한 것으로 *Aphanomyces ovides-truens*는 담수 가재의 난에 감염되며, *Saprolegnia* sp는 죽은 난에 침입한다. 건강한 치가재는 감염되지 않지만 상처가 있거나 수온 스트레스 등의 조건하에서는 감수성은 증가한다. 알에 침입한 경우의 사망률은 거의 100%에 가깝다.

5) Shell disease (burn spot disease)

Pseudomonas sp.등의 키틴용해성 세균과 *Ramularia* sp., *Didymaria cambari* and *Fusarium* spp 등의 곰팡이의 감염에 의한 것으로 가재뿐만 아니라 새우, 게 등 다양한 해산 갑각류에도 감염된다. 감염의 경과는 불분명하지만 전자현미경으로 관찰하면 감염 초기는 키틴용해성 세균의 외피에 곰팡이의 침입을 위한 문호를 만들어 세균이 괴사소의

중앙에서 발견된다. 대표적인 세균으로 *Pseudomoans* sp는 분리되는 주요 세균이지만, 그 외에도 *Citrobacter freundii, Aeromonas liquefaciens, Pseudomonas alkaligenes, Enterobacter* sp., *Achromobacter* sp. 및 *Bacillus* sp 등의 세균도 분리되어 진다.

Shell disease는 밀식한 민물가재에 빈발하는 질병인데, 밀식으로 인한 대사 장애, 외부의 창상 등이 키틴 분해성 세균의 활성화와 관계되어 있으며, 탈피할 때 사망률이 높다.

증상은 외골격에 갈색의 환부가 만들어지며 이러한 갈색의 병소를 가지기 때문에 "burn spot disease"라는 병명이 붙어졌다. 이러한 환부는 외골격에서 칼슘이 빠져나간 부분으로 표면에는 담수 가재인 경우 미절의 복부 쪽이 감염의 첫 장소로 되는 경우가 많지만 두흉부, 복절 아가미에도 발생한다. 광학현미경으로 환부를 검경하면 곰팡이의 균사체 및 세균의 큐티클에서 발견되며, 곰팡이의 분리를 위해서는 glucose agar를 사용하여 분생자를 확인하기도 한다.

*Macrobrachium rosenbergii*의 경우에는 옥소린산을 10ppm에 약욕시키면 효과가 있는 것으로 알려져 있다.

6. 기생성질병

1) 미포자충병

Thelohania-like spp., *Pleistophora*-like spp., *Ameson* sp. 와 *Vavraia parastacida.* 등의 미포자충의 감염에 의한 것으로, 포자는 항산성으로 난형이지만 종류에 따라 모양은 다양하며 pansporoblast 내에 들어 있다. 그러나 포자의 수는 종류에 따라 차이가 남으로 분류상 매우 중요한 자료가 된다. 즉 *Thelohania*-like spp.는 8개의 포자, *Pleistophora*-like spp.는 크기가 부동인 수많은 포자, *Vavraia parastacida*는 8, 16, 32개 드물게는 64개의 포자를 가지고 있고, *Ameson* sp는 단 1개의 포자를 가지고 있다.

감염 가재의 증상은 거의 비슷하여 무기력해지며 근육이 백탁된다. 말기에는 복부 근육이 백색으로 투명해지기 때문에 albino 또는 cotton tail이라는 병명으로 불리고 있다.

근육에 감염되기 때문에 포자가 근섬유의 중앙부를 채우고 있지만 바깥쪽의 근육은 건강한 상태로 남아 있을 경우도 있다. 그러나 *Thelohania*-like spp 는 심장, 생식소 결합 조직 신경 조직 및 혈림프에도 감염하는 경우가 있다.

Thelohania sp.가 감염된 가재를 건강한 가재가 섭취하였을 때 수평 감염되는 것으로 감염된 개체를 사료로 사용하였을 때 경구적으로 감염된다. 발병을 방지하기 위한 방편으로는 새우류의 *Thelohania*의 예방에 사용되는 방법인 calcium hypochlorite($Ca(OCl)_2$)를 10 ppm이 되도록 양어지에 용해시킨 다음 충분히 폭기시킨 다음 7일 후에 어린 가재를 방양하면 예방할 수 있다.

보통 CqBV와 혼합감염되며 결합조직 특히 간췌장에 인접한 결합조직에 미포자충의 집합체가 만들어져 현저한 혈구의 침윤과 멜라닌 침착을 유발한다. 피포된 결절의 바깥에는 혈구가 1개의 엷은 막을 형성한다. 간췌장 이외에 다른 조직에는 병소나 포자는 관찰되지 않는다. Pansporoblast내에는 많은 포자가 들어 있으며 포자는 HE염색 표본에서 4.32±0.59 x 2.46 ±0.29 ㎜이다.

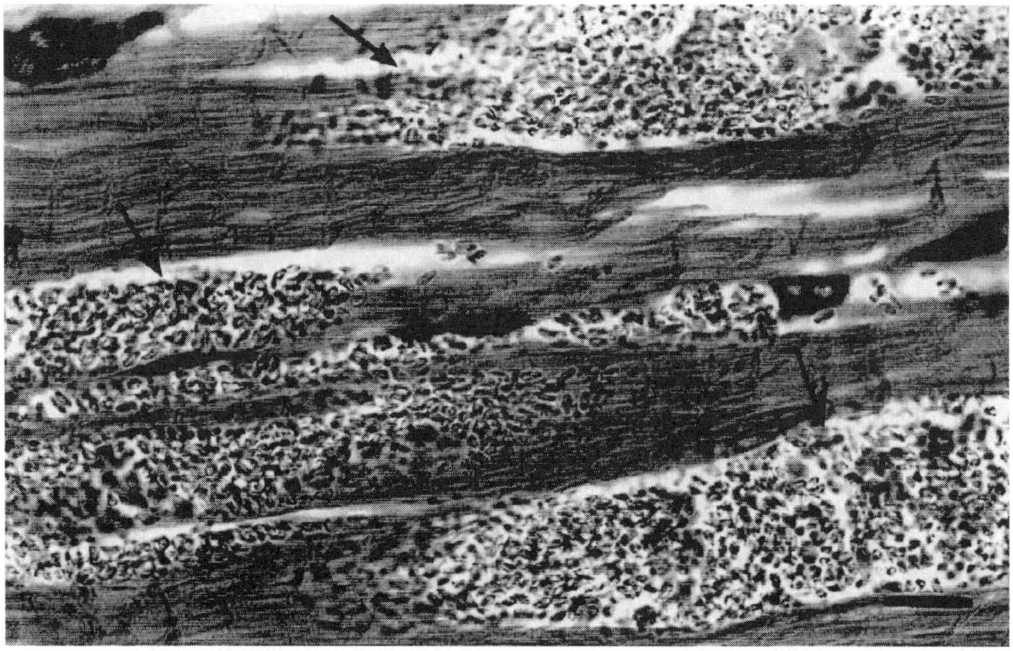

그림 4-29 *A. astacus*의 근육다발 내의 *Thelohania* sp의 포자의 집합체(화살표). HE, bar=16 ㎛.

2)섬모충 *Tetrahymena pyriformis*

감염 가재의 아가미 혈동 내에 많은 섬모충이 움직이고 있는 것을 쉽게 확인할 수 있다. 아가미를 절취한 다음 0.2% tolidine blue를 적하하여 검경하면 쉽게 발견할 수 있다.

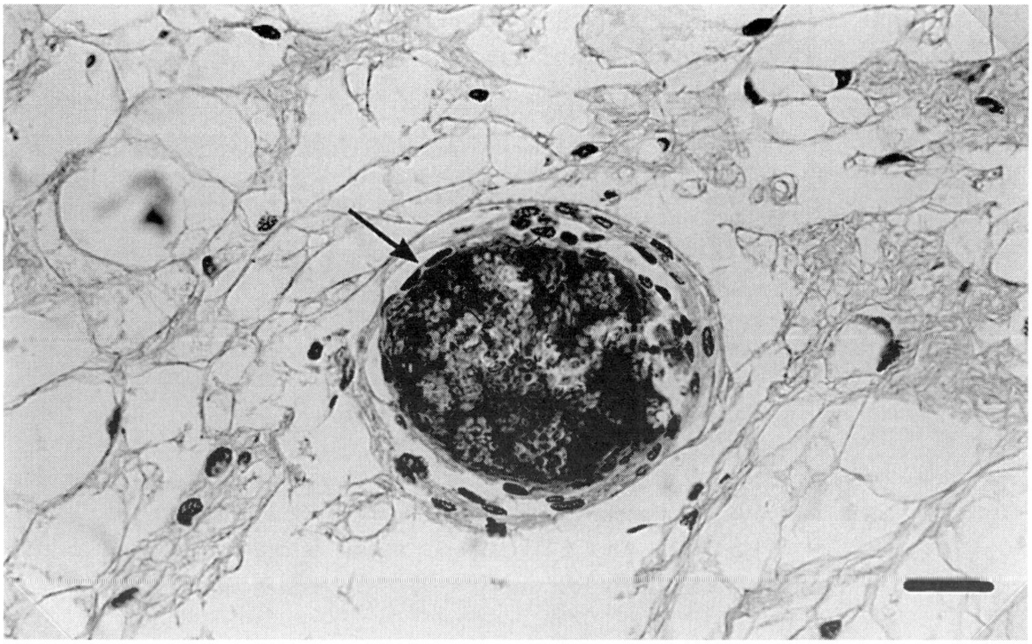

그림 4-30 결합조직 내의 미포자충의 pansporoblast의 집합체. Fibrocyte와 혈구 세포가 미포자충을 피포하고 있다. HE, Bar=25 ㎛.

충체는 길이가 30-75 ㎛, 폭이 20-50 ㎛로 다양하지만, 기본적으로는 방추형으로 뒤쪽이 약간 편평하다. 특히 몸의 후반부에 있는 섬모는 많은 굴광성의 공포 때문에 과립으로 보인다. 섬모는 매우 활발히 움직이며 수축포는 몸체의 후반부에 위치하고 있다.

병리 조직학적으로 충체는 대부분의 기관에서 발견되는데, 진한 호염기성의 핵과 분명한 세포벽을 가지고 있다. 세포질 내 기관은 식별하기 곤란하다. 충체는 대부분이 조직 내의 혈체강 또는 혈관 내에 부착하고 있다. 그러나 때로는 간췌장의 관공 내에서 집합체를 형성하고 있는 것이 발견되기도 한다. 가장 쉽게 발견되는 곳은 새궁이며, 때로는 혈동을 폐쇄시킬 정도로 많은 집합체를 형성하기도 한다. 또 안테나선의 nephridial canal 주변의 대형 혈동 내와 소화관공 내, 심근 드물게는 심외막에도 발견된다. 근육내의 혈동, 수정관(vas deferens)의 상피세포 주변의 결합조직 등에도 발견된다.

충체가 감염된 조직은 국소적 괴사를 일으키지만, 간췌장과 안테나선의 nephridial canal이 가장 심하게 괴사된다.

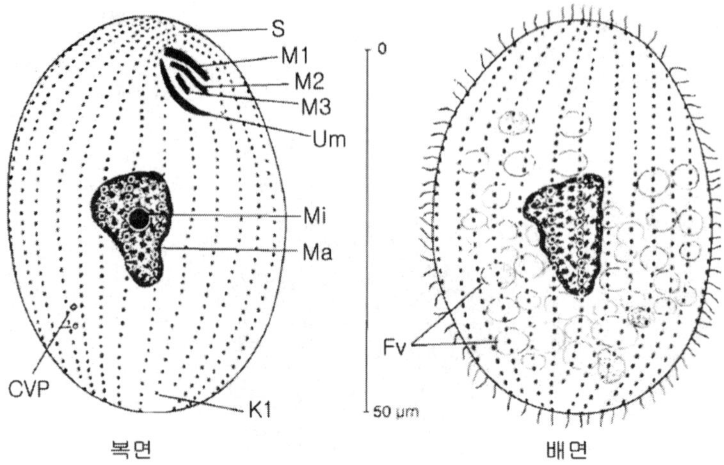

그림 4-31 CVP, contractile vacuole pore; Fv, 식포; K1, first kinety; Ma, 대핵; Mi, 소핵; M1-M3, adoral mebranelle, S, preoral suture. Protargol염색.

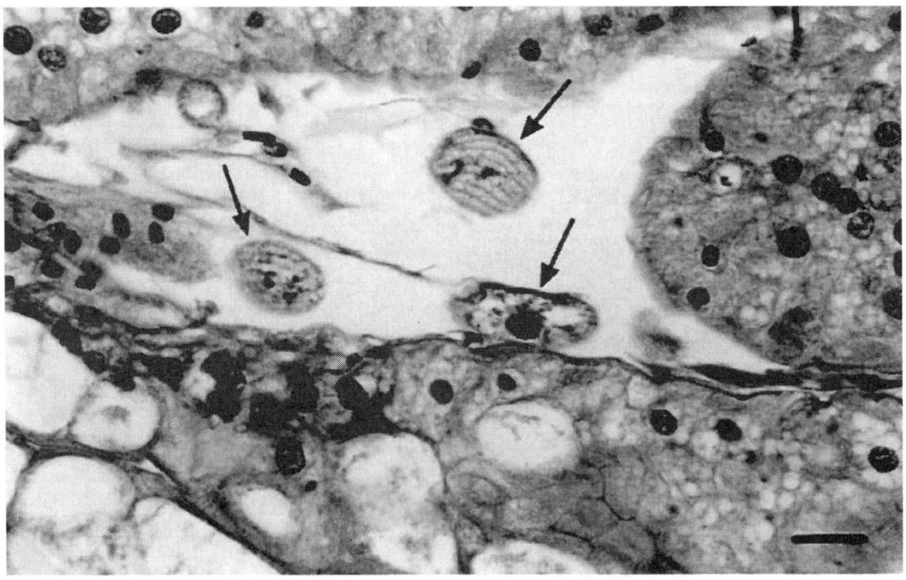

그림 4-32 간췌장 관공 내의 *Tetrahymena pyriformis*(화살표). HE. Bar=32 ㎛.

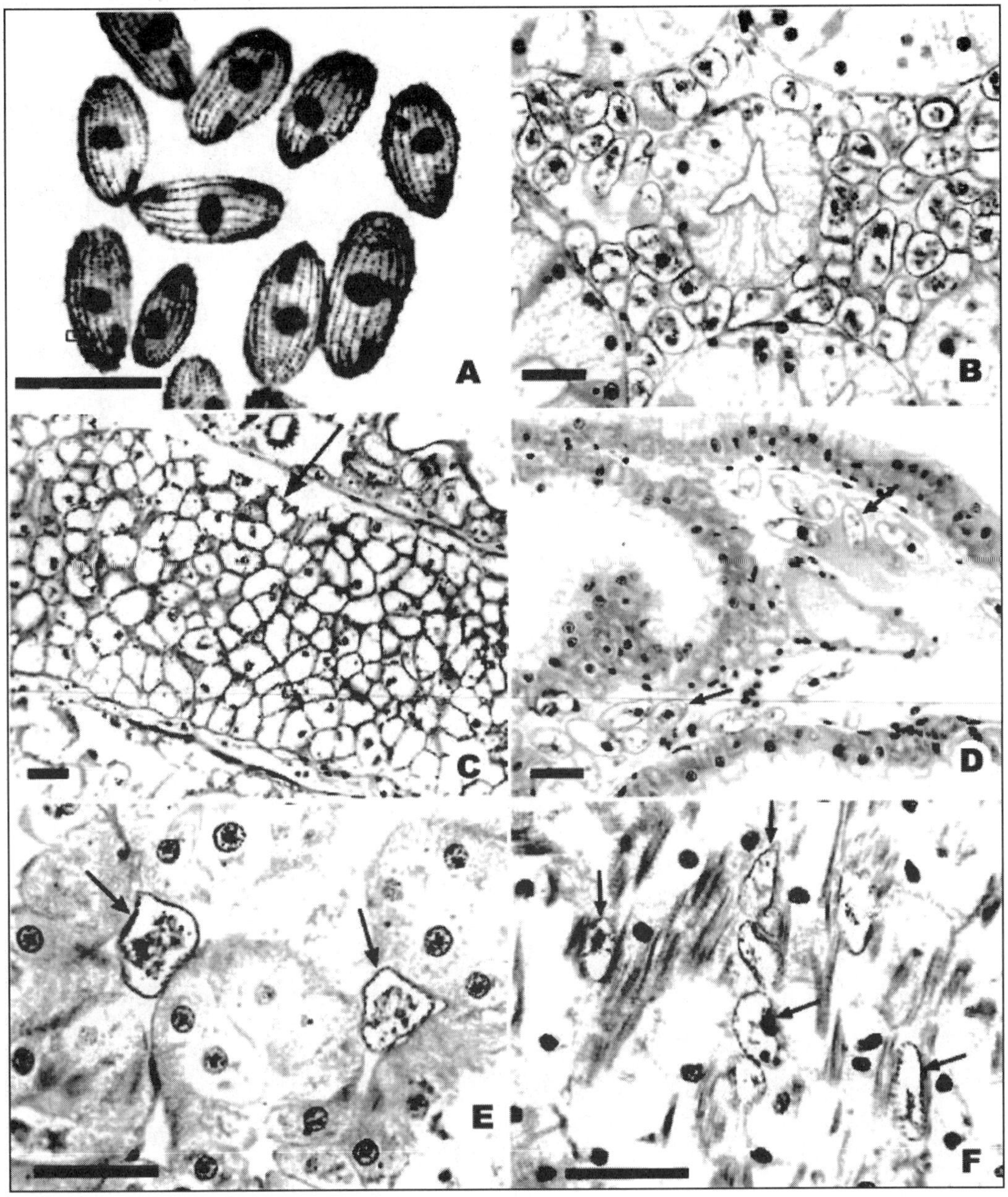

그림 4-33 A: 새변에서 채취한 *Tetrahymena pyriformis*, Protargol염색, B: 간췌장의 혈동 내의 섬모충의 집합체. C: 새변의 혈동(화살표)내의 공포가 있는 충체, D: 안테나선의 nephridial canal을 둘러쌓고 있는 혈동 내의 충체(화살표), E: 안테나선의 labyrinth부분의 혈동 내의 2 충체(화살표). F: 심근 내의 충체(화살표). Bar= 50 ㎛. 2-6: HE.

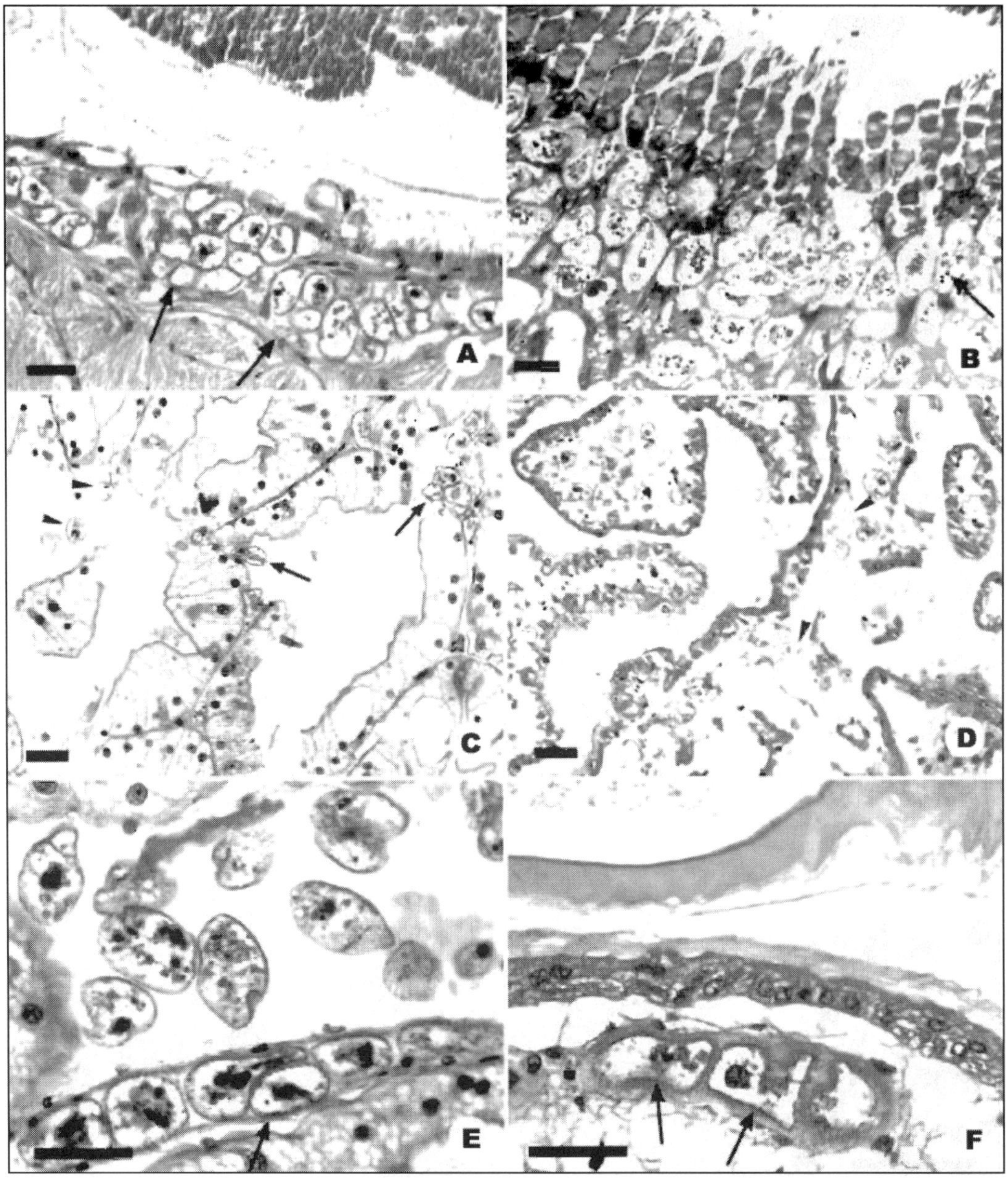

그림 4-34 A: 수정관의 결합조직 내의 충체, B: 망막내의 검은 과립(화살표)을 함유하고 있는 충체, C: 간췌장의 괴사소는 충체(화살표)가 상피세포를 침투하고 있다, D: 안테나선의 nephridial canal 괴사소 내의 충체, E: 간췌장의 혈관(화살표)과 혈체강 내의 충체, F: 갑각하의 결합조직 내의 충체. HE, Bar= 50 ㎛.

3) Apostome ciliates

Hyalophysa, Gymnodinioides 및 *Terebrospira*와 같은 섬모충이 담수 또는 기수산 가재에 감염된다. 감염 부위는 주로 아가미이지만, 때로는 내부 장기에도 감염되는 경우도 있다. 아가미 표면위에 cyst를 형성하지만 병해는 거의 없다. 가재에 형성된 cyst에서 영양체가 가재가 탈피할 때 부화되어 탈피각(exuvium)내의 액체를 섭취하며 성장하게 된다. 성숙한 영양체는 적절한 부착기질에 부착하여 tomont를 형성한다. 운동성이 있는 tomont가 숙주를 만나게 되면 감염되어 cyst를 형성한다.

아가미나 외골격에 감염되는 종은 혈구의 침윤과 멜라닌의 침착이 생기며 내부에 감염된 경우에는 조직의 괴사와 혈구침윤에 의해 아가미인 경우에는 아가미에 흑색 반점이 생긴다.

4) *Psorospermium haeckeli* 및 *Psorospermium* sp.

감염 성숙 포자는 45-60 x 90-100 ㎛의 난원형으로 다층으로 된 1개 두터운 벽을 가지고 있고 세포질에는 굴광성의 방울을 가지고 있다. 제일 바깥층 벽은 엷고 염색되지 않는다. 그 아래층은 불규칙한 형으로 에오진에 진하게 염색된다.

감염 가재는 갑각에 특징적인 노란색 반점이 생긴다. 진단을 위해서는 갑각 하부의 결합조직을 긁어 슬라이드글라스에 도말하여 검경하거나 10% KOH를 적하시킨 다음에 검경한다.

병리 조직학적으로 감염초기에는 불규칙한 아메바 형상이다. 대형의 알콜 용해성 지방방울을 가진 성숙 sporocyst는 불분명하지만 진하게 염색되는 결정상 또는 공포성의 봉입체는 확인할 수 있다. 여러 층으로 된 층의 제일 바깥층은 여러 개의 불규칙한 단백질성의 판으로 구성되어 있는데 에오진에 진하게 염색된다. 큐티클하 결합조직, 간췌장, 안테나선 및 아가미에서 발견되며, 드물게는 근육, 신경 및 조혈조직에도 발견된다. 감염의 강도는 가재의 크기와는 무관하며 혈구의 침윤이 일어나지 않는다.

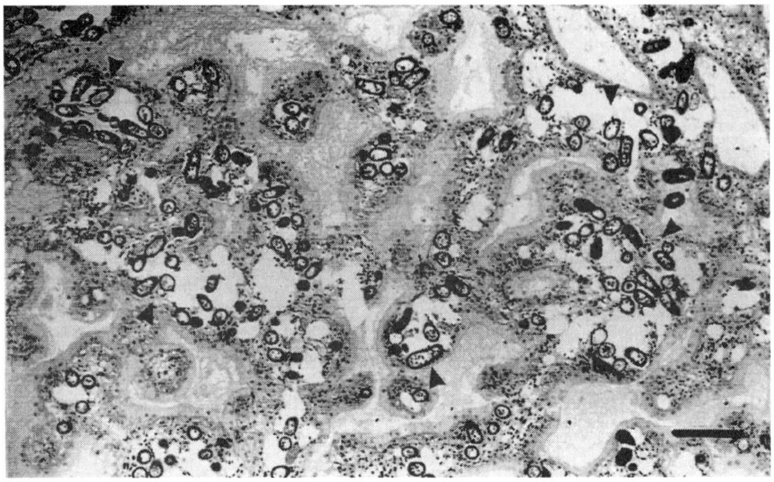

그림 4-35 *C. quadricarinatus*의 안테나선 내의 심한 *Psorospermium* sp.감염. *Psorospermium* sp.(화살표)는 nephridial canal주변의 혈동에 주로 감염되어 있다. HE, Bar= 200 ㎛.

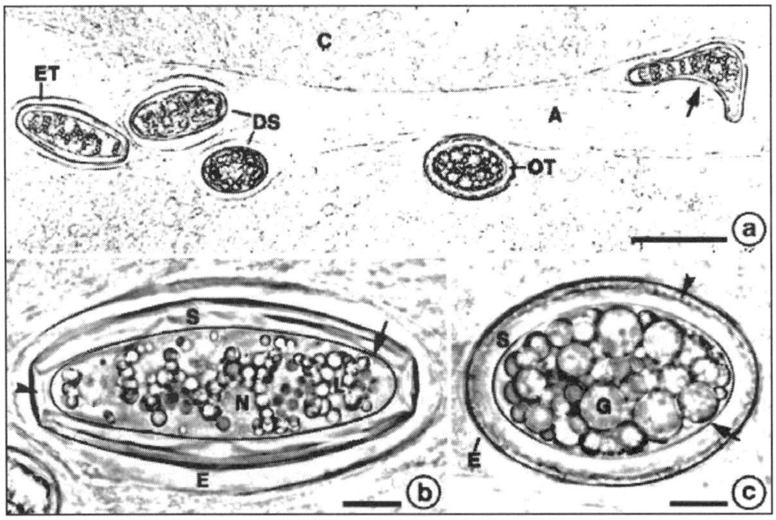

그림 4-36 *Astacus astacus*의 *Psorospermium haeckeli*감염. A: 동맥 내의 난원형(ET) 또는 계란형(OT)의 *P. haeckeli*. C는 결합조직임, DS(난원형의 발육단계) 화살표(난원형의 변형체). B: 결합조직성의 막(E)과 소형의 균질성의 지방 방울(L) 및 소수의 대형 비지방성의 방울(N)을 가진 난원형의 성숙 포자, S(3개의 층으로 구성된 shell), 막대 화살표(shell의 내층), 화살표(shell의 외층), C: 막대 화살표(shell의 내층), 화살표(shell plate). A는 fresh, B와 C는 10% KOH처리 도말표본. A는 100 ㎛, B와 C는 20 ㎛.

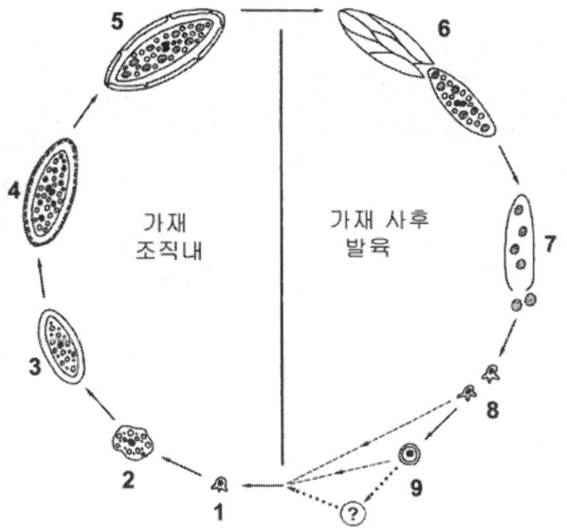

그림 4-37 *Psoropermium haeckeli*의 생활사. 1: 아메바 단계, 2: Thin-walled stage, 3: Sporocyst로 분화하는 초기단계로 primordial shell을 가짐. 4: 성숙 sporocyst(휴지기), 6: Sporocyst에서 spore receptacle의 이탈, 7: Spore receptacle에서 포자의 이탈, 8: 운동성의 아메바 단계, 9: 아메바의 피낭형.

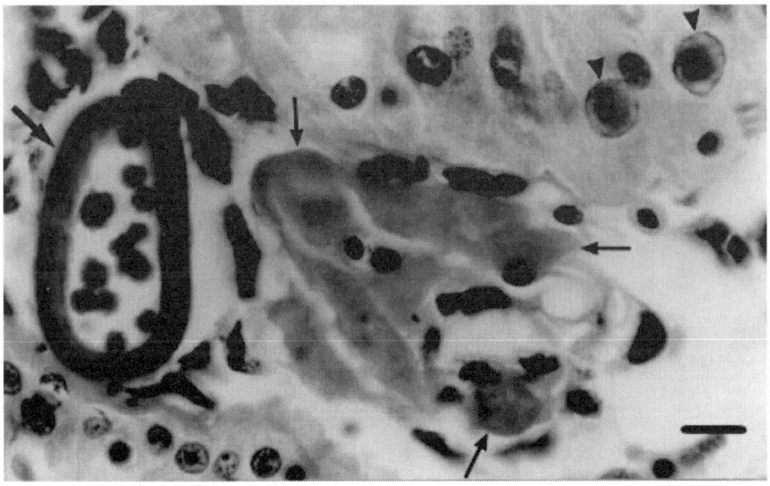

그림 4-38 간췌장 혈관 내에 화농성의 호산성 봉입체(가는 막대 화살표)와 *Psorospermium* sp포자(두터운 막대 화살표)와 CqBV(화살표)가 혼합감염. HE, bar= 20 ㎛.

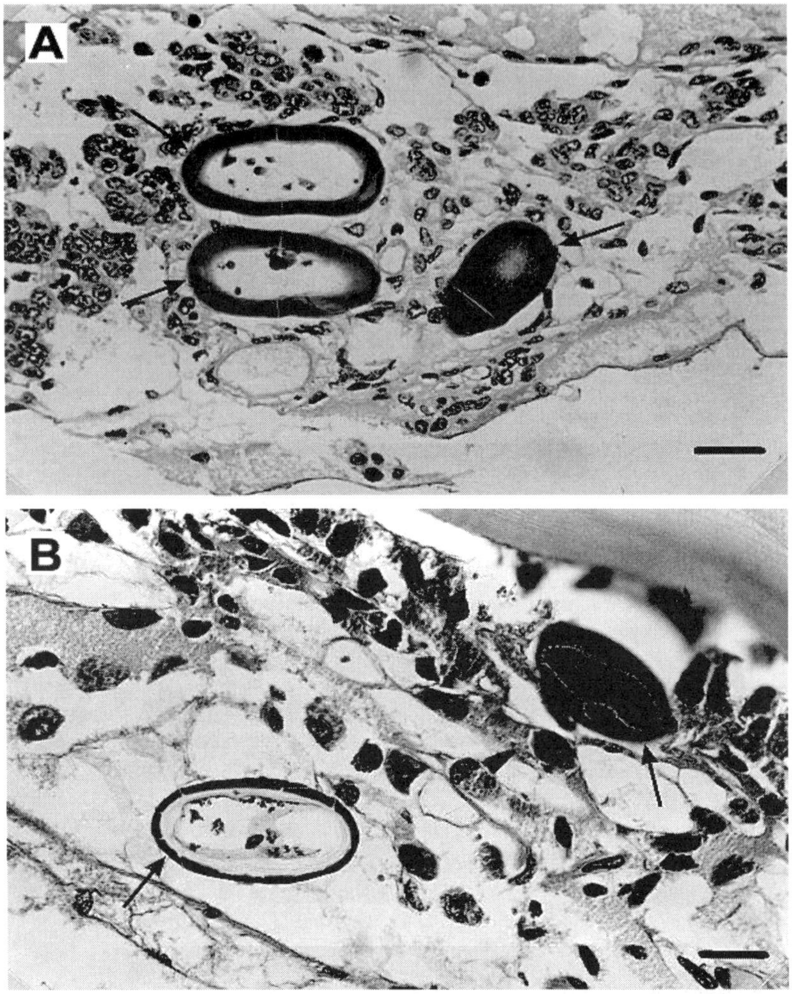

그림 4-39 A: *Psorosperminum* sp. 두터운 shell은 2개의 plate로 구성되어 있다. B: *Astacus astacus*에 감염된 *P. haeckeli*는 shell이 많은 plate로 구성되어 있다. HE, Bar= 33 ㎛

5) Metazoa

(1) Digenea

약 10종의 이생류가 민물가재에 감염되는 것으로 보고되어지고 있다. 이중에서 *Paragonimus*(폐 흡충, *Paragonimus westermani*)는 공중 위생에 문제가 되는 종으로, 메타세르카리아는 비교적 소형으로 직경이 0.4 ㎜정도이지만, 다른 종은 타원형으로 0.2-0.3 ㎜정도이다.

생활사 중에 제 1중간숙주는 연체동물이며, 가재 또는 척추동물이 중간숙주 또는 종숙주가 된다. 대부분의 경우 달팽이가 중간숙주이지만, *Gorgodera amplicava*는 조개류가 제 1중간숙주이다.

감염되면 많은 수의 메타세르카리아가 형성됨으로 생체 기능이 저하된다. *Paragonimus* spp는 소형으로 복부 근육 또는 위심강에서 발견되지만, 성체는 대형으로 포유류의 심장에 피낭을 형성하고 있다.

가재에서의 메타세르카리아를 조사할 때는 가재의 으깬 다음 인공소화액(10% NaOH)을 첨가하여 37℃에 2시간 용해시킨 다음, mesh로 여과하여 침전물을 해부현미경으로 검경하여 피낭유충을 발견할 수 있다.

(2) Nematode

민물가재의 내외부 기관에서 발견되지만 특히 아가미의 표면에서 많이 발견된다. *Angiostrongylus cantonensis*(광동주혈선충)는 달팽이의 껍질 속에 0-24℃에서 7일 이상 감염능력을 가지고 들어 있을 수 있다. 그러나 -15℃에 12시간 방치하면 감염능력을 상실한다. 이종의 사멸 온도는 50-55℃이다. *Gammarinema* sp는 toltrazuril 5 ppm에 24시간 노출시켰을 때 사멸하며 2시간 약욕시키면 반수 정도가 사멸한다.

(3) Acanthocephalan

중장 또는 근육, 혈림프 등에서 발견된다. 피할 때 새로 만들어진 외피에 새로운 감염이 생긴다. 즉 탈피되는 갑각에 붙어있던 충체가 떨어져 나와 새로운 부착장소를 찾아 부착하게 되는 것이다

6) 부착 생물

(1)섬모충

Epistylis, Cothurnia, Lagenophrys 및 *Zoothamnium* 등이 주로 발견되며 그 외 *Vaginicola, Pyxicola, Vorticella, Carchesium* 및 *Sincothurnia* 등도 발견된다.

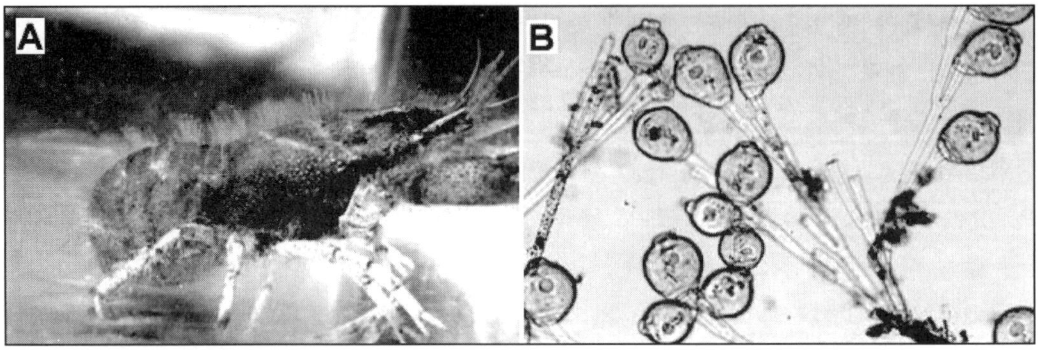

그림 4-40 A. *leptodactylus*의 갑각과 복부에 감염된 *E. niagarae*. B: *E. niagarae*의 현미경상.

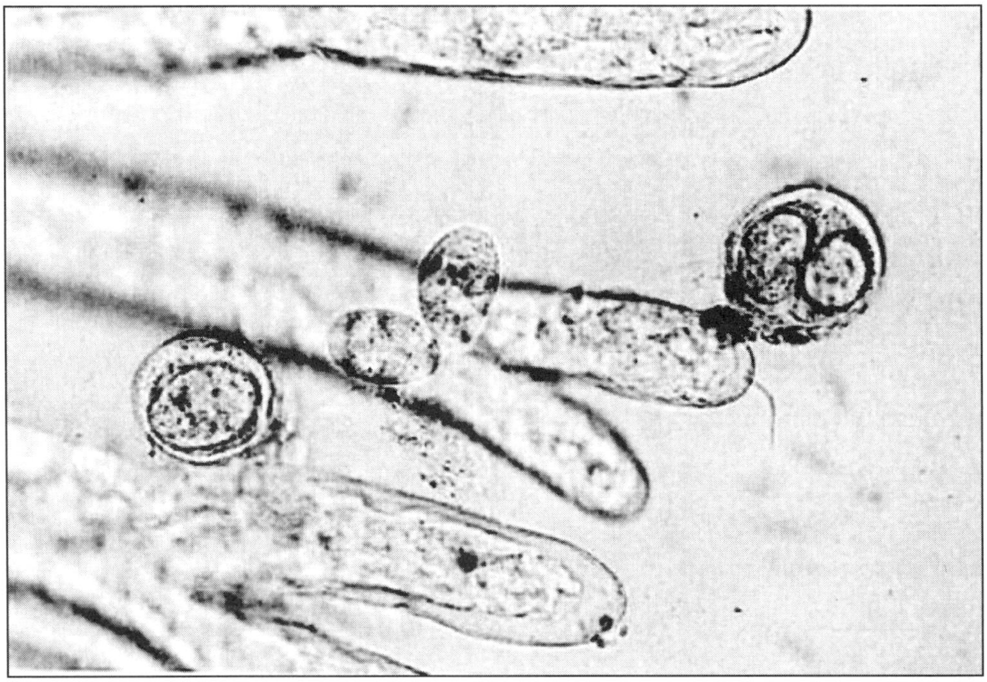

그림 4-41 *Cothurnia* sp.

제 5 장 민물 새우의 질병

1. *M. rosenbergii* nodavirus (MrNV)=white tail disease

최근에 인도, 대만 등지의 민물산 징거미 새우에서 발병된 새로운 질병으로 특징적인 증상이 발견된 2 3일 후에 거의 100%폐사한다. 최초 발생은 postlarva 3-5일령에 발생하기 시작하여 특징적인 증상이 발현되면 거의 폐사한다. 또한 이 병에 감염된 postlarvae 새우를 세균학적으로 조사하면 *Staphylococcus* spp.가 우점종으로 분리되는 반면 건강한 post-larvae는 이러한 세균이 분리되지 않는다.

감염 새우는 식욕 부진으로 무기력하며, 복부 근육이 백탁되는 것이 특징으로 백탁부위는 점차 처음 발생한 부분에서 앞쪽과 뒤쪽으로 퍼져나간다. 최종적으로 미절 부분까지 희게 변하게 되고, 심한 경우에는 미절이 잘려나가게 된다. 백탁 부분이 처음으로 생겨나는 곳은 주로 새우의 뒷부분인 미절 부분에서 시작하여 점차 두부 쪽으로 확산되어 가는 것이 일반적이다.

감염 새우의 병소를 채취하여 침지법이나 근육주사하면 postlarva인 경우에는 5일 이내에 100%폐사하며, 성체인 경우 접종 5후에 약 50%가 폐사한다. 인위 감염시킨 새우는 정상새우에 비해 두흉부의 크기가 비대해져 정상 새우의 약 2배에 달하는 경우도 있다. 이렇게 두흉부의 크기가 커지는 것은 간췌장 주위에 내부에 액체가 충만된 2개의 물주머니 같은 구조물이 생기기 때문으로 두흉부를 절개하여 보면 쉽게 발견할 수 있다.

감염경로는 수직감염으로 보균하고 있는 어미 새우에서 치하에 감염되며, 먹이 생물인 *Artemia*가 매개 역할을 하는 것으로 알려져 있다.

원인 바이러스는 *Macrobrachium rosenbergii* nodavirus (MrNV)와 extra small virus(XSV)의 2종류의 바이러스가 발견되지만, 2종류의 역할에 관해서는 아직 분명하지 않다.

병리 조직학적으로는 근육의 괴사로 근섬유는 초자적 변성을 일으키며, 괴사소에는 바이러스의 봉입체처럼 보이는 응축된 핵이 모인다. 이러한 병리상은 징거미 새우의 idiopathic muscle necerosis(IMN)과 유사하다.

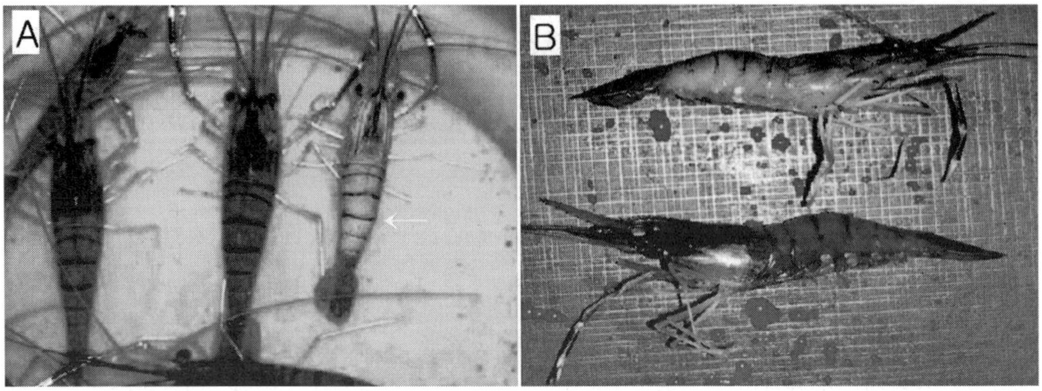

그림 5-1 노다바이러스의 감염에 의한 흰꼬리병. A: 병든 개체(화살표)는 근육부위가 백탁. B: 병든 개체(상)는 근육 부위가 불투명하지만, 건강 개체(아래)는 투명하여 뒷부분의 적색이 반영되어 보임.

감염 실험을 위해서는 동결 보존한 감염 징거미 새우 PL을 해동한 다음 9배량의 TN buffer(20 mM Tris-HCl, 0.4 M NaCL, pH 7.4)을 첨가하여 10%(w/v)의 조직액을 만든다. 4,000g에 20분간 원심하여 상청액만을 다시 10,000g에 20분간 원심한다. 최종적으로 상청액만을 회수하여 0.22 ㎛ filter로 여과한 다음 사용 시까지 -20℃에 보관한다.

침지 감염은 PL인 경우 멸균 담수로 여러 번 세척한 다음 27-30℃의 산소가 공급되는 5 ℓ 비이커에 약 30개체를 수용한 다음 먹이는 *Artemia naupli*를 투여한다. 바이러스액의 양은 전체 수량과 동량-0.1%로 첨가한다. 접종 후에는 수분의 증발을 방지하기 위하여 비이커는 덮개를 하여 둔다. PL인 경우 대개 5일 이내에 전량 폐사한다. 근육 주사는 제 2복절에 단백질량으로 개체 당 300 ㎍이 되도록 주사한다. 침지 감염에 의해 해산 새우류에서 RT-PCR에 의해 바이러스의 존재는 확인되지만, 폐사는 없다는 것을 알 수 있다.

진단은 postlarva의 복부 근육이 우유 빛 모양으로 백탁되어 폐사가 발생하면 이 병이 의심하여도 좋다.

병리 조직학적으로 감염 새우는 근육 섬유의 변성이 점진적으로 일어나는 것으로 호산성의 증가, 초자변성, 육아종 및 염증세포의 침윤을 특징으로 들 수 있다. 그러나 이러한 변화는 IMN과 매우 유사하지만, 근육 세포의 세포질 내에 봉입체가 형성되는 점에서 2병을 구분할 수 있다. 세포질 내 봉입체는 호염기성으로 Feulgen 반응에 양성이며, pyronin methyl green에 녹색, acridine orange에 노란색으로 염색된다. 그러나 봉입체는 혈구 세포의 핵과 혼동을 일으키기 쉽기 때문에 pyronin methyl green에 녹색으로 염색되는 것을 기준으로 하여 혈구 세포와 구분할 수 있어, 진단할 때 이 염색을 이용하는 것은 매우 유용한 방법이라 할 수 있다.

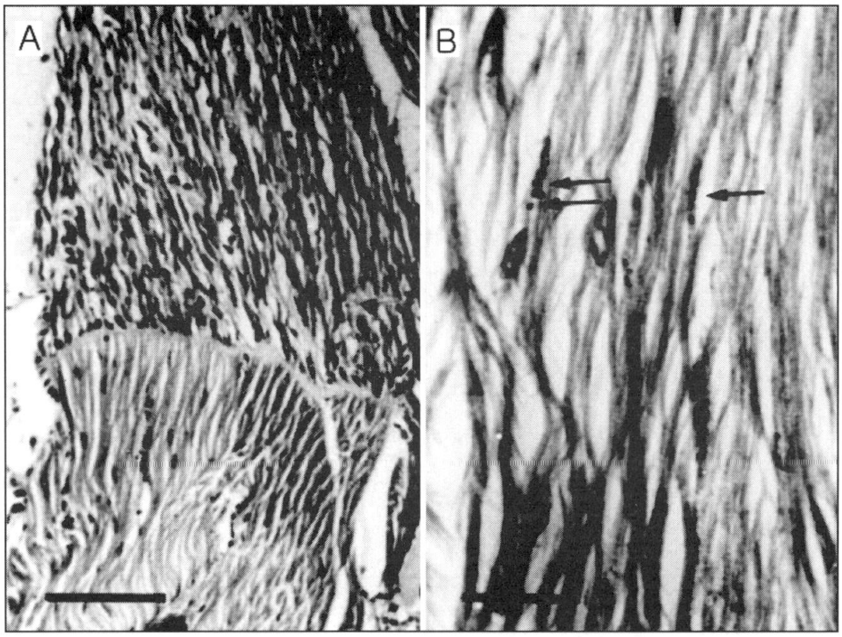

그림 5-2 A: 근섬유의 심한 괴사소로 핵 종대와 혈구의 침윤이 현저함. B: 괴사근육의 확대. 근섬유 내에 봉입체(화살표). HE. Bar=250 ㎛(A)과 50 ㎛(B).

분자생물학적으로는 PL은 개체 전체(150 ㎎), 성체인 경우 아가미, 간췌장, 심장, 위, 안병, 두부 근육, 복부 근육, 미부 근육, 난소, 장 및 보각의 일부분 또는 혈림프(150 ㎕)를 TN buffer(20 mM Tris-HCl, 0.4 M NaCL, pH 7.4) 300 ㎕첨가하여 균등액을 만든다. 균등액은 12,000g에 15분간 실온에서 원심하여 상청부를 회수한다. 회수한 상청액은 TRIzol reagent를 사용하여 RNA를 추출한다. 즉 상청액 150 ㎕에 TRIzol 1 ㎖를 첨가하여 잘 혼합한 다음 실온에서 5분간 배양한다. 그 후 chloroform 0.2 ㎖를 첨가하여 실온에서 심하게 2-3분간 흔들어 혼합한 다음 12,000g에 실온에서 5분간 원심 분리한다. 수용액층을 새로운 시험관에 옮기고 RNA를 침전시키기 위해 isopropanol 500 ㎕를 첨가한다. 75%에탄올로 세척하고, TE buffer(10 mM Tris-HCl, 1 mM EDTA, pH 7.5) 50 ㎕에 용해시킨다. 260㎚에서 흡광도를 측정하여 핵산의 양을 구하고, OD 260㎚/OD280㎚의 비율로서 순도를 체크한다.

PCR반응에 사용되는 primer는 MrNV2aF(5‘-GCG-TTA-TAG-ATG-GCA-CAA

-GG-3')와 MrNV2aR (5′-AGC -TGT-GAA-ACT-TCC-ACT-GG-3′)를 사용하여 52℃에 30분간 RT한 다음 95℃ 2분간 denaturation시켜 30사이클(94℃, 40s: 55℃, 40s: 68℃, 1 min)반응시킨 다음 68℃에 10분간 추가 신장시킨 후 종료한다.

XSV의 primer는 5′-CGC-GGA-TCC-GAT-GAA-TAA-GCG-ATT-AAT-AA-3′ (Forward)와 5′-CGC-GAA-TTC-CGT-TAC-TGT-TCG-GAG-TCC-CAA-3′ (Reverse)를 사용한다. PCR산물을 1% agarose gel로 전기영동하면 MrNV는 425bp, XSV는 546 bp의 특이 밴드가 형성된다.

XSV의 primer로 5'GGA-GAA-CCA-TGA-GAT-CACG-3'(forward)와 5'CTG-CTC- ATT-ACT-GTT-CGG-AGT-3'(reverse)를 사용하면 500 bp의 밴드가 형성된다.

이 병은 처음에는 징거미 새우에게만 발생하는 것으로 알려졌지만, 최근에는 *Penaeus indicus*와 *P. monodon*의 PL에도 발병하는 것으로 밝혀졌다. 그러나 근육의 백탁 현상은 동일하지만, 해산 새우인 경우에는 제 2복절의 마디가 처음으로 백탁된 다음 전후로 확대되어 가는 경향으로 사망률은 징거미 새우와 마찬가지로 거의 100%이다.

표 5-1 새우류에 감염되는 유사 바이러스와 징거미새우 Nodavirus의 비교

바이러스	감염 숙주	감염 조직	평균 직경(nm)	검출 부위	바이러스의 종류
IHHN	*P. stylirostris* *P. vannamei* *P. monodon* *P. semisulcatus*	큐티클 상피 결합조직 조혈조직 생식소, 아가미	22	세포질	Parvo-like virus
HPV	*P. monodon* *P. chinensis*	간췌장 간췌장	22–24	핵	Parvo-like virus
LPV	*P. monodon*	림프기관	25–30	핵	Parvo-like virus
TSV	*P. vannamei*	큐티클상피, 피하, 부속지의 근육, 아가미	31–32	세포질	Parvo-like virus
SMV	*P. monodon*	장	20	세포질	Parvo-like virus
MHPV	*M. rosenbergii*	간췌장	29	핵	Parvo-like virus
MrNV	*M. rosenbergii*	근육	23	세포질	Nodavirus

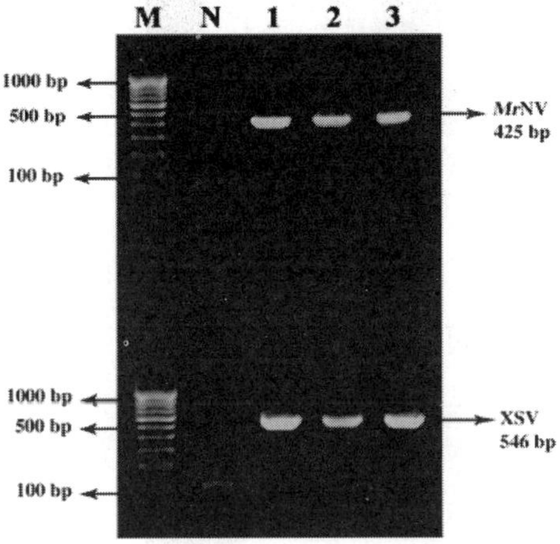

그림 5-3 MrNV와 XSV의 RT-PCR.
M: marker, N: negative control, 1: Positive control, 2-3: 감염 개체.

2. Branchiostegal blister disease (BDD=balloon disease)

종묘 생산한 치하를 육성을 위하여 방양한 후 30일 이내에 빈발하는 질병으로 아가미가 있는 갑각 부분(branchiostegite region)이 종대되기 때문에 branchiostegal blister disease 또는 balloon disease라 명명되었다. 사망률은 70-80%정도이다. 이러한 특징적인 증상이외에 액각과 부속지의 변형, 체표의 오염물 부착 등이 육안적으로 발견된다. 심한 경우 부속지는 뒤틀리거나 굽어지는 변형이 생기면서 붉은 색을 띄게 되며, 안테나 섬모는 괴사 때문에 짧아져 있다. 보각도 변형이 생기지만 유영지는 정상이다. 또한 미절과 telson은 괴사 때문에 가장자리가 붉어진다. 종대된 아가미 뚜껑 부위의 갑각은 단단해 보이며 백색의 반점이 생겨있다. 종대 부위를 자세히 관찰하면 소형의 거품 같은 액포로 채워져 있음을 알 수 있다. 심한 경우에는 아가미의 새변도 종대되어 있다.

병리 조직학적으로는 큐티클성의 상피세포가 조각이 나 있으며 새궁의 수종 같은 것은 수포상으로 보이는 것과 밀접한 관계가 있다. 수종내의 액체에는 세포성 성분은 없고, 혈구의 침윤이나 다른 염증반응이 전혀 없다는 것도 특이한 변화이다. 상피세포 내에는 직경 50-100 ㎛의 타원형의 cyst와 유사한 구조물이 존재하는데, 이것에는 세포라 생각할 수 있는 세포성 성분은 없다. 아가미는 아가미와 아가미 상피의 큐티클성 연결 부위에 세포 성분이 없는 액체가 고여 있어 상피세포가 위로 들어 올려져 있으며, 새변에서와 마찬가지로 심한 비대와 수종 같은 구조물이 관찰된다. 조직학적으로 원인 미생물은 발견되지 않고, 수질의 불량이 발병의 원인으로 추정되고 있다.

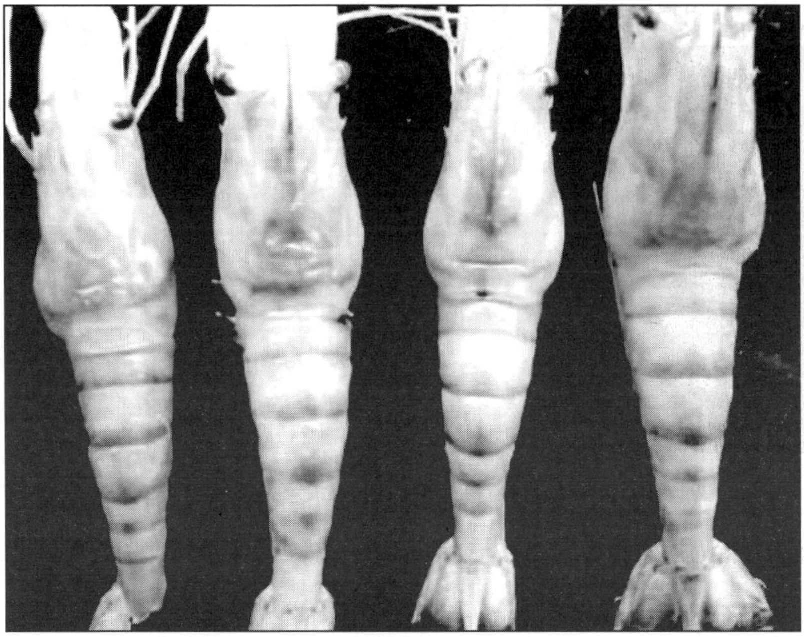

그림 5-4 아가미 부위의 갑각이 심하게 종대되어 있는 balloon disease에 감염된 *Macrobrachium rosenbergii*.

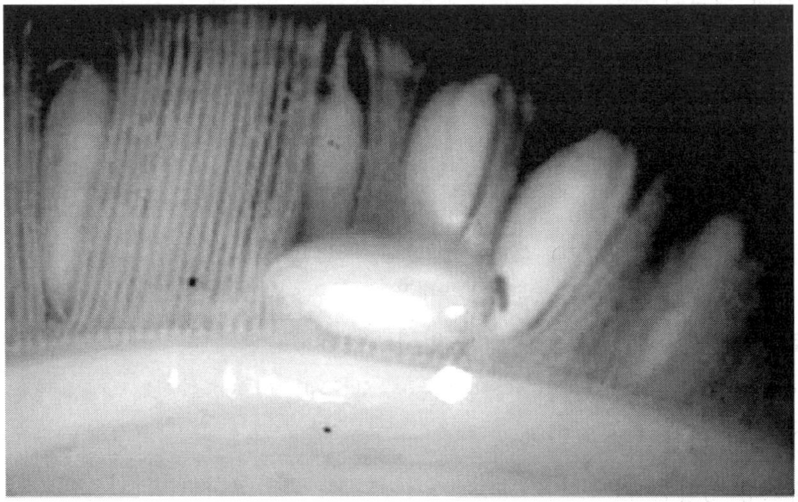

그림 5-5 새변이 비정상적 종대된 BBD에 감염된 민물새우.

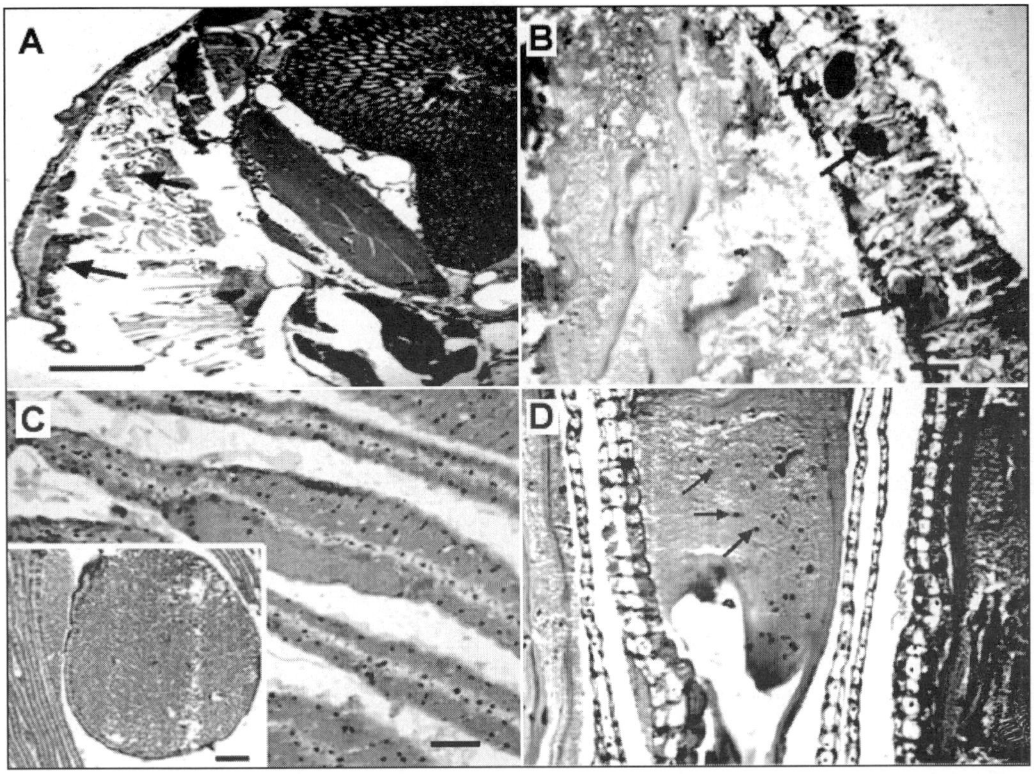

그림 5-6 A: Branchiostegal reagion의 종대(화살표), B: 근육층과 갑각사이의 수분의 축적에 의한 큐티클 아래의 상피세포의 균열과 상피세포내의 cyst와 같은 구조물(화살표), C: BBD감염 새우의 아가미, 삽입: 상피와 큐티클사이의 수종 때문에 상피가 위로 들어 올려져 있다, D: 수종내의 혈구세포(화살표)와 상피세포의 종대. HE, Bar=100 ㎛(C는 200 ㎛).

3. *Vibrio vulnificus*

감염된 새우는 근육이 백탁되며 체표와 부속지에 흑색의 반점이 생긴다. 부속지의 끝부분은 암갈색의 병소 또는 괴사가 생긴다, 폐사직전의 새우는 양어지의 가장 자리에 모여 표면을 힘없이 유영하고 있다.

원인균의 분리를 위해서는 간췌장 0.1 g을 생리식염수 1 ㎖에 넣고 균등액을 만든 다음 생리식염수로 10배로 희석한 100 ㎕를 TCBS에 접종하여 30℃에 2일간 배양한다. 혈림프에서 분리할 경우에는 혈림프 100 ㎕를 생리식염수 400 ㎕에 현탁시킨 다음 10배 희석액의 100 ㎕를 접종액으로 하여 배양한다. TCBS에 발육한 집락은 녹색의 원형의 집락이 형성된다.

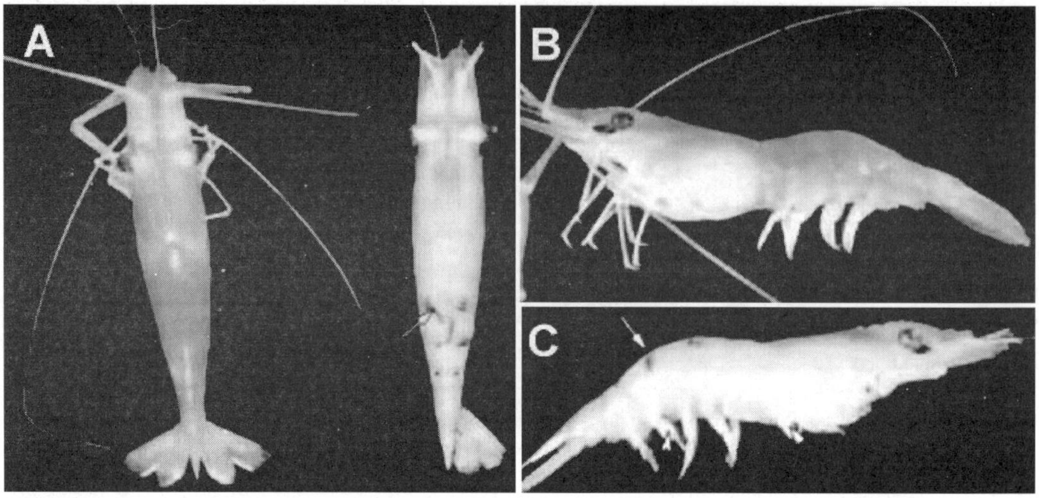

그림 5-7 미감염 (A의 좌와 B) 및 감염(A의 우와 C) 민물 징거미 새우.

병리 조직학적으로 건강한 새우의 간췌장은 관공의 형태로 관공의 내면을 1층의 상피세포가 쌓고 있으며, 관공주변의 결합조직에는 혈구세포와 근육세포가 관찰된다. 그러나 감염 새우의 간췌장은 관공이 괴사되고 관공사이에 많은 혈구세포가 침윤해 있고, 흑색의 침착 및 혈구 침윤성 장염이 생겨 있다.

건강한 새우의 아가미는 새변과 새변 사이의 간격이 일정하며 혈동이 존재한다. 감염된 새우의 아가미는 혈동에 혈구세포의 침윤, 새변의 유착과 새변의 끝부분의 이상이 생기고 괴사소의 세포는 핵농축과 핵붕괴를 일으키고 있다.

건강한 새우의 큐티클은 제일 바깥쪽에 엷은 epicuticle, 그 아래쪽에 층상의 exocutilce, 그 아래에 엷은 endocuticle, 그 아래에 결합조직이 근육조직과 연결하는 구조로 되어 있다, 감염 새우의 큐티클은 괴사와 붕괴 및 흑색 색소의 침착 등의 변화가 생긴 epicuticle이 붕괴되어 있고, 심한 경우에는 붕괴 결손이 epicuticle과 마찬가지로 괴사 및 간질의 감소를 나타내는 exocuticle까지 확대되어 갑각에 움푹 패인 홈과 같은 것이 형성된다. 또한 cuticle아래의 원주상의 막은 핵농축, 공포화 및 세포질의 감소 등을 나타낸다. 또한 큐티클과 그 아래의 액화 괴사를 나타내는 근육층 사이에는 물이 고여 수종상을 나타내고 있다.

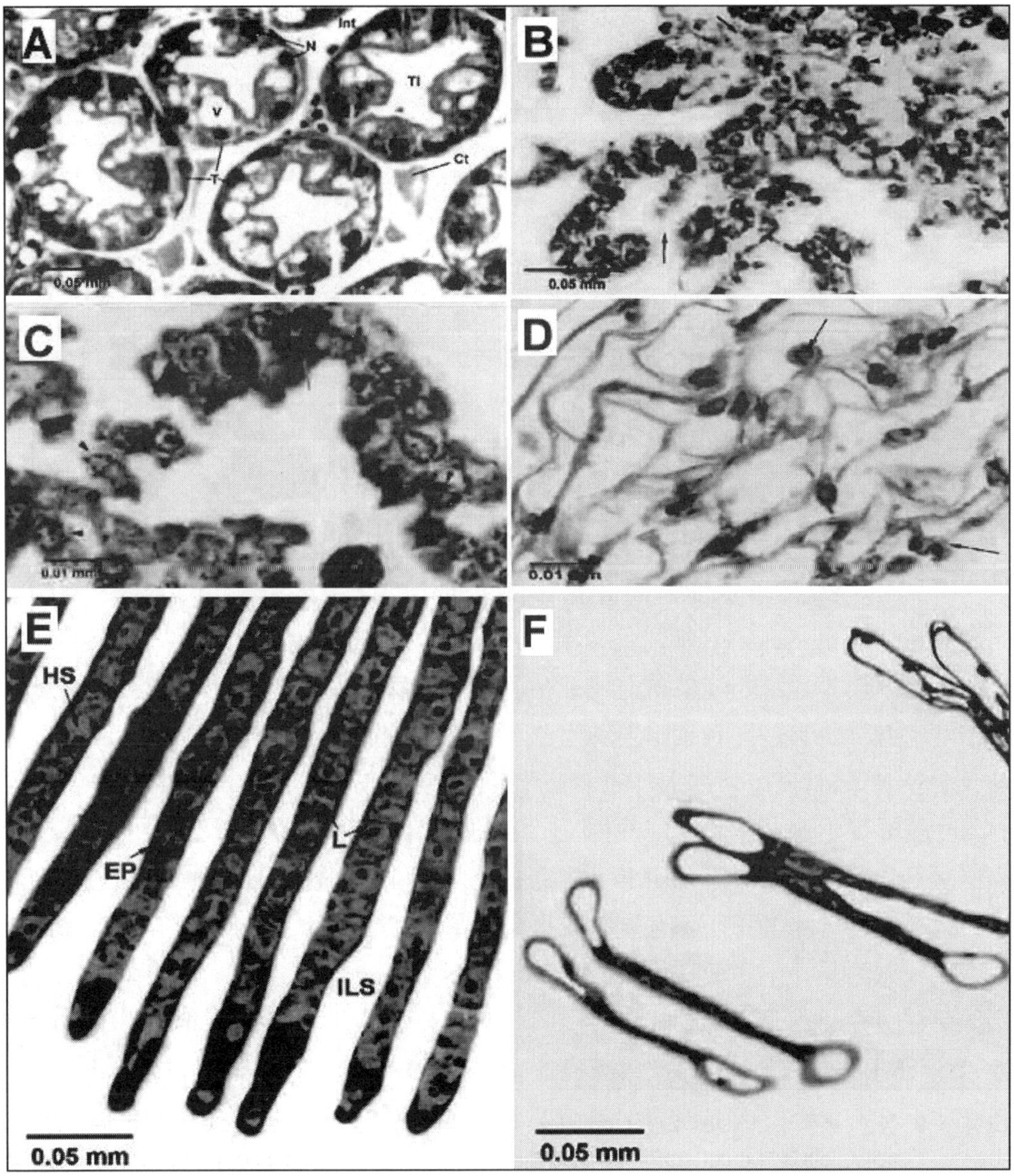

그림 5-8 A: 정상 새우의 간췌장, N(핵), T(관공), int(intertular space), V(vacuole), B: 관공의 붕괴를 일으킨 감염 새우의 간췌장, C: 간췌장의 hemal sinus의 세균 집락과 상피 세포의 핵막 과염과 핵 비대, D: 핵농축과 핵 융해를 일으키고 있는 아가미의 상피세포, E: 정상 새우의 아가미, EP(상피세포), HS(haemocoelic space), ILS(interlamellar space), L(lamellae), F: 새변의 끝 부분의 변형이 생긴 감염 새우의 아가미.

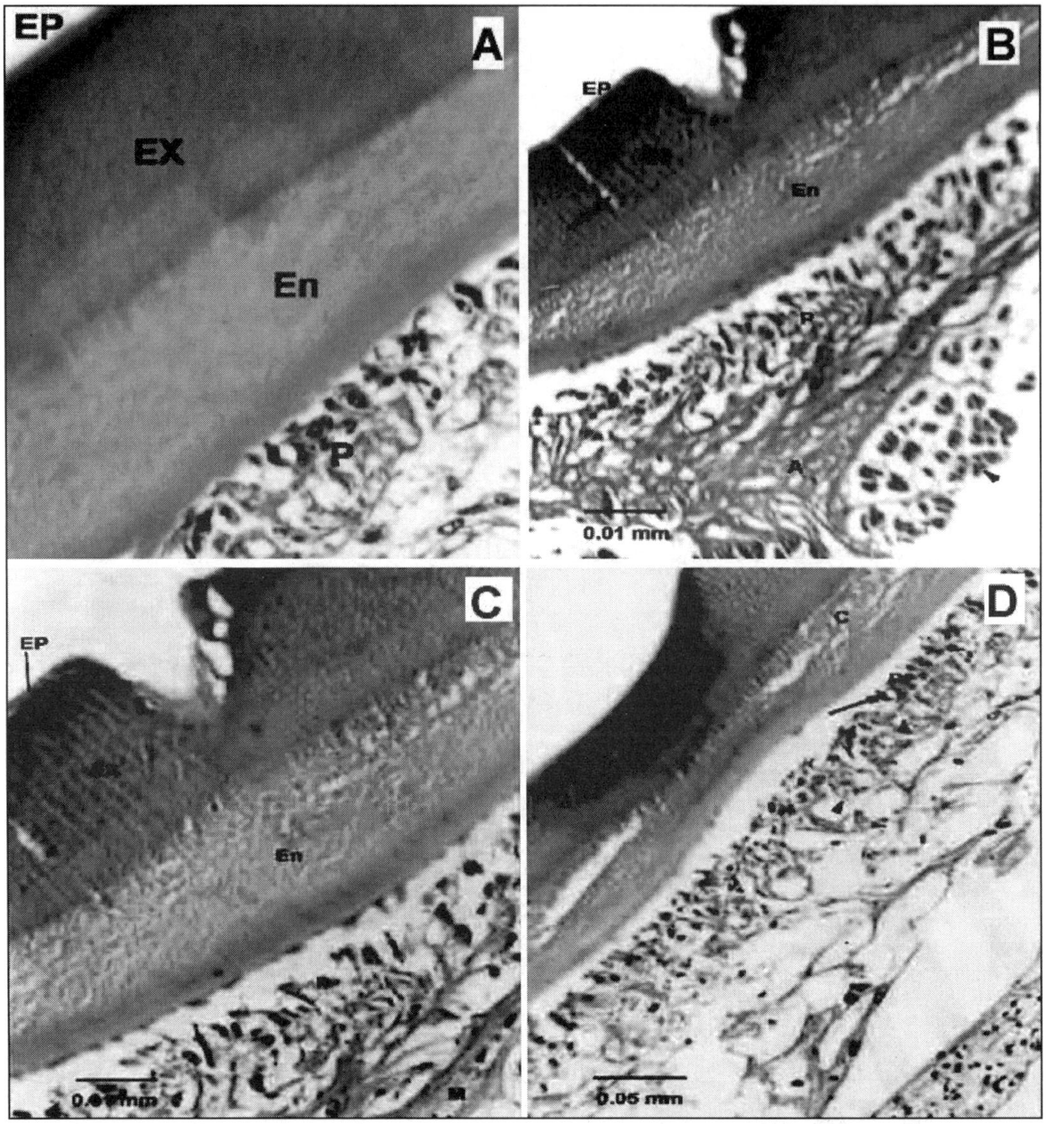

그림 5-9 정상 새우의 cuticle. EP(epicuticle), Ex(exocuticle), En(endocuticle), P(epidermis). B: epicuticle과 exocuticle의 부식, 변성 및 흑색 침착, C: epicutilce과 exocuticle의 붕괴와 cuticle과 근육층 사이의 수종(A), D: epidermis의 입방세포의 융해, 핵농축, 공포화 및 세포질의 감소가 현저함.

4. *Candida sake*

감염새우는 유영능력이 불활발하며 식욕이 저하된다. 주로 성체에만 감염되며 치하에는 발생하지 않는다. 감염된 성체는 증상이 발현된 4-5일 이내에 사망한다.

감염 새우는 체색이 황갈색을 띠며, 눈의 백탁, 두흉부와 복절 사이의 종대되며, 혈림프는 백탁되고 간췌장은 엷은 노란색을 띠고 있다. 또한 근육도 백색을 띠면서 불투명하게 된다, 감염된 새우의 조직을 절취하여 검경하면 많은 수의 그람 양성 효모균을 발견할 수 있다. 원인 효모는 YPD broth (1% yeast extract, 2% peptone, 2% glucose)에 접종하여 25℃에 배양하면 분리 가능하다.

병리 조직학적으로는 간췌장과 관공에 공포화 및 변성이 현저하다. 효모의 집합체는 간췌장 관공 사이의 결합조직 내에 집합체로서 발견된다. 또한 혈구세포의 도말표본에서도 혈구세포 내에 많은 수의 효모가 탐식되어 있는 것을 발견할 수 있다. 감염 새우에서 분리되는 것은 *Candida sake*이외에 *Pichia anomala, Endomyces fibuliger* 및 *Candida famata* 등도 분리되지만 발병의 1차적 원인 *Candida sake*에 의한 것이다.

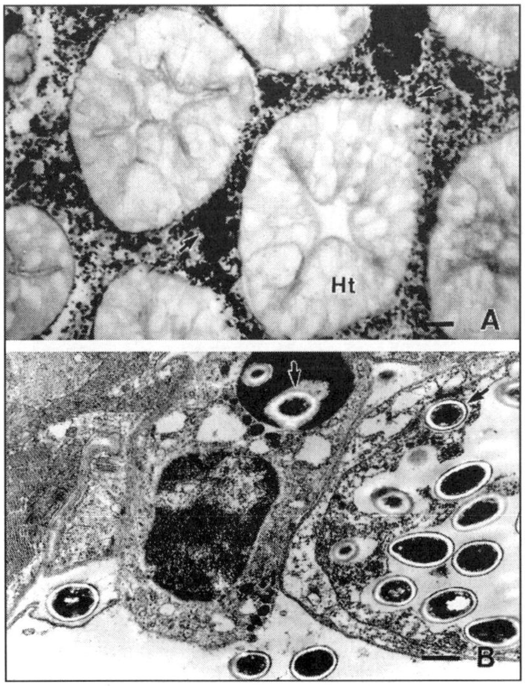

그림 5-10 A: 간췌장 관공 주변의 간질 내에 효모 집합체(화살표), PAS염색, Bar=40 ㎛, B: 혈구내의 효모(화살표)의 전자 현미경상, Bar=800 nm.

5. *Enterococcus* sp.감염증

감염 새우는 무기력하며, 성장 불량 및 근육의 백탁을 특징으로 한다. 근육의 백탁은 두흉부에서 먼저 생겨나 하며 질병이 진행됨에 따라 복절부위로 퍼져나간다.

병리 조직학적으로 간췌장과 근육 내에 수많은 난원형의 쌍구균이 관찰되며, 간췌장은 괴사되고 hemal sinus의 결합조직에는 혈구가 집합하여 흑색색소가 침착된 육아종을 형성한다, 괴사된 근육 내에도 많은 수의 혈구가 침윤해 있다,

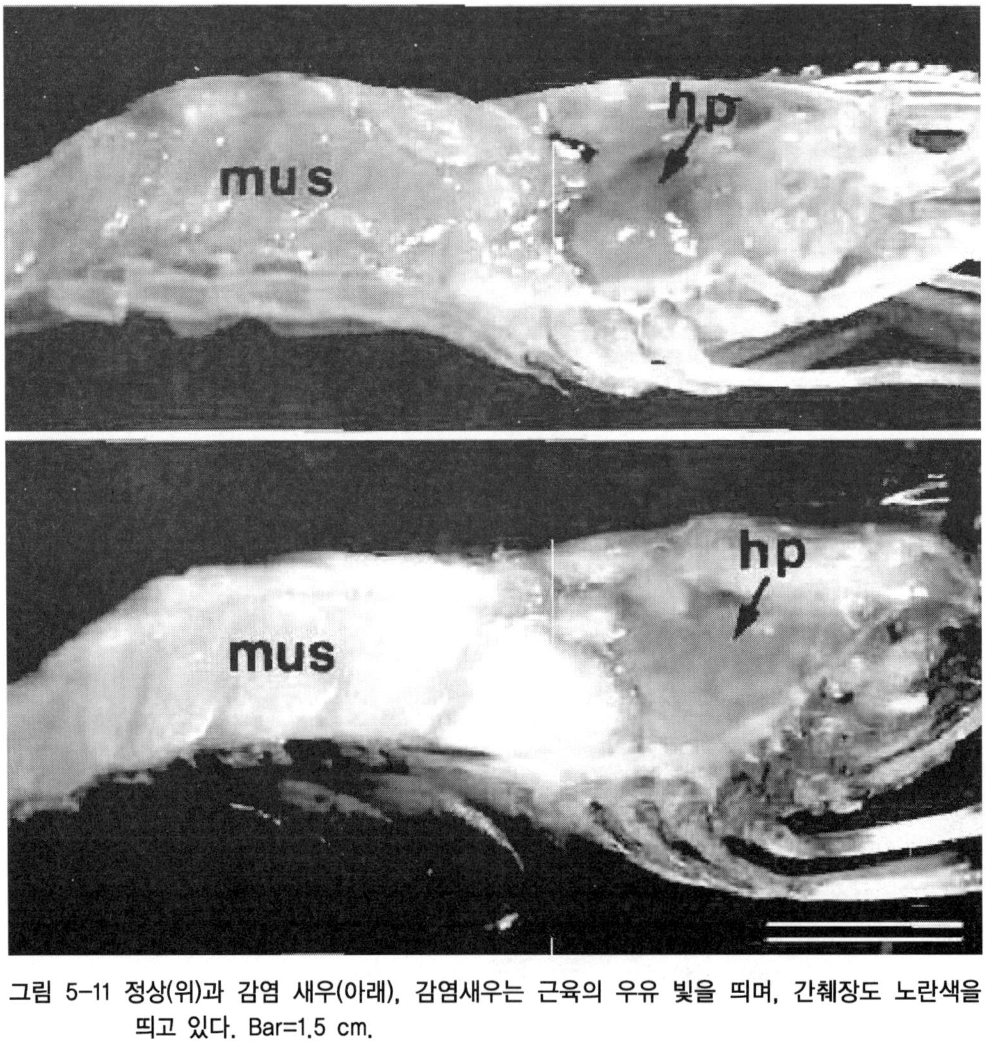

그림 5-11 정상(위)과 감염 새우(아래), 감염새우는 근육의 우유 빛을 띄며, 간췌장도 노란색을 띄고 있다. Bar=1.5 cm.

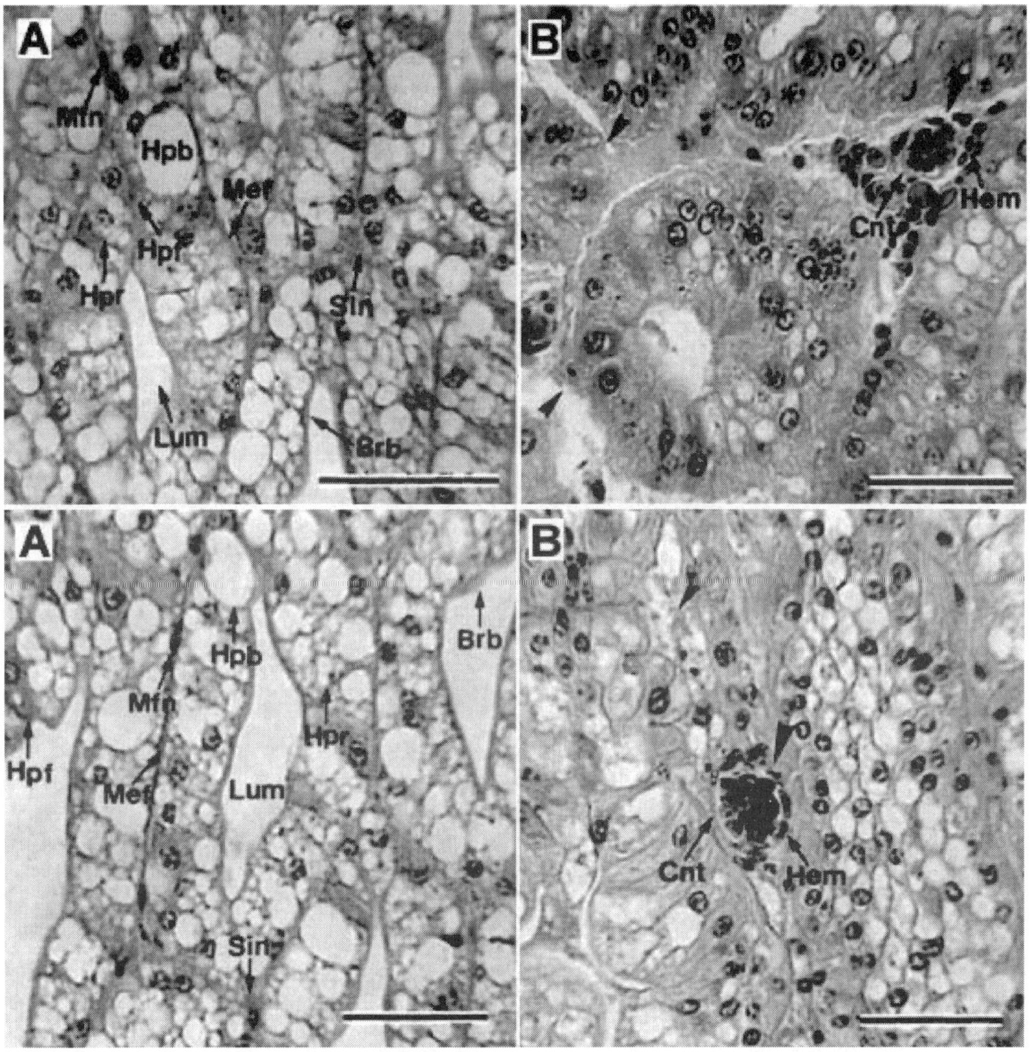

그림 5-12 정상(A)과 감염어(B)의 간췌장. 감염 새우는 관공(Lum)이 괴사되고, hemal sinus (Sin)의 결합조직에는 혈구에 피포되어 있는 흑색색소가 침착된 육아종(화살표 머리), Hpf: F-cell; Hpb: B-cell; Hpr: R-cell; Mfn: myoepithelial cell nuclei; Mef: myoepithelal layer; Brb: rnicrovillus brush borders. HE. Bar=30 ㎛.

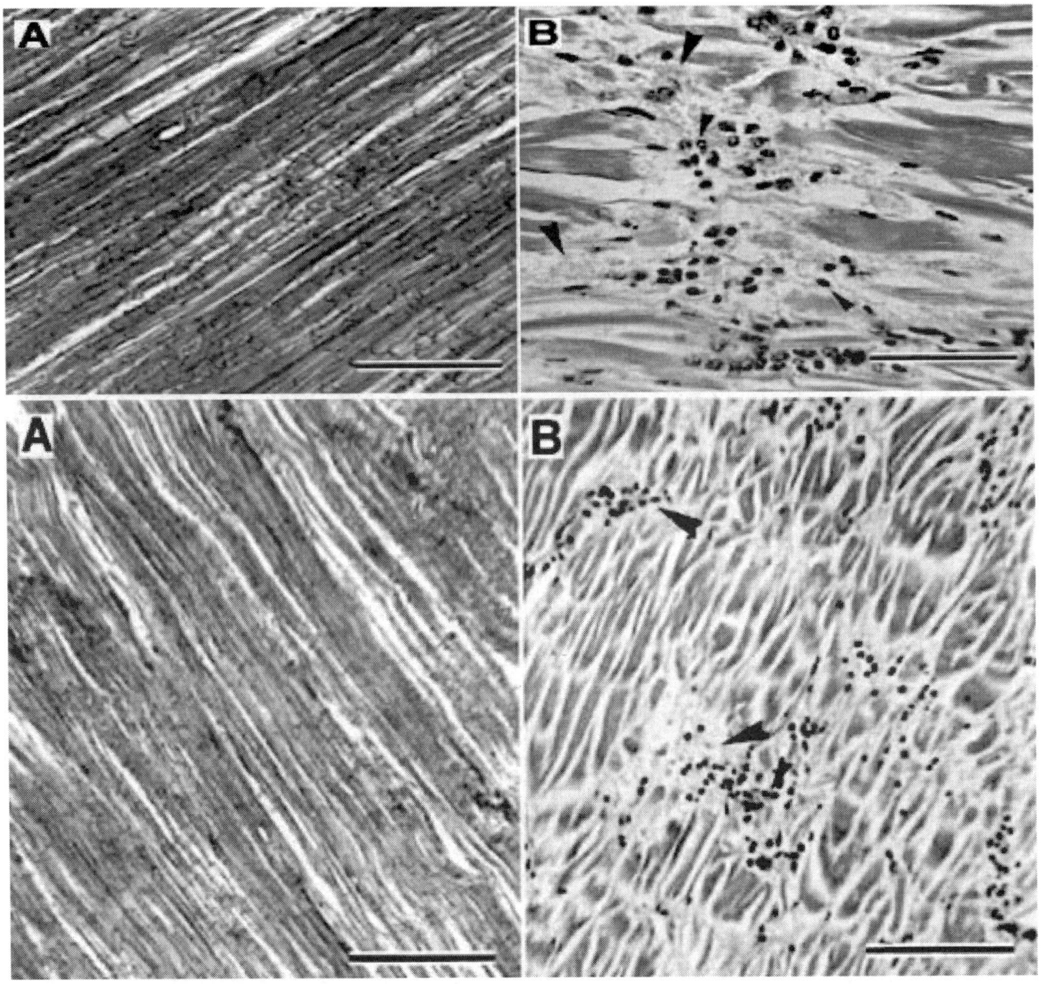

그림 5-13 정상(A)과 감염(B) 새우의 근육. 감염 새우의 근육은 괴사되고 혈구가 침윤되어 있다. HE, Bar=30 ㎛.

6. 징거미 새우의 *Lactococcus garvieae*

감염 새우는 식욕부진, 성장 저하 및 체색이 희게 변하며, 근육이 백탁되고 간췌장은 노란색을 띄면서 종대된다. 또 근육에는 직경 0.5-2 ㎝의 황백색 반점이 형성된다. 감염 새우의 간췌장, 근육의 도말 표본을 만들어 검경하면 많은 크기가 0.1-0.2 ㎛정도의 구균이 다수 발견된다. 원인균의 분리는 감염 새우의 갑각을 70%알콜로 소독한 다음 근육과 간췌장을 BHI에 접종하여 25℃에 배양한다.

병리 조직학적으로는 큐티클과 그 아래의 근육층 사이에 수종성의 액체가 축적되며,

근육섬유 다발은 액화 괴사된다. 복부, 유영지 및 보각의 근육에서는 많은 쌍구균이 발견된다. 근육과 간췌장에서는 혈구에 피포된 괴사소가 존재한다. 간췌장의 상피세포는 박리되어 관공으로 떨어져 나오고 간질에는 세균이 집합체가 존재하는 괴사소가 형성되며 염증반응이 일어난다. 이러한 괴사소와 세균의 집합체는 심장, 위 또는 다른 장기에서도 발견된다.

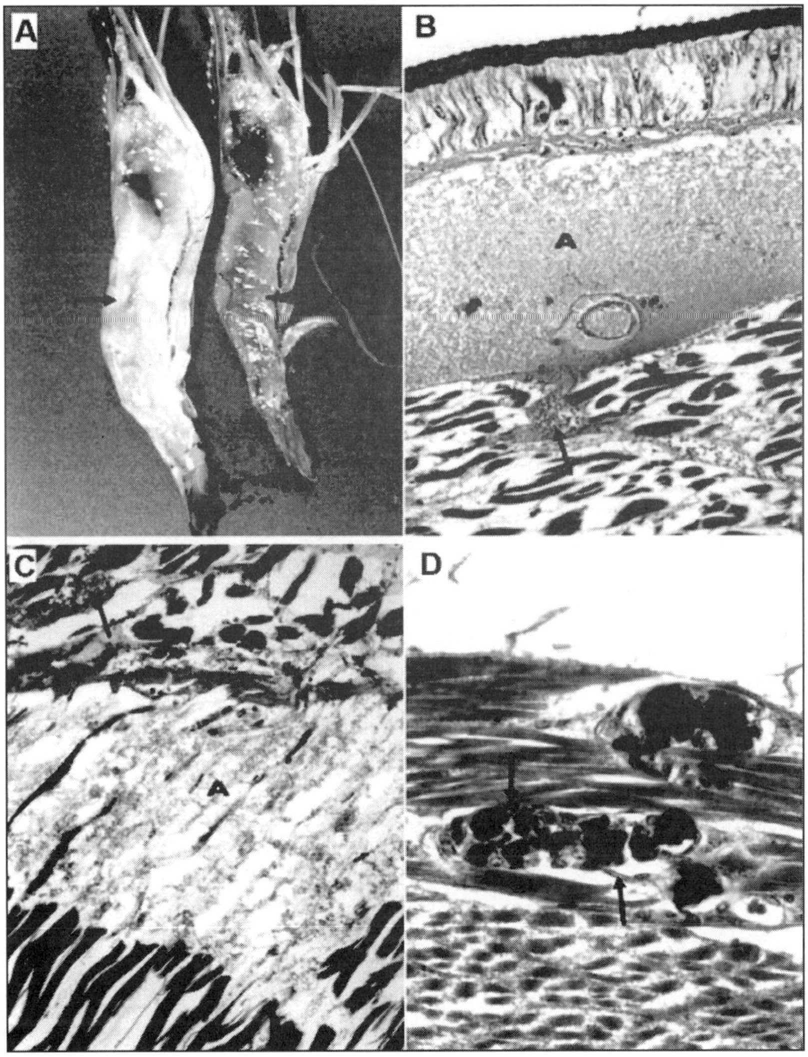

그림 5-14 A: 근육이 백탁된 감염 새우(좌)와 정상 새우의 근육. B: 갑각과 근육사이의 현저한 수종(화살표). C: 현저한 수종(A)과 세균의 집합체가 들어 있는 괴시소(화살표). D: 근육조직 내의 혈구세포에 피포된 괴사소. HE, bar=200 ㎛(B)와 400 ㎛(C& D).

*Enterococcus*감염증과 유사하지만 수종을 동반한 괴사소의 형성, 세균의 집합체 및 육아종이 아가미, 심장 근육, 간췌장 및 위 등에서 생긴다는 것이 차이점이라 할 수 있다.

*Lactococcus garvieae*의 징거미 새우에 대한 감수성은 수중의 화산동의 농도에 영향을 받는데, 0.1ppm일 경우에는 감수성이 저하되지만, 0.2ppm일 때는 감수성이 증가한다. 이러한 감수성의 변화는 황산동이 징거미 새우의 방어계에 영향을 끼쳤기 때문으로 생각된다.

분자생물학적으로는 pLG-1(5′-CAT AAC AAT GAG AAT CGC-3′)와 pLG-2(5′-GCA CCC TCG CGG GTT G-3′)를 사용하여 94℃ 3분간 initial denaturation시킨 다음 35사이클(94℃ 1분; 55℃ 1분; 72℃ 1분)반응시키는데 마지막 사이클의 extension은 10분간 실시하면 1,100bp의 특이 밴드가 형성된다.

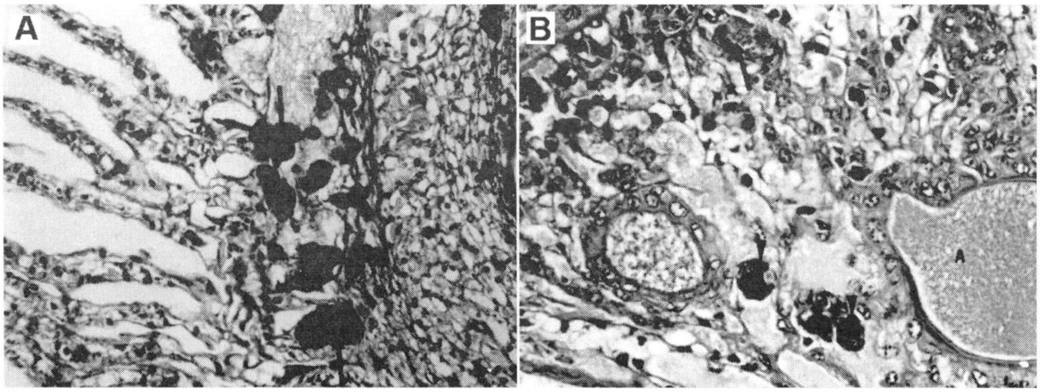

그림 5-15 A: 아가미 내의 원인균의 미소 집락. B: 간췌장의 혈동 내의 세균의 집락(화살표), 괴사소(화살표 머리) 및 수종(A)과 염증반응. HE. bar=200 ㎛(A) 및 400 ㎛(B).

제 6 장 게의 질병

1. 진흙 게의 Reovirus감염 잠자는 병(sleeping disease)

발병수온은 25-32℃이며, 누적 사망률은 70%로 진흙 게의 질병 중에서 폐사율이 매우 높은 질병이다. 김염 게는 체색이 회색으로 변하면서 식욕을 상실하고 행동이 둔화됨으로 잠자는 병이라 불리고 있다. 가장 특징적인 증상은 간췌장의 위축과 아가미의 부식이다.

감염실험을 위한 바이러스액은 간췌장과 아가미 약 2g을 PBS(pH 7.2) 20 ㎖를 첨가하여 균등액을 만든 다음 1500g 30분간 (4℃)에 원심 분리한다. 상청액에 penicillin(1000 IU/㎖)와 스트렙토마이신(1000 ㎍/㎖)를 첨가한 다음 여과 멸균한다. 여과액에 PBS를 첨가하여 최종량이 20 ㎖가 되게 한 것을 사용한다. 침지 감염은 10 ℓ의 해수에 바이러스액 10 ㎖를 첨가한 다음 28℃에 2시간 침지시키고, 주사법은 체중 100 g당 바이러스액 0.1㎖를 근육 주사한다. 또 감염개체의 간췌장 또는 아가미를 체중 100 g당 2 g의 비율로 3일간 경구투여 한 다음 잉어 치어를 먹이로 투여한다. 바이러스액을 근육 주사한 게와 건강한 개체를 1:1로 하여 20일간 사육하여도 재감염은 성립한다.

병리 조직학적으로 바이러스의 봉입체와 괴사 병소는 HE염색만으로도 쉽게 발견할 수 있다. 원인 바이러스는 간췌장, 아가미, 장의 결합조직을 표적기관으로 하고 있다. 감염된 결합조직 세포의 세포질에서는 봉입체가 발견되지만 핵에는 없다. 세포질 내 봉입체는 핵 주변에 분포하며, HE에 엷은 적색 또는 진한 적색으로 염색된다. 감염세포는 공포변성을 유발하며, 간췌장, 아가미 및 소화관의 결합조직의 괴사를 유발한다. 소화관, 아가미 및 간췌장의 상피세포에는 바이러스가 감염되지 않는다.

전자 현미경으로 검경하면 핵주변의 세포질에 1-3개의 봉입체가 관찰되며, 봉입체내의 바이러스입자는 결정상의 구조를 하고 있다. 또한 핵에서 먼 곳의 세포질 내에는 산재하는 바이러스 입자가 있다. 감염세포의 세포질에는 과립상 및 공포상의 변성이 생긴다.

Envelope가 없는 바이러스 입자는 중앙부에 전자 밀도가 높은 core가 전자 밀도가 낮은 띠로 둘러 쌓여 있다. 바이러스는 직경이 70㎚정도이며, 바이러스 입자를 정제하면 core가 충만된 완전한 입자와 capsid가 비이 있는 불완진한 입자의 2종류가 있다. 완전한 입자는 envelope가 없는 20면체(icosahedral)로 입자의 표면에는 spike 구조물이 없다.

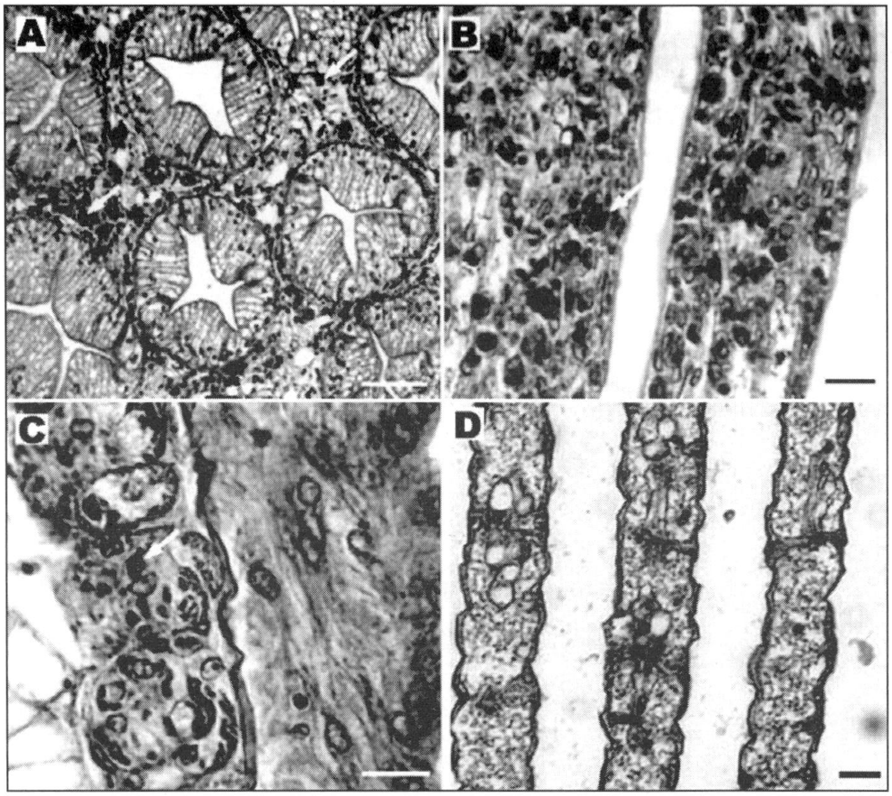

그림 6-1 간췌장(A), 아가미(B) 및 소화관(C) 결합 조직의 괴사와 봉입체(화살표). D: 미감염 게의 아가미. HE, Bar=100 ㎛(A), 25 ㎛(B)와 50 ㎛(C&D).

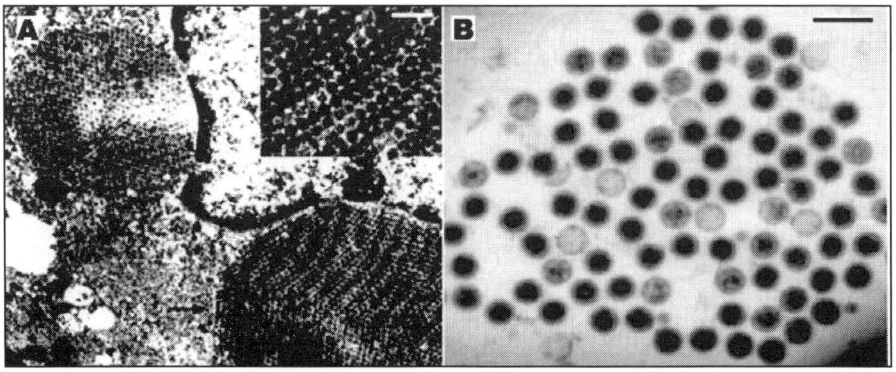

그림 6-2 A: 간췌장의 결합조직 내의 감염 세포의 핵 주변에 결정상의 구조물(화살표). B: 정제한 바이러스 입자. Bar=200 nm(A)와 100 nm(B).

2. Pepper disease

흡충인 *Microphallus bassodacylus*이 감염된 다음 cyst를 형성한 흡충에 다시 원생동물인 *Urosporidium crescens*가 감염하게 된다. 감염 게의 조직 내에 육안적으로 확인 가능한 직경 0.5 ㎜의 흑색 반점이 형성되는 것이 특징적이다. 갈색의 원생동물은 감염된 흡충 내에서 점차 성장하여 포자를 형성하면 흡충의 모든 조직이 완전히 원생동물의 포자로 대체된다. 이렇게 많은 수의 검은 포자가 외관상 검은 점으로 보이게 된다.

게의 감염은 염분 농도와 밀접한 관계가 있으며, 감염에는 저 염분의 기수 지역에 서식하고 있는 달팽이가 매개하고 있다. 감염된 달팽이는 수중에 자유 유영 능력이 있는 흡충의 유생인 cercaria를 방출하여 이것이 게에 감염된다. 이렇게 감염된 흡충에 다시 원생동물이 감염되게 되는 것으로, 흡충이 감염된 단계에서는 육안적으로 식별할 수는 없지만 흡충에 원생동물이 감염하게 되면 육안적으로 알아차릴 수 있다.

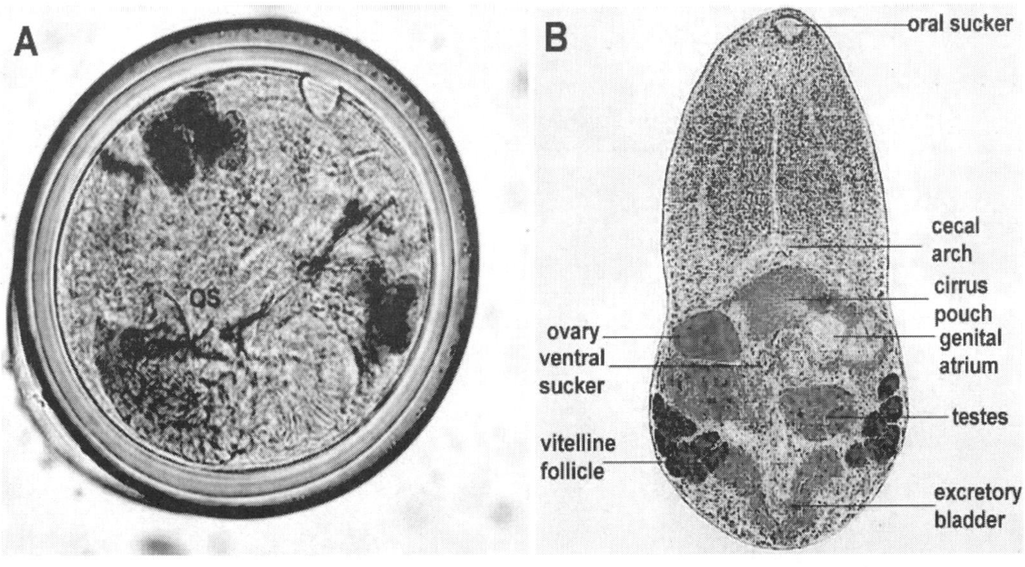

그림 6-3 A: 국산 길게(*Macrophthalmus dilatatus*)의 간췌장에서 분리한 *Microphallus koreana*의 metacercaria. B: metacercaria의 상세도.

3. Bitter disease

혈관 내 기생충 와편모충류인 *Hematodinium perezi*의 감염에 의한 것으로 혈액 내의 산소를 섭취하게 됨으로 감염 게는 쇠약해져서 폐사한다.

Hematodinium sp.는 온수성의 비교적 고염분수에서 빈발한다. 감염된 게의 내에서

충체는 폭발적으로 증식하여 3-6주내에 혈액 mℓ당 1억 개체 이상의 개체로 불어난다. 이 때문에 게의 혈액은 유백색으로 변하고 응고능력을 상실한다.

감염 게는 무기력하며, 발과 구기가 절단되며, 취급 중에 폐사하게 된다. 또한 게를 조리하였을 때 게의 육질은 백색을 띄고 쓴맛이 난다. 그러나 이러한 게를 식용하여도 인체에는 해가 없다. 감염 후기에는 조리하게 되면 갑각이 핑크색으로 변하게 된다.

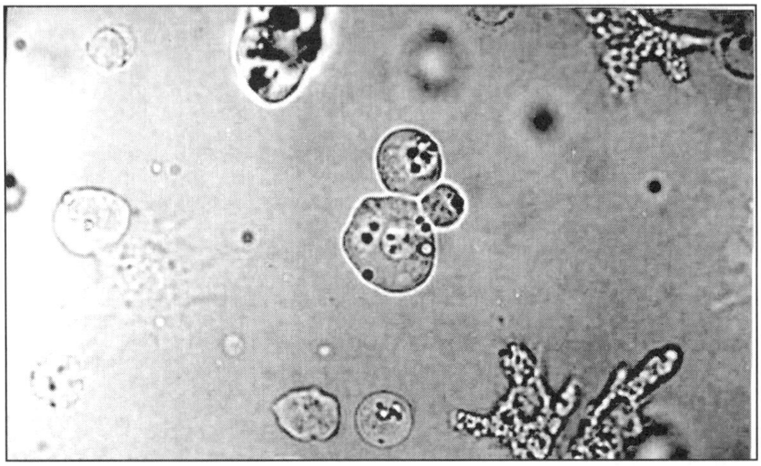

그림 6-4 게의 혈림프 중의 *Hematodinium*.

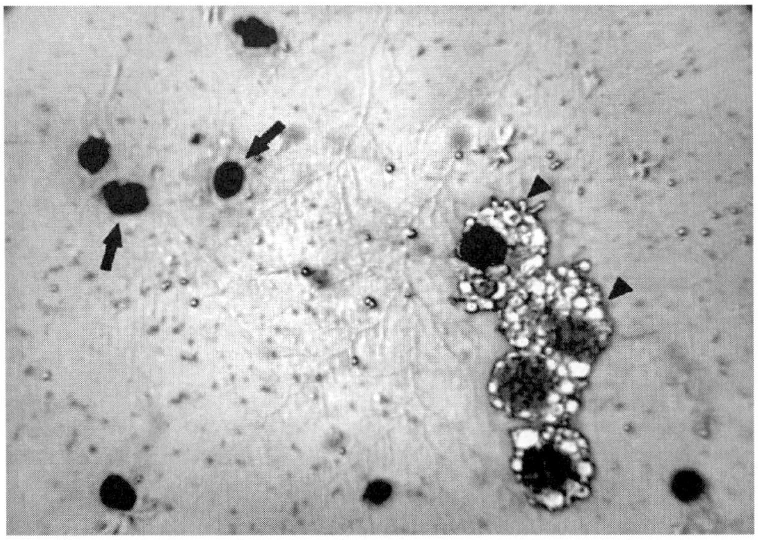

그림 6-5 혈림프 도말표본 내의 혈구(막대 화살)와 *Hematodinium*의 영양체(화살표).

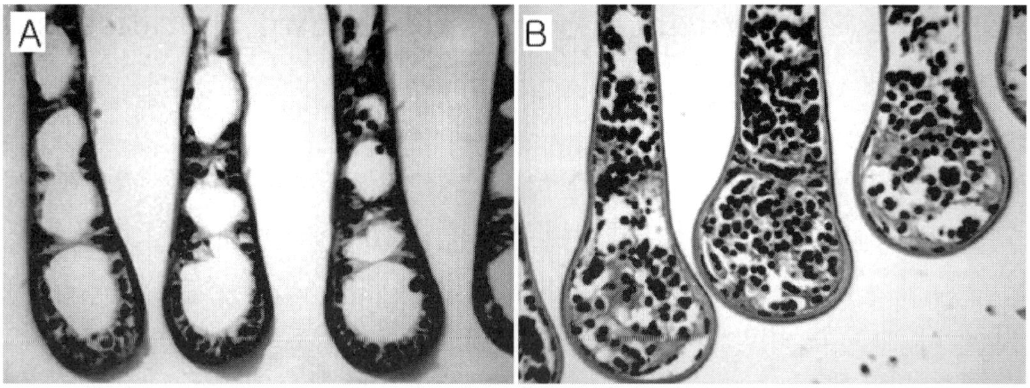

그림 6-6 정상 아가미(A)와 *Hematodinium*감염 게의 아가미(B). 정상 아가미는 상피세포 아래에 지주세포와 소수의 혈림프가 있지만, 감염 아가미는 충체의 증식에 의해 상피세포는 엷어지고 새변이 확대되어 있다.

일단 감염되면 영양체는 숙주의 전 조직으로 퍼져나간다. 그러나 혈림프가 기생충을 인식하지 못하는 정확한 이유는 아직 밝혀지지 않았다. 질병이 진행됨에 따라 충체의 대사산물이 혈구를 용해시키기 때문에 혈림프의 숫자가 감소하게 되고, 혈림프가 차지하고 있던 공간을 거의 충체가 채우게 되어 최종적으로는 혈림프보다 충체의 숫자가 더 많아지는 결과가 된다. 그 후 영양체에서 pre-spore가 생겨나와 micro-또는 micro-dinospore로 발달한다. 그러나 dinospore의 한 형태만이 숙주 내에서 발육하고 다른 하나는 발육하지 못한다.

병리학적으로 감염의 초기 또는 심하지 않을 때는 변화를 거의 발견할 수 없지만 감염 말기가 되면 영양체나 pre-spore가 맥관계를 폐쇄시키기 때문에 결합조직에서 쉽게 발견할 수 있다. 감염 말기의 아가미는 상피세포가 엷어지고 아가미의 형태유지에 필수불가결한 벽주세포가 붕괴되어 새변이 심하게 부풀어 오르게 된다. 영양체나 pre-spore는 기저막을 통과할 수 없지만 상피 세포에는 공포화 및 괴사가 일반적으로 관찰된다.

4. Cotton disease

미포자충 *Ameson michaelis*가 감염세포를 괴사시킴으로 근육이 현저하게 괴사되어 게가 살아 있을 경우에 근육이 불투명의 백색으로 보인다, 조리한 게의 육질은 희게 되며 게의 고유의 향이 없다. 공식에 의해 감염된다.

5. 갑각병(shell disease, burn spot, brown spot disease)

갑각병(shell disease)은 담수 및 해산 갑각류에 빈발하는 질병으로 발병은 과밀사육, 환수불량, 사육용수의 오염 등과 같은 스트레스 조건에서 잘 발생한다. 사육수에 하수 찌꺼기, 살충제 또는 중금속을 첨가하여 스트레스 조건으로 사육하게 되면 실험적으로도 발생시킬 수 있다.

그림 6-7 Shell disease에 감염된 푸른 꽃게(*C. pagurus*)의 복부의 특징적인 흑색 반점.

갑각병은 갑각의 부식을 특징으로 하는 질병으로 부식의 형태는 매우 다양하지만, 부식 부위가 갈색 또는 흑색의 반점으로 보이기 때문에 “brown spot disease" 또는 "black spot disease"라 불리어 왔다.

원인은 다양하여 특정지울 수 없지만, 환부에서는 *Aeromonas*와 *Vibrio*가 우점종이며, 그 외 다양한 세균이 분리되어지며, 곰팡이와 원생동물은 극소수 발견된다. 키틴 분해세균의 감염에 의한 것으로 갑각에 반점이 형성됨으로 상품성을 저하시키지만 식용에는 문제점이 없다.

갑각에 형성되는 환부는 바늘구멍처럼 적은 것에서부터 갈색 반점에 이르기 까지 다양하다.

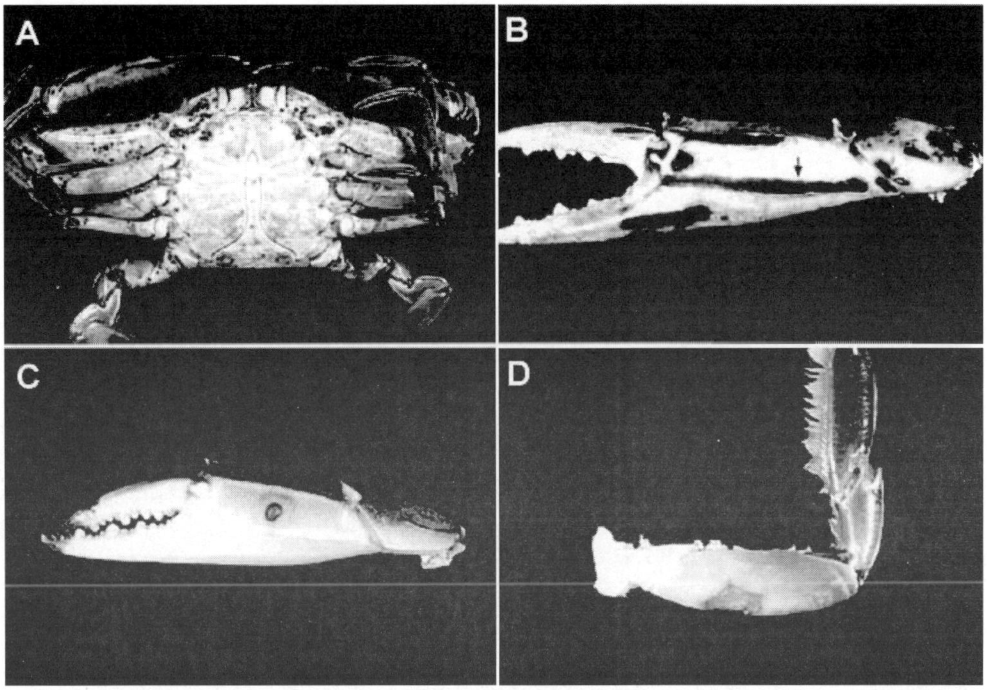

그림 6-8 Shell disease에 감염된 가재. A: 감염초기로 갑각에 갈색의 반점이 생기지만, 병이 진행되면 집게발(chela)에 선상의 흑색 반점(B) 또는 궤양(C) 및 보각에 궤양 병소가 형성.

병리조직학적 표본은 병든 개체를 15%해수로 제조한 10%포르말린에 고정한 다음 EDTA(pH 6)으로 탈회하여 조직표본을 만들고, 세균의 분리는 환부를 TSA 또는 탈섬유소 양혈액을 5%첨가한 TSA에 접종하여 실온에서 배양하면 다양한 종류의 세균이 분리된다. 탈섬유소 첨가 TSA를 사용하는 것이 TSA보다 더 많은 세균이 발육함으로 첨가한 것을 사용할 것을 권장한다. 또 곰팡이가 의심스러운 경우에는 peptone extract-glucose- seawater(PYGS)에 접종하여 실온에서 14일간 배양한다.

갈색 및 흑색의 바늘구멍처럼 보이는 환부는 상큐티클(epicuticle), 외큐티클(epicuticle) 및 석회화된 내큐티클의 바깥 부분(outer calcified endocuticle)이 부식되고 흑색 색소가 침착되어 있다. 환부 표면에는 세균 또는 기타 부착물이 부착되어 있다. 내큐티클 아래의 상피(epithelium)는 정상이거나 약간 증생되어 있다. 상피세포층 및 석회화된 내큐티클층과 상피세포층의 사이에는 소수의 과립구가 침윤해 있다.

갈색 또는 흑색을 띄면서 조금 더 큰 환부는 독립된 환부도 있지만, 인접 환부가 서로 합쳐져서 솟아오른 것처럼 보일 때도 있다. 상큐티클(epicuticle), 외큐티클(epicuticle)

및 석회화된 내큐티클의 바깥 부분(outer calcified endocuticle)소실되어 얕게 부식된 환부, 환부의 바깥 부분은 큐티클이 괴사되거나 흑색색소가 침착되는 등 변화가 심하다.

흑색색소의 침착은 3가지 형태로 나타나는데, 환부의 가장 자리에서부터 인접 큐티클로 방사상으로 뻗어 나오는 경우, 상피세포층과 평행한 내큐티클층 사이에 선상으로 뻗어 있는 경우, 수직의 막대기 모양으로 형성되는 경우가 있지만 보통 이것들이 혼합된 형태로 나타난다. 세균은 색소 침착된 석회화된 내큐티클층과 두터워지고 불규칙한 모양을 한 비석회화 내큐티클층 사이에서 발견된다. 상피세포층은 보통 증생되어 있고 점상의 흑색색소가 침착되어 있다.

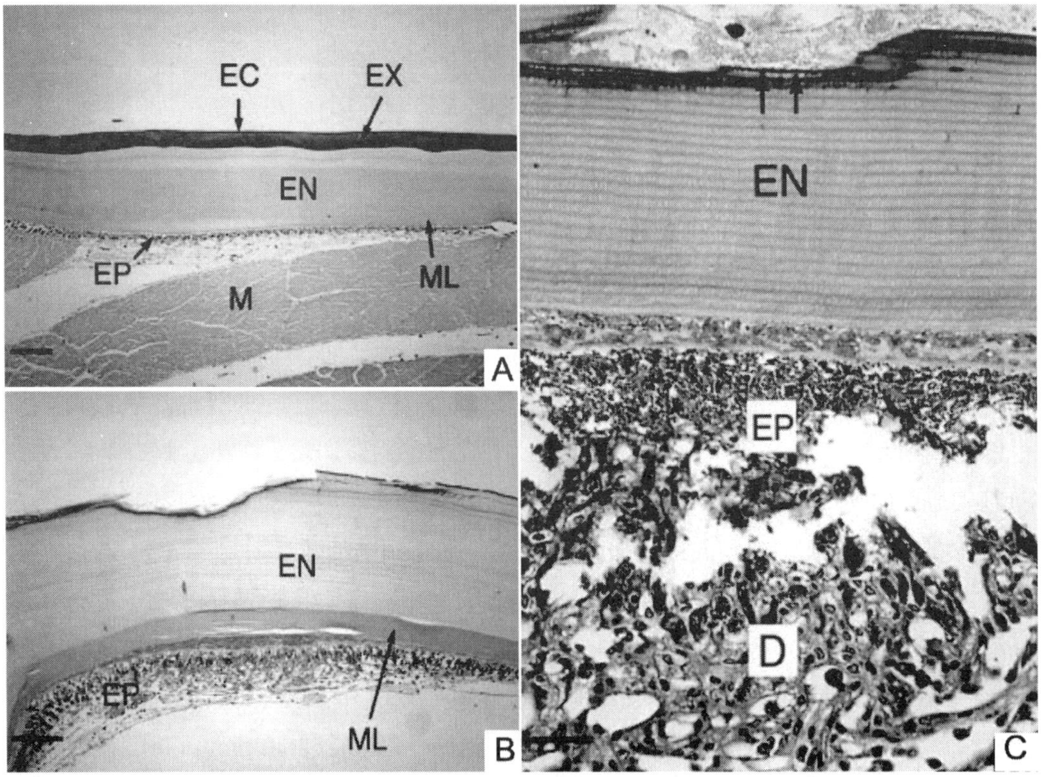

그림 6-9 정상(A) 및 감염 개체(B)의 갑각. 감염 개체의 갑각은 석회화된 내큐티클의 부식, 상피세포의 증생, 막층의 증식이 보임. C: 석회화된 내큐티클(EN)까지 부식된 환부로 환부 표면에는 소수의 세균(화살표)이 있고, 진피에는 염증이 발생하여 상피로 확산됨. EC(상큐티클, epicuticle), EX(외큐티클, exocuticle), EN(내큐티클, endocuticle), EP(상피세포, epidermis), ML(막층, membranous layer), M(근육, muscle). D(진피, dermis). HE, bar=100 ㎛(A & B), 25 ㎛(C).

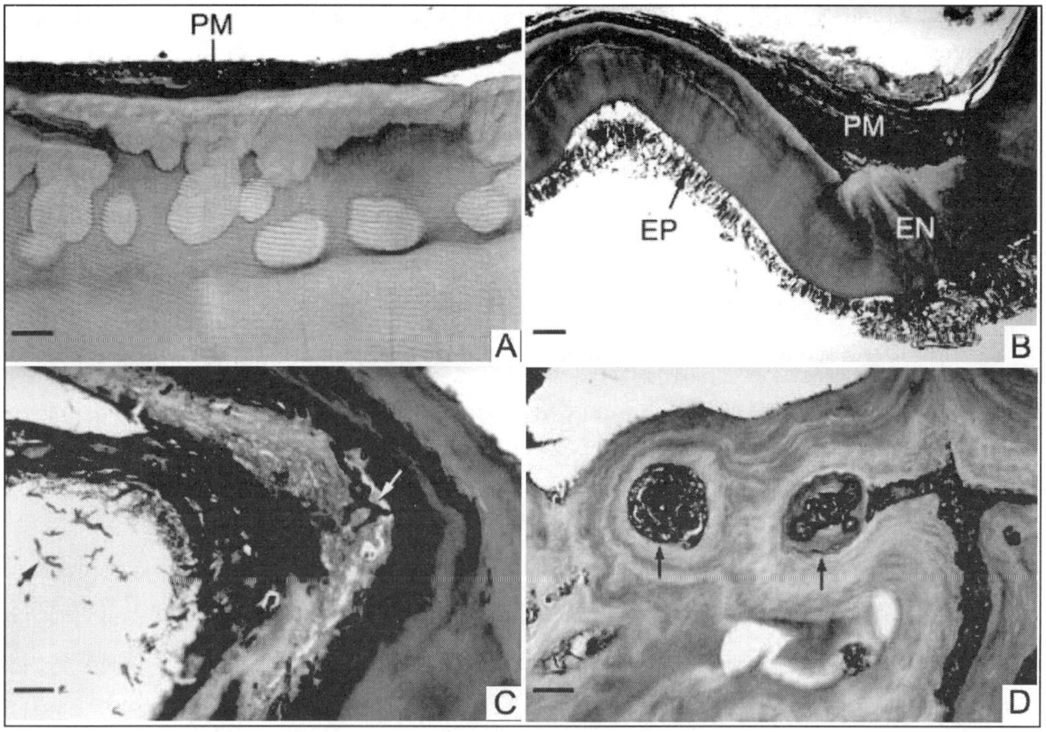

그림 6-10 A: 큐티클 표면위에 pseudomembrane의 형성. B: 비석회화 내큐티클(EN) 바깥에 pseudomembrane(PM)의 형성. C: 갑각에서 내부의 큐티클층으로 뻗어 있는 곰팡이의 균사체(화살표). D: 곰팡이 균사체의 피포후의 pseudomembrane의 괴사적 변화. PM; pseudomembrane, EP; epidermis, EP; epithelium. HE(A, B & D), Gomori methenamine silver-HE(C). Bar=25 ㎛(A & B)와 100 ㎛ (C & D).

원형 또는 장타원형 혹은 불규칙한 모양의 갈색 또는 흑색 환부는 상큐티클과 외큐티클 또는 석회화된 내큐티클의 만성적인 부식이 생긴 것으로 환부의 주변에는 흑색색소가 침착되어 있다. 부식된 환부의 표면에는 세균 또는 원생동물 등이 부착되어 있을 경우도 있다. 환부의 표면을 덮고 있는 혈구가 큐티클성 상피가 궤양화하는 것을 방지하기 위한 방어기작으로 psedomembrane을 형성하기 시작하는 경우도 있는데, 다른 갑각류에서는 과립구와 무과립구가 침윤하면서 시작되는 것으로 알려져 있다. 상피세포에 의해 오래된 비석회화 내큐티클층과 상피세포사이에 새로운 비석회화 내큐티클층/막층이 생겨나오고 있다. 이 때문에 비석회화 내큐티클층의 두께가 두터워진다. 혈구세포와 조직 괴사물이 환부의 표면에 축적되고 때로는 이 축적물이 환부의 테두리에 있는 비석회화 내큐티클과 석회화 큐티클사이로 퍼져 나와 변형 혈구(transformed hemocyte)에 의한 pseudomembrane이 형성되기도 한다. 또한 이전에 존재하던 비석회화 내큐티클층/막층과 새롭게 만들어진 비석회화 내큐티클층/막층 사이에도 pseudomebrane이 형성되어 큐티클층과 평행하게 측면으로 퍼져나가기도 한다. 상피세포층은 증생/비대되어 있고, 상피세포층과 그 하부의 결합조직에는 많은 혈구가 침윤해 있다.

병이 진행되어 크기가 큰 환부는 상큐티클, 외큐티클이 소실되고, 석회화 내큐티클이 심하게 괴사되는 것이 특징으로 비석회화 내큐티클/막층은 매우 얇어져 있고, 그 아래의 상피세포는 입방상을 띄거나 위족과 유사한 구조물을 내고 있다. 또한 pseudomembrane이 형성되고 흑색색소가 침착되어 있는 것이 일반적이며, pseudomembrane내부에는 많은 수의 과립구가 침윤해 있다.

곰팡이가 발견되는 경우에는 진피에서 표피 방향으로 균사가 뻗어 있고 흑색색소의 침착 및 균사체의 피포하는 숙주반응이 일어난다.

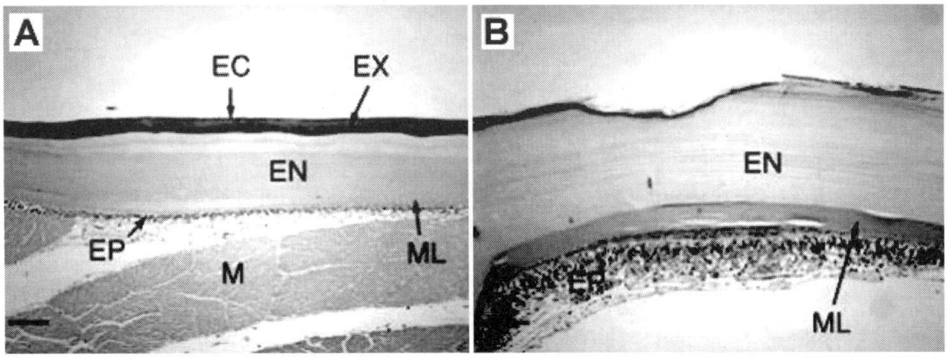

그림 6-11 게의 갑각. A: 정상, B: shell disease, 병소는 탈석회된 endocuticle에 부식을 일으키고 있으며, 증생된 epidermis에는 혈구의 침윤이 있고, 기저막도 증식되어 있다, EC(epicuticle), Ex(exocuticle), En(endocuticle), EP(epidermis), ML(membranous layer), M(muscle), HE, Bar=100 ㎛.

6. Shore crab의 Rickettsia

수온이 17-21℃의 비교적 고수온기에 발생하며 감염 게는 외부 증상이나 행동에 이상은 없다.

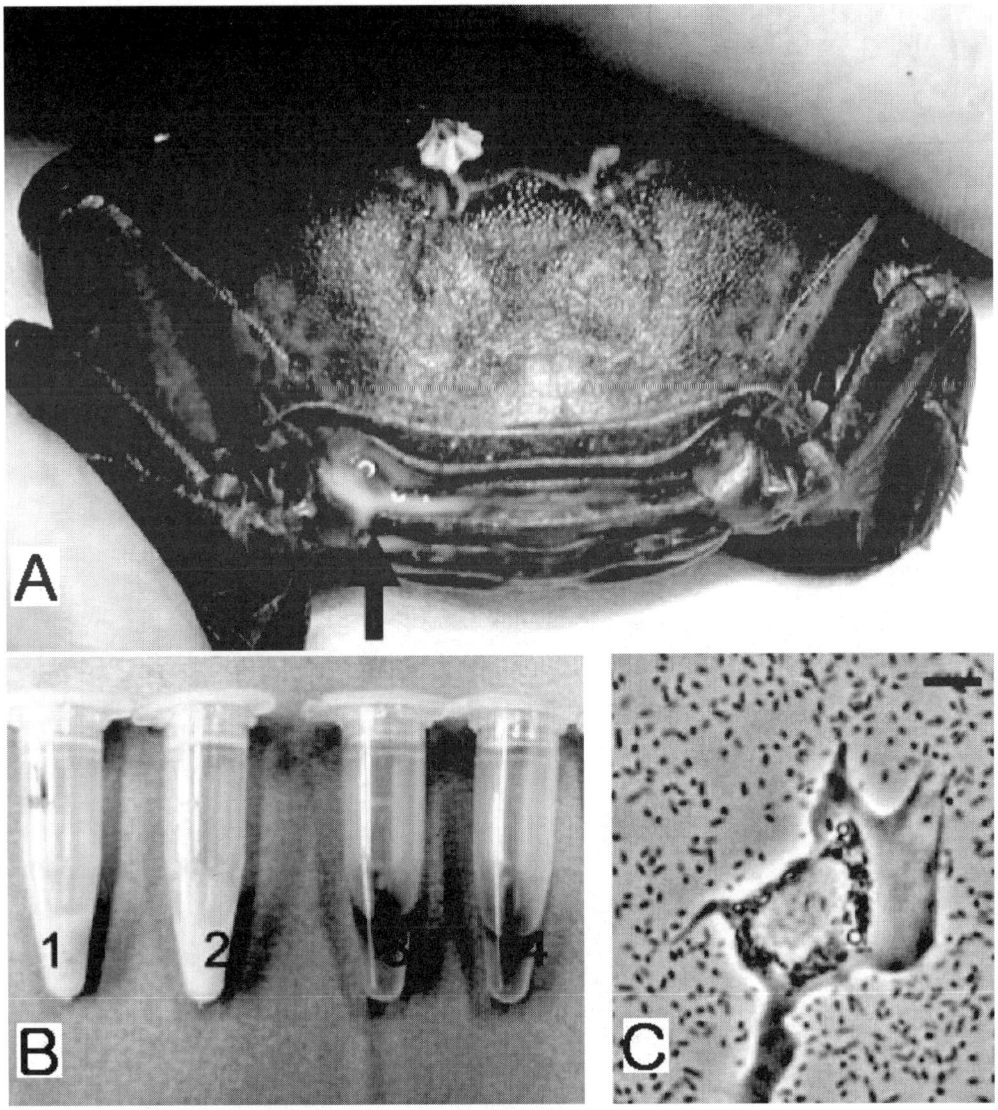

그림 6-12 A: 감염 개체의 우유 빛 혈림프(화살표). B: 감염 개체(1&2) 및 건강 개체(3&4)의 혈림프. C: 감염 개체의 혈구 주변 세균. 위상차 현미경

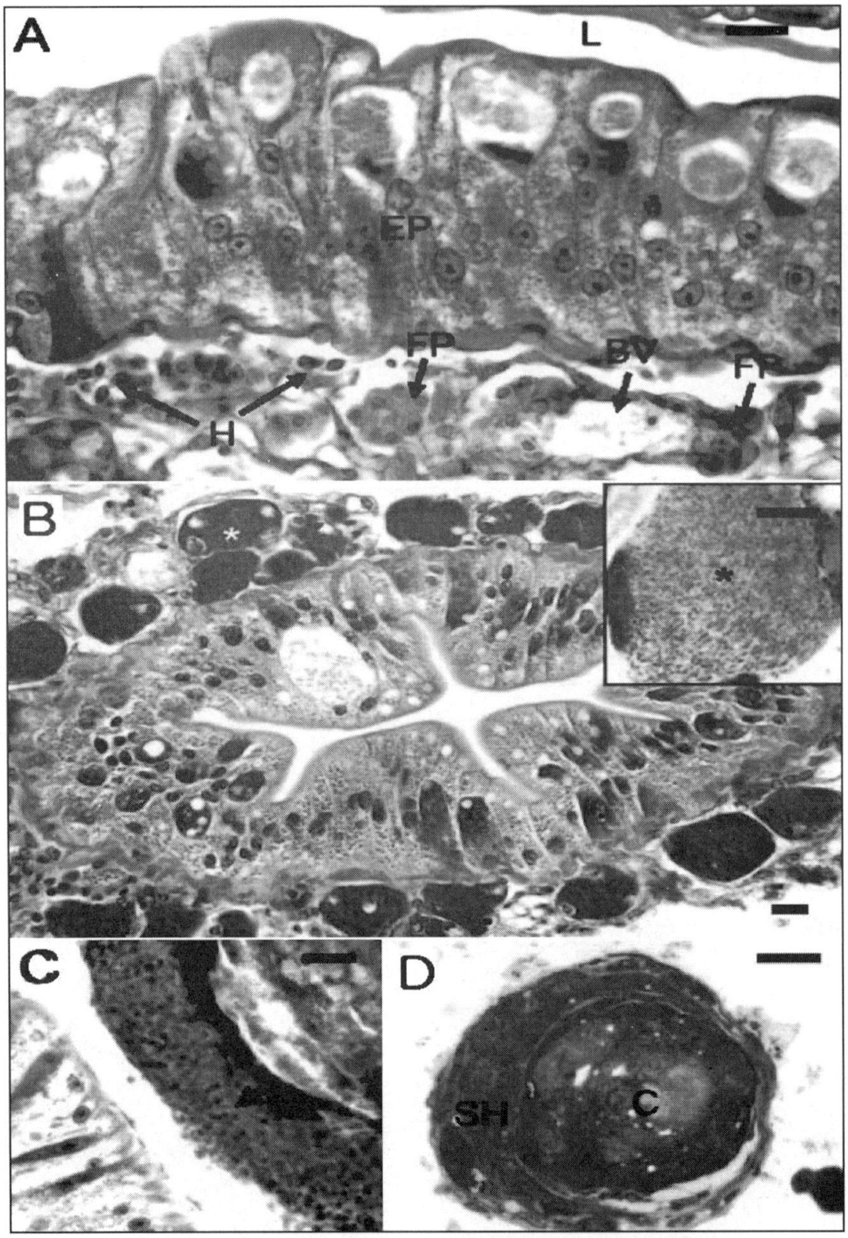

그림 6-13 A: 건강 개체의 간췌장. Ep(상피세포), FP(fixed phagocytes), BV(혈관). H(혈구), L(관공). HE, Bar=20 ㎛.. B: Hemal space(*)내에 진하게 염색되는 물체가 발견되는 감염 간췌장. 삽입(진하게 염색되는 물체는 섬유상의 구조임, Bar=5 ㎛). C: 감염 간췌장에 인접한 간췌장. 왼쪽은 정상이고 오른쪽은 괴사. 괴사된 관공 주변의 혈구세포의 sheath(화살표). HE, Bar=50 ㎛ D: Hemal space내의 결절의 중심(C)는 편평화된 혈구(SH)의 sheath로 둘러 쌓여 있다. Bar=10 ㎛.

그러나 채혈하여 보면 혈액이 우유 빛을 띄고 있다. 채혈한 혈액을 위상차 현미경으로 관찰하면 혈구 수는 감소한 반면 혈림프 속에 많은 그람 음성균이 세균이 발견된다. 암수에서의 발병빈도의 차이는 없다. 감염혈액 내에 암모늄과 포도당의 농도는 비정상적으로 증가하는 반면 단백질의 양은 감소한다.,

병리 조직학적으로는 간췌장의 변화가 가장 현저하다. 즉 건강한 개체의 간췌장은 상피세포 아래에 hemal space가 있고, hemal space내에는 혈관, fixed phagocyte 및 혈관 밖을 빠져나와 있는 혈구 등이 존재한다. 그러나 감염 개체의 간췌장에 많은 섬유상물질을 포함한 종대된 세포가 혈동 내에서 발견된다. 극소수의 개체에서는 관공이 손상되고 혈구가 침윤하여 손상당한 관공을 둘러쌓고 있다. 혈구의 침윤에 의해 혈동 내에 결절모양이 형성되며, 결절의 내부에는 조직 파괴물 및 세균과 같은 입자가 들어있다. 아가미의 nephrocyte는 공포화되면서 공포 내에는 조직 부스러기 등이 들어있지만, 생식소, 소화관 및 근육에는 변화가 없다.

7. 진흙게 (*Scylla serrata*) 난 표면의 곰팡이 감염

난에 곰팡이가 감염된 난을 가진 암컷은 부화조에서 수일간은 행동에 별 이상이 없지만 대부분의 난이 탈락하게 된다. 그 후는 평형감각이 상실되면서 뒤집힌 경우에는 원래의 상태로 되돌아 갈 수 없게 된다.

광학현미경으로 검경하면 cyst들이 감염 난의 외곽에 부착되어 있다는 것을 알 수 있지만 난의 발생에는 이상은 없다.

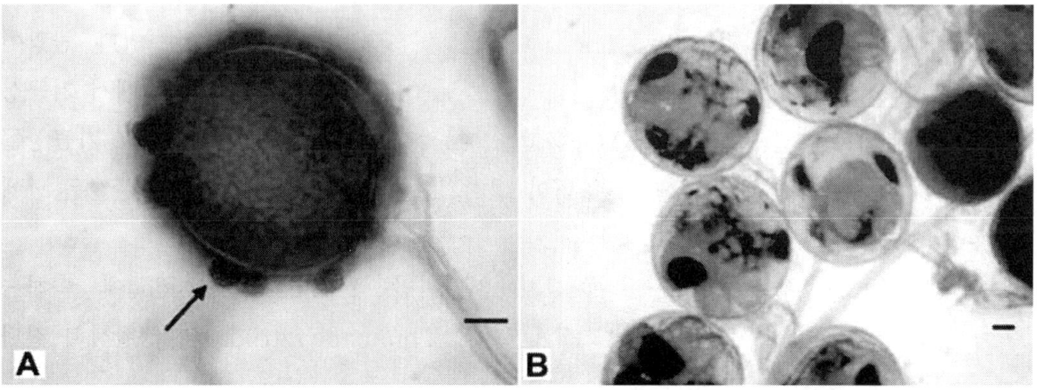

그림 6-14 A: 부화 10일 후의 난에 부착한 cyst. B: 곰팡이의 부착에도 불구하고 내부의 난의 발생은 정상적임. Bar=200 ㎛.

병리조직표본은 난을 Davidson액에 48시간 고정한 다음 70%에탄올에 옮겨 상법에 따라 조직표본을 만들어 HE염색과 도은염색을 한다. 이 때 HE염색은 상법을 변형하여 실시하는데, 5 ㎛의 조직 절편을 60℃의 건조기에 30분간 건조시킨 다음 탈파라핀을 위하여 xylene-ethanol을 거쳐 함수시킨다. Mayer's 헤마톡시린에 8분간 염색한 다음 Scott's tap water에 발색하여 Young's eosin(eosin 15 g, calcium chloride 5 g, water 2ℓ)에 4분간 염색한 다음 수도수에 분별한 다음 상법에 따라 봉입한다. 또 증류수로 제조한 1% acridine orange액에 15분간 염색하여 형광현미경으로 관찰한다.

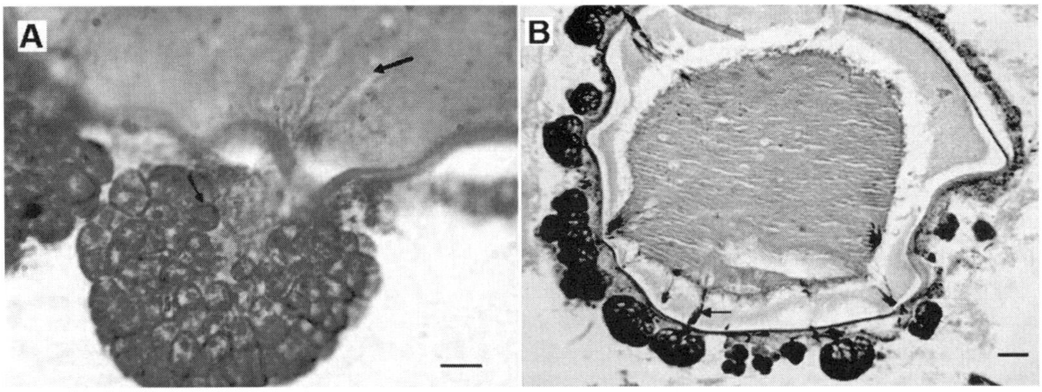

그림 6-15 A: 1개의 핵을 가진 충체(작은 화살표)의 가근상 돌기(두터운 화살표)가 난각을 침투하여 있다. HE. B: 난 표면에 부착한 여러 발육단계의 충체의 감염에 의해 난은 거의 붕괴 상태임. 난의 내부로 삽입하고 있는 충체의 가근상 돌기(화살표). Silver stain. Bar=10 ㎛(A)와 20 ㎛(B).

난 표면의 cyst는 두꺼운 벽을 가지고 있으며, HE염색 표본에서는 가근상돌기(rhizoid)가 난의 바깥 난각(outer chorion)을 침투하고 있다는 것을 알 수 있다. 곰팡이는 1개의 핵을 가진 장원형(oblong)으로 크기는 3-6 ㎛정도이다. 도은 염색에서 가근상돌기를 난각 내로 삽입하여 충체가 발육하고 있다는 것을 알 수 있다. 그럼으로 가근상돌기가 난의 부착과 충체의 발육을 위한 먹이 섭취기관이라는 것을 알 수 있다. 같은 난에도 여러 발육단계의 곰팡이가 존재한다.

원인곰팡이는 정확한 종명은 밝혀지지 않았지만 Thraustochytriidae에 속하는 *Dermocystim* sp.과 유사하며, 병리조직표본에서 Thraustochytriidae의 생활사와 같다는 것을 알 수 있다.

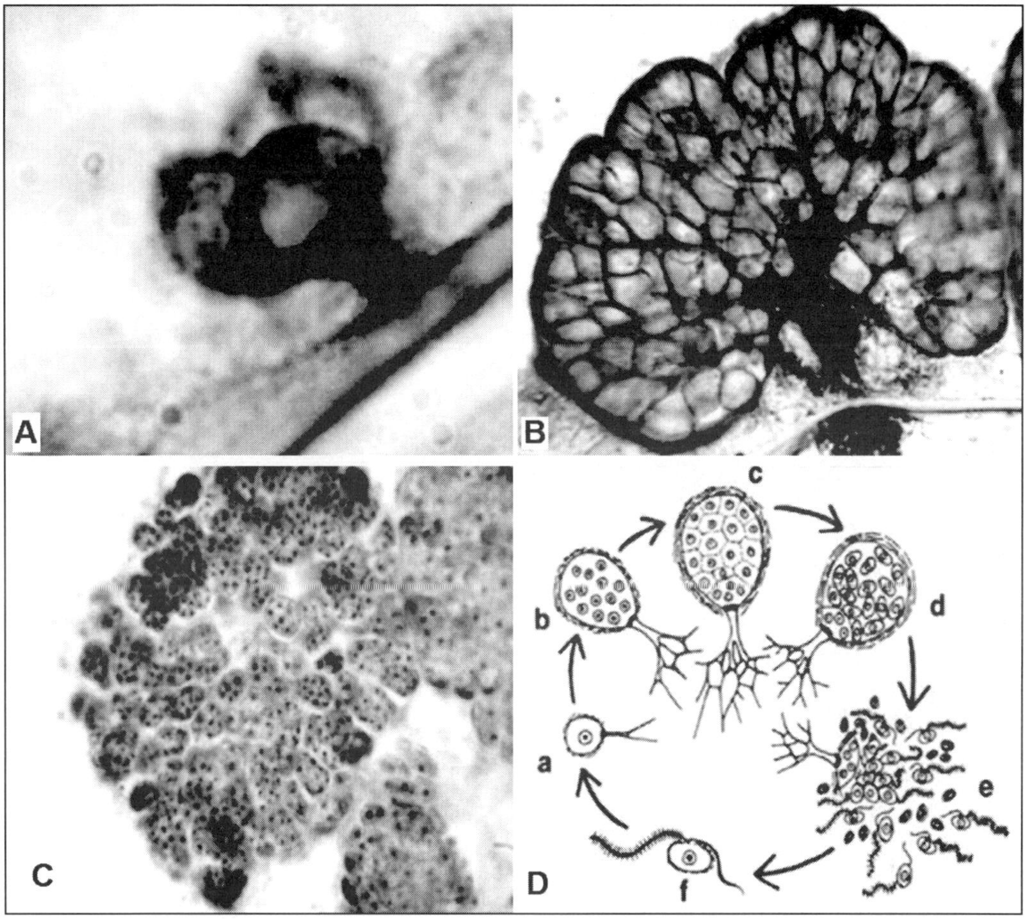

그림 6-16 털게의 난에서의 충체의 여러 가지 발육 단계(A-C)와 *Traustochtrium*의 생활사(D). A(a): 종대와 핵분열에 의해 성장하는 엽상체(thallus). b: Protoplast의 분열하여 포자군(c, B)형성. 세포벽이 용해되어(d, C)되면서 유주자 방출(e)되어 새로운 엽상체로 성장(f).

8. 진흙 게의 간췌장 Parvovirus(hepatopancreatic parvobirus, *Penaeus merguiensis* Densovirus, PmergDNV)

치게 전체 또는 성체의 간췌장을 Davidson액에 48시간 고정한 다음 에탄올을 거쳐 상법에 다라 조직 표본을 만들어 현미경으로 검경한다.

성체의 간췌장의 상피세포의 핵 내에 호염기성 또는 다홍색의 과립성 물체가 들어 있다. 이러한 핵 내 봉입체를 가진 관공은 핵에 변화가 생기지만, 인접 세포의 핵은 정상이다. 감염 핵은 비정상적으로 비대되어 크기가 정상 핵에 비해 약 4-10배 이상 비대된다.

핵인도 마찬가지로 비대되어 핵의 주변부로 이동하거나 조직표본에서는 세포의 제일 위쪽에 위치하게 된다. 보통 봉입체가 핵의 내부에 골고루 분포하면서 핵의 대부분을 차지하게 된다.

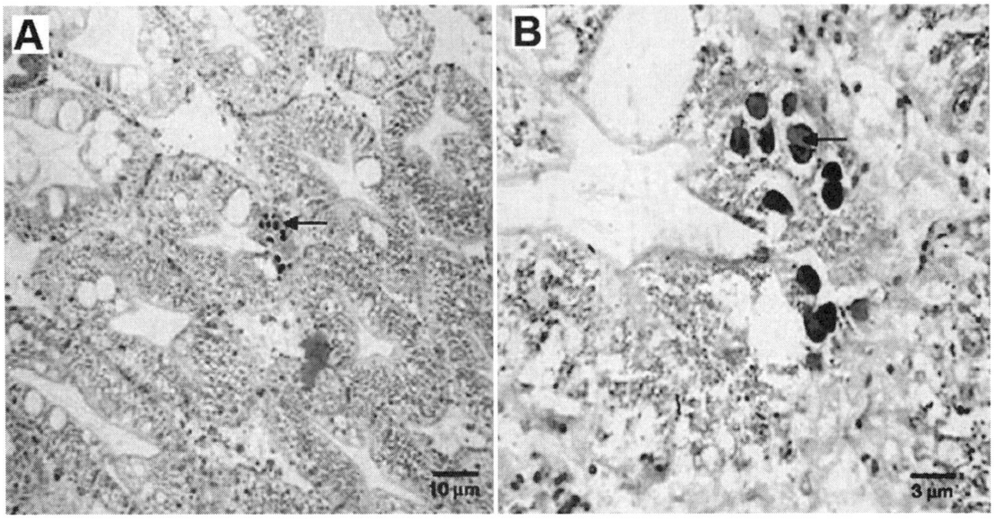

그림 6-17 성체의 간췌장 사이세포내의 부정형의 호염기성 핵내 bacilliform viral incusion. 감염 핵(화살표)의 현저한 비대와 핵 주변부의 호염기성의 염색질의 엷은 band. HE.

치게의 경우에는 감염세포의 핵의 변화는 성체의 간췌장의 변화와 유사하다. 감염 초기의 세포는 핵의 약간 비대되고, 핵인의 염색성이 저하되며 핵의 내부에는 미세한 호산성의 과립을 가진 약 호산성의 띠(band)가 들어 있다. 병이 진행되면 핵의 변화는 간췌장에서의 변화와 비슷하며, 봉입체는 비대 핵 내에서 어두운 자주색-적색으로 된다. 핵인은 핵의 중앙에 위치하여 비대화되면서 더욱 선명해진다. 이처럼 핵 내에 형성되는 봉입체를 intranuclear bacilliform virus(IBV)라 불러오고 있다.

항응고제로서 차가운 0.06M의 sodium citrate를 사용하여 채혈한 다음 PCR반응을 실시하면 PmergDNV임을 알 수 있다.

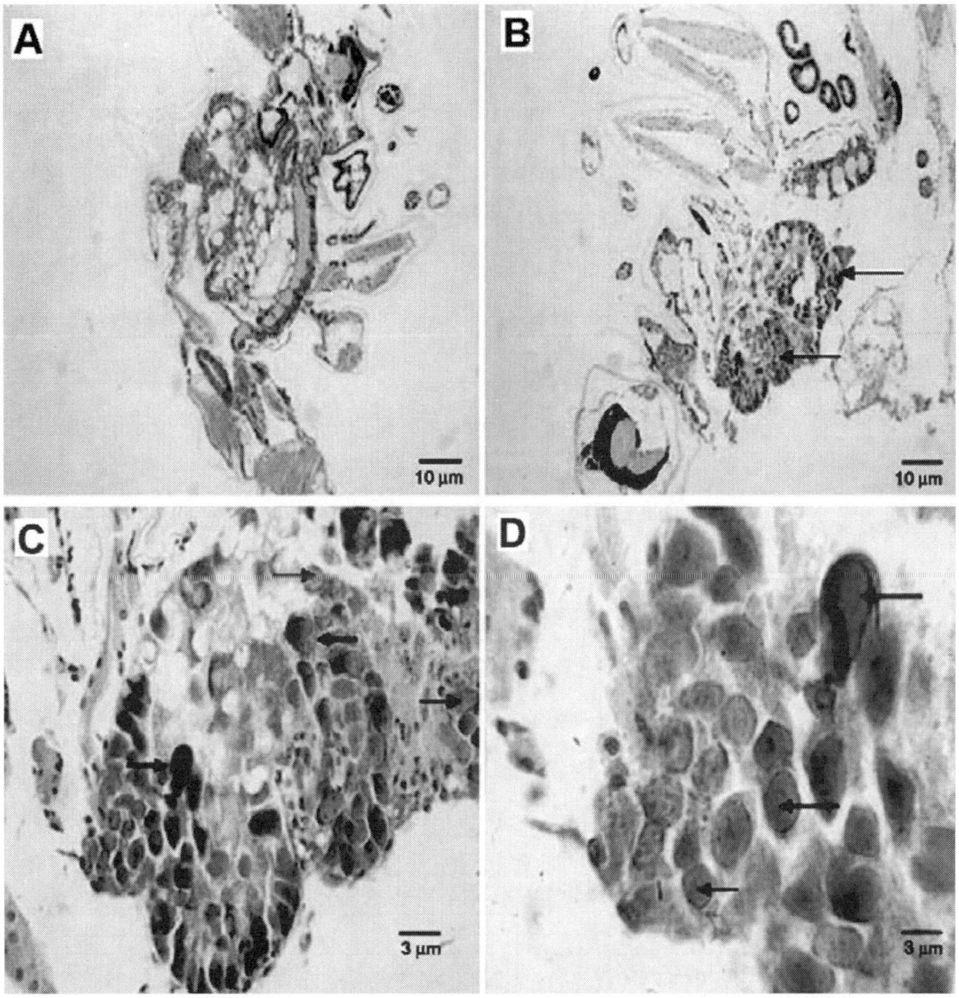

그림 6-18 A: 정상 진흙 게. B-D: 감염 치게의 핵 내 봉입체. 감염 핵은 현저하게 비대. 감염 초기(작은 화살표)와 후기(큰 화살표)의 핵. HE.

9. 진흙게의 세균성 적 복판 증후군(red sternum syndrome)

건강한 진흙게의 복판(sternum)은 흰색-엷은 노란색이며, 혈림프는 투명하다. 그러나 병든 개체의 흉판은 오렌지-황적색이며, 혈림프는 오렌지색, 황백색, 우유 빛을 띠고 있다. 또한 병든 개체의 혈림프는 건강 개체에 비해 응고시간이 길다.

내부 장기는 건강개체 및 병든 개체가 별 차이가 없지만 병든 개체는 심장, 위 및 소화관의 색깔이 노란색 또는 오렌지색으로 변해 있다. 건강개체의 혈림프에는 세균이 발견되지 않는 반면 병든 개체의 혈림프 속에는 여러 종류의 세균이 발견된다.

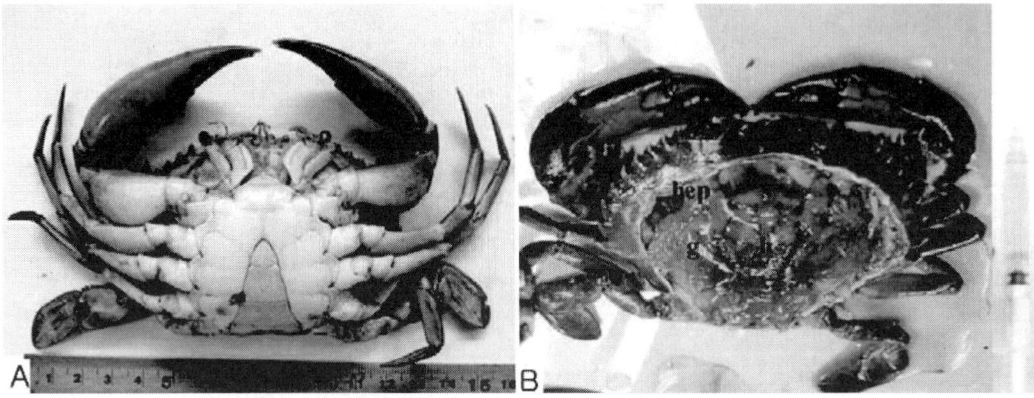

그림 6-19 건강한 진흙게의 복판은 흰색-엷은 황색(A). 심장(h), 위(s), 간췌장(hep) 및 아가미(g) 와 투명한 혈림프(B).

병든 개체를 찬물에 마취한 다음 병리 조직학적으로 검사하면 소화관, 간췌장, 아가미, 복부 및 집게발의 근육, 위 및 심장에서 간균 또는 구균이 발견된다. 원인균은 밝혀지지 않았지만 아가미를 통하여 침입한 균이 순환계를 거쳐 내부 장기에 전파되는 것으로 추정하고 있다.

질병의 진행단계에 따라 3단계로 구분할 수 있는데, 각 단계에서의 특징을 표시하면 표 와 같다.

표 6-1 질병의 진행 단계별 병든 개체의 특징

	정 상	적색 복판 증후군		
		단계 1	단계 2	단계 3
복판	백색-엷은 황색	엷은 오렌지	적황색	적황색
운동성	정상	둔함	둔함	둔함
혈림프 색	투명	오렌지	오렌지-백색	유백색
혈림프 응고(실온)	1 분	1-5분	6-10분	응고안됨
내부 장기	선명, 단단함	선명, 단단함	퇴색, 연화	퇴색, 연화
아가미	정상	오렌지	노란색	엷은 흑색

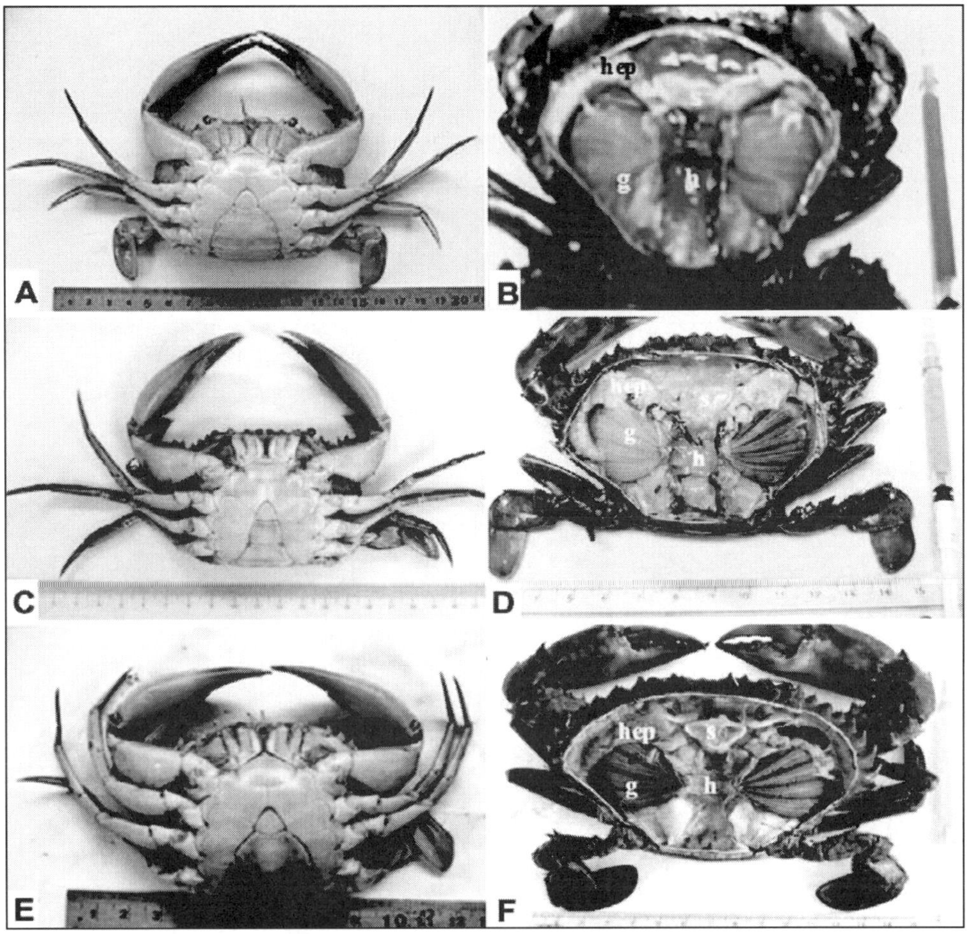

그림 6-20 병든 개체의 복판과 내부 장기의 변화. 복판의 색깔은 감염초기의 엷은 오렌지에서 적황색으로 변화(A, C, E). 심장(h)과 위(s)는 오렌지에서 황갈색으로, 아가미(g)는 오렌지에서 엷은 흑색, 혈림프는 투명에서 오렌지-황백색-유백색으로 변함(B, D, F).

제 7 장 우렁쉥이 (멍게)의 질병

채집 멍게는 해수로 깨끗이 세척한 다음 해수가 담긴 용기에 옮긴 다음, mentol결정을 몇 개 떨어 뜰인 다음 12-24시간 방치하면 마취된다. 마취된 멍게는 빙초산을 첨가한 해수나 10% 포르말린액에 담구면 죽게 된다. 그 후 필요한 부위를 절개하여 Bouin액에 넣으면 된다.

멍게의 표피를 덮고 있는 피낭(tunic)은 가죽처럼 단단한 젤라틴성의 기질로 주성분인 셀루로오스 이외에 tunic matrix에는 tunic cell이라 불리는 세포가 들어 있는데, tunic cell은 멍게의 종류에 따라 형태와 기능에 차이가 난다.

멍게의 tunic matrix는 상피세포를 덮고 있으며, 종류에 따라서는 피낭 내에 혈관이 있는 종도 있는데 이를 tunic vessel이라 한다. 피낭의 제일 바깥층은 아주 단단한 구조를 하고 있는데, 이를 tunic cuticle이라 한다. 피낭에서 자유로이 움직이는 세포를 tunic cell이라 하는데, 때로 피낭이 손상을 입었을 때 혈체강(hemocoel) 또는 피낭 혈관에서 혈림프가 침윤해 오는 경우도 있는데, 이는 침윤 혈구라 하여, 피낭에 존재하는 tunic cell은 아니다. 연구자에 따라서는 tunic cell을 "test(=tunic) cell"이라 부르는 경우도 있지만 tunic cell이라 부르는 것이 일반적이다. 또한 tunic cell도 형태를 기준으로 amoeboid cells과 garanulocytes라는 명칭으로 불리지만, 혈림프와 혼동을 일으키고 있어, tunic amoebocytes 또는 tunic granulocytes라 부르는 것이 일반적이다.

멍게의 종류에 따라 피낭에 혈관이 있는 종보다는 혈관이 없는 종에서 tunic cell의 종류는 더욱 많아진다.

피낭에는 탐식 능력이 있는 세포가 있는데 이를 tunic phagocytes라 하며, 보통 위족을 내어 피낭의 이곳저곳으로 이동하고 있다. 이 때문에 fibrocytes, amoebocytes 또는 filopodial cell이라 불리기도 한다. 탐식 능력을 가진 이 세포는 세포질 내에 황산이라 생각되는 산이 들어 있는 식포와 탐식한 다음 소화 후의 잔유물이라 생각되는 둥근 모양의 과립이 있다. 그러나 형태는 아메바 모양-원형으로 매우 다양하다.

즉 비교적 대형의 세포를 탐식하고 있는 경우에는 위족을 내지 않고 있을 뿐 아니라 세포질도 탐식물의 주변에 아주 작은 테두리 모양으로 있을 뿐이다.

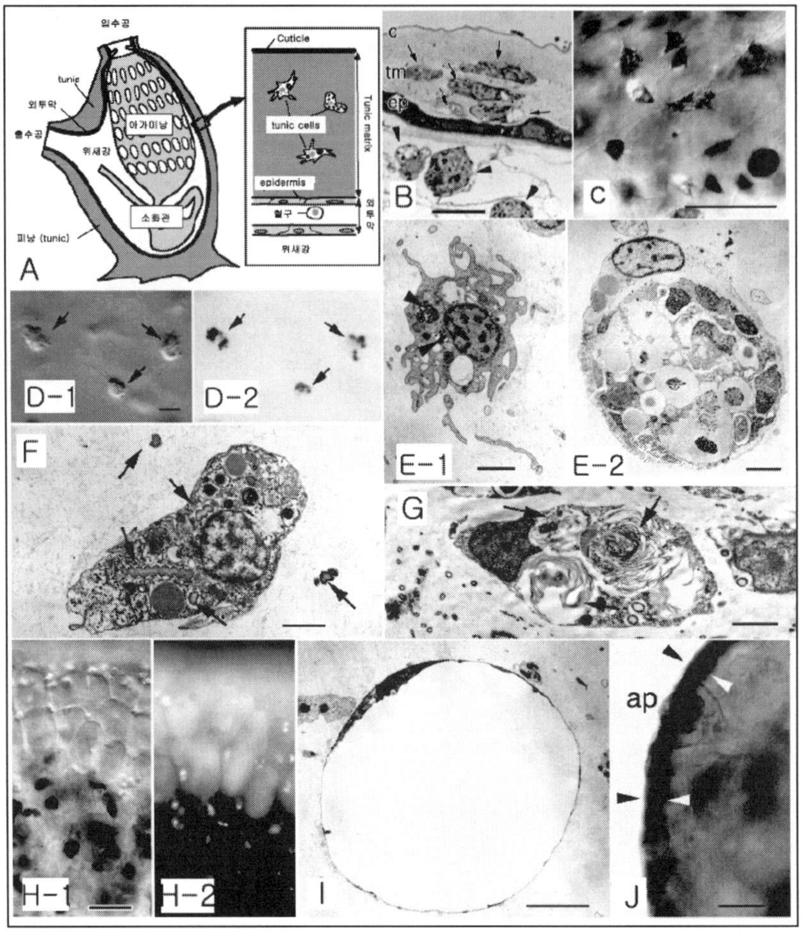

그림 7-1 A: 멍게 몸체와 피낭의 종단면. B: 피낭. Tunic cell(화살표), 혈구(화살표 머리). Bar=10 ㎛. Tolidine blue. C: 혈구의 위상차 사진. 무염색, bar=50 ㎛. D: 형광입자를 탐식한 tunic phagocytes. 무염색 위상차(1)과 형광현미경(2), bar=10 ㎛. E: Tunic phagocytes. 위족 방출한 세포(1)와 다른 tunic cell을 탐식한 세포(2),식포(화살표 머리), bar=2 ㎛. F: Tunic phagocyte. 식포와 matrix내의 나사모양의 세균(화살표), bar=2 ㎛. G: Tunic phagocyte내에 부분적으로 소화된 조류인 Prochloron(화살표), bar=2 ㎛. H: 피낭 박편의 위상차(1) 및 형광현미경상(2). 형광 indicator(LlysoSensor, Yellow/blue)염색. Tunic bladder cell의 공포내의 밝은 형광은 강산이 들어 있음을 의미함. bar=50 ㎛. I: Tunic bladder cell. 대형 공포 주변에 테두리 모양을 한 엷은 세포질층, bar=5 ㎛. J: 멍게 유생의 몸체의 앞부분의 표면을 덮고 있는 tunic bladder cell층의 neutral red생체 염색, adhesive papilla(ap), bar=50 ㎛. Tunic cuticle(c), epidermis(ep), tunic matrix(tm).

또한 tunic phagocytes의 세포질 내의 식포 내부에는 다른 tunic cell 또는 세균을 비롯한 이물질을 탐식하고 있는 경우도 있기 때문에 주된 기능은 노쇠 tunic cell이나 손상된 조직 부스러기를 처리하는 청소부라 할 수 있겠다.

모든 종류의 멍게에서 발견되는 것은 아니지만 또 다른 종류의 tunic cell은 세포질 내에 산성의 액체가 들어 있는 많은 공포를 가진 원형 또는 난원형의 공포상의 세포(vacuolated cell)로 때로는 그 직경이 50 ㎛이상인 경우도 있는데, 이러한 세포를 tunic bladder cells이라 부른다. 세포질 내의 대형 공포의 주변에 세포질이 엷은 테두리를 형성하고 있다. 이것과 비슷한 형태로 vanadocytes라는 세포는 산성의 공포액 내에 vanadinium을 축적하는 세포로, 피낭에서는 발견되지 않고 피낭 내의 혈관에서만 발견된다. 혈림프에서는 서로 같은 세포로 인정하여 vacuolated cell이라 부르고 있다.

3번째 세포는 긴 위족을 내어 다른 세포와 연결되어 있는 tunic net cells로서 myocyte라 불리기도 한다. 이 세포는 피낭의 수축에 관계하며, 피낭이 손상을 당하면 손상당한 주변의 피낭이 수축하여 상처 부위를 봉쇄하게 한다.

4번째 세포는 tunic pigment cell로 멍게 피낭의 색깔과 밀접한 관계가 있으며, 멍게의 종류에 따라 형태는 심한 차이를 보인다. 색깔을 띄고 있는 멍게도 피낭은 색조를 띄고 있지만, tunic matrix는 투명한 것이 일반적이다. 그럼으로 pigment cell의 분포가 다양한 색조를 만들어내고 있다고 할 수 있다. 군체를 형성하는 멍게류는 pigment cell, tunic spicule 및 공생 조류의 분포에 의해 색깔이 결정된다. 흑갈색의 색조를 띄고 있는 멍게류에서는 pigment cell이 탐식능력이 있기 때문에 tunic pigmentary phagocytes라 불리기도 한다. 한편 흰색을 띈 종류를 밝은 곳으로 옮기면 1달 이내에 검은색으로 변한다. 그럼으로 햇빛의 조사는 피낭내의 식세포의 색소과립의 생산을 촉진한다고 할 수 있다.

Tunic luminocytes는 발광을 하는 멍게에만 발견되는데 기계적 또는 삼투압을 변화시키면 피낭에서 10-30초간의 지속적인 녹색의 발광을 한다.

Tunic morula cell은 혈구의 한 형태로 피낭내에서의 생물학적인 방어에 관계함으로 피낭내로 침윤한 다음 phenoloxidase를 함유한 공포의 내용물을 방출한다. 형태학적으로는 혈구의 morula cell과 매우 유사하여 여러 개의 전자밀도가 높은 물질을 포함하고 있는 원형 공포가 세포질의 대부분을 차지하고 있다.

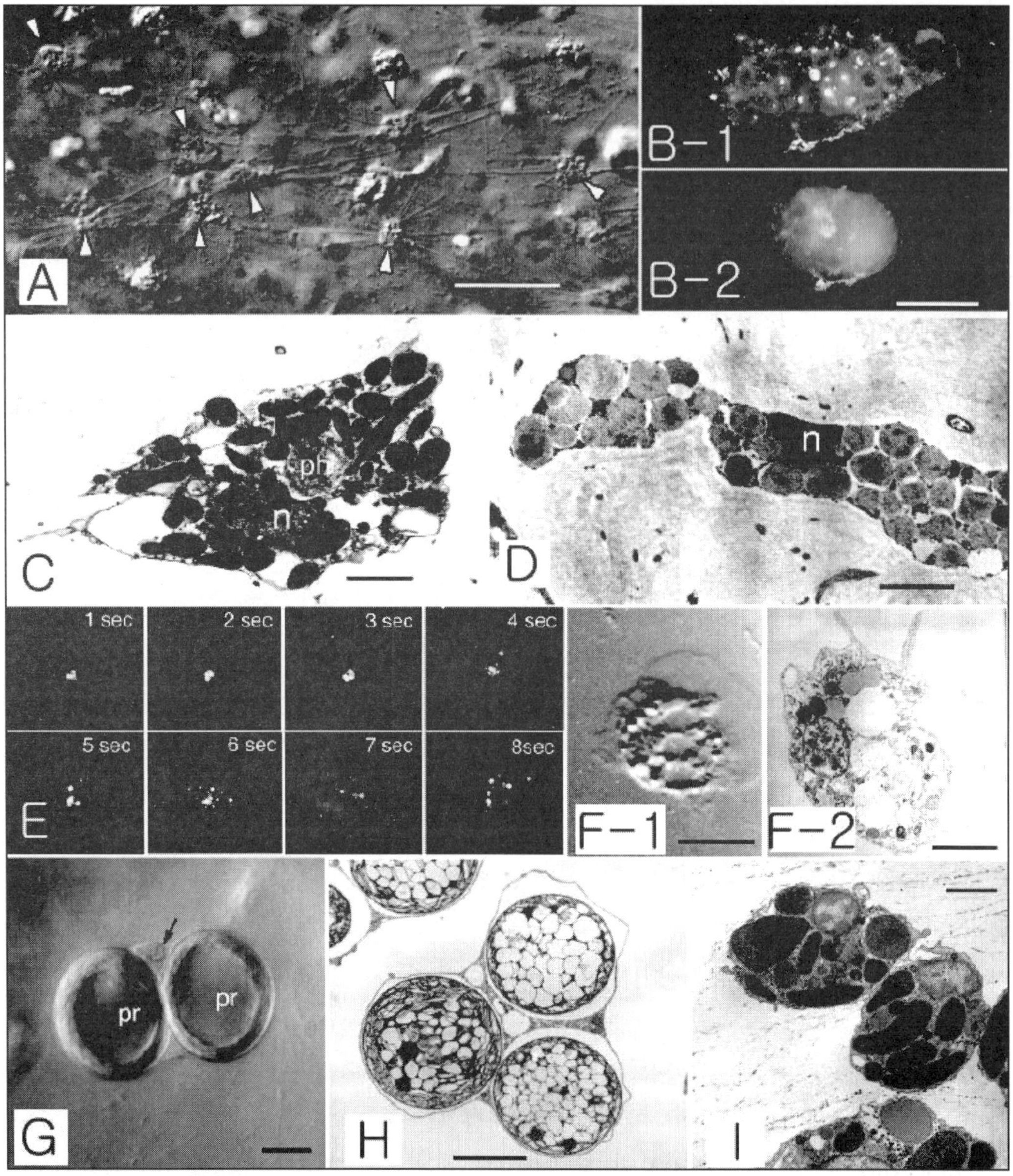

그림 7-2 A: tunic net cell. Bar=20 ㎛. B: 피낭 조각의 수축. 1-신선 표본, 2-해수에 24시간 방치 후 타원형으로 수축한 모양. Bar=2 ㎜. C: tunic pigmenatary phagocyte. Bar=1 ㎛. D: tunic pigmentary cell. 세포질내에 많은 공포를 가짐. Bar=2 ㎛. E: tunic luminocytes의 경시적 발광. F: tunic luminocyte의 슬라이드 표본. 1-무염색 위상차, 10 ㎛. 2-TEM, 5 ㎛. G: tunic phagocyte의 위상차 현미경상. 핵(화살표). Bar=10 ㎛. H: 피낭의 peri-embryonic space내로 조류인 Prochloron세포를 운반중인 tunic amoebocytes. Bar=5 ㎛. I: tunic morula cell. Bar=2㎜. 식포(ph). 핵(n).

Tunic granulocytes는 세포질이 과립으로 충만된 세포로 과립의 모양은 멍게의 종류에 따라 독특한 형태를 취하고 있으며, 같은 종이라 할지라도 다른 과립이 발견되는 경우도 있는데 혈구의 과립구에서 분화된 것으로 생각되고 있다.

피낭세포는 혈체강에서 tunic matrix를 통과하여 cuticle로 이동하는데 이는 아마 세포내에 저장한 노폐물을 방출하기 위한 것으로 판단된다. 이러한 세포는 tunic phagocytes로서 탐식작용을 한 다음 타원형의 tunic cell로 형태가 변화되어 피낭 밖으로 배출되는 것이다.

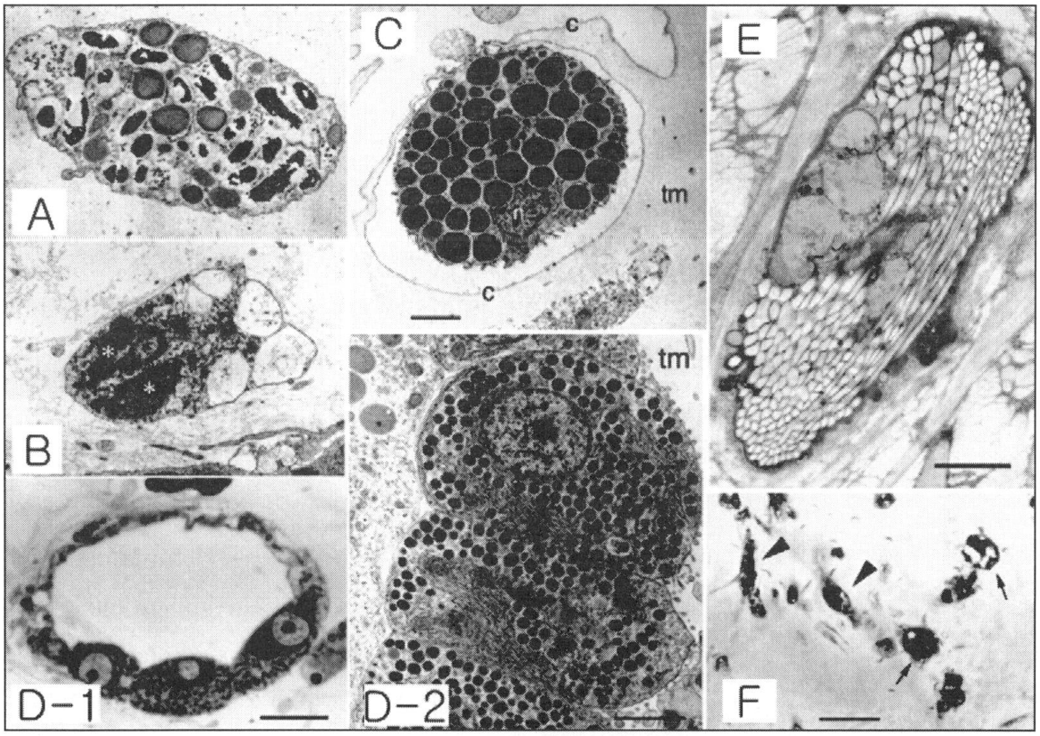

그림 7-3 A: tunic granulocyte. B: large granule(화살표) tunic cell. C: 피낭에서 방출된 spherical tunic cell. D: tunic vesicle. 1-tolidine blue, 2-TEM. E: granulocyte. F: tunic cell(semi-thin. tolidine blue). Tunic amoebocyte(화살표)와 tunic net cell(화살표 머리). Bar는 10 ㎛ (D-)과 20 ㎛(F)를 제외하고 모두 2 ㎛. Cuticle(c), 핵(n), tunic matrix(tm).

피낭(tunic)은 내부의 몸체와 외부 환경과의 경계 역할을 하는 것으로 가장 중요한 작용은 감염이나 포식 및 부착생물의 부착을 방지하는 역할을 하고 있다. 이 때문에 피낭 기능의 저하는 멍게에게는 치명적인 영향을 미치게 된다. 또한 피낭에는 다양한 세균이 부착하고 있는 경우와 그렇지 않은 경우가 있다.

국내산 멍게(*Halocynthia roretzi*) 피낭과 피낭 내에 세포를 조직학적으로 조사한 Hirose et al(2009)의 자료를 소개하면 다음과 같다. 멍게의 피낭을 1x 2x 3 ㎜의 조각을 잘라낸 다음 식염 1.5%를 첨가한 0.2 M cacodylate buffer(pH 7.4)에 용해시킨 0.1% 글루탈알데하이드에 실온에서 24시간 고정한다. 고정시킨 표본은 같은 buffer로 가볍게 세척한 다음 0.2 M cacodylate buffer로 제조한 1% osmium tetroxide에 얼음위에서 2시간 후 고정한 다음 탈수하여 전자현미경 표본을 만든다.

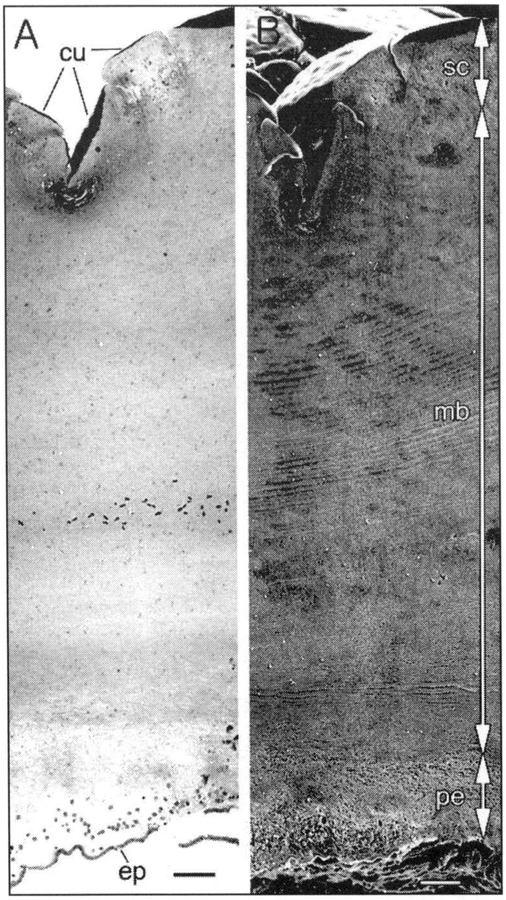

그림 7-4 국내산 멍게(*Halocynthia roretzi*) 피낭의 횡단면. A: styrene resin section. B: SEM. Cuticle (cu); epidermis(ep); main body of tunic (mb); peri-epidermal area (pe); cuticle-subcuticle area (sc). Bar=0.1 ㎜.

SEM표본을 만들기 위해서는 탈수과정의 무수 알콜에 있는 시료를 styrene resin을 충진한 gelatin capsule으로 옮긴 다음 60℃에서 중합시킨 다음 광학현미경 시료로 박절하여 사용한다. 나머지는 시료를 acetone에 담궈 styrene resin을 제거한 다음 t-butanol에 담군 다음 동결 건조한다. 건조된 시료는 금으로 코팅한 다음 SEM으로 관찰한다.

건강한 멍게의 피낭은 두께가 1.8-2.3 ㎜(평균 2.1 ㎜)인 1개의 가죽처럼 단단한 것으로 그 속에는 여러 종류의 tunic cell이 들어있다. 피낭은 cuticle-subcuticle area, main body 및 peri-epidermal area의 3개의 구역으로 구분할 수 있다. 피낭의 표면은 매우 치밀한 구조를 한 1개의 cuticle층으로 덮혀 있는데, tolidine blue에 아주 진하게 염색된다. 이 cuticle층의 두께는 매우 다양하지만 cuticle과 그 아래의 subcuticle의 경계는 아주 명확하다. Cuticle에는 tunic cell이 없지만 subcuticle에는 아주 많이 발견된다. subcuticle과 peri-epidermal area 사이에 존재하는 tunic의 기질 부분이 멍게 피낭의 대부분을 차지하고 있다. 이 부분은 많은 섬유(tunic fiber)와 층상의 구조를 하고 있다.

과립구는 아주 느슨하게 모여 있는 집합체를 하고 있는데 peri-epidermal area내에는 조잡한 피낭 기질 내에 viriform의 tunic cell이 분포하고 있다. Tunic phagocytes는 모든 tunic에서 발견되는데, subcuticle에 있는 세포들은 많은 공포를 가지고 있다.

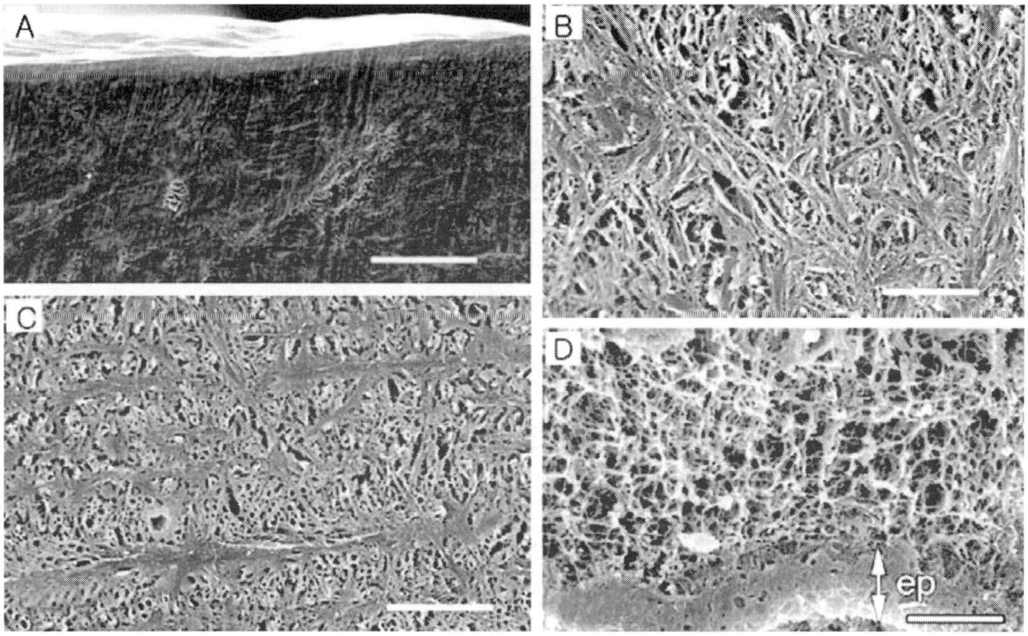

그림 7-5 피낭 SEM상.
A: cuticle. B: sub-cuticle. C: main body. D: peri-epidermal tunic. ep; epidermis. Bar=10 ㎛.

피낭을 TEM으로 관찰하면 tunic층이 얇은 부위에서는 피낭의 표면에 높이가 약 0.1 ㎛ 정도인 돌출부가 있다. 그러나 cuticle층이 두터워진 부분에서는 피낭의 표면은 돌출부가 없이 편평하다. Subcuticle에는 tunic fiber 다발이 서로 엇갈리게 꼬여 있고 기질 속에는 전자밀도가 높은 과립도 들어 있다. Main body에는 전자밀도가 높은 과립은 거의 발견되지 않고, 층상의 tunic matrix는 epidermis와 거의 평행하게 되어 있다. Tunic fiber는 peri-epidermal area에서는 두터운 다발을 형성하지 않기 때문에 matrix는 거의 균질성을 나타낸다. 표피는 원주상 또는 입방상의 세포로 세포질에는 RER에서 생성된 것으로 추정되는 많은 공포가 존재하며 때로는 불규칙한 모양을 한 과립도 발견된다.

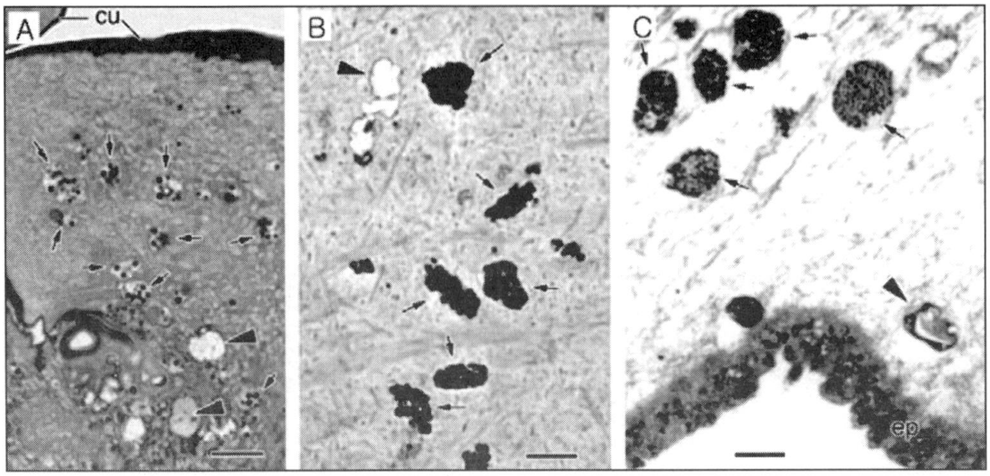

그림 7-6 피낭의 cuticle-subcuticle area(A), main body(B) 및 peri-epidermal area(C)의 styrene resin section. A-C의 화살표는 각각 globular tunic cell, granular tunic cell 및 viriform tunic cell을 가리키며, 화살표 머리는 tunic phagocytes. Bar=10 ㎛.

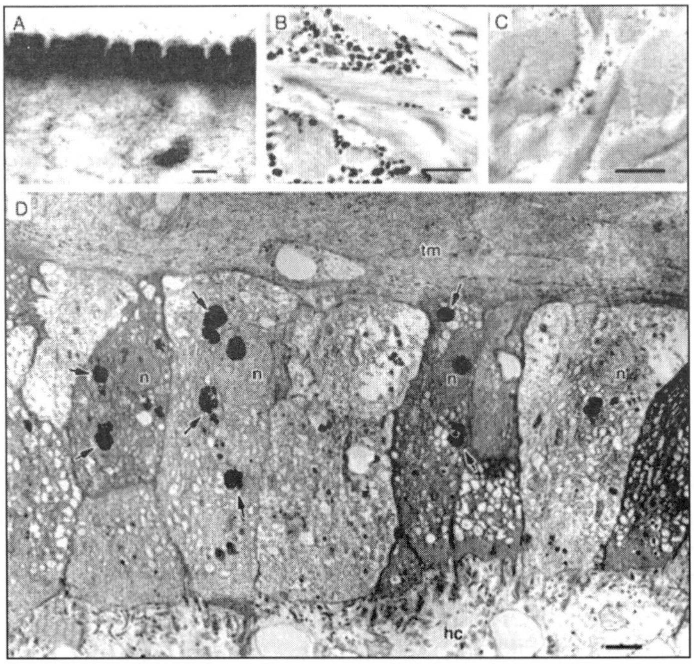

그림 7-7 Tunic cuticle(A), subcuticle area의 tunic matrix(B), main body의 tunic matrix(C) 및 peri-epidermal tunic epidermis(D)의 TEM상. 화살표; granules, hc; haemocoel, n; 핵, tm; tunic matrix. Bar는 A, B와 C 및 D에서 각각 0.1, 1 및 2 ㎛.

1. Tunic cell의 분류

Subcuticle층에는 세포질의 대부분을 전자밀도가 높은 물질이 들어 있는 공포가 차지하고 있는 vacuolated cell이 있지만 그 수는 많지 않다.

세포질 내에 많은 원형의 공포를 가진 globular tunic cell은 cuticle층 바로 아래에 분포하며, 공포에는 1개의 둥근 과립이 들어있는데, 과립의 크기와 전자밀도는 변화가 심하다.

전자밀도가 높은 수많은 소형 공포가 세포질의 대부분을 차지하는 것이 특징인 tunic giant cells은 피낭에서는 그 수가 극히 희소한 반면 혈구에서 같은 것으로 보이는 혈구는 혈체강에 많다.

Tunic phagocytes는 피낭의 모든 부분의 분포하며, main body에서 가장 보편적으로 찾을 수 있는 세포이다. 그러나 세포질내의 내용물 때문에 형태는 매우 변화가 심하다. 이 세포는 몇몇 공포와 불규칙한 모양의 전자밀도가 높은 과립을 가지고 있다. 또 어떤 세포는 세포질의 대부분을 내부가 비어 있는 빈공포가 차지하고 있는 것도 있다. 공포의 비어 있는 내부도 thin section에서는 tolidine blue에 엷은 청색으로 염색된다. 세포질 내에는 언제나 식포가 있기 때문에 탐식능력이 있다는 것을 알 수 있다.

Granular tunic amoebocytes는 세포의 크기와 세포질 내 과립의 전자밀도에 따라 2종류로 나눌 수 있다. 전자밀도가 높은 dense-granular tunic amoebocytes는 subcuticle에는 숫자가 많지 않고, main body에 느슨한 집합체(loose aggregates)를 형성하고 있다. 세포질에는 직경 0.5 ㎛정도의 전자밀도가 높은 원형의 과립으로 채워져 있다. Pale granular amoebocytes는 모든 피낭 부분에서 그 수가 적다. 세포질에는 직경 0.3 ㎛의 원형 과립이 존재하는 것이 특징이다. 이 과립은 tunic phagocytes와 dense-granular tunic granulocytes의 과립에 비해 전자밀도가 낮다는 것으로 구분할 수 있다.

Viriform tunic cell은 원형 또는 난원형으로 세포질 내에 전자밀도가 매우 높은 초승달 모양의 독특한 과립을 가지고 있다. 이 세포는 피낭의 peri-epidermal area에서만 발견된다. 이러한 피낭에서 발견되는 세포를 요약해서 정리하면 다음 표와 같다.

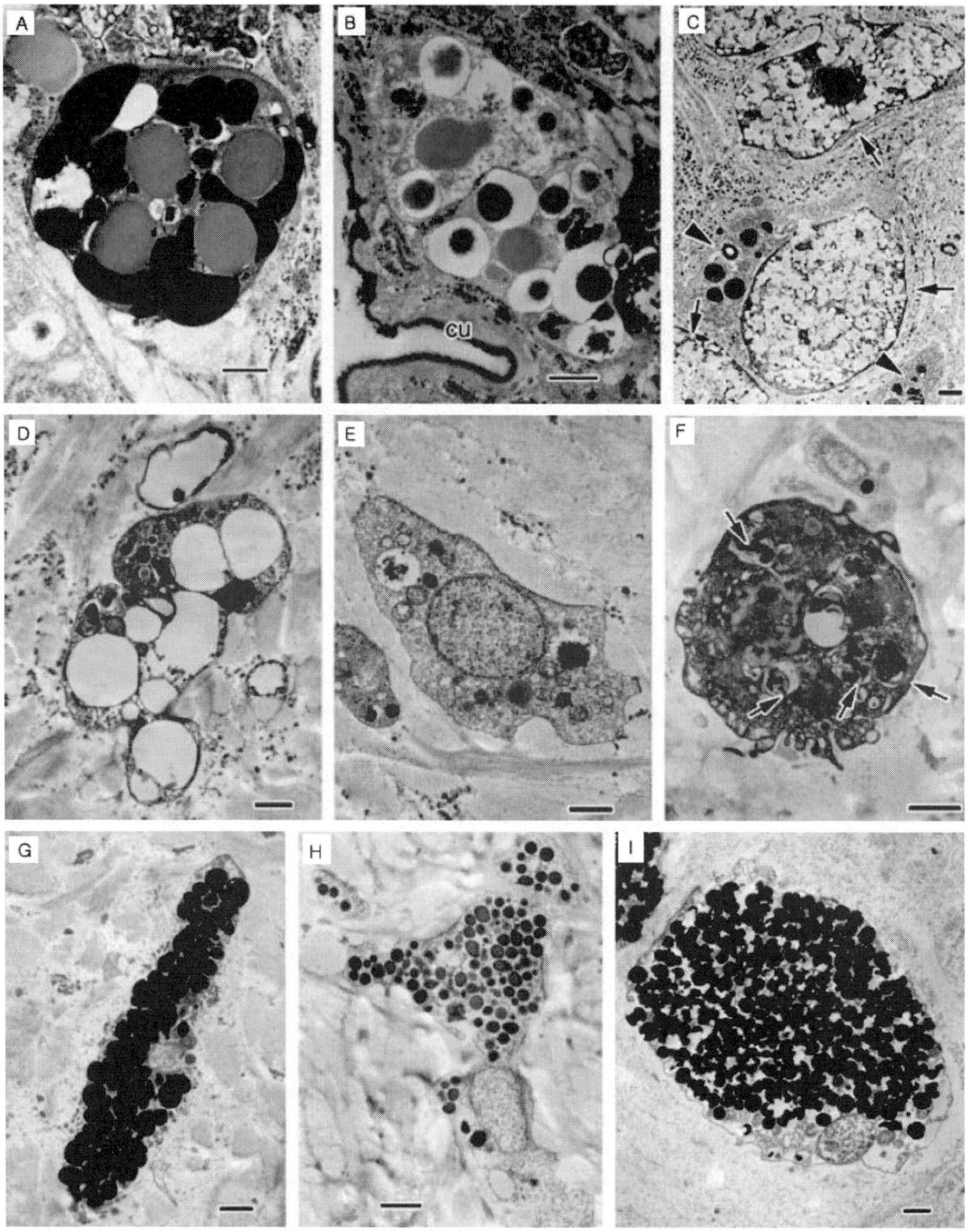

그림 7-8 Tunic cell의 TEM상. A: vacuolated tunic cell. B: globular tunic cell(C의 화살표 머리). C: tunic giant cell(화살표) D-F: tunic phagocyte. G: dense-granular amoebocyte. H: pale-granular amoebocyte. I: viriform tunic cell. 각 세포의 유래는 A-D: subcuticular area, E-H: main body, I: peri-epidermal area임. Bar=A-H는 1 ㎛, I는 5 ㎛.

표 7-1 국내산 멍게(*Halocynthia roretzi*) 피낭에서 발견되는 세포의 종류와 분포

Tunic cell	피낭의 부위		
	Subcuticular	Main body	Peri-epidermal area
Tunic phagocyte	+	++	+
Tunic pale-granular amoebocyte	+	+	+
Tunic dense-granular amoebocyte	+	++	-
Tunic vacuolated cell	+	-	-
Tunic globular cell	++	-	-
Tunic viriform cell	-	-	++

*++--: 발견되는 빈도.
**Tunic giant cell은 매우 희소하며 분포가 불분명함으로 생략.

2. 사이펀

멍게는 입수공(oral siphon)을 통과하여 인두로 들어가서 출수공(cloacal siphon, arterial siphon)을 흘러나가는 해수 중에 들어 있는 먹이를 여과하여 섭취하는 여과섭식 동물이다. 그럼으로 사이펀은 단순히 여과하는 장치가 아니라 소화관계의 일부라 할 수 있다. 인두의 표면을 덮고 있는 섬모의 운동에 의해 만들어지는 해수의 흐름이 먹이를 운반하게 된다.

입수공은 조직학적으로는 피낭이 입수공의 안쪽으로 주름이 잡혀 아래 부분의 촉수가 있는 면반까지의 안쪽 면을 덮고 있다. 전자 현미경적으로는 많은 큐티클에서 나온 소형의 돌기를 가진 피낭이 두께가 점차 엷어진 면반에까지 이어져 있는 것이다. 사이펀의 내부의 면반 부분에는 아메바 모양의 세포가 피낭의 표면에 부착되어 인두로 흘러들어가는 해수에 직접적으로 노출되어 있다.

출수공은 위새강과 출수공 사이의 경계면에 상피의 주름이 velum을 형성하고 있고, 그 보다 바깥쪽의 상피는 차차 피낭을 덮게 된다. 출수공에는 촉수가 없고, 내장강의 내부와 연결되어 있으며, 입수공과 마찬가지로 표면에 아메바 모양의 세포가 해수에 노출되어 있다.

입수공에서 발견되는 아메바 모양의 세포는 염색질이 주로 핵의 주변부에 많이 분포하는 원형의 핵을 가지고 있지만 세포 자체의 형태는 매우 다양하다. 세포질에는 다양한 크기의 전자밀도가 높은 막결합성의 과립이 많이 들어 있다. 세포질 내 소기관으로 미토콘드리아는 거의 없고, RER이나 골지체는 잘 발달되어 있지 못하다.

출수공에서 발견되는 아메바 모양의 세포는 형태학적으로는 입수공에서 발견되는 것과

비슷하다. 세포질내의 막결합성의 과립은 모양이 거의 비슷한 원형이지만, 일부의 세포는 다형성으로 전자밀도 높은 과립의 기질 속에 머리카락 모양의 구조물이 있다. 이러한 아메바 모양의 세포는 많은 돌기를 내고 있고 일부는 피낭 큐티클의 돌기와 연결되어 있다.

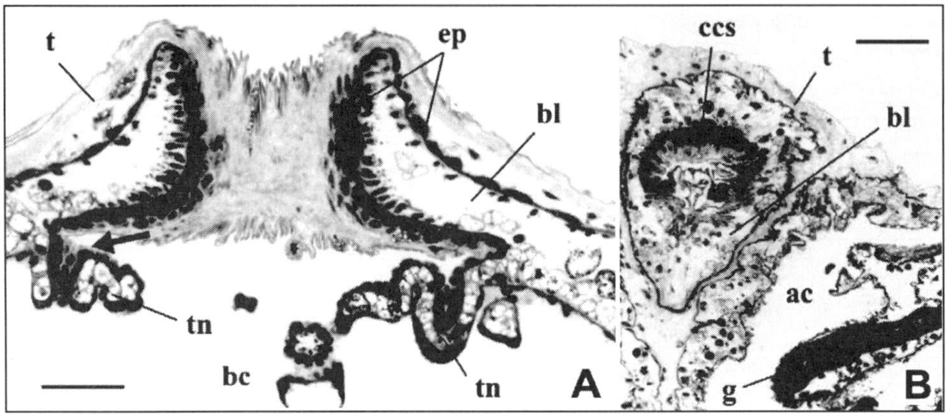

그림 7-9 입수공(A)과 출수공(B). A: 피낭(t)이 사이펀의 안쪽면에서 면반(화살표)에 이르기까지 표면을 덮고 있다. 촉수(tn)의 틀은 새강(bc) 쪽으로 향하고 있으며, 그 속에는 혈액이 순환하는 1개의 넓은 blood lacuna(bl)이 있다. B: 내장강(ac)은 바깥에 있는 common cloacal siphon(ccs)와 연결. g: 장. Tolidine blue. Bar는 A와 B가 각각 50 ㎛와 200 ㎛.

입수공에서 아메바 모양의 세포는 피낭 주름이 형성하는 움푹 패인 곳 특히 velum과 사이펀 벽 위의 촉수가 있는 부분 사이에서 주로 발견된다. 이처럼 사이펀에 발견되는 아메바세포는 무과립성의 아메바세포의 세포가 탐식능력을 가지도록 분화된 "sentinel cell"로 생각된다. 이러한 탐식능 때문에 해수 중의 세균 들이 인두로 들어가는 것을 방지하는 중요한 역할을 수행한다고 여겨지고 있다. 사이펀 아메바세포가 이물을 탐식하는 것은 멍게를 18℃의 해수에 수용하고 미리 여과해수 500 ㎖에 0.01 g의 carmine을 용해시킨 carmine액을 첨가한다. 하루 밤 경과 후 여과해수로 여러 번 세척한 다음 피낭에 부착된 carmine입자를 솔로 제거하고 파라핀 조직표본을 만들어 Werget's철헤마톡시린 염색액에 90초간 염색한 다음 수도수에 10분간 분별하여 탈수 봉입하여 검경하면 탐식하고 있는 carmine입자를 증명할 수 있다.

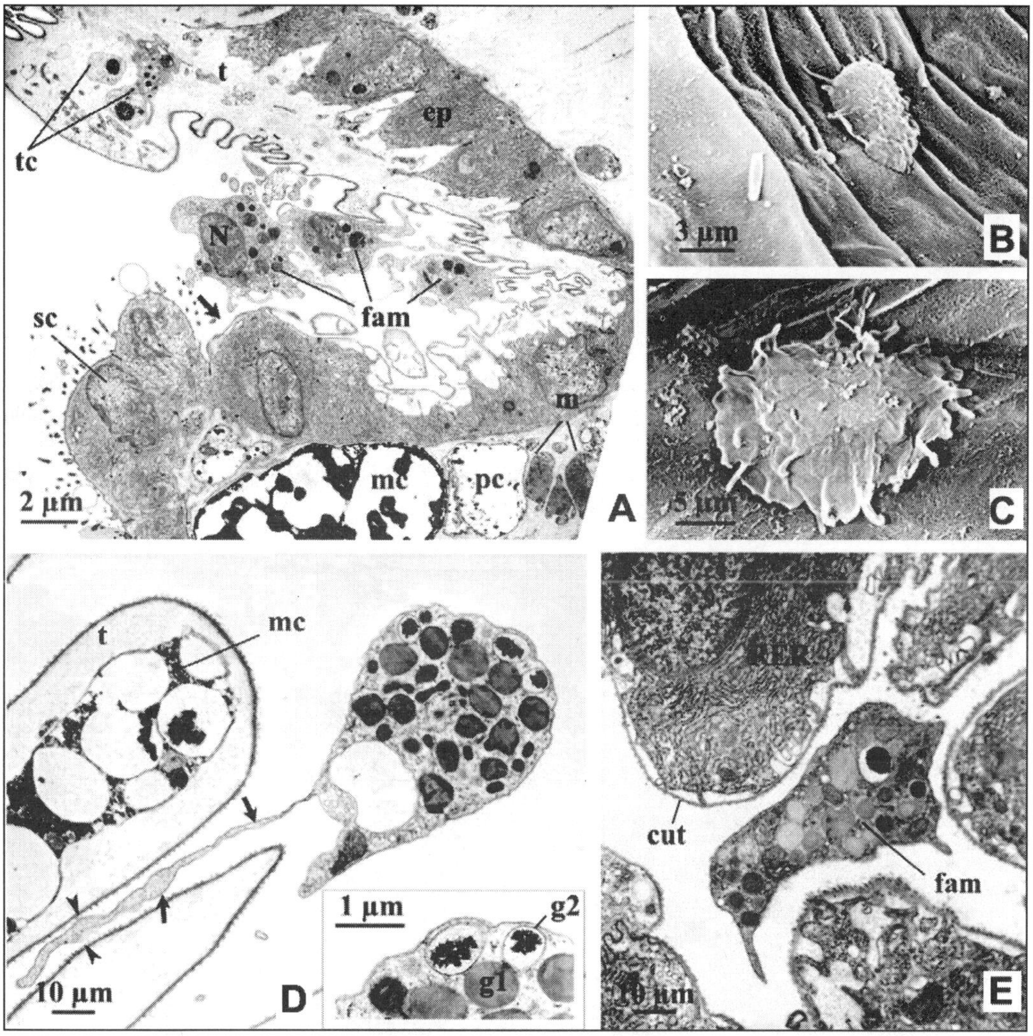

그림 7-10 사이펀의 amoebocytes(fam). A: 피낭(t)이 상피(ep)를 형성하여 면반(화살표)까지 덮고 있는 입수공의 내부. 면반의 끝에는 감각세포(sc)와 오디모양의 세포(morula cell, mc)와 pigment cell(pc) 등의 혈구가 들어 있는 blood lacuna가 있음. 피낭세포(tc)에는 부정형의 물질이 들어 있고 바깥에는 아메바 세포가 cuticle표면에서 활동 중. B & C: 입수공(B)와 출수공(C) 내면을 덮고 있는 피낭 주름에 부착된 아메바 세포의 SEM상. D: 입수공 아메바세포의 TEM상. 긴 위족(화살표)이 피낭 돌기와 여러 곳에서 접촉(화살표 머리)하고 있음. 삽입-아메바 세포에서 동질성(gl)과 이질성(g2)의 내용물을 가진 2종류의 과립의 모양. E: 출수공 아메바. m, muscle of siphon; N, nucleus; cut, tunic cuticle; RER, rough endoplasmic reticulum.

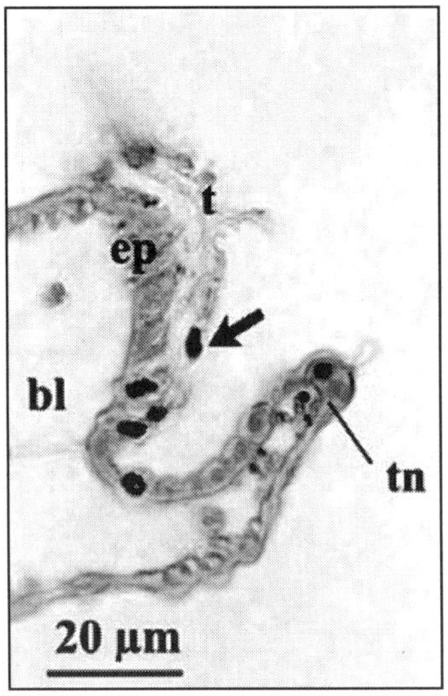

그림 7-11 Carmine탐식 사이펀의 아메바 세포.
입수공 촉수 바깥의 아메바 세포는 carmine을 탐식하고 있음. bl, blood lacuna; ep, epidermis; t. tunic; tn, tentacle. Wergert's ferric hematoxylin.

3. 물렁병

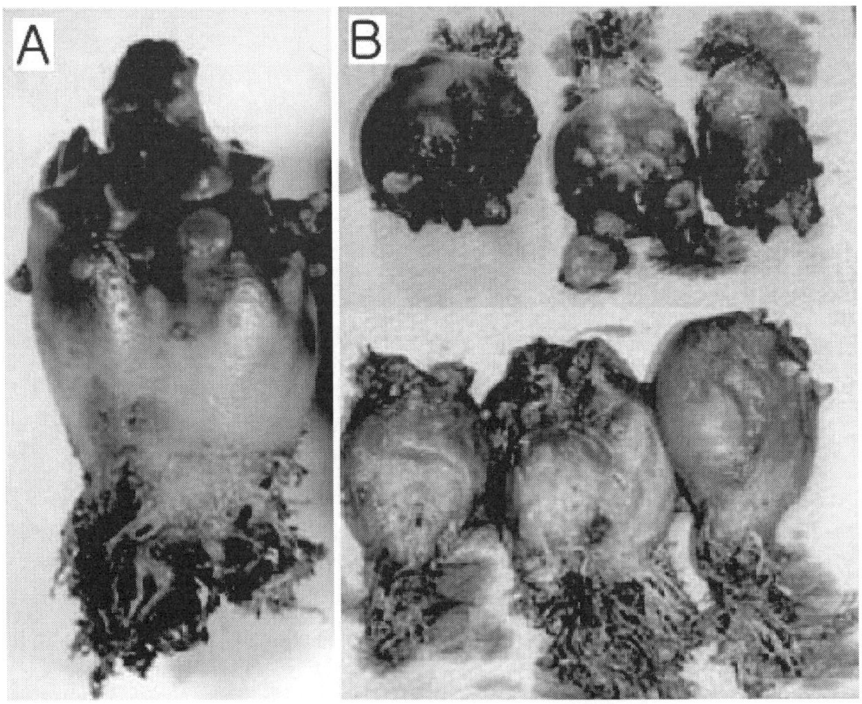

그림 7-12 멍게의 물렁병(soft tunic syndrome). A: 건강한 멍게의 tunic은 두텁고 단단함. B: 감염 멍게는 tunic이 얇고 부드러워 잘 파괴됨.

병든 멍게의 피낭은 건강 개체에 비해 엷어지고 부드러워짐으로 가위로도 쉽게 자를 수 있다. 병든 개체의 피낭의 두께는 0.3-1.2 ㎜(평균 0.7 ㎜)이다. 피낭의 3부분인 subcuticle, main body 및 peri-epidermal area의 구분은 가능하지만, tunic fiber는 매우 가늘어져 거친 tunic matrix를 형성한다. SEM으로 관찰하면 tunic cuticle은 매우 치밀한 구조로 되어, 개개의 tunic fiber는 식별이 불가능하다. Subcuticle에서도 tunic fiber가 심하게 밀착되어 있지만, 섬유 다발은 건강 개체에 비해 훨씬 얇아져 있다. Main body는 층상을 띄며, 섬유 다발은 subcuticle의 섬유 다발만큼 가늘어져 있다.

Peri-epidermal area의 tunic fiber의 밀도는 변화가 심하며 때로는 매우 거친 tunic matrix가 발견된다. 그 외 fiber의 밀도가 낮은 부위가 tunic matrix의 여러 곳에서 발견된다. Tunic matrix를 보다 자세히 관찰하면 층상구조가 없어지고 섬유의 밀도가 낮다는 것을 알 수 있다. 또한 tunic fiber는 두터운 다발을 형성하지 못하고 대신에 무정형의 matrix(amorphous matrix)를 형성한다.

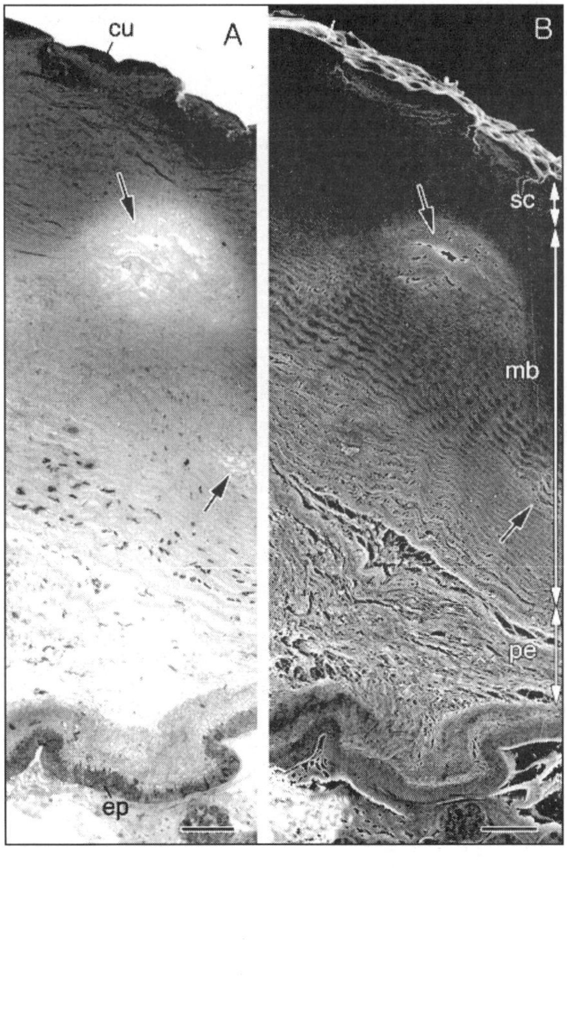

그림 7-13 물렁증 멍게 피낭의 종단면.
A: styrene resin section. B: SEM. cu; cuticle, ep; epidermis, mb: main body, pe; peri-epidermal area. sc; cuticle-subcuticle area. 화살표; tunic matrix의 느슨해진 부분. Bar=0.1 ㎜.

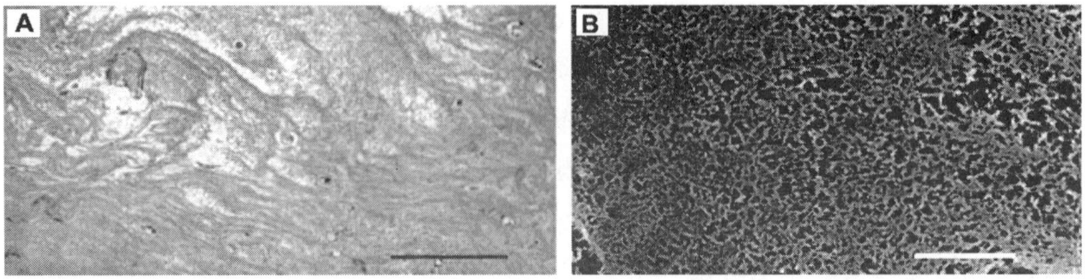

그림 7-14 위 그림 A와 B의 tunic matrix가 느슨한 부분의 확대도. Bar는 A-50 ㎛, B-10 ㎛.

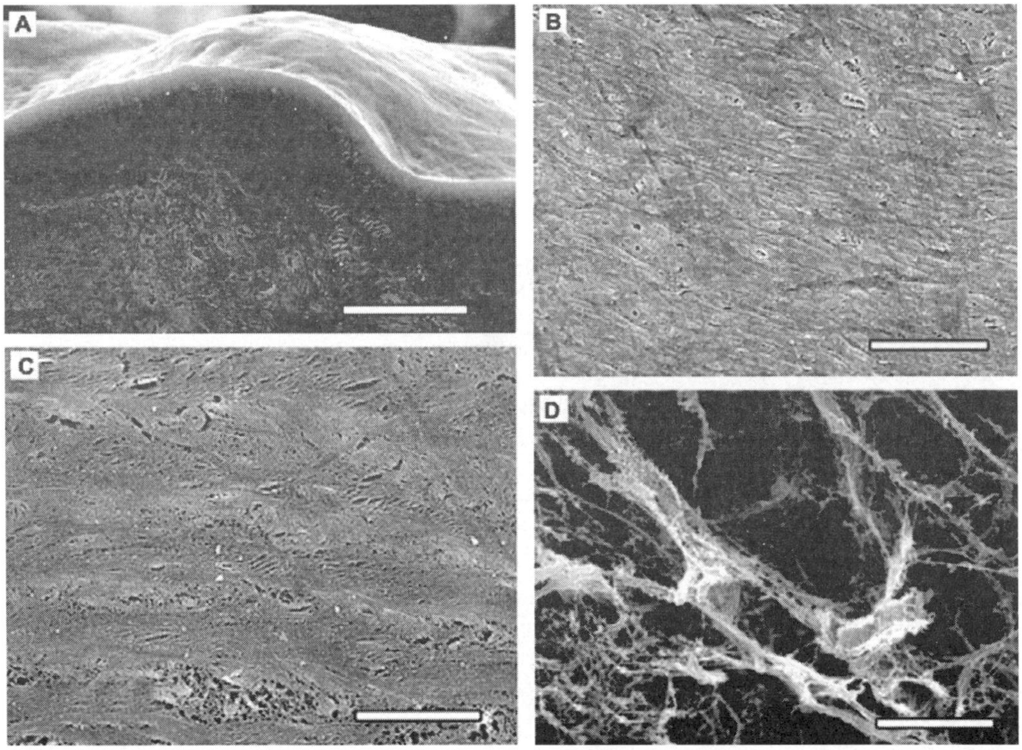

그림 7-15 병든 멍게 피낭의 SEM상.
A: cuticle. B: sub-cuticle. C: main body. D: peri-epidermal area. Bar=10 ㎛.

병든 멍게의 tunic cuticle은 치밀한 구조로 건강한 개체의 cuticle처럼 균질성을 띄고 있지 못하며, tunic cell을 찾아 볼 수 없다. Cuticle의 두께는 매우 변화가 심하며, 몇몇 tunic cell이 cuticle바로 아래에 분포하기도 한다. Cuticle층이 얇아져 있는 피낭의 표면은 많은 조직 파괴물로 덮혀 있다. Tunic matrix에는 전자밀도가 높은 과립이 더 많아지는 경향이다. Subcuticle, main body 및 peri-epidermal area와의 경계는 감염 개체의 피낭이 건강개체의 피낭에 비해 두께가 얇아지기 때문에 불분명해진다. Subcuticle의 tunic matrix에는 건강한 개체처럼 전자밀도가 높은 과립은 있다.

Main body와 peri-epidermal area의 tunic fiber는 두텁지 않고 또한 꼬인 다발을 형성하지도 못한다. Tunic fiber의 밀도는 부위에 따라 차이가 나며 전자밀도가 낮은 tunic matrix에는 전자 밀도가 중정도 되는 느슨한 fiber의 다발 파편이 있다. 상피세포는 건강 개체의 원주 상피와 같이 별 차이가 없다.

한편 tunic cell의 종류와 모양 및 분포 상태는 건강 개체와 거의 비슷하여 vacuolated cell은 주로 subcuticle area에서, viriform tunic cell은 peri-epidermal area에서 발견된다. Tunic phagocyte는 감염 개체에서 가장 눈에 띄는 세포로서 세포질 속에는 많은 공포와 불규칙한 형태의 과립을 가지고 있다. 또한 tunic phagocyte는 난원형 또는 방추형으로 건강한 개체에서 아메바 모양으로 위족을 내고 있는 것과는 차이가 있다.

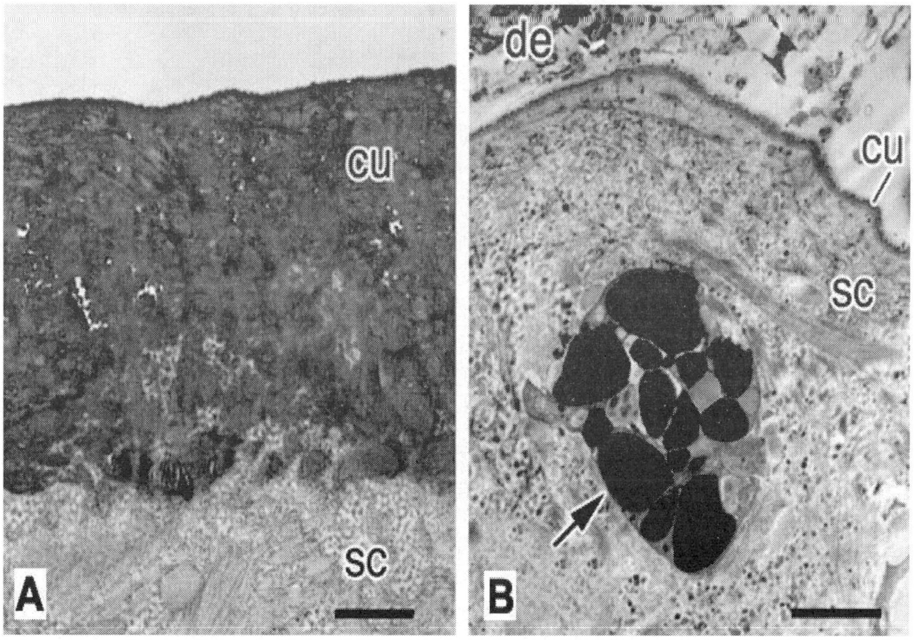

그림 7-16 Tunic cuticle-subcuticle의 TEM상. 화살표: vacuolated cell, cu: cuticle, de: 피낭 표면의 조직 부스러기, sc: sub-cuticular tunic matrix. Bar=2 ㎛.

병리 조직학적으로 건강한 멍게의 피낭의 tunic matrix는 tunic fiber가 치밀하게 규칙적으로 채워져 있으면서 세포 성분은 많지 않다. 그러나 병든 개체의 tunic matrix는 tunic fiber가 붕괴되어 층상 배열이 흐트러져 있고, 심한 경우에는 tunic fiber가 거의 소실되고 matrix 내에 빈공간이 존재하게 된다. 또한 정상 tunic에 비해 matrix 내에 살아 있는 세포와 죽은 세포를 포함한 붕괴된 세포의 잔해가 많이 발견된다. Tunic의 상피세포는 변성되거나 죽기 때문에 상피로부터 박리되어지는 것도 일반적인 현상이다.

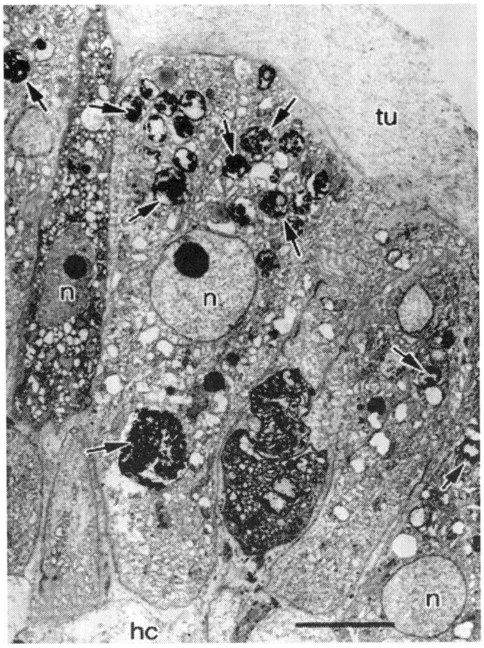

그림 7-17 병든 개체의 peri-epidermal tunic epidermis**의 TEM상. 화살표: 전자밀도가 높은 과립,** hc: haemocoel, n: nucleus, tu: tunic matrix. Bar=5 ㎛.

병든 멍게의 tunic matrix에는 비정상의 세포가 발견되는데, 장경의 크기는 10-14 ㎛, 단경의 크기는 2-3 ㎛이지만 형태는 일정한 것이 아니라 유동적으로 변이를 보이고 있다. 이 비정상세포는 hematoxylin에 진하게 염색되며, 한 쪽 끝에 섬모 모양의 구조물을 가지고 있다. 핵은 정상의 tunic matrix에서 발견되는 세포들의 핵에 비해 크기가 작기 때문에 저배율에서는 관찰하기 힘들지만, 분명히 1개의 핵을 가지고 있고, 핵 속에는 호산성의 핵인을 1개 가지고 있다. 이 비정상세포는 병든 개체의 tunic matrix에서 94%, 경미한 증상을 나타내는 멍게의 경우에는 25%정도 발견된다. 이러한 편모를 가진 비정상세포는 tunic matrix에서만 발견되며, matrix의 상피세포나 다른 내부 장기에서는 발견되지 않는다. 또한 편모를 가진 비정상세포는 tunic matrix내에 형성된 빈공간인 halo 내 또는 붕괴된 섬유세포 사이에서도 발견되기도 한다. 그러나 동일 개체에서 채취한 tunic이라할지라도 이러한 비정상 편모충과 유사한 세포는 그 분포가 매우 다양하여 어떤 tunic에서는 많이 발견되는 반면 동일 개체에서 채취한 tunic이라 할지라도 발견되지 않는 tunic도 있다.

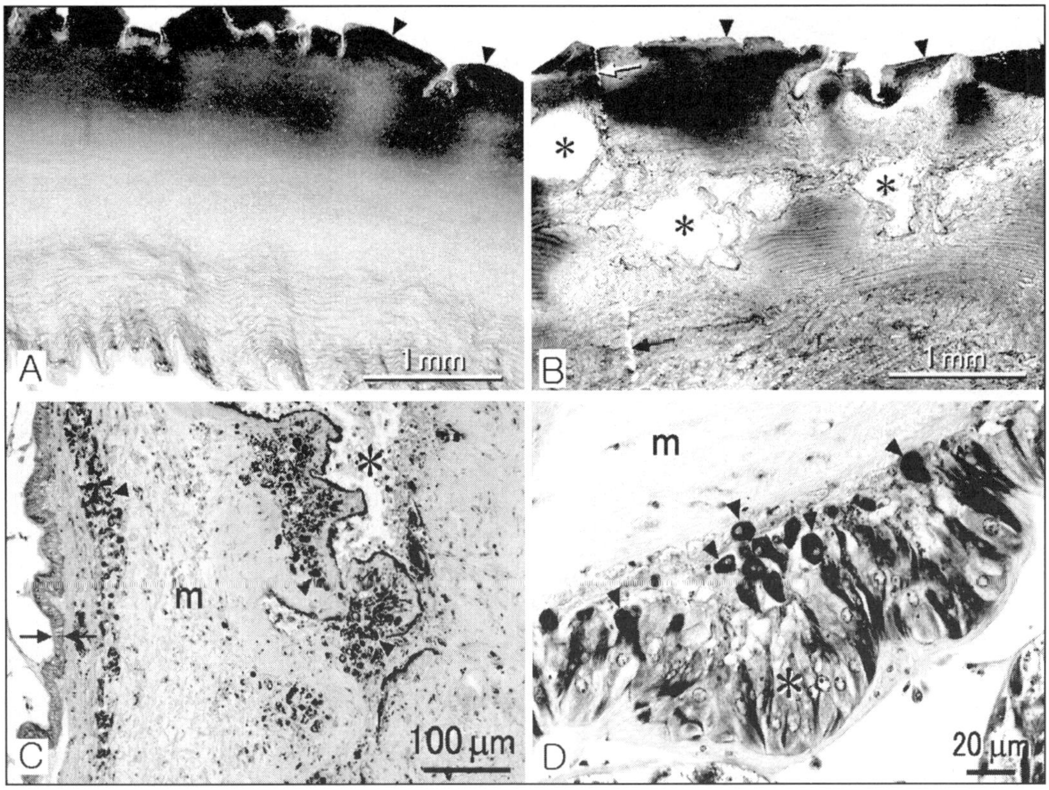

그림 7-18 A: 건강한 멍게의 피낭. 피낭의 바깥(화살표). B: 병든 개체의 피낭. 피낭 기질의 섬유세포의 배열이 흐트러져 있으며 빈공간인 halo(*)가 형성. 화살표는 인공산물로 칼자국임. C: 심한 증상의 멍게. 섬유세포의 붕괴와 빈 공간내의 세포 성분 및 세포의 잔해(*). 기질(m) 내의 많은 세포가 존재하며, 상피세포의 사세포로 추정되는 진하게 염색되는 세포(화살표 머리)는 병리적 변화가 없는 상피(화살표)에서 박리되고 있다. D: Tunic 상피(*)에서 진하게 염색되는 사세포(화살표 머리)는 tunic 기질(m)속으로 떨어져 나와 있고, 상피세포의 세포질은 농축되어 변성됨. May-Grunwald Giemsa(A & B). HE(C & D).

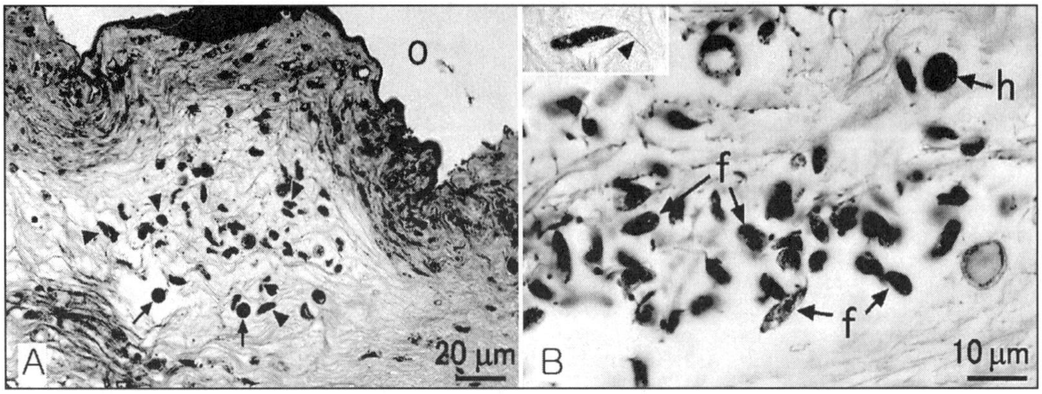

그림 7-19 A: Tunic 기질 내의 섬모충 모양의 비정상 세포(화살표 머리)와 멍게의 고유의 세포(화살표). O는 tunic의 바깥. B: 섬모충 모양 세포의 확대도. 섬모충 모양의 세포(f)와 멍게 고유의 세포(h)는 핵의 형태에서 현저한 차이가 보임. 세포의 끝부분의 섬모 모양의 구조물(화살표 머리). HE.

증상이 심한 개체에서는 tunic에서 많은 혈구 세포가 침윤하여 집합체를 형성하는데, 특히 상피 세포의 바로 아래의 결합조직에서 많이 발견되지만 때로는 tunic의 기저부에 혈구의 집합체가 형성되기도 한다. 침윤하여 있는 혈구는 정상 멍게에서도 발견되는 강한 호산성을 나타내는 세포로서 세포질 내에 크기가 다양한 대형의 과립을 가지고 있다.

인위감염을 위해 병든 개체에서 채취한 혈림프를 주사한 경우는 질병이 재현되지 않지만 병든 개체와 동거시켰을 경우에는 재현된다. 혈림프를 주사한 경우 재현되지 않는 이유는 편모충 모양의 비정상세포가 tunic matrix에만 존재하기 때문이다. 또한 병든 개체의 tunic을 잘라서 수조에 넣어서 감염시킨 경우에도 97%의 높은 감염률이 재현된다. 감염실험의 결과 최초로 감염되는 곳은 사이펀 주변에 처음으로 감염되어 점차 확대되어 가면서 tunic의 연화가 확인된 3-10일 후에는 폐사한다.

병든 멍게의 tunic matrix에서 발견되는 편모충 모양의 비정상세포는 -80℃ 24시간 동결시키면 병원성이 소실되며 호모게나이즈시켜도 병원성이 소실된다. 0.5 ㎛의 필터는 통과할 수 있지만 0.45 ㎛필터를 통과시킨 여과물속에는 발견되지 않는다.

병원성의 재현이 가능하며 동결하면 병의 재현이 불가능하기 때문에 화학물질과 같은 요인은 원인으로 생각할 수 없다. 감염개체의 tunic을 넣은 곳에서 재현되기 때문에 병원체는 tunic에서 나와 물을 통하여 감염된다는 것을 알 수 있다.

건강한 개체의 tunic matrix에는 발견되지 않는 반면 병든 개체에서만 발견되는 편모충 모양의 비성상세포가 병의 원인으로서 가능성이 높다는 주장도 있다.

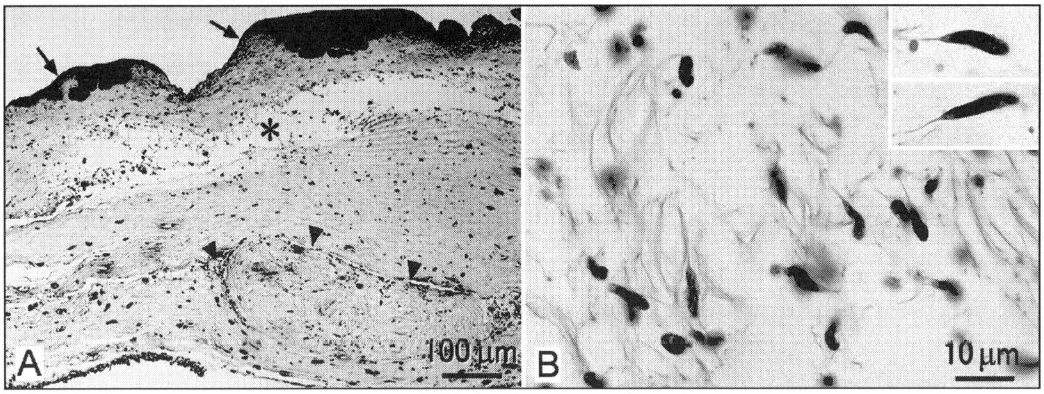

그림 7-20 A: Tunic matrix의 현저한 붕괴와 빈 공간(*) 및 섬유세포 사이의 공간(화살표 머리). 화살표는 tunic의 바깥. B: 섬모충 모양 세포의 확대도로 모양이 매우 다양함. 삽입은 충체의 한 끝에 부착된 섬모 모양의 구조물. HE.

또한 종래에 바이러스가 원인이라는 주장은 병든 개체를 homonenize해서 주사하거나 병든 개체의 tunic을 넣은 수조속의 해수를 0.45 ㎛필터로 여과하여 주사하여도 병은 재현되지 않기 때문에 원인으로 생각하기는 힘들다. 또 바이러스가 원인이라면 원인 바이러스가 증식하기 위해서는 감염할 수 있는 세포가 많이 존재하여야 하는 것은 당연하지만 정상 개체에서는 증식할 수 있는 세포의 수가 매우 적고, tunic epidermis에도 바이러스의 감염에 의한 변화가 발견되지 않는다는 것도 바이러스가 원인이라는 것을 배제할 수 있는 자료가 될 수 있다. 그러나 편모충 모양의 비정상세포도 1차 원인이라기보다는 2차 요인일 가능성이 매우 높아서, 현 단계에서는 이 병의 원인은 아직 명확하게 밝혀지지 않았다.

병든 멍게의 tunic을 작은 조각(5 ㎝ x 1 ㎝)으로 절단한 다음 polyethylene 그물망에 넣어 건강한 개체를 수용한 수조에 넣은 후 발병을 관찰하는 방법을 다양한 전처리 후 실시하여 보면 병원생물의 특성을 알 수 있다. 즉 잘게 자른 병든 멍게의 tunic을 모은 다음 -80℃에 24시간 동결한 다음 polyethylene 그물망에 넣어 건강한 개체를 수용한 수조에 5일 동안 함께 부유시킨다. 또 1㎝ x 1 ㎝의 크기로 자른 병든 tunic의 일부는 얼음위에서 minced하고 일부는 그냥 사용하여 마찬가지로 그물망에 넣어 수조에 부유시키는데 3일마다 새로운 병든 tunic을 넣은 그물망을 교체하여 준다.

또 다른 방법은 5 ㎝ x 1 ㎝의 크기로 자른 병든 tunic 약 20-40 g을 15℃의 해수 300㎖에 4일간 부유시켜 해수 중으로 원인생물이 방출되게 한 다음 50 ㎖씩 6등분한 다음 2개는 5 ㎛ membrane filter, 또 다른 2개는 0.45 ㎛ membrane filter, 나머지 2개는 여과 없이 그냥 25 ℓ의 수조에 첨가한다. 이번에는 잘게 자른 병든 tunic을 15℃의 해수 300㎖에 4시간 담군 다음 해수를 6등분하여 여과하거나 여과하지 않은 것을 감염원으로 사용하고, 4시간 해수에 담군 tunic은 버리지 않고 다시 300 ㎖의 멸균해수에 16시간 담군 다음 해수를 6등분하여 마찬가지로 여과하거나 여과하지 않고 사용한다.

감염실험에서 편모충 모양의 생물은 -80℃ 24시간 동결 또는 homogenize시키면 병원성이 상실되며, 5 ㎛ filter는 통과하지만 0.45 ㎛ filter는 통과하지 못한다.

이러한 결과를 요약하면 다음 표와 같다.

표 7-2 감염 실험을 통한 원인 생물의 물리적 특성

감염 tunic의 처리	Tunic	수온(℃)	사망/접종 개체수
동결(-80, 24시간)	감염 tunic의 동결	17-22	0/12
	감염 tunic의 미동결		12/12
	건강 tunic의 동결		0/12
	건강 tunic의 미동결		0/12
Homogenize 및 여과	감염 tunic의 mince	17-22	0/12
	감염 tunic의 조각		12/12
	건강 tunic의 mince		0/12
	0.45 ㎛여과		0/12
	5.0 ㎛여과		6-11/12
Tunic침지 해수	감염 tunic해수의 무여과	18-21	11-12/12
	감염 tunic침지 해수		10/12
	건강 tunic침지 해수		0/12

4. 회색곤봉 멍게와 보라판 멍게의 *Pseudovibrio*

Alphaproteobacteria에 속하는 *Pseudovibrio*종의 감염에 의한 것으로 멍게의 표면을 멸균해수로 깨끗이 세척한 다음 조직을 호모게나이즈한 다음 여과해수로 10단계 희석하여 marine agar 또는 1/5 marine agar에 접종한다. 20℃에 8일간 배양하면 원형의 녹갈색의 집락이 형성되는데 위상차 현미경으로 관찰하면 운동성이 있고 형태는 다형성이지만 선상 또는 굽은 모양의 간균이지만 계속적으로 배양하면 구균의 형태로 변한다.

TEM으로 관찰하면 편모(subpolar flagellum), 세포내 과립을 가지고 있으며, 별모양의 집합체를 형성한다.

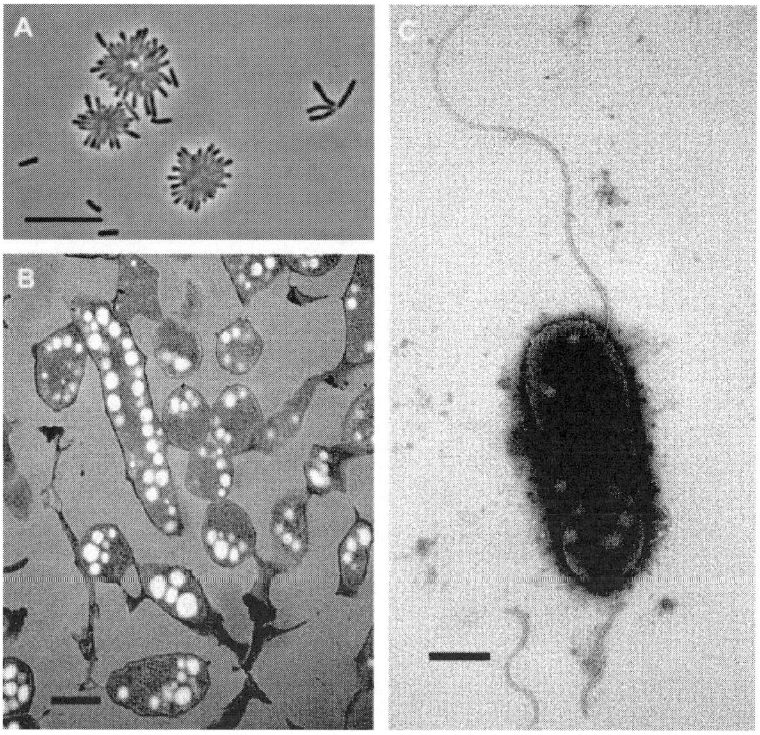

그림 7-21 *P. ascidiaceicola*. A: 위상차 현미경. B: TEM. C: TEM, negative stain. Bar=10 ㎜(A)와 0.5 ㎜(B와 C).

생화학적 성상을 API 50, API 20 NE, API ZYM과 Biolog GN2 microtiter plate(Biolog)로 검사한다. 검사에 사용하는 세균 부유액은 0.4 M NaCl 0.1과 M MgCl의 혼합액에 부유시키고, API 50은 CHE medium에 5 M NaCl을 0.5 ㎖첨가한 액에 부유시킨다.

염분 내성은 TY medium(tryptone 2 g, yeast extract 1 g, distilled water 1,000 ㎖)에 식염을 0, 1. 3, 5, 7, 10%첨가하여 25℃에 배양하면 3-5%에서 발육하며 3%에서 최적의 발육을 나타낸다. pH에 따른 발육은 pH를 1-11로 조정하여 여과 멸균한 TYSW(tryptone 2 g, yeast extract 1 g, artificial seawater 1,000 ㎖)의 5㎖에 세균 부유액 20 ㎕를 접종하여 배양하면 발육 가능 pH는 5-9이며 최적은 pH 7-8이다. 그러나 대조로 사용하는 *P. denitrificans*는 pH6에서는 발육하지 못한다. 발육온도는 marine agar에 접종하여 7일간 배양하면 10-30℃에서 발육하며, 적온은 25-30℃이다. 그러나 대조균은 35℃에서도 발육한다.

표 7-3 *P. ascidiaceicola*와 *P. denitrificans*의 특성 비교

특 성	*P. ascidiaceicola*	*P. denitrificans*
Activity of:		
N-acetyl-*β*-glucosaminidase	−	+*
Arginine dihydrolase	+	−
Naphthol-AS-BI-phosphohydrolase	+	−*
Valine arylamidase	w	−*
Utilization as sole carbon source:		
D-Galacturonic acid	−	+*
Succinic acid	+	−*
Temperature range (°C)	10–30	20–35
pH range	5·0–9·0	7·0–9·0

+, 양성; w, 약 약성; −, 음성.

제 8 장 바다가재의 질병

1. Bumper car disease

바다가재(*Homarus americanus*)를 장기간 5℃이하의 저온에 방치하면 발병한다. 감염 바다가재의 체중 100 g당 potassium chloride 100 ㎎을 첨가하여 죽인 다음 병리 조직학적으로 조사한다.

감염 단계는 크게 2단계로 구분할 수 있다. 감염 초기 단계는 외부증상이 없고, 원인 섬모충인 *Anophryoides hamemophila*가 혈액 내에서 소수 발견된다. 혈림프는 불투명하며 총단백질의 양도 정상이다. 혈림프의 도말표본에서 혈림프의 수는 정상이며, 섬모충의 숫사는 소수에 불과하다.

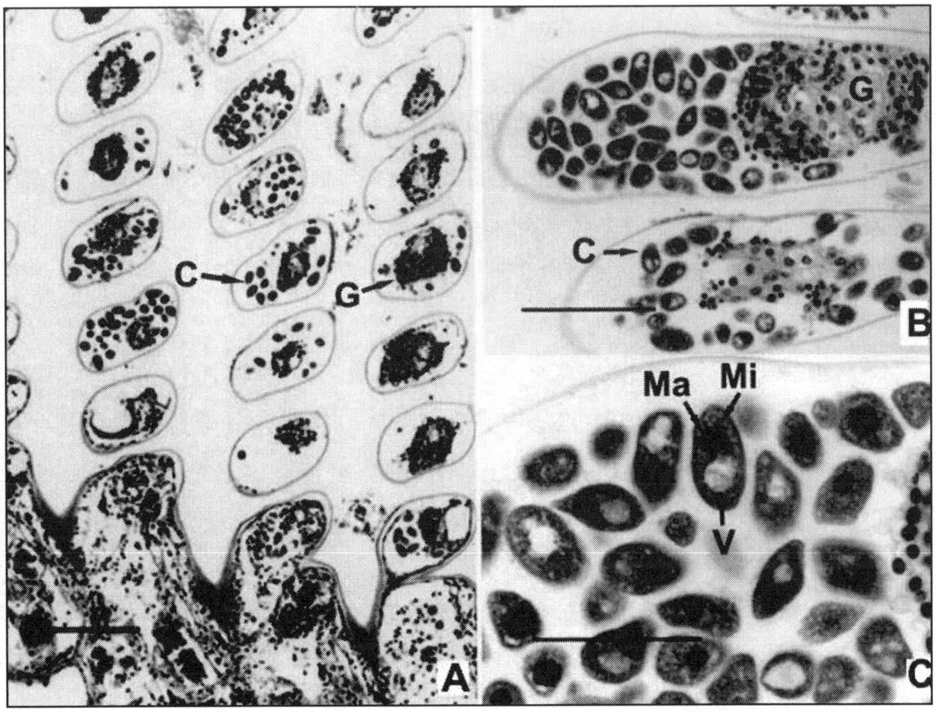

그림 8-1 A-B: 새변의 단면, 섬모충(C)과 육아종(G). C: 아가미 내의 충체의 대핵(macronucleus, Ma), 소핵(micronucleus, Mi) 및 공포(vacuole, V).

2번째 단계는 혈림프를 통하여 원인 섬모충이 전신에 전파된 단계로 가재는 약해져서 폐사하게 된다. 혈림프는 투명하며 총단백질의 양은 30 g/ℓ 이하로 감소되어 있다. 혈림프의 도말표본은 혈림프가 없거나 소수에 불과하고 대신에 섬모충의 숫자가 매우 많다. 또한 혈림프에 빛을 쪼이면 섬광과 같은 형상을 나타낸다. 감염의 초기 단계는 인위감염 후 1-4주간, 2번째 단계는 감염 후 4-9주 후에 발현되게 된다.

기본적인 병리 조직학적 변화는 2단계에서 혈림프의 감소와 혈동내의 섬모충의 증가이다. 섬모충은 아가미의 큐티클과 그 아래의 undelaying vaculature사이에서 많이 발견된다. 아가미의 중앙 내에 혈구세포가 집합하여 육아종을 형성한다. 심장의 관공과 심내막에 심근이 변성을 동반한 많은 섬모충과 간균의 집락이 관찰된다. 또한 소화관공에는 박리된 점막상피가 박리되어 있고 거기에는 많은 간균이 모여 있다.

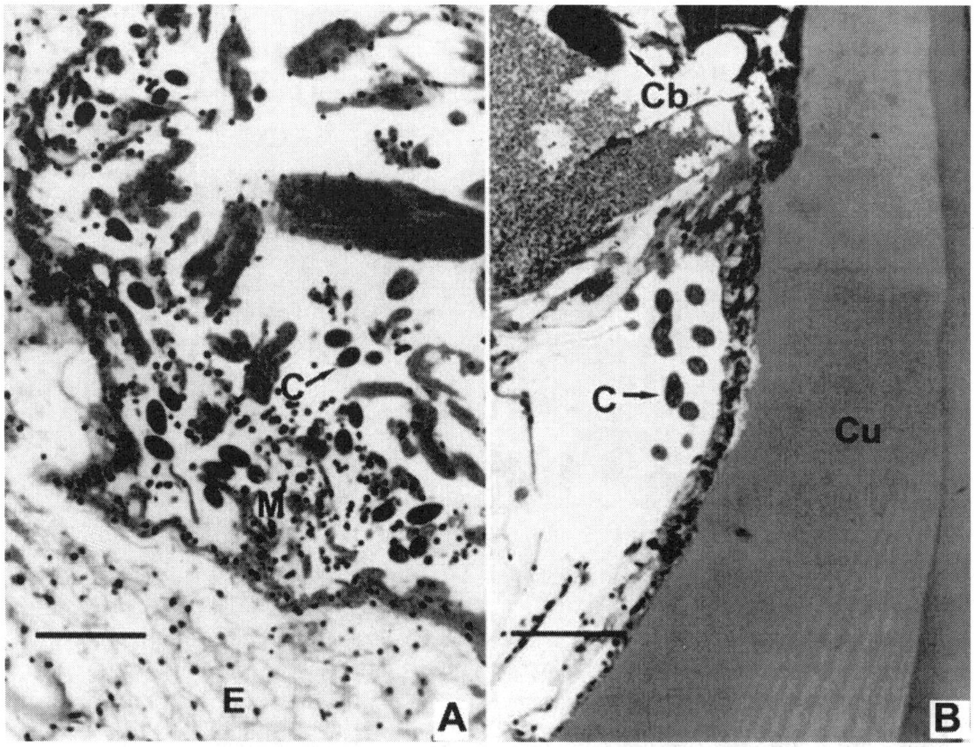

그림 8-2 A: 심장 내의 충체. 심외막(epicardium, E), 해면층(S) 및 심근의 변성(M). B: 큐티클 아래의 충체(C)가 있는 안병. Crystaline body(Cu)와 큐티클(Cu). HE.

2. Shell disease

1)북미산 바다가재

미국산 바다가재(*Homarus americanus*)의 shell disease에는 3가지 형태가 있다.

(1) 겨울 축양 갑각병(winter impoundment shell disease)

바다가재를 축양할 때는 여름에는 저온, 겨울철에도 사육수가 얼지 말아야 하며, 가능한 염분농도를 높게 일정하게 유지할 필요가 있다. 그러나 이론적으로 좋은 수질의 조건이라 할지라도 체포한 바다가재의 건강상태에 따라 달라질 수 있다.

겨울 축양 갑각병(winter impoundment shell disease)의 초기 환부는 대칭적으로 등쪽의 septal core에 집중적으로 형성된다. 환부는 원형의 흑색 국소적 병소로서 두흉갑에 한정적이지만 병이 진행됨에 따라 병소는 점점 커지게 되고 심한 경우에는 두흉갑 전체에 환부가 형성된다.

갑각류의 탈피는 A단계-E단계의 5단계로 구분하고, 다시 각 단계는 몇 단계로 세분하고 있다. 축양 바다가재 갑각병은 주로 C단계의 C_2, C_3, C_4와 D단계의 D_0에서 빈발한다. 그러나 조직학적으로 C_2와 C_3는 구분이 곤란하지만 엷은 층상의 endocuticle이 형성되는 시기이다. C_4단계는 정상 큐티클은 epicuticle, exocuticle, endocuticle 및 막층(membranous layer)의 4층이 만들어진다. Endocuticle은 다시 선상 endocuticle(striated endocuticle)과 엷은 층상 endocuticle(thin-lamellar-endocuticle)의 2부분으로 나눌 수 있다. 미국산 바다가재는 층상 endocuticle에는 수직의 선상 구조(vertical striation)가 없지만 칼슘이 침착되어 있다.

막층은 엷고, 치밀한 띠 모양으로 C_4단계에서 상피세포에 의해 층상 endocuticle바깥에 만들어진다.

D_0단계는 C_4단계와 D_1단계 사이의 매우 천천히 진행되는 단계로 오래된 큐티클과 새로운 큐티클사이에 틈(fracture)을 만들기 위하여 막층의 안쪽 부분이 용해되는 단계로 apolysis라 부른다. Apolysis가 일어나기 전의 막층의 작용은 붕괴된 큐티클의 틈새를 유동성의 막층이 차단함으로서 틈새를 연결하는 역할을 한다.

C_4단계와 D_0단계 또한 조직학적으로는 구분할 수 없지만, 탈피과정의 대부분인 약 56%를 차지하고 있다.

표 8-1 미국산 바다가재류 탈피과정의 조직학적 변화

탈피 단계(stage)	큐티클의 변화	큐티클에서 발견되는 Layer
Stage A	Postecdysial cuticle의 mineralization	Epicuticle[1] Exocuticle[1]
Stage B	Striated endocuticle의 형성	Epicuticle[1] Exocuticle[1] Striated endocuticle[1]
Stage C Substage C_1	상피세포의 높이 감소	Epicuticle[1] Exocuticle[1] Striated endocuticle[1]
Substage C_2–C_3	엷은 lamellar endocuticle 형성	Epicuticle[1] Exocuticle[1] Striated endocuticle[1] Thin–lamellar–endocuticle[1]
Substage C_4	Intermolt. 막층의 형성	Epicuticle[1] Exocuticle[1] Striated endocuticle[1] Thin–lamellar–endocuticle[1] Membranous layer[1]
Stage D Substage D_0	Passive premolt. Intermolt에서 premolt로 이행	〃
Substage D_1	막층의 안쪽부분의 용해에 의해 큐티클에서 상피세포가 수축되고 새로운 epicuticle형성	Old cuticle[1] Apolytic space Epicuticle[2]
Substage D_2	새 큐티클 내에 exocuticle형성	Old cuticle[1] Apolytic space Epicuticle[2] Exocuticle[2]
Substage D_3	오래된 큐티클의 endocuticle로 부터의 mineral의 재흡수	Epicuticle[1] Exocuticle[1] Dissolution of endocuticle[1] Apolytic space Epicuticle[2] Exocuticle[2]
Stage E	Ecdysis(탈피)	Epicuticle[2] Exocuticle[2]

*1: 탈피 후 제거될 오래된 큐티클 성분.
2: 탈피 후의 큐티클 성분으로 남아 있는 층.

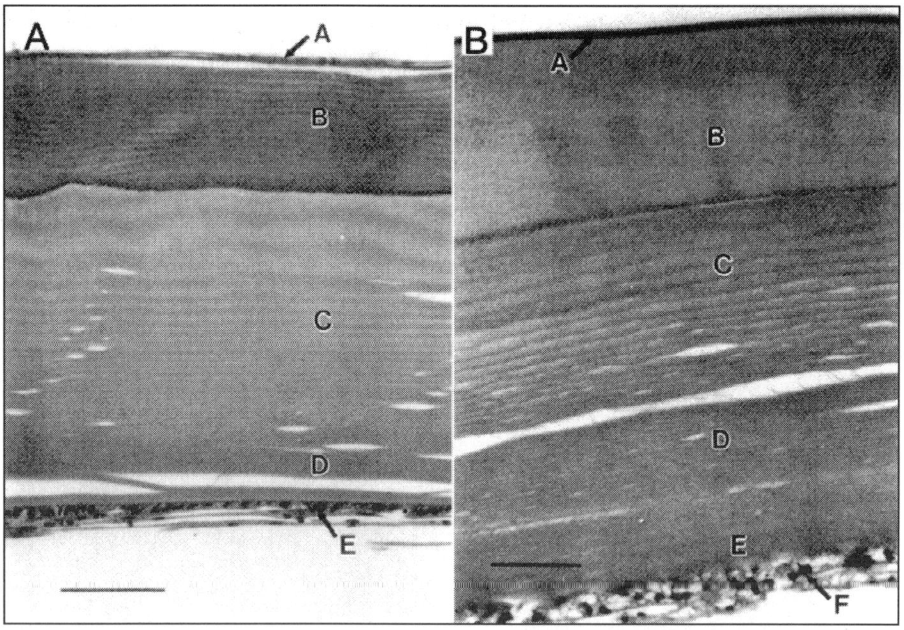

그림 8-3 A: C_2/C_3의 큐티클. E, cuticular epithelium. B: C_4/D_0단계의 큐티클. E, membranous layer; F, cuticular epithelium. A-epicuticle, B-exocuticle, C-striated endocuticle, D-thin-lamellar-endocuticle. HE, Bar=60 ㎛.

겨울 축양 갑각병은 모든 외골격에 여러 군데의 구멍 모양의 부식 병소가 형성되지만 대부분은 두흉부와 등쪽의 복절 부분의 갑각에 생긴다. 개체별 병소의 형태는 멜라닌화(melanization)의 정도와 병소의 깊이에 따라 달라진다. 또한 복부 표면에 부식과 긁힘과 관련이 있는 과색소 침착에 의한 선 모양의 병소, 외골격의 파괴와 그 아래 조직의 심한 흑화를 동반한 창상 등이 있다.

바다가재의 탈피과정중의 기간이 가장 긴 intermolt 단계인 단계C_4/D_0의 큐티클의 조직상의 가장 큰 특징은 막층(membranous layer)이 존재한다는 것인데, 이 단계의 질병의 정도는 5단계로 구분할 수 있다.

표 8-2 C_4/D_0 및 C_2/D_3단계의 축양 바다가재 갑각병의 감염 정도

Grade I Epicuticule의 부식
Grade II 부식이 exocuticle까지 도달
Grade III 부식이 선상 endocuticle(striated endocuticle)과 엷은 층상 endocuticle (thin-lamellar-endocuticle)까지 도달
Grade IV 부식이 pseudomembrane에 도달
Grade V 큐디클 전체의 부식과 큐디클 히부 결합조직의 궤양.

Grade I은 perisetal cuticle과 tegmental pore cuticle 등 epicuticule성의 부식이다. 큐티클 내의 얕은 구멍 내에 seta는 정상적으로 존재하고 있다. 부식은 septal pit부근에서 처음으로 발생하여 괴사 및 멜라닌화된다. 병소의 epicuticle의 바깥층의 두께가 약간 두터워진다.

Tegmental gland는 대형으로 쉽게 발견할 수 있는데 이는 단계C_4/D_0의 초기단계임을 의미하고 있다. 후기 단계C_4/D_0에서 이 선의 크기는 현저하게 작아진다. Septal pit내의 세균은 섬유상의 조류가 우점종이며, 큐티클성 상피는 약간 비대화되어 있다.

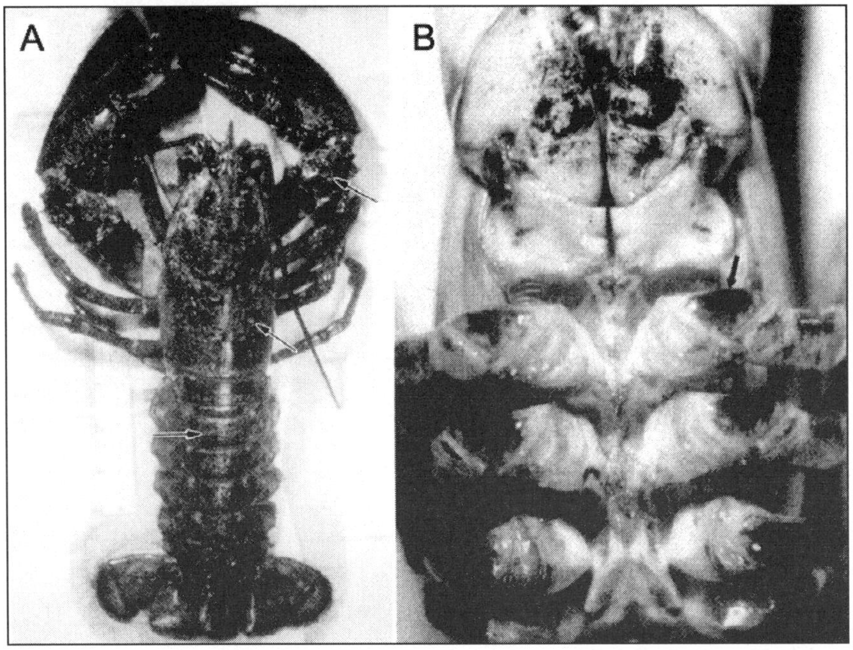

그림 8-4 A: 집게발, 두흉부 및 복절의 갑각에 특징적인 구멍 모양의 부식 병소 (화살표). B: 체포 전의 복부의 부식이나 상처 부위에 색소의 과잉침착 (hyperpigmentation, 화살표).

Grade II는 부식이 exocuticle까지 도달되어 큐티클의 기질이 소실되고 갑각에 얕은 분화구 모양으로 움푹 파인 환부가 형성된다. 환경수에 노출된 exocuticle의 끝부분에는 멜라닌화가 일어나지만, 조직 표본을 제작하는 과정에 탈색이 일어나기 때문에, 그 정도에는 변화가 많다. 부식이 일어난 부분의 아래에 있는 큐티클상피는 증생되며, 상피세포 사이에는 과립구와 무과립구의 침윤이 생긴다. 때로는 엷은 층상의 endocuticle/막층의 두께가 두터워지는 경우도 있다.

Grade III은 부식이 선상의 endocuticle과 층상의 endocuticle에까지 도달된 단계이지만 대부분은 선상의 endocuticle에 까지 부식되고 층상의 endocuticle이 부식되는 경우는 매우 드물다. 부식된 표면에 멜라닌화는 매우 다양하며, 때로는 수직상으로 아래의 층상 endocuticle에 까지 멜라닌화한다. 염증세포의 침윤은 Grade II보다 현저하고, 상피 또는 cuticular canal에서는 염증세포의 탈과립 반응이 현저하다. 막층의 주름이 잡혀 주머니 모양을 형성하고 그 내부에 많은 과립구가 모여 있다. 염증세포의 집합은 선상 endocuticle과 층상 endocuticle의 연결 부위, 층상 endocuticle사이, 층상 endocuticle과 막층의 사이에서 등 여러 곳에서 일어난다. 또 환부에는 느슨하게 부착하고 있는 pseudomembrane이 발견된다. Pseudomembrane은 5-25 cell로 구성되어 있어 두께에는 변화가 많고, 구성 세포는 방추형의 변형 염증세포로 상피세포와 평형하게 만들어진다.

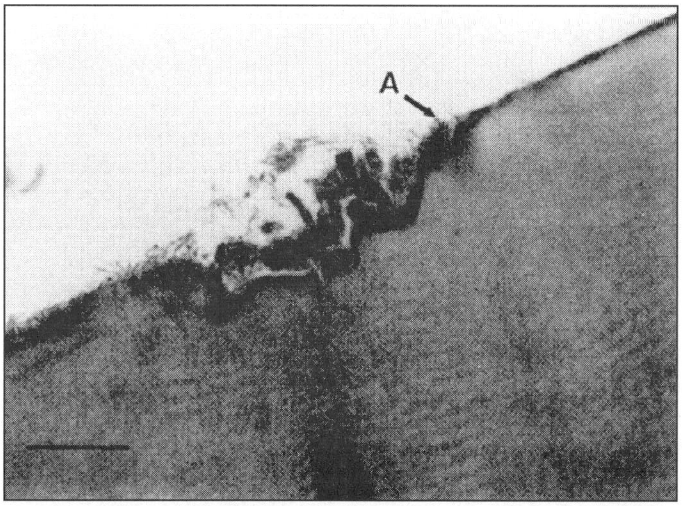

그림 8-5 단계C_4/D_0 Grade I. Epicuticle(A)의 붕괴와 septal pit 내의 2차 침입한 다양한 생물의 집단.

염증 부위에는 드물게 큐티클성 진주 형성(cuticular pearl formation)이 일어나는데, 큐티클 상피에서 분비되는 얇은 층상의 endocuticle로 구성되어 있고, 상피세포는 증생되며 표면에는 공포가 형성되어 있다.

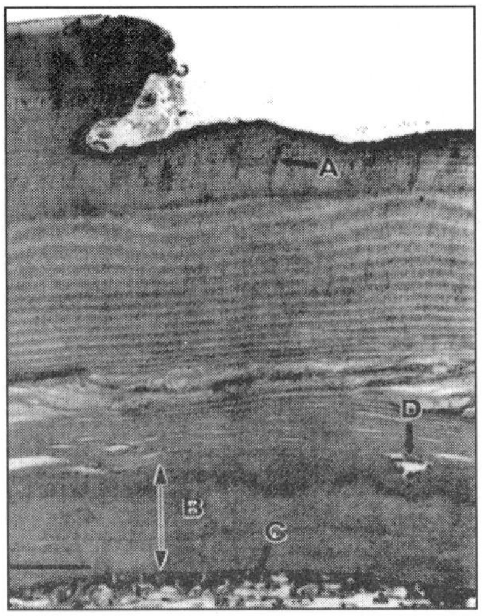

그림 8-6 단계C4/D0 Grade II.
부식이 멜라닌화된 exocuticle(A)에까지 전파되어, 층상 endocuticle/막층(B)이 두터워짐. 또 상피세포의 증생(C)과 층상의 endocuticle/막층 사이에는 염증세포가 침윤(D). HE, bar=100 ㎛.

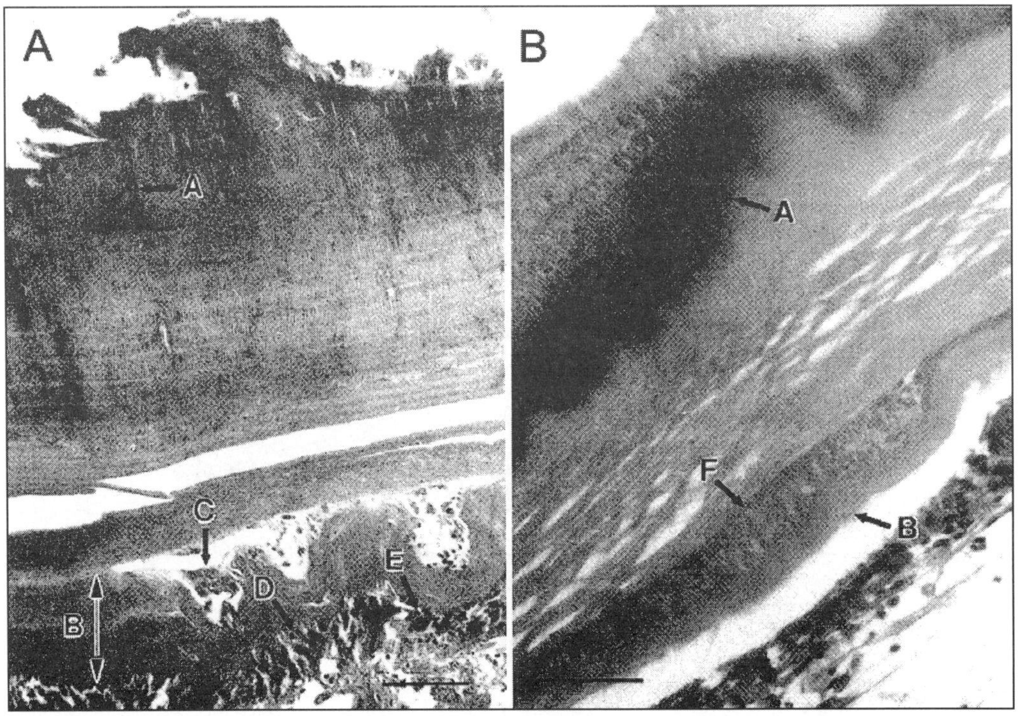

그림 8-7 단계C_4/D_0 Grade III. 부식이 멜라닌화된 선상의 endocuticle(A)에 미쳐 있고, 층상 endocuticle/막층은 증생(B). A: 막층에 주름이 잡혀 주머니 모양을 형성하고 그 내부에 많은 과립구(C)가 모여 있고, 증생한 상피층(E)에 침윤 염증세포의 탈과립 반응(D). B: 바깥층인 층상 endocuticle과 내부의 층상 endocuticle/막층과의 사이에 많은 염증세포의 침윤(F). HE, bar=100 ㎛(A)과 60 ㎛(B).

Grade IV는 부식이 pseudomembrane에 까지 파급된 상태로 선상 endocuticle과 층상 endocuticle의 바깥 부분까지 부식된다는 것이 특징으로 그 아래에 있는 층상 endocuticle/막층을 덮고 있는 pseudomembarne이 노출되게 된다. Pseudomembrane은 25-100개의 세포로 구성되어 있어, grade II의 pseudomembrane보다 두텁지만, 바깥 부분은 괴사되어 있다. Pseudomaembrane아래에 있는 층상 endocuticle/막층의 두께는 두터워져 있다. 그 외의 변화는 grade III의 경우와 비슷하다.

Grade V는 큐티클 전체가 부식되고 큐티클 아래의 결합조직에 궤양이 형성된 상태로 큐티클의 상피세포가 괴사되기 때문에 큐티클이 박리되게 된다. 궤양의 표면은 두터운 pseudomembarne성의 껍질로 덮여 있다. 궤양의 테두리에는 상피세포의 증생 및 비대된다. 이러한 피부염은 염증세포의 침윤과 되고, 염증세포의 변형으로 특징지을 수 있다. 결합조직 내에는 근섬유의 증식이 일어나고, 순환계내의 혈전과 마찬가지의 형태로 tegmental gland와 setal cell의 염증에 의한 멜라닌화된 육아종이 형성된다.

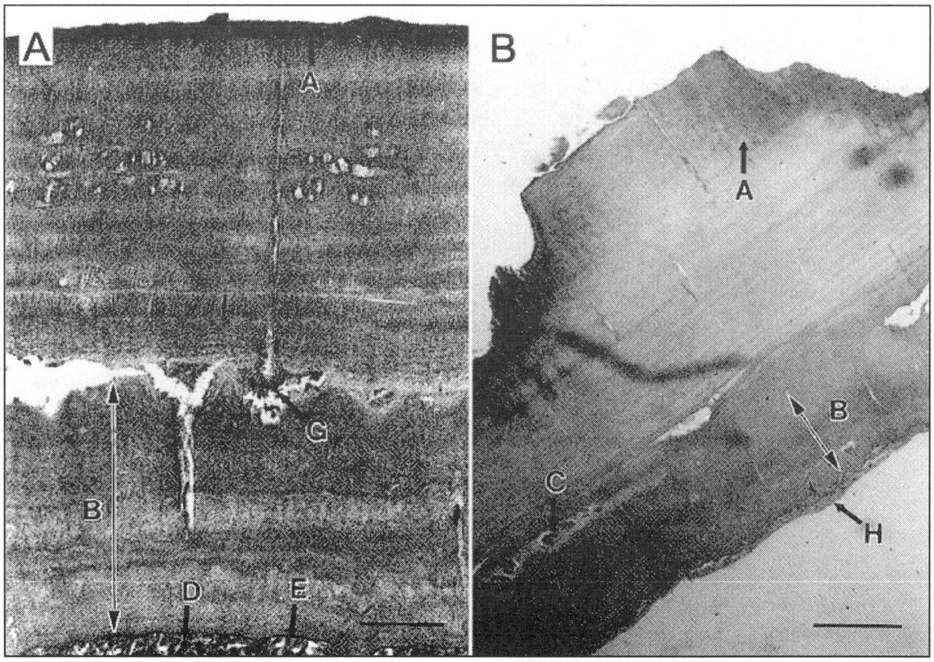

그림 8-8 단계C_4/D_0 Grade III. A: 층상 endocuticle사이의 과립구의 축적(G). B: 탈피된 큐티클의 탈피 분리선(H). HE. bar=80 ㎛(A)과 230 ㎛(B).

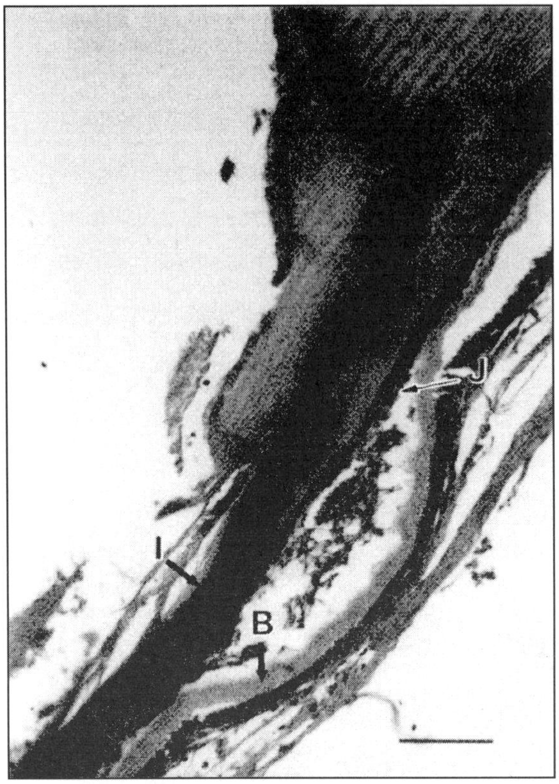

그림 8-9 단계C_4/D_0 Grade III의 후기. 층상 endocuticle/막층(B)이 두터워져 있고, 부식은 멜라닌화된 층상 endocuticle(I)의 바깥부분에까지 도달. 층상 endocuticle과 그 아래의 층상 endocuticle/막층 사이에 pseudo-membrane(J)이 형성. HE. bar=100 ㎛.

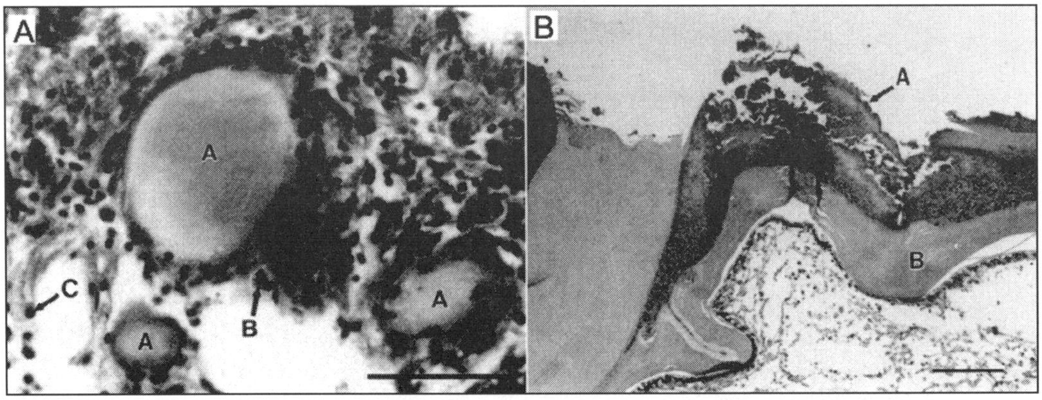

그림 8-10 단계C_4/D_0 Grade III. 과립구(B)와 무과립구(C)가 침윤해 있는 염증성의 큐티클내에 진주(A)의 형성. B: 단계C_4/D_0 Grade IV. 층상 endocuticle/막층이 두터워지고 그 위에 형성된 pseudomembrane의 바깥 부분은 환경수에 노출되어 괴사됨. HE. bar=64 ㎛(A)와 220 ㎛(B).

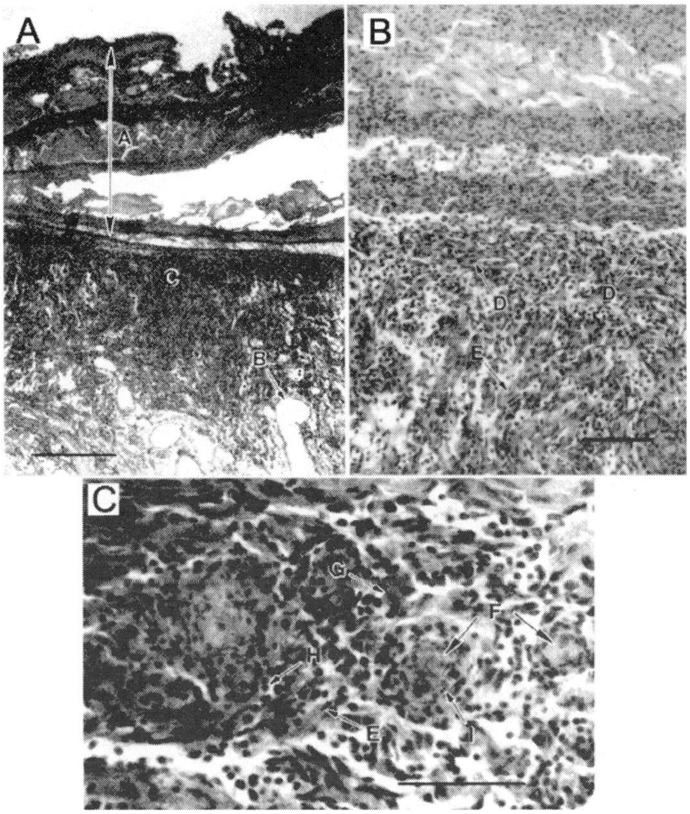

그림 8-11 단계C_4/D_0 Grade V. A: 괴사소의 표면(A)에 괴사물로 변화하고 있는 변형 염증세포의 층상구조. 혈관(B)은 확대되고 결합조직내의 세포(C)도 증가됨. B: 괴사소의 표면에 침윤한 무과립구의 변형(D)과 결합조직 내에 근원섬유(E)의 증식. C: 변형 과립구(G)와 무과립구(H) 등의 염증세포가 있는 결합조직내의 육아종(F)과 변형 염증세포의 피포(I). HE, bar=620 ㎛(A), 70 ㎛(B) 및 64 ㎛(C).

단계C_4/D_0 보다 탈피의 앞 단계인 C_2/C_3에서의 감염상태도 단계C_4/D_0 마찬가지로 5단계로 구분할 수 있다.

Grade I는 perisetal큐티클과 tegmental pore 큐티클등의 epicuticle의 부식으로 탈피의 단계C_2/C_3는 단계C_4/D_0 에 비해 dermal tegmental gland가 대형으로 단계 C전 과정을 통하여 가장 현저하다. 단계C_4/D_0의 garde I과 마찬가지로 setal pit에 섬유상의 조류가 우점종인 다양한 생물군이 setal pit에 모여 있다.

Grade II는 exocuticle의 부식으로 부식된 큐티클의 표면은 C_4/D_0의 garde II와 비슷

하며, 비대화된 상피세포층에 염증세포의 탈과립상이 관찰되지만, 탈피과정에서 상피세포와 큐티클의 아랫부분 사이에 염증세포가 집합하는 것은 정상적인 특징이다. 상피세포 내에 염증세포가 집합하고 있는 곳은 2-4층의 세포로 두터워져 있지만 과립구를 주체로 하는 염증세포가 섞여 있다.

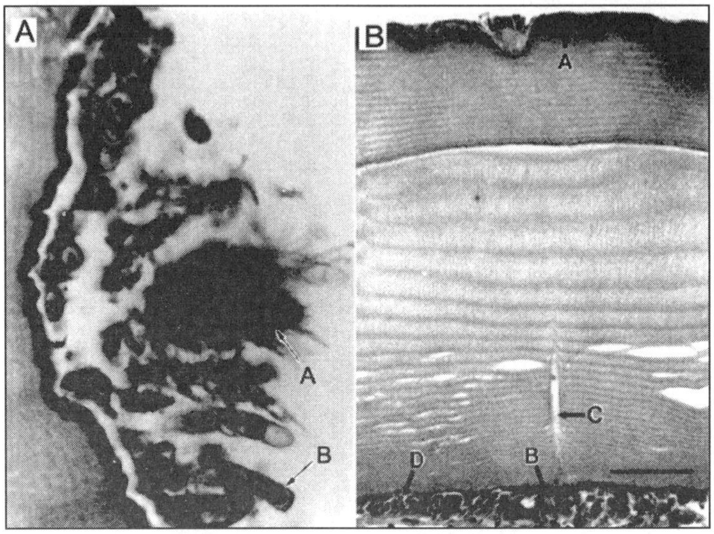

그림 8-12 단계 C_2/C_3 grade I와 grade II. A: Hair-fan organ(B) 주변의 perisetal의 파인 부분에 섬유상의 조류(A)를 우점종으로 하는 다양한 생물상이 군집. B: exocuticle의 부식과 멜라닌화(A). 큐티클의 아래 부분에 과립구를 주체로 하는 염증세포의 침윤(B)이 cuticular canal주변에 집중되어 있고, 상피세포(D)의 한곳이 괴사됨. HE, bar=38 ㎛(A)과 60 ㎛(B).

Grade III은 부식이 선상 endocuticle과 층상 endocuticle에 파급되어 있는 상태로 초기에는 선상 endocuticle의 바깥 부분만이 부식되지만, 큐티클상피와 큐티클의 경계면에 염증세포가 침윤 변형하여 5-30개의 세포층으로 구성된 pseudomembrane이 상피세포와 평행하게 만들어진다. 큐티클 상피세포층은 증생과 비대하게 된다. Pseudomembrane과 큐티클 상피세포 상이에 층상 endocuticle/막층은 발견되지 않는다. 결합조직 내에는 여러 곳에 tegmental adenitis가 발견된다.

Grade IV는 부식이 pseudomembrane에까지 파급된 상태지만, 막층이 아직 형성되지 않고 층상 endocuticle/막층이 증식하지 않기 때문에 Grade V는 큐티클이 부식되고 그 아래의 결합조직에 궤양이 형성된 단계로 단계 C_2/C_3에서는 이 상태는 관찰할 수 없다.

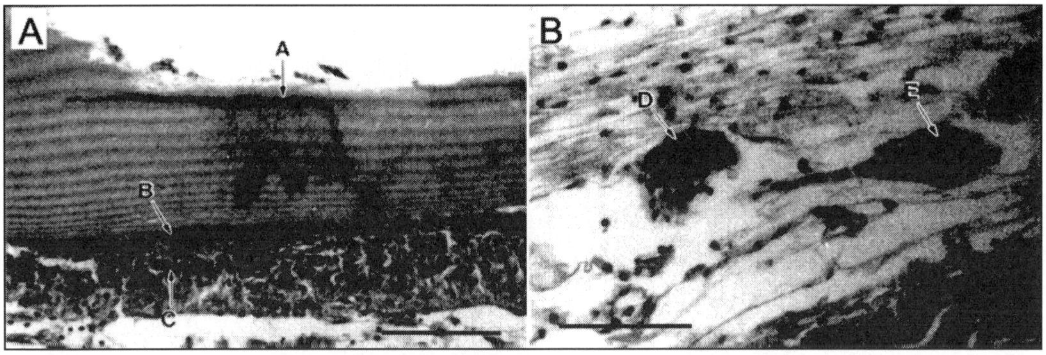

그림 8-13 단계 C_2/C_3 grade III. A: 멜라닌화(A)된 선상 endocutilce의 부식, 큐티클 상피세포(C)와 큐티클 아래 부분 사이에 pseudomembrane(B)의 형성. B: 염증세포가 침입하여 있는 염증성 tegmental gland(D)와 인접 정상 tegmental gland(E). HE, bar=120 ㎛(A)와 71 ㎛(B).

이처럼 조직학적으로 조사하면 발병 초기에는 항상 섬유상 조류가 epicuticle의 부식 부위에 우점종으로 나타나지만, 침입에 관해서는 불분명하다. 또 최초로 갑각의 퇴색이 생기는 부위가 곰팡이 또는 다른 미생물이 부착하는 것을 방지하는 역할을 하는 setal pit의 주변인데, 부식이 생긴 곳에는 곰팡이, 세균, 아메바, 원생동물 및 조류 등 다양한 생물상이 발견되며, 세균은 키틴 분해성 세균이 우점종으로 분리된다. 그러나 이 병의 원인은 단일 생물종에 의한 것이라기보다는 다양한 생물종이 생산하는 epicuticle분해 효소에 의한 것으로 생각된다.

병리 조직학상으로 독특한 현상인 층상 endocuticle/막층이 두터워지는 현상은 큐티클 상피세포와 환경수를 격리하는 중요한 방어 역할이라 할 수 있다.

(2) 세균성 갑각병

3번째는 두흉갑 등 쪽에 심한 부식을 초래하는 질병으로 포란한 암컷이 더욱 심하게 감염된다. 이는 난을 부화하기 위하서 탈피하는데 더 많은 시간이 소요되기 때문으로 생각된다. 감염 초기에는 두흉갑의 정중앙선을 따라 부식이 생기지만, 심한 경우에는 환부가 양 측면으로도 확산되어 복부의 정중앙선에 까지도 부식이 생긴다. 환부는 대부분이 갑각의 단단한 부분에 형성되고 복부의 막성 부분에는 거의 형성되지 않는다. 현저하게 심한 경우에는 집게발과 복부 갑각에 형성되기도 하지만 드물게 관찰될 뿐이다. 갑각의 부식된 부분은 육안적으로 흑갈색의 불규칙한 과립상을 띄고 있으며, 그 아래에 있는 결합조직은 부식된 환부에서도 노출되어 있지 않다.

그림 8-14 미국산 바다가재의 shell disease.

병리 조직학적 검사를 위해서는 시료의 두흉부의 정중앙을 절단한 다음 한쪽은 두흉갑 아래의 결합조직을 조심스럽게 제거한 다음 10%포르말린 해수에 고정하고, 다른 한쪽은 발과 액각을 절단하여 고정한다. 1주일 이상 고정한 다음 5% formic acid에 탈회시킨 다음 상법에 따라 파라핀 절편을 만들어 HE염색, 그람 염색 또는 Gomori methemine silver nitrate(GMS) 염색하여 관찰한다.

이 때 질병의 정도는 아래와 같은 shell disease index(SDI)를 기준으로 평가한다.

0 = shell disease 증상 없음
1 = 갑각 표면에 1-10%의 shell disease증상
2 = 갑각 표면에 11-50%의 shell disease증상
3 = 갑각 표면에 >50%의 shell disease증상

바다가재의 갑각은 형성단계에 따라 여러 층으로 구분할 수 있는데, 탈피(ecdydis, molting)직전에는 5개의 층이 형성되어 있다. 즉 제일 바깥층인 epicuticle은 시멘트층(cement layer)과 왁스층(wax layer)으로 구분되며, 그 아래인 epicuticle은 내부 및 외부의 3층으로 된 다공성 막상조직으로 구성되어 있다. 왁스의 분비는 하부의 상피세포에서 형성되어 왁스관(wax canal)을 통하여 표면에 도달하게 된다. 왁스관은 큐티클의 내부를 횡으로 지나고 있는 대형의 pore canal유래의 소형의 tibutalis이다. 왁스와 pore canal은 큐티클이 형성되는 것과 마찬가지 방식인 표면과 수직방향으로 상피세포에 의해

만들어진다.

Exocuticle은 탈피가 시작되기 전에 만들어지는 막으로 탈피가 끝나면 석회가 침착되게 된다.

Exocuticle아래의 막은 내부로 향하여 석회화된 endocuticle(calcified endocuticle), 비석회화 endocuticle(uncalcified enducuticle) 및 membrane layer의 순으로 되어 있다. 이 3층의 막은 탈피 후 만들어지게 된다. 또 epicuticle을 제외한 바다가재의 갑각의 모든 층은 나선형으로 짜여진 단백질성의 기질 내부에 키틴 결정체의 격자구조로 구성되어 있다고 할 수 있다. 키틴 결정상의 격자구조 내의 키틴 결정체와 기질을 형성하는 단백질의 형태는 갑각의 부위에 따라 달라진다. 모든 갑각은 탈피와 탈피 사이에는 큐티클의 하부에 있는 단층의 입방상피에 의해 만들어진다.

막층은 최종적으로 만들어져 탈피 후에 오래된 갑각과 새롭게 만들어진 갑각의 epicuticle과 exocuticle을 구분하는 역할을 한다. 이어서 epicuticle, exocuticle 및 석회화 endocuticle이 형성되고, 최종적으로 비석회화 endocuticle이 만들어지게 된다.

Epicuticle이 형성될 때 phenol oxidase가 epicuticle에 침착되는데, 이 효소는 페놀을 산화시켜 정상의 큐티클을 "tanning"하게 하거나, 손상당한 큐티클 부분을 멜라닌화시켜 흑갈색의 단단한 부분으로 변화시킨다.

조직학적으로 부식의 정도와 염증반응에 따라 3단계의 정도로 구분할 수 있다. 즉 부식의 정도가 약한 경우에는 갑각의 표층부에 구멍이나 또는 부식이 생긴 것으로, 부식은 표면에서 하부의 정상부위인 exocuticle로 확대되고 있다. 환부가 심부로 확대되어 가는 부분에서는 pore canal 드물게는 setal canal 또는 tegmental gland duct를 통하여 확대되어 가는 것처럼 보인다. 측면 또는 복면으로 확대된 환부는 phenol oxidase에 의한 염증반응인 멜라닌화가 일어나 흑갈색을 띈다. 그러나 exocuticle의 하부, 상피세포 및 그 아래의 결합조직에는 염증반응은 거의 일어나지 않는다. 환부내의 chitin lattice와 확대되는 병소의 가장자리에는 세균이 집락이 발견된다.

병소가 석회화 endocuticle까지 깊은 곳까지 도달된 경우에는 확대되는 병소의 가장자리에는 항상 많은 세균이 발견된다. 이 때 세균은 침입하고 있는 crystaline chitin lattice는 변형시지지 못하지만, lattice crystal사이에 있는 단백질 기질은 손상시키고 있다. 이 때문에 확대되고 있는 병소의 가장자리로부터 돌출되어 있는 lattice는 막대기 모양의 배열(pillar)을 하게 된다. 다른 환부에서는 흑화된 endocuticle에 둘러 쌓인 수직 막대기 모양이 하부의 큐티클층으로 뻗어가고 있다.

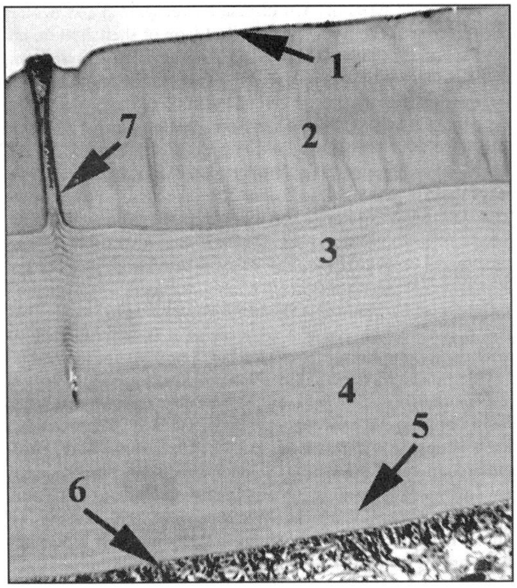

그림 8-15 정상 미국산 바다가재 갑각.
1: epicuticle, 2: exocuticle,
3: 석회화 endocuticle(calcified endocuticle),
4: 비석회화 endocuticle(uncalcified endocuticle),
5: membrane layer,
6: epithelium, 7: septal canal. HE. 25배.

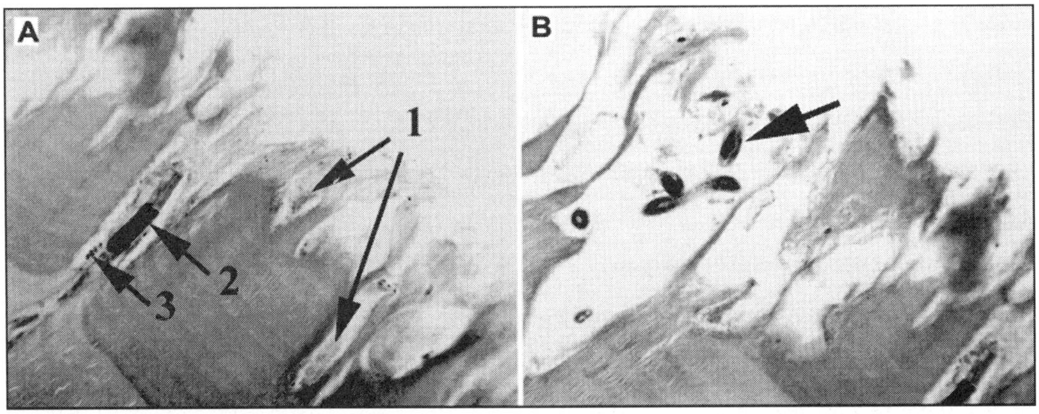

그림 8-16 부식의 정도가 얇은 갑각. A: epicuticle로 pore(1)와 septal canal(2)을 통한 부식의 확대. 환부가 확대되는 선단부에 세균(1)이 존재하고, 다른 원생동물(3)도 드물게 보임. B: 다른 환부에서는 nematoda(화살표)도 발견됨. HE, x400.

하부의 큐티클 상피는 증생 및 비대가 생기고 과립구와 무과립구를 주체로 하는 상당수의 염증세포가 그 아래의 결합조직에서 발견된다. 병소가 형성되지 않은 큐티클의 부분에는 소위 염증성 큐티클(inflammatory cuticle)이 epithelium과 오래된 비석회화 endocuticle/membrane layer사이에 만들어진다.

염증성 큐티클은 비석회화 cuticle/membrane layer층과 비슷하게 엷은 적색의 층상으로 큐티클이 깊게 부식된 개체에서만 발견된다. 또 오래된 cuticle과 염증성 큐티클사이와 부식된 큐티클과 상피세포사이에는 괴사 혈림프와 부종성의 fibrin유사 물질이 모여 있다. 환부에서 보통으로 발견되는 것은 원생동물로 갑각의 붕괴 후 또는 세균의 침입 후에 2차적으로 침입한 것이다. 침입한 원생동물은 exocuticle과 석회화 endocuticle에 swiss cheese effect를 유발하여 cryataline lattice에 변형을 초래한다.

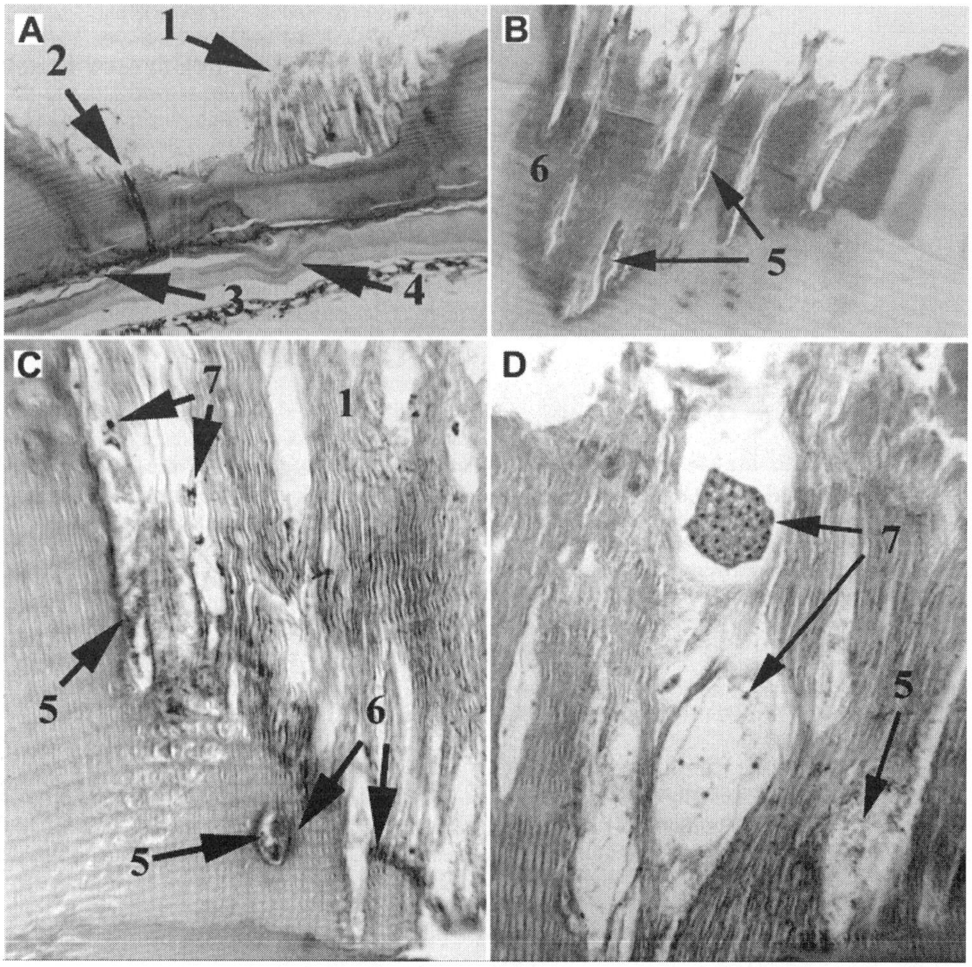

그림 8-17 A: 석회화 endocuticle까지 환부가 확대된 경우 crystaline lattice는 막대기 모양의 배열(1)을 하고 있고, 환부는 setal canal까지 확대되어 괴사와 멜라닌화(2)를 유발. 오래된 비석회화 큐티클과 새롭게 형성된 염증성 큐티클(4) 사이에는 괴사 부스러기와 부종성의 fibrin유사 물질(3)이 존재. B: 석회화 endocuticle내의 pore내에는 세균이 집락(5)이 발견되며 멜라닌화(6)를 유발 C: 멜라닌화(6)을 유발하면서 심층부로 침입하고 있는 세균(5). 2차 침입 원생동물(7). D: 세균(5)의 침입 후에 2자직으로 침입한 *Labyrinth*유사 원생동물(7). HE.

환부가 비석회화 endocuticle/membrane layer에 까지 도달한 경우에는 이 층의 위쪽 큐티클은 거의 대부분이 소실되고, chitin lattice에는 막대기 모양의 배열이 만들어지기도 하지만 일반적인 현상은 아니다. 병소의 표면에는 멜라닌화가 일어나며 염증성 큐티클이 형성된다. 큐티클 상피는 증생 및 비대되고, 그 아래의 결합조직에는 과립구와 무과립구를 중심으로 한 염증세포가 다량으로 침윤한다. 또 결합조직에는 소형의 멜라닌화된 육아종이 형성된 것이 보통이지만 원인 세균은 발견되지 않는다.

갑각이 궤양화된 경우에는 큐티클과 그 아래의 상피세포가 모두 소실되기 때문에 결합조직이 환경수 중으로 노출되게 된다. 결합조직에는 심한 염증세포의 침윤하고 결합조직의 표면에 혈구의 탈과립에 의한 pseudomembrane이 형성된다. 형성된 pseudomembrane의 바깥 부분은 괴사되고 멜라닌화된다. 또 결합조직에는 소형의 육아종이 형성되어 있다.

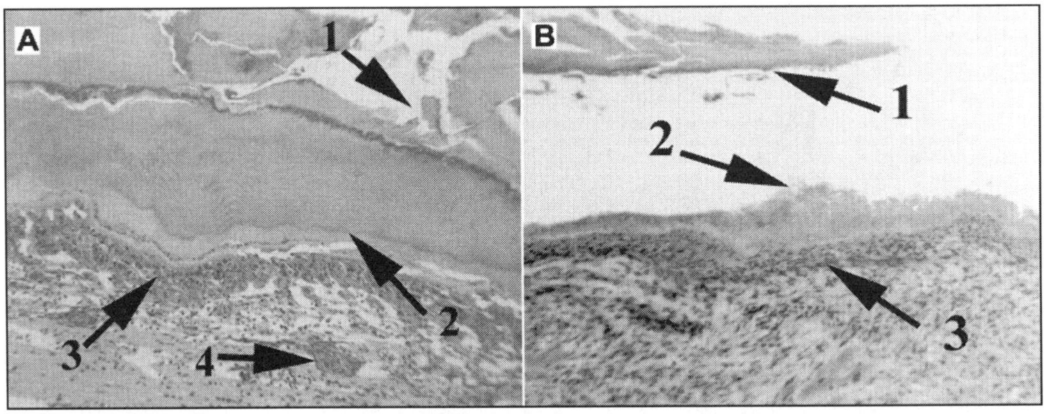

그림 8-18 A: 병소가 비석회화 endocuticle(1)에 도달한 병소에는 증생된 상피세포(3)의 바깥 부분에 두터운 염증성 cuticle(2)이 형성. 결합 조직에는 소형의 육아종(4)이 형성. B: 궤양화된 환부에는 큐티클과 상피세포가 소실되고, 환경수에 노출된 표면에는 혈구에 의한 pseudomembran이 형성. 1-탈락 큐티클, 2-pseudomembrane표면의 괴사와 멜라닌화, 3-pseudomembrane. HE.

(3) Burn spot shell disease

봄철과 여름철에 주로 발생하는 burn spot shell disease 또는 rust spot shell disease라 불리는 질병으로 몸의 여러 곳에 원형의 흑색 환부가 만들어지는데, *Ramularia, Didymaria, Cephalosporium* 및 *Septocylindrium* 등의 곰팡이나 세균이 원인으로 생각되고 사육 환경의 오염과 밀접한 관계가 있는 것으로 추정되고 있다.

2)유럽산 바다가재(European spiny lobsters, *Palinurus elephas*)

주로 미절과 telson의 복부와 등 쪽에 부식을 특징으로 하며, 때로는 유영지의 소실과 미절 조직에 귀ㅔ양이 형성되며, 환부의 바깥부분에는 부식된 큐티클의 부분은 검은색으로 변색된 불규칙한 모양의 환부를 가지고 있다.

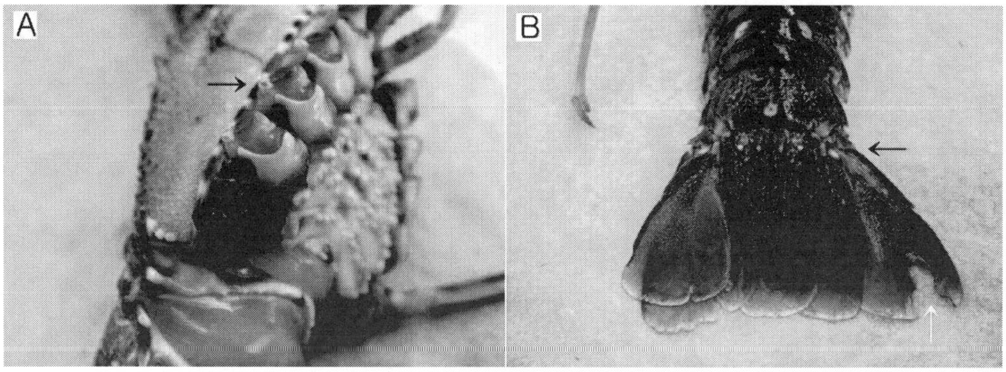

그림 8-19 *Vibrio*속 세균에 의한 바다가재의 shell disease. A: 유영지의 소실, 흑색화(melanization)은 페놀의존성 산화반응의 활성화 결과. B: 미절의 부식과 궤양형성.

분리되는 세균중 에서 *Listonella (Vibrio)anguillarum* 50.5%, *Vibrio parahaemolyticus*, 27.5% 및 *Vibrio alginolyticus*, 22%의 비율로 대부분이 비브리오균이다.

원인균은 키틴성이 아닌 외골격의 바깥층인 epicuticle을 제거하였을 때 침입하는데, epicuticle의 손상은 취급, 싸움, 수조에 문지름, 유기물의 과다, 하수 및 폐수 찌꺼기 등이 존재하는 스트레스 조건하에서 손상이 생긴다.

병리 조직학적으로 비석회화 내큐티클의 부식이 특징적인데, 이러한 부식이 일어난 외골격의 바깥 부분에는 염증반응과 흑색화가 생겨있다.

흑색화는 멜라닌성 염증 반응(melanistic inflammatory)이다. 심한 환부에서는 부식이 더 심부인 비석회화 내큐티클에 까지 일어나고, 이러한 환부의 바깥 부분은 외골격이 거의 대부분이 소실되고 심한 경우에는 외골격의 하부 결합조직에 까지 도달되어 있다. 이러한 경우에는 비석회화 내큐티클/막층이 두터워지는 염증성 막증식(inflammatroy membrane isoprliferation)이 일어나고 그 바깥에는 염증반응과 흑색화가 일어난다.

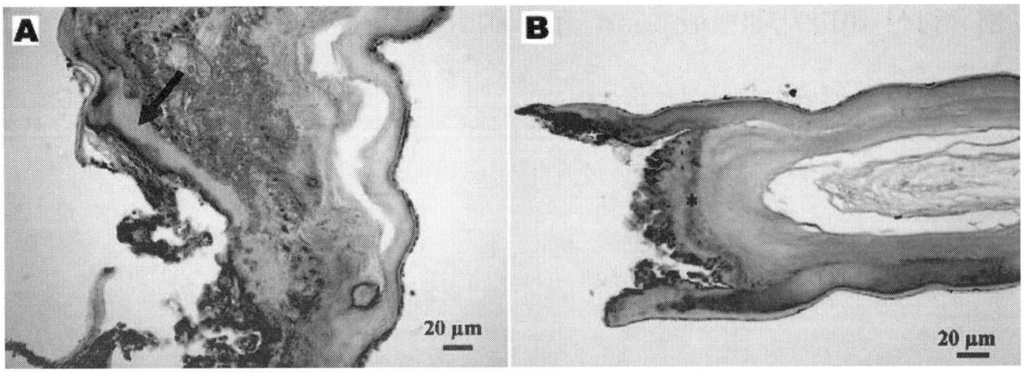

그림 8-20 **Shell disease감염 바다가재의 미절의 절단면.** A: 표면에 염증반응과 흑색색소의 침윤을 동반한 염증 반응(화살표) 및 석회화 내큐티클의 부식. B: 표면이 부식이 생긴 미절은 부식은 비석회화 내큐티클층까지 확대. 환부표면에 염증과 흑색화가 생긴 부위는 그 아래 부분에 환부의 확대를 방지하기 위한 방어 반응의 일환으로 비석회화 내큐티클/막층의 두께가 증가하는 염증성막(inflammatory membrane)의 증식(*).

제 9 장 참게 (*Eriocheir japonicus*)의 질병

1. 참게의 한숨병(sigh disease)

감염 참게는 식욕이 부진하며 행동이 느려지면서 아가미가 검어짐으로 black gill syndrome(BGS)라 불리기도 하며, 김염 참게는 빔에 거품을 천천히 내품기 때문에 한숨 소리처럼 들리기 때문에 "sigh disease"라고도 불린다. 원인균은 Ronivirus의 특징과 유사하기 때문에 *E. sinensis* ronivirus(EsRNV)라고 명명되었다. 아가미가 검어지는 것은 아가미 전체가 검어지는 경우가 대부분이지만 때로는 부분적으로 검어지는 경우도 있는데, 검어지는 정도는 감염의 정도와 거의 유사하여 심하게 감염된 개체일수록 검어지는 정도는 현저해진다. 검어지는 부분은 새변이지만, 때로는 새축에도 관찰되기도 한다. 이러한 검은 아가미의 증상을 나타내는 개체의 아가미에는 많은 찌꺼기가 부착되어 있다.

병리 조직학적으로는 림프조직, 아가미의 결합조직, 간췌장, 심장과 장에 현저한데, 조직표본을 HE염색하면 감염조직에서는 약 또는 강 호염기성을 나타내는 부위가 발견되는데, 이 부분의 세포는 세포 변성, 핵의 융해 또는 핵농축과 같은 핵의 변성, 봉입체가 발견된다. 호염기성 부위는 직경이 대개 1-5 ㎛이다.

정상의 간췌장 관공사이와 심장 및 정소의 결합조직에는 강호산성의 괴사세포가 발견된다. 이 부분의 결합조직 내의 세포도 핵융해 및 핵농축과 같은 핵의 현저한 변화가 생겨있다. 이러한 예정세포사와 유사한 변화는 nidovirus감염증의 증상과 유사하지만, 아가미에 호염기성의 봉입체가 발견되지 않는 반면 감염 아가미에서 결합조직 내에 호산성의 감염 부위와 괴사 세포의 호산성 집합체가 발견된다는 것이 다른 점이다.

감염 조직을 acridine orange (5 ㎎/100 ㎖, 20분)염색한 다음 0.1 M PBS (pH 7.2)로 세척하여 형광현미경으로 관찰하면 핵은 녹색, 봉입체는 밝은 오렌지색을 발한다.

감염 조직을 호모게나이즈한 다음 상청액을 negative stain(phosphotungstic acid 2%, pH 7.0)으로 염색하여 전자현미경으로 관찰하면 바이러스입자는 타원형으로 직경은 25-45㎚이지만, 길이는 매우 변화가 심하여 크기가 60-170㎚정도이다.

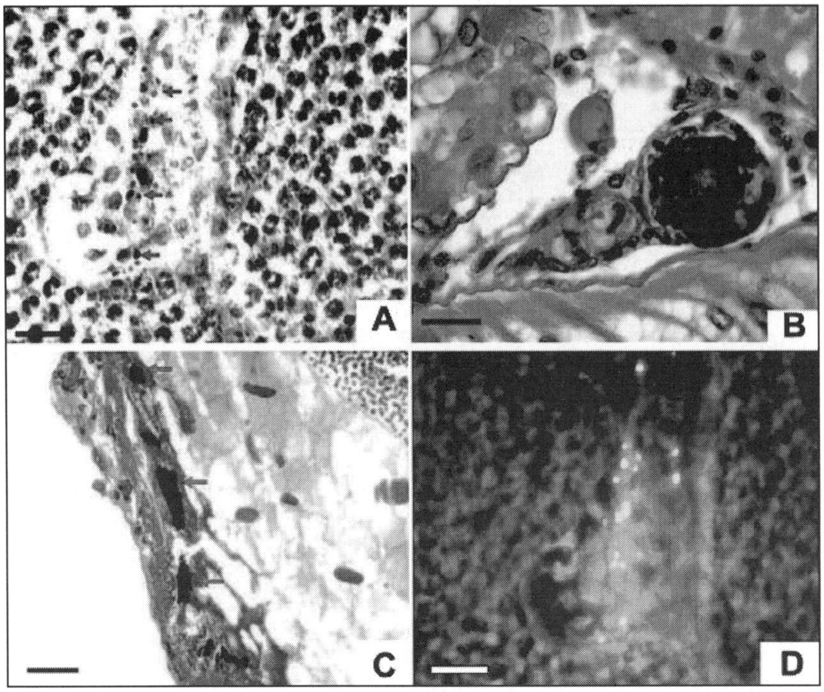

그림 9-1 A: 림프조직, 세포질 내의 호염기성 봉입체. B: 간췌장 결합조직 사이의 호산성 감염 부위와 내부의 괴사세포. C: 정소의 결합조직, 여러 곳의 괴사소와 핵농축 및 핵융해를 일으키고 있는 핵의 현저한 변화. 세포질 내의 봉입체(화살표). D: 봉입체는 오렌지-노란색의 형광을 발함. HE(A-C), Acridine orange(D). Bar=55 ㎛(A, B & D)와 60 ㎛(C).

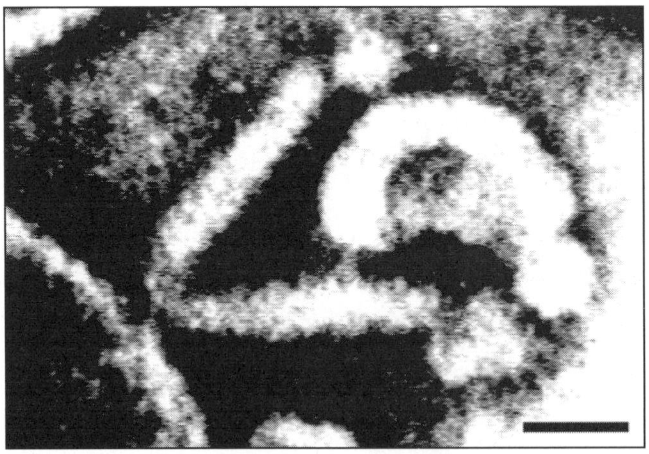

그림 9-2 감염 조직의 상청액을 부분 정제한 다음 negative염색한 virion. Bar=40 nm.

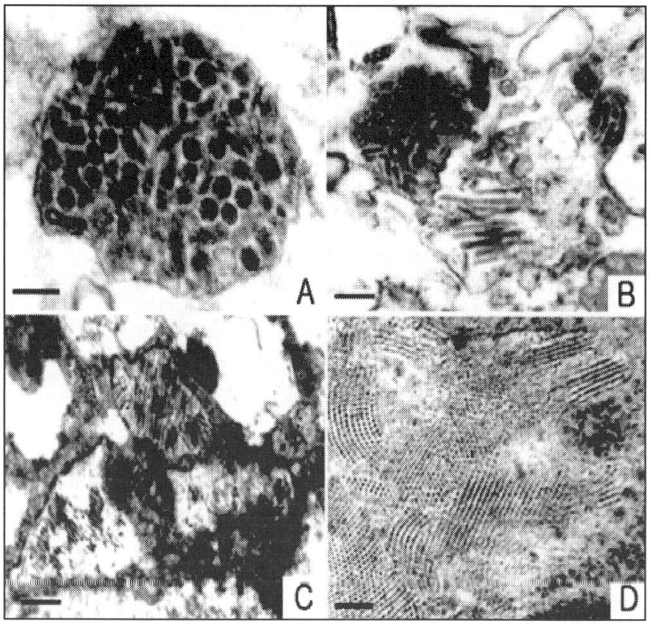

그림 9-3 감염 참게의 결합조직의 TEM상. A: 세포질 내의 대형 봉입체. Envelope가 있는 virion의 크기는 60-110x 24-42nm. B: 공포내의 막대기 모양의 envelope가 있는 바이러스입자와 간췌장 결합조직 세포의 세포질내의 봉입체. Envelope가 없는 filament상의 바이러스입자(400 nm)가 세포질 내에서 발견. C: 결합조직세포의 세포질 내의 공포 내에 들어있는 원인바이러스의 nucleocapsids (150-250x 16-18 nm)의 배열. D: 아가미 결합조직세포 내의 핵의 주변부에 위치한 직경 8-10nm의 소형 바이러스 입자. Bar=70 nm(A), 120 nm(B), 250 nm(C & D).

2. 참게의 *Spiroplasm*감염 떨림병

수온이 비교적 높은 시기인 19-28℃의 시기에 발생하며, 감염 개체는 식욕을 상실하여 무기력해지며, 보각이 마비되어 떨고 있기 때문에 "떨림병(tremor disease)"이라 불리고 있다. 발병하면 전파가 매우 빠르고 치료는 불가능하며 누적 사망률은 30-90%정도이다.

혈액의 도말표본을 만들어 검경하거나 심장, 아가미, 간췌장, 보각의 근육, 흉부신경절 및 생식소의 도말표본을 일반의 혈구 염색법과 같은 방법으로 Giemsa염색하거나 조직표본을 Giemsa염색하여 쉽게 진단할 수 있다.

혈액 도말표본 또는 감염조직의 결합조직 내의 소형의 과립구의 세포질 내에 핑크 또는 청색 기미의 봉입체가 발견된다. 그러나 봉입체의 색조에서는 차이가 있어, 혈액 표본에서는 핑크, 조직표본에서는 청자색으로 염색된다.

원인균은 Rickettsia라고 생각되었지만, 핵이 없고 핵양체(nucleoid)가 있다는 점이다. 핵양체는 막대기 모양일 때는 0.2-0.9 ㎛, 타원형일 때는 직경이 0.22-0.35 ㎛이다. 또한 병리 조직학적으로 신경, 근육 및 결합조직에 대한 친화성이 높고, 증식 장소로서는 혈구이며 또한 혈구가 병원체를 전달하는 역할을 한다. 감염 조직을 Giemsa염색한 표본에서 관찰하면 막결합성의 공포 내에 미소 집락을 형성하는 등의 특징과 분자생물학적 연구에 의해 *Spiroplasma mirum*과 유사한 것으로 밝혀졌다.

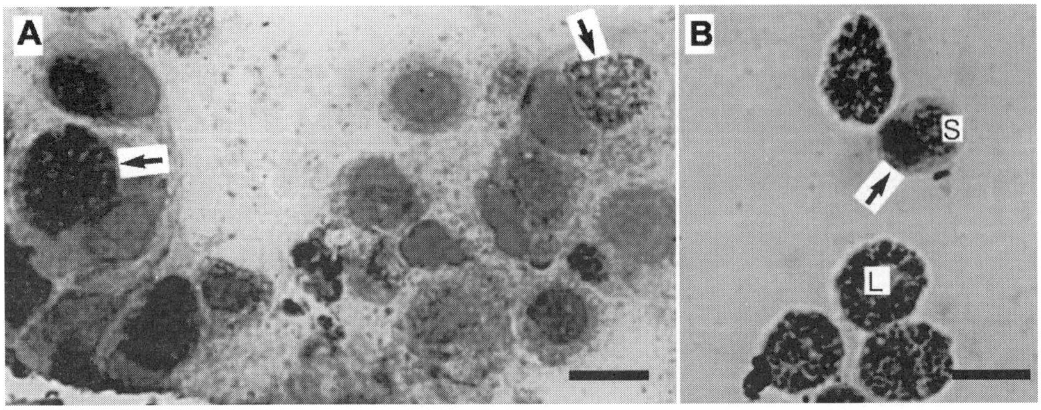

그림 9-4 A: 융부 신경절의 도말표본. 원인 병원체는 결합조직 내의 세포질에 핑크-청자색으로 염색됨. B: 혈액 도말표본. 소형의 과립세포(S)의 세포질 내에 핑크색으로 염색, 주변에 있는 세포는 대형의 과립세포(L). Giemsa염색. Bar=10 ㎛.

3. *Atkinsiella dubia*감염증

종묘생산을 위해 어미 참게 (100-134 g)를 0.5 ton의 FRP에 수용하여 15-17.2℃(평균 16℃)로 사육한 다음 인공 종묘 생산한 참게의 조에아기에 감염되는 곰팡이성 질병으로, 감염 유생은 발병 7일내에 전량 폐사한다. 감염 유생은 투명한 체색이 희게 변하며, 일부 감염 개체는 등쪽 갑각에 있는 spine위에 백색 반점이 형성된다.

감염된 참게 유생을 슬라이드 글라스에 올려 무염색으로 검경하여 격벽이 없는 균사체가 충만되어 있는 것을 알 수 있다. 균사체가 확인되는 유생은 세균의 번식을 억제하기 위하여 streptomycin sulphate와 ampicillin을 각각 500 ㎍/㎖첨가한 peptone-yeast extract -glucose-seawater(PYGS) agar (Bacto peptone 1.25 g, Bacto yeat extract 1.25 g, glucose 3 g, 인공해수 37.6 g, Bacto agar 12 g, distilled water 1,000 ㎖)에 접종하여 25℃에서 7-10일간 배양한다. 순수 배양한 균사체가 발육한 agar의 조각을 새로운 PYGS에 접종하며, PYGS agar를 사용하여 1달 간격으로 계대 배양한다. 곰팡이는 5℃와 30℃에서는 발육하지 못하며 10-25℃에서 발육하며 발육적온은 25℃이다.

PYGS에 인공해수를 제외하고 대신에 식염을 1% 또는 5%의 식염을 첨가하였을 때는 발육하지 못하며, 식염을 2.5%첨가하였을 때나 PYGS agar에서는 양호하게 발육한다.

곰팡이의 형태학적 관찰을 위해서는 한천 배지에서 발육한 곰팡이를 PYGS broth에 접종하여 25℃에 3일간 배양하고, PYGS broth에 발육한 곰팡이의 집락 일부를 멸균인

공해수에 접종하여 25℃에 접종하여 유주자를 형성시킨다. 유주자의 발아는 PYGS broth에 접종하여 25℃에서 배양하여 현미경으로 관찰한다.

원인 곰팡이인 *Atkinsiella dubia*는 PYGS agar에서 15일간 배양하면 직경 25 ㎜의 투명한(crystalline tuberculate) 습윤성의 집락이 형성되며, 집락의 가운데는 약간 솟아 올라 있다. Broth에 배양하면 직경 150 ㎛정도의 무격벽의 방사상으로 분지하는 두터운 균사체가 형성되며, 균사체 내부에는 oil droplet나 vacuole은 없는 반면 약간의 굴광성이 있는 타원형의 입자가 집합체를 이루고 있다. 균사체 내부의 과립상의 집합체는 거의 균등하게 분포하고 있고, 각 집합체의 과립의 개수는 수십 개로 이루어져 있다. 해수에 물배양하면 균사체에서 폭이 좁은 분지인 출아관이 형성되어 유주자가 만들어지며 때로는 무성아(gemmae)가 형성되기도 한다. 1차 유주자는 25℃에 30시간 배양 후에 형성된다. 유주자형성 과정에서 균사체내의 과립상의 집합체가 모여서 만드는 원형질 모양의 물질(protoplasmic mass)은 유주자낭의 중앙부에 여러 개의 protoplasmic thread에 의해 연결되어 있다가 유주자의 느슨하게 연결된 상태로 분화된 다음 다시 개개의 독립된 유주자로 분화된다. 유주자낭의 크기와 형태는 거의 비슷하며 각 유주자낭에서는 여러 개의 출아관이 분지되어 나온다.

운동성이 있는 1차 유주자는 유주자낭에 들어 있다가 출아관을 통하여 방출되며 2개의 편모를 가진 구형(globose) 또는 아구상(subglobose)으로 크기는 6 ㎛이다. 2차 유주자는 유주자낭 내에 피낭상태로 있던 유주자가 하나 하나씩 출아관을 통하여 방출되는데, 2개의 측편모를 가진 2-7 ㎛정도의 방추형 또는 슬리퍼 형상으로 장시간에 걸쳐 유영능력을 가지고 있다. 유주자낭 내에 피낭에 쌓여 있는 유주자는 1차 유주자인 경우 구형으로 크기는 3-7 ㎛, 2차 유주자인 경우는 3.5-6 ㎛이다. 출아관은 분지하지 않는 것이 보통이지만 때로는 분지된 경우도 있다. 출아관은 폭이 4-9 ㎛, 길이는 5-16 ㎛의 직선상 또는 약간 굽은 형상으로 유주자가 빠져나가는 구멍이 있으며, 때로는 출아관의 가운데 부분이 부풀어 올라 있는 경우도 있다. 유주자는 broth에 옮긴 다음 6-8후에 발아된다.

인위감염은 zoea 1기의 꽃게를 윤충류를 공급하면서 약한 폭기로 사육한 다음 100 ㎖의 비이커에 멸균 인공해수를 50 ㎖를 채우고 꽃게 유생 10마리를 수용한다. 곰팡이의 유주자의 농도를 2.7 x 10^5 cells/㎖로 조정한 다음 꽃게 유생을 수용한 비이커에 유주자 부유액을 1 ㎖ 또는 10 ㎖접종하여 최종적으로 유주자의 농도가 5.4 x 10^3 cells/㎖ 및 5.4 x 10^4 cells/㎖이 되게 첨가한다. 접종 후 24-48시간 동안 관찰하면서 폐사 유생을 현미경하에 검경하여 균사체의 유무를 확인하고 감염이 확인된 유생은 곰팡이를 재분리하기 위하여 PYGS agar에 접종한다. 5.4 x 10^4 cells/mℓ의 농도는 24시간 이내에 100% 폐사하며, 5.4 x 10^3 cells/mℓ는 24시간 내에 30-40%, 48시간 후에 100%가 폐사하며, 폐사한 유생으로 부터는 원인 곰팡이가 재분리된다.

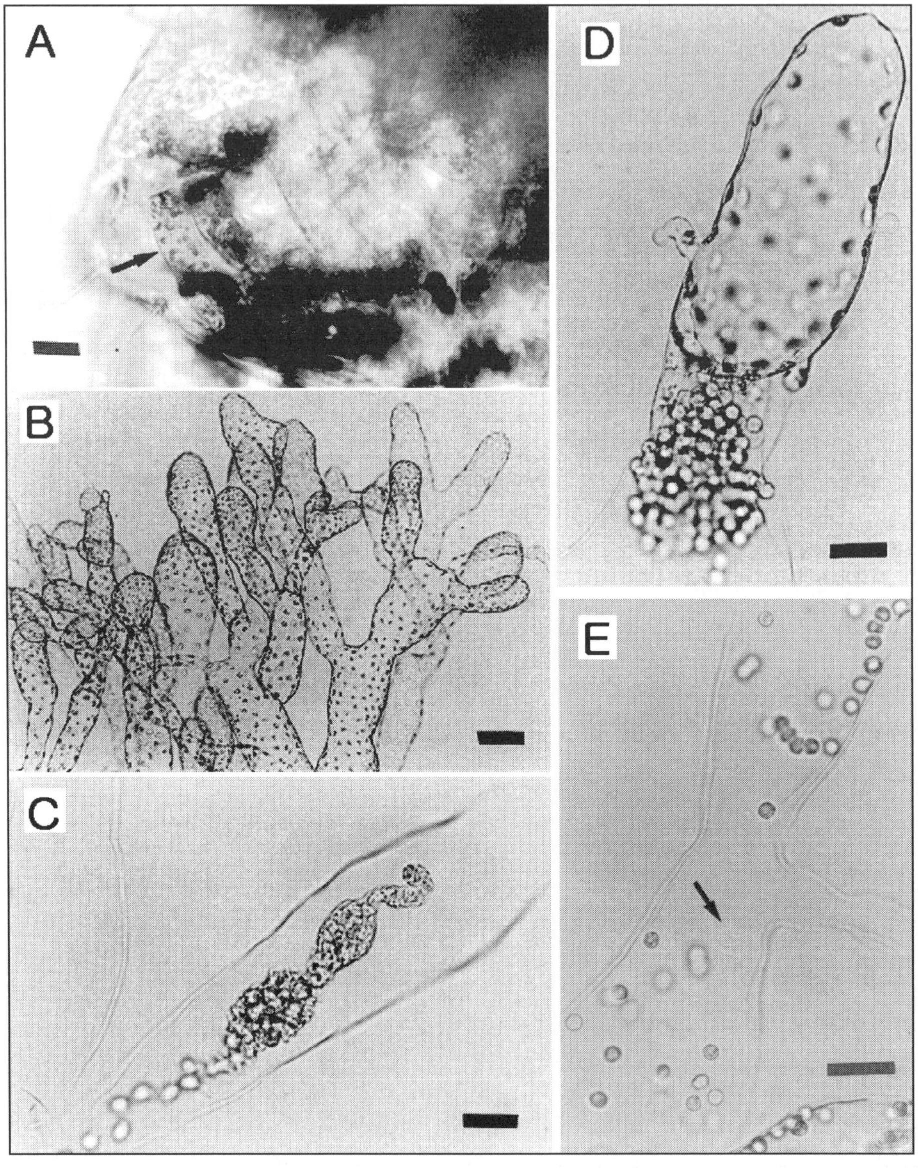

그림 9-5 A: 인위 감염시킨 참게 치게에서의 균사체. B: 내부에 과립상 집합체를 가진 균사체. C: 유주자낭(zoosporangium)내에 형성된 원형질 모양의 물질(protoplasmic mass). D: 균사체와 유주자낭 내의 1차 유주자. E: 유주자낭 내에 유주자를 둘러쌓고 있는 빈 부분. Bar=100 ㎛.

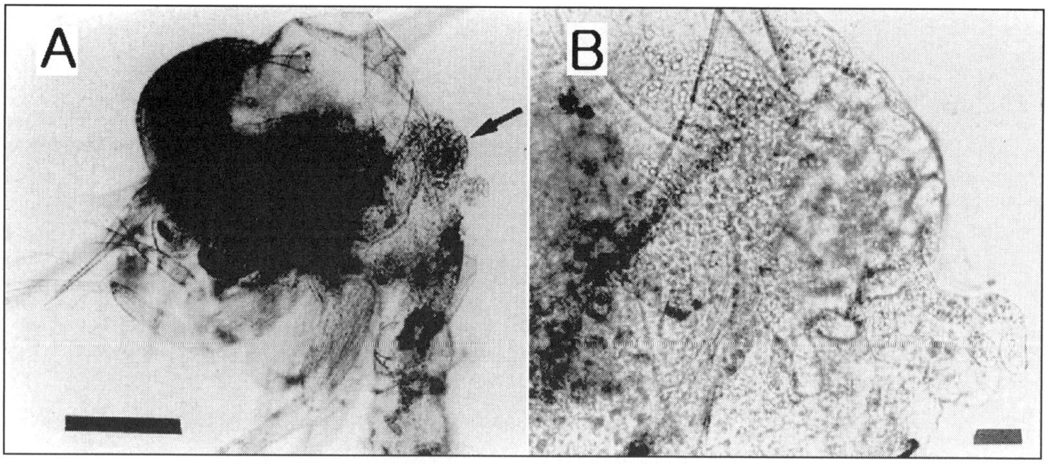

그림 9-6 A: 꽃게 치게에 인위적으로 감염시킨 균사체(화살표). B: A의 확대도. Bar=100 ㎛.

4. $CaCO_3$의 과포화에 의한 치게의 대량 폐사

양식지에 사육중인 치게가 갑자기 대량 폐사한다. 이 때 물의 색깔은 암적색 또는 갈색에서 백색 또는 노란색으로 변화가 생기는데, 수온가 pH가 높을 때 햇빛이 쪼이는 맑는 날 이른 오후에 주로 발생한다. 이렇게 폐사한 치게의 체 표면에는 많은 찌꺼기가 부착되어 있다. 이는 사육지에 과잉으로 존재하여 과포화상태가 되어 치게의 체표에 회백색 또는 엷은 황색의 결정체가 침착되어 있다. $CaCO_3$의 포화도는 pH가 증가하면 증가하며 pH 8.5이하에서는 pH가 낮기 때문에 포화 상태에 달하지 못한다.

사육지의 물의 색깔이 변화하는 곳에서 50 ㎖를 채수하여 실온에서 2일 동안 방치하여 내용물을 침전시킨 다음 침전물을 모아 증류수로 세척하고 0.45 ㎛ filter여과한다. 여과된 습윤 상태의 침전물은 $CaCO_3$결정체의 함유되어 있는 수분을 제거하기 위하여 105℃의 오븐에서 2-3시간 건조시킨 다음 $MgCO_3$결정체에 들어 있는 수분을 제거하기 위하여 다시 180℃에 2-3시간 건조시킨다. 완전히 건조한 침전물의 무게를 측정한 다음 HCl의 10배 희석액(v/v) 50 ㎖를 첨가하여 잘 혼합한 다음 EDTA적정법(APHA, 1999)으로 Ca^{2+}와 Mg^{2+}의 농도를 측정한다. 이 때 Ca^{2+}와 Mg^{2+}의 농도는 모든 Ca^{2+}와 Mg^{2+}는 CO_3^{2-}와 결합한다는 가정하에 산출한다.

폐사는 침전물의 총량의 70.8%이상일 때 발생한다. 체표에 부착된 결정체에 0.5 M의 HCl을 첨가하면 결정체가 녹으면서 기포가 발생하지만 건강한 치게의 부착물의 결정체는 기포가 발생히지 않는디.

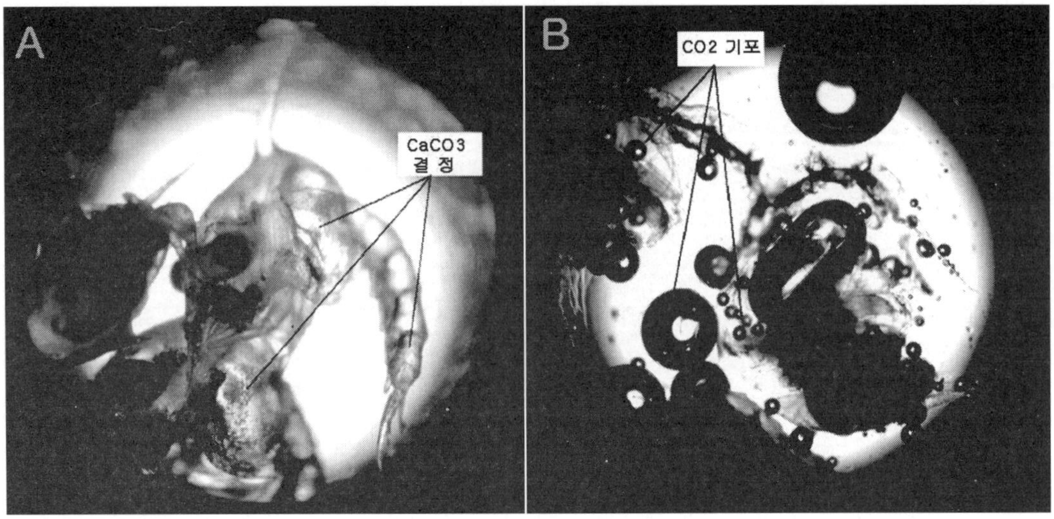

그림 9-7 $CaCO_3$침착 V-단계의 조에아. 0.5 mM HCl첨가 전(A)과 첨가 후(B).

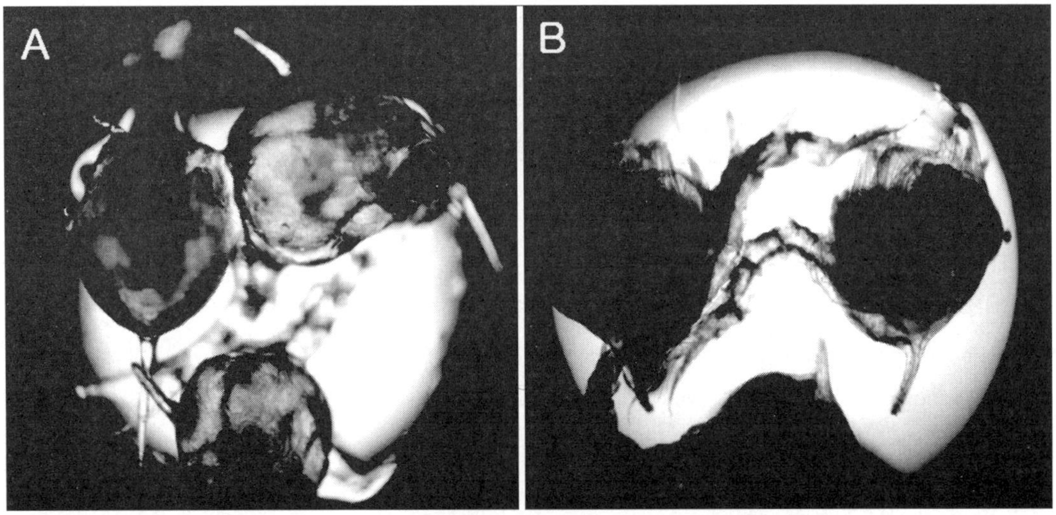

그림 9-8 건강한 V단계의 조에아에 0.5 mM의 HCl을 첨가하기 전(A)과 첨가 후(B)로 건강한 개체는 HCl용액 첨가 후에도 기포가 발생하지 않음.

체표 부착 결정체와 염산은 다음 화학식에 의해 반응하여 $CaCO_3$가 염산에 용해되어 CO_2를 기체 상태로 방출하기 때문에 기포가 발생하게 된다. 또 첨가하는 HCl의 농도를 1.5 M로 하면 건강한 치게에서도 갑각에 존재하는 $CaCO_3$가 염산에 용해되기 때문에 역시 기체가 방출된다.

$$CaCO_3 + 2\ HCl \rightarrow Ca^{2+} + 2Cl^{-} + CO^{2} + H_2O$$

$CaCO_3$가 없는 경우에도 pH가 9.4이상으로 상승시키면 치게는 48시간 내에 폐사하는데, 그 원인은 명확하지는 않지만, 참게의 적정 pH범위인 7.5-8.7보다는 높은 농도임에는 틀림없다. 치게가 적정 pH의 범위를 벗어나게 되면 탈피율이 저하된다는 것은 잘 알려진 사실이다. $CaCO_3$의 과포화와 침전에는 여러 요인이 관계하지만, $CaCO_3$의 과포화에 의한 치게의 폐사를 방지하기 위해서는 pH를 안정하게 유지하여 $CaCO_3$의 포화율을 낮출 필요가 있다.

제 10 장 해부도 및 기관의 명칭

1. 해삼

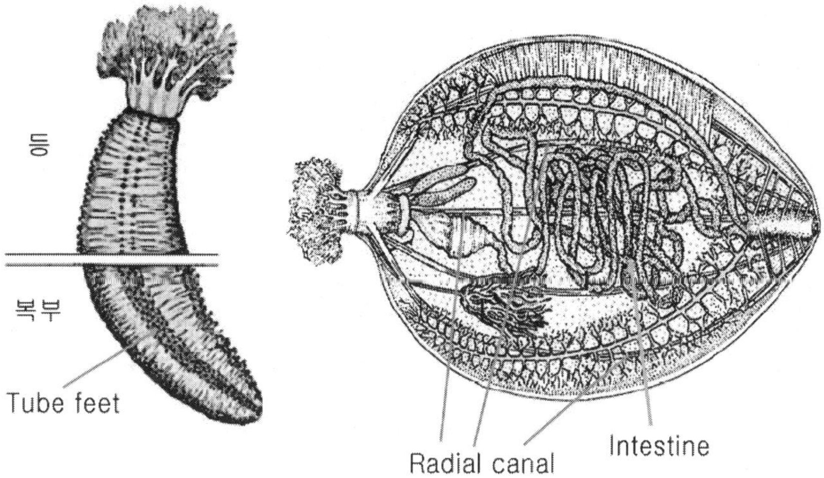

그림 10-1 해삼의 형태의 모식도.

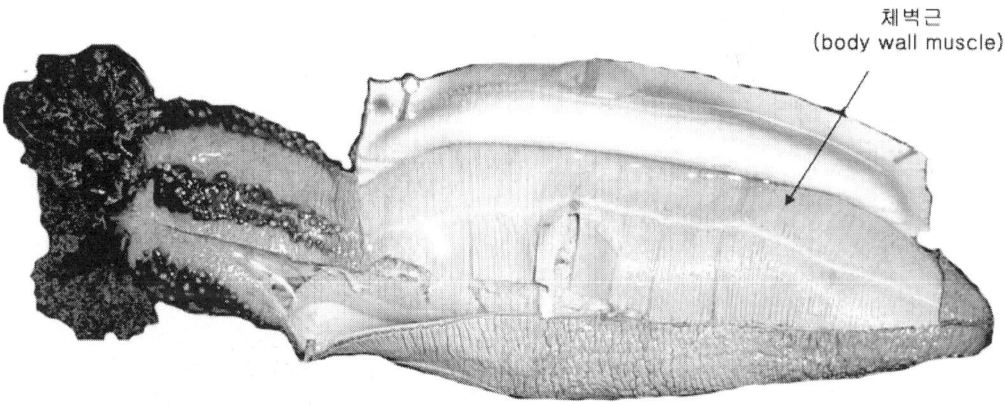

그림 10-2 해삼의 입에서 항문 부위로의 종단면.

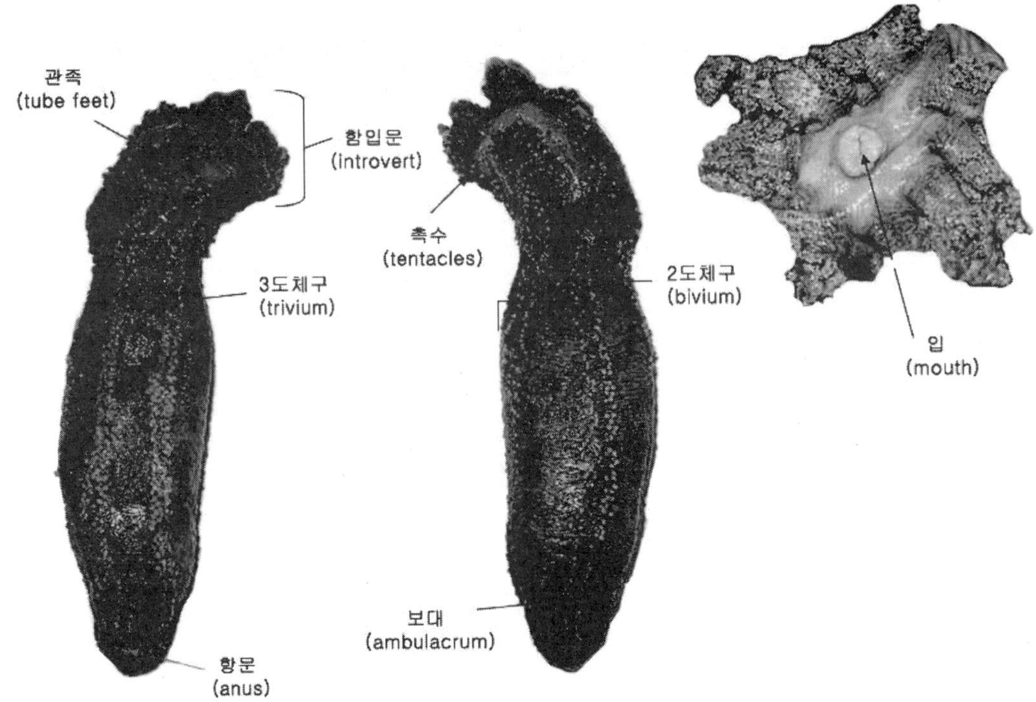

그림 10-3 해삼의 외부 형태와 입.

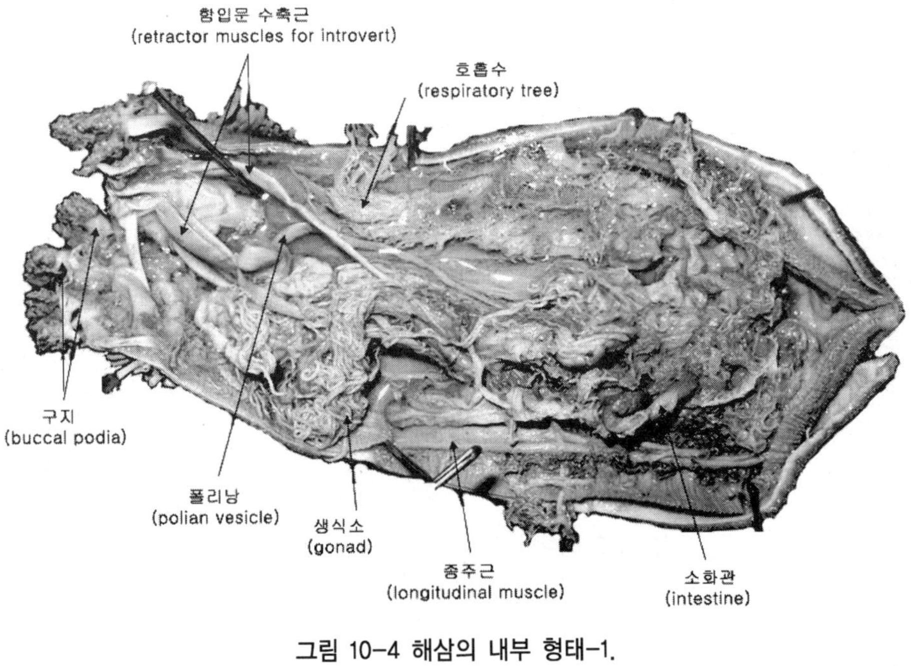

그림 10-4 해삼의 내부 형태-1.

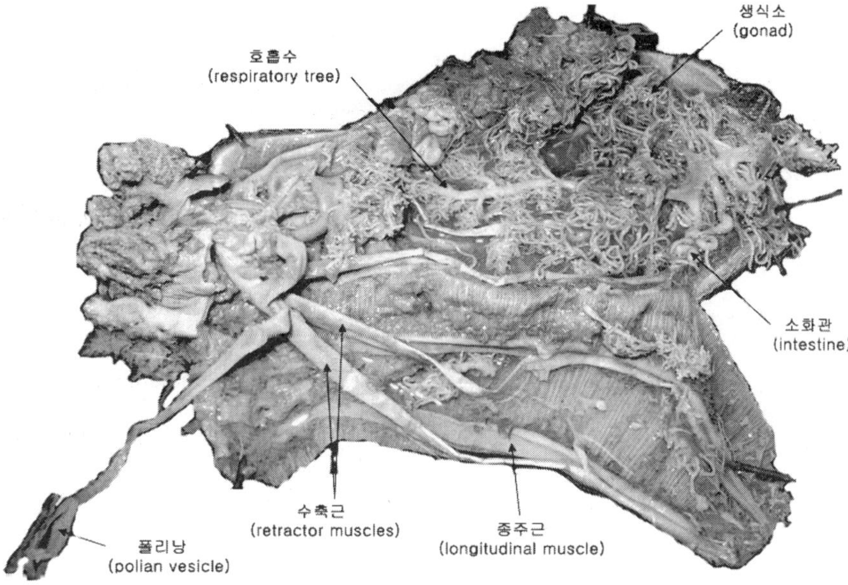

그림 10-5 해삼의 내부 형태-2.

2. 우렁쉥이

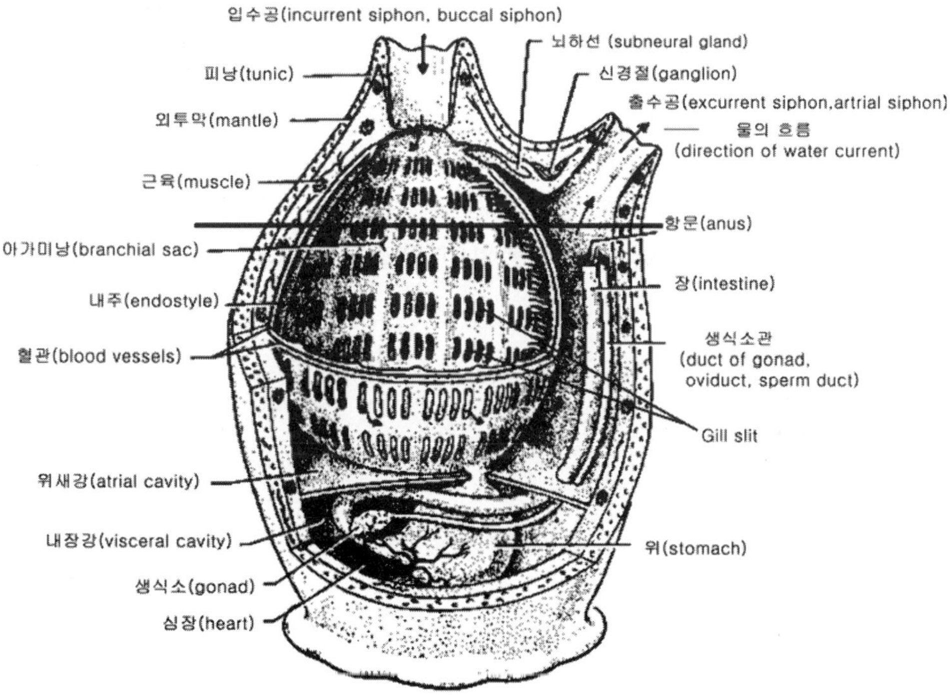

그림 10-6 우렁쉥이의 해부 모식도.

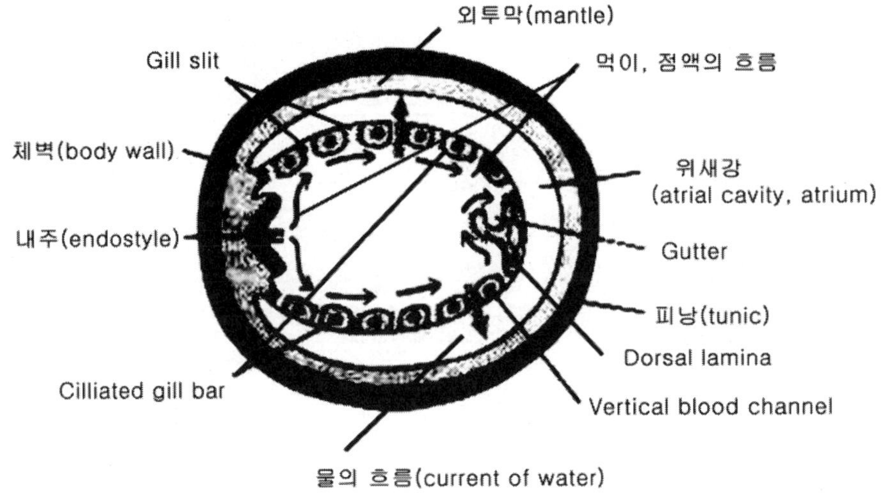

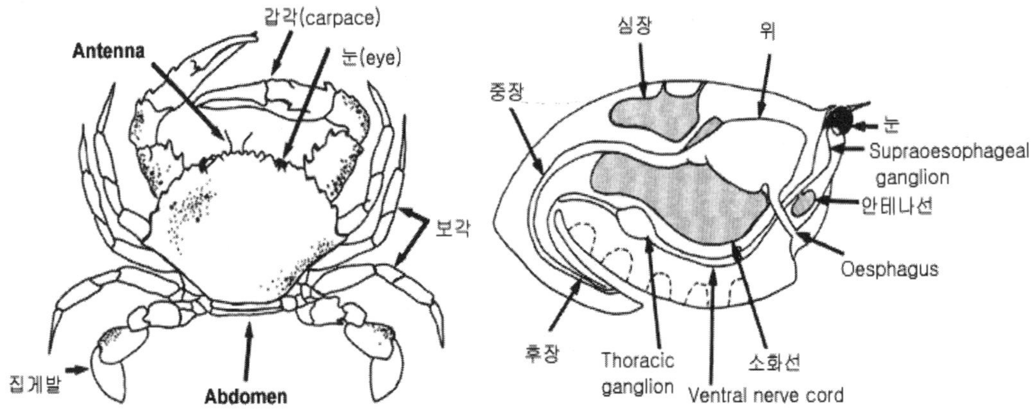

그림 10-7 게의 외부 명칭과 내부 장기의 모식도.

참고 문헌

Areekijseree, M., Chuen-Im, T., and Panyarachun, B.(2010): Charactrerization of red sernum syndrome in mud crab farms from Thilland. Biologia. 65: 150-156.

Chang, P. H., Kuo, S. T., Lai, S. H., Yang, H. S., Ting, Y. Y., Hsu. C. L., and Chen, H. C.(2005): Herpes-like virus infection causing mortality of cultured abalone *Haliotis diversicolor supertexta* in Taiwan. Dis. Aquat. Org., 65: 23-27.

Chen, S-C., Lin, Y-D., Liaw, L-L., and Wang, P-C.(2001): *Lactococcus garvieae* infection in the giant freshwater prawn *Macrobranchium rosenbergii* confirmed by polymerase chain reaction and 16S rDNA sequencing. Dis. Aquat. Org., 45: 45-52.

Cheng, W. and Wang, C-H.(2001): The susceptibility of the giant freshwater prawn *Macrobranchium rosenbergii* to *Lactococcus garvieae* and its resistance under copper sulfate stress. Dis. Aquat. Org., 47: 137-144.

Cochennec, N., Le Roux, F., Berthe, F., Gerard, A.(2000): Detection of *Bonamia ostreae* based on small subunit ribosomal probe. J. Invert. Pathol., 76, 26 - 32.

Dang, C., Gonzalexz, P., Mesmer-Dudons, N., Bonam, J-R., Caill-Milly, N., and de Montaudouin, X.(2009): Virus-like particles associated with brown muscle disease in Manila clam, *Ruditapes philippinarum,* in Arcachon Bay (France). J. Fish Dis., 32: 577-584.

Dang, C., de Montaudouin, X., Gonzales, P., Mesmer-Dudons, N., and Caill-Milly, N.(2008): Brown muscle disease (BMD), an emergent pathology affecting Manila clam, *Ruditapes philippinarum* in Arcachon Bay (SW France). Dis. Aquat. Org., 80: 219-228.

Drummond, L. C., O'reilly, P., Mulcahy, M. F., and Culloty, S. C.(2006): Comparison of techniques for diagnosis of brown ring disease and detection of Vibrio tapetis in the Manila clam, *Venerupis (Ruditapes) philliphinarum*. J. Shellfish Res., 25: 1043-1049.

Dove, D. M., Bower, P. R. and Cerrato, R. M.(2004): Histological analysis of an outbreak of QPX disease in wild hard clam *Mercenaria mercenaria* in New York. J. Aquat. Anim. Health, 16: 246-250.

Eddy, F., Powell, A., Gregory, S., Nunan, L. M., Lightner, D. V., Dyson, P. J., Rowley, F., and Shields, R. J.(2007): A novel bacterial disease of the European shore crab, *Carcinus maenas*-molecular pathology and epidermiology. Microbiol., 153: 2839-2849.

Elston, R. A., Frelier, P. and Cheney, D.(1999): Extrapallial abscesses associated with chronic bacterial infections in the intensively cultured juvenile Pacific oyster *Crassostrea gigas.* J. Invert. Pathol., 37: 115-120.

Ford, S. E. and Borrero, F. J.(2001): Epizootiology and pathology of juvenile oyster disease in the eastern oyster, *Crassostrea virginica.* J. Invert. Pathol., 78: 141-154.

Frelier, P. F., Sis, R. F., Bell, T. A., and Lewis, D. H.(1992): Microscopic and ultrastructural studies of necrotizing hepatopancreatitis in Pacific white shrimp (*Penaeus vannamei*) cultured in Texas. Vet. Pathol., 29: 269-277.

Friedman, C. S., Beattie, J. H., Elston, R. A., and Hedrick, R. P.(1991): Investigation of the relationship between the presence of Gram-positive bacteria infection and summer mortality of the Pacific oyster, *Crassostrea gigas* Thunberg. Aquaculture, 94: 1-15.

Hirano, M. H., Mobin, S. M., Kanai, K., and Yoshikoshi, K.(2005): An investigation of the pathology associated with mass mortality events in the cultured Japanese pearl oyster *Pinctada fucata martensii* at four farms in western Japan. J. Aquat. Anim. Health, 17: 323-337.

Ho, J. S. and Zheng, G.-X.(1994): *Ostrincola koe* (Copepoda, Myicokidae) and mass mortality of cultured hard clam (*Meretrix lusoria*) in China. Hydrobiologia. 284: 169-173.

Kumagai, A., Suto, A., Ito, H., Tanabe, T., Takahashi, K., Kamaishi, T., and Miwa, S.(2010): Mass mortality of cultured ascidians *Halocynthia roretzi* associated with softening of the tunic and flagellate-like cells. Dis. Aquat.

Org., 90: 223-234.

Kvingedal, R. Owens, L. and Jerry, D. R.(2006): A new parasite that infects eggs of the mud crab. *Scylla serrata*, in Australia. J. Invert. Pathol., 93: 54-59.

Liu, H., Zheng, F., Sun, X., Hong, X., Dong, S., Wang, B., Tang, X., and Wang, Y.(2010): Identification of the pathogens associated with skin ulceration and peristome tumescence in cultured sea cucumbers *Apostichopus japonicus* (Selenka). J. Invert. Pathol., 105: 236-242.

Hirose, E.(2009): Ascidian tunic cells: morphology and functional diversity of free cells outside the epidermis. Invert. Biol., 128: 83-96.

Hirose, E., Ohtak, S-I, and Azumi, K.(2009): Morphological characterization of the tunic in the edible ascidian, *Halocynthia roretzi* (Draasche), with remarks on 'soft tunic syndrome' in aquaculture. J. Fish Dis., 32: 433-445.

Hooper, C. Hardy-Smith, P., and Hnadlinger, J.(2007): Ganglioneuritis causing high mortalities in farmed Australian abalone (*Haliotis laevigata* and *Haliotis rubra*). Aust. Vet. J., 85: 188-193.

Kumagai, A., Suto, A., Ito, H., Tanabe, T., Takahashi, K., Kamaishi, T., and Miwa, S.(2010): Mass mortality of cultured ascidians *Halocynthia roretzi* associated with softening of the tunic and flagellate-like cells. Dis. Aquat. Org., 90: 223-234.

Li, H., Qiao, G., Li, Q. Zhou, W., Won K. M., Xu, D-H., and Park, S.-I.(2010): Biological characteristics and pathogenicity of a highly pathogenic *Shewanella marisflavi* infecting sea cucumber, *Apostichopus japonicus*. J. Fish Dis., 33: 865-877.

Li, X., Lei, Y., Gao, X., Ma, C., and Dong, S.(2007): Calcium carbonate supersaturation and precipitation in Chinese mitten crab (*Eriocheir japonica sinensis*) larval ponds in China: Mass mortality, crystal form analysis, and safety saturation index. Aquaculture, 272: 361-369.

Liu, H., Zheng, F., Sun, X., Hong, X., Dong, S., Wang, B., Tang, X., and Wang, Y.(2010): Identification of the pathogens associated with skin ulceration and peristome tumescence in cultured sea cucumber *Apostichopus japonicus*

(Selenka). J. Invert. Pathol., 105: 236-242.

Mancuso, M., Costanzo, M.T., Maricchiolo, G., Gristina, M., Zaccone, R., Cuccu, D., and Genovese, L.(2010): Characterization of chitinolytic bacteria and histological aspects of shell disease syndrome in European spiny lobsters (*Palinurus elephas*) (Fabricius 1787). J. Invert. Pathol., 104: 242-244.

Noga, E. J., Smolowitz, R, and Khoo, L. H.(2000): Pathology of shell disease in the blue crab, *Callinectes sapidus* Rathbun, (Decapoda: Portunidae). J. Fish Dis., 23: 389-399.

Nunan, M. L., Pantoja, C. and Lightner, D. V.(2008): Improvement of a PCR method for the detection of necrotizing hepatopancreatitis in shrimp. Dis. Aquat. Org., 80: 69-73.

Paillard, C., Gausson, S., Nicolas, J. L., Pennec, J. P., and Haras, D.(2006): Molecular identification of *Vibrio tapetis*, the causative agent of the brown ring disease of *Ruditapes philliphinarum*. Aquaculture, 253: 25-38.

Owens, L., Liessmann, L., Fauce, K. L., Nyguyen, T., and Zeng, C.(2010): Intranuclear bacilliform virus and hepatopancreatic parvovirus (PmergDNV) in the mud crab *Scylla serrata* (Forskal) of Australia. Aquaculture. 310: 47-51.

Paillard, C., Roux, F. L., and Borrego, J.(2004): Bacterial disease in marine bivalve, a review of recent studies: Trends and evolution. Aquat. Living Resour., 17: 477-498.

Poulos, B. T. and Lightner, D. V.(2006): Detection of infectious myonecrosis virus (IMNV) of penaeid shrimp by reverse-transcriptase polymerase chain reaction (RT-PCR). Dis. Aquat. Org., 73: 69-72.

Poulos, B. T., Tang, K. F. J., Pantoja, C. R., Bonami, J. R., and Lightner, D. V.(2006): Purification and characterization of infectious myonecrosis virus of penaeid shrimp. J. Gen. Virol., 87: 987-996.

Ragone Calvo, L. M., Walker, J. G. and Burreson, E. M.(1998): Prevalence and distribution of QPX, Quahog Parasite Unknown, in hard clams *Mercenaria mercenaria* in Virginia, USA. Dis. Aquat. Org., 33: 209-219.

Roxanna, M., Smolowitz, R., Bullis, A., and Donald, A.(1992): Pathologic cuticular change of winter impoundement shell disease preceding and during intermolt in the American lobster, *Homarus americanus*. Biol. Bull., 183: 99-112.

Roza, D. and Hatai, K.(1999): *Atkinsiella dubia* infection in the larvae of Japanese mitten crab, *Eriocheir japonicus.* Mycoscience. 40: 235-240.

Sahul Hameed, A. S., Yoganandhan, K., SriWidada, J. and Bonami, J. R.(2004): Studies on the occurrence of *Macarobranchium rosenbergii* nodavirus and extra small virus-like particles associated with white tail disease of *Macrobranchium rosenbergii* in India by RT-PCR detection. Aquaculture, 238: 127-133.

Sahul Hameed, A. S., Yogandahan, K., Widada, J. S., and Bonami, J. R.(2004). Experimental transmission and tissue tropism of *Macrobrachium rosenbergii* nodavirus (MrNV) and extra small virus like-particles in *Macrobrachium rosenbergii.* Dis. Aquat. Org., 62: 191-196.

Smolowitz, R., Chistoserdov, A. Y., and Hsu, A.(2005): A description of the pathology of epizootic shell disease in the American lobster, *Hormarus americanus*, H. Milane Edward 1837. J. Shellfish Res., 24: 749-756.

Sri Widada, J., Richard, V., Cambournac, I., Shi, Z., Qian, D., Bonami, J. R.(2004): Dot-blot hybridization and RT PCR detection of extra small virus (XSV) associated with white tail disease of prawn *Macrobrachium rossenbergii.* Dis. Aquat. Org., 58: 83-87.

Sudhakaran, R., Syed Musthaq, S., Haribabu, P., Mukherjee, S. C., Gopal, C. and Sahul Hameed, A. S.(2006): Experimental transmission of *Macrobrachium rosenbergii* nodavirus (MrNV) and extra small virus (XSV) in three species of marine shrimp (*Penaeus indicus, Penaeus japonicus* and *Penaeus monodon*). Aquaculture, 257: 136 - 141.

Tung, C. W., Wang, C. S. and Chen, S. N.(1999). Histological and electron microscopic study on *Macrobrachium* muscle virus (MMV) infection in the giant freshwater prawn, *Macrobrachium rosenbergii* (de Man), cultured in Taiwan. J. Fish Dis., 22: 319-324.

Wang, P., Chang, Y., Yu, J., Li, C., and Xu, G.(2007): Acute peristome edema disease in juvenile and adult sea cucumber *Apostichopus japonicus* (Selenka) reared in North China. J. Invert. Pathol., 96: 11-17.

Wang, W. and Gu, Z.(2002): Rickettsia-like organism associated with tremor disease and mortality of the Chinese mitten crab *Eriocheir sinensis*. Dis. Aquat. Org., 48: 149-153.

Wang, W., Wen, B., Gasparich, G. E., Zhu, N., Rong, L., Chen, J., and Xu, Z.(2004): A spiroplasma associated with tremor disease in the Chinese mitten crab (*Eriocheir sinensis*). Microbiol., 150: 3035-3040.

Wen, C.-M., Kou, G.-H., and Chen, S.-N.(1994): Rickettisaceae-like microorganisms in the gill and digestive gland of the hard clam, *Meretrix lusoria* Roding. J. Invert. Pathol., 64: 138-142.

Weng, S-P., Sun, J-J. Chan, S-M., and He, J-G.(2007): A reovirus disease in cultured mud crab, *Scylla serrata*, in southern China. J. Fish Dis., 30: 133-139.

Wu, X. Z. and Pan, J. P.(2000): An intracellular prokaryotic microorganism associated with lesions in the oyster, *Crassostrea ariakensis* Gould. J. Fish Dis., 23: 409-414.

Yanagida, T., Shirakashi, S., Iwaki, T., Ikushima, N. and Ogawa, K.(2009): Gymnophallid digenean *Parvatrema duboisi* uses Manila clam as the first and second intermediate host. Parasitiol. Intl., 58: 308-310.

Yoo, S. K., Lee, T. Y., Chin, P., Chun, S. K., and Choe, W. K.(1975): Stuidies on the mortality of the hard clam *Meretrix lusoria* (Roding) in Buan farming area. Publ. Inst. Mar. Sci. Nat. Fish. Univ. Busan. 8: 39-52.

Zhang, S. and Bonami, J-R.(2007): A roni-like virus associated with mortalities of the freshwater crab, *Eriocheir sinensis* Milne Edwards, cultured in China, exhibition 'sighs disease' and black gill syndrome. J. Fish Dis., 30: 181-188.

김영길, 윤권식(2003): 간석지산 이매패에서의 흡충류 유충에 관한 연구. 한국어병학회지, 16: 203-213.

찾아보기

가스병 / 160
갯가재 / 51
검은 아가미병 / 50
괴사성 간췌장염 / 37
근위축증 / 68
급성 구구 부종병 / 165
난소비대증 / 109
내장토출증 / 163
노카르디아병 / 94
도화새우 / 50, 51
림프기관 / 26, 28, 31~33, 35, 218
멍게 / 251, 253, 255, 256, 261~272
면반 / 57~60, 95, 97, 265~67
면반 바이러스병 / 57
무과립구 핵비대증 / 67
물렁병 / 268
미포자충병 / 203
밀새우 / 46
블루가재 / 177
사상균병 / 36
세균성 농양병 / 104
세균성 흰반점병 / 34
수포병 / 57, 119
영덕 대게 / 55
오분자기 / 62, 63, 99
유생 *Vibrio*병 / 95
유주자 / 46~51, 125, 299, 300
이형비대세포증 / 70
인대병 / 98
자낭각 / 55
자삼 / 155
전염성피하조혈기괴사증 / 1
진주조개 / 72
진흙 게 / 245
참전복 / 62
초조직 / 31, 32
피낭 / 149, 213, 251
혈체강 / 201, 205, 251
흑색근 / 80
흰반점 / 34

AaBV / 185, 187
AaBV / 187
abscess / 104
Acineta / 43
Agmasoma / 44
amyotrophia / 68
Angiostrongylus / 213
Aphanomyces astaci / 53
apicomplexa / 123
Bacillus subtilus / 35
Baculovirus / 11, 13, 17
basophilic caps / 42
BDD / 219

bitter diseae / 233

BMD / 80

Bonamia / 129

BPV / 11

BRD / 100

buccal ganglia / 65

bumper car disease / 275

burn spot / 202, 236, 292

burn spot shell disease / 292

BUS / 169

Candida / 225

Candidatus / 88

CdBV / 184

CdSPV / 189

cercaria / 233

cerebral ganglion / 63

CGV / 192

conchiolin / 80, 100~103

copepod / 163

cotton disease / 235

Cowdry A / 2, 22, 66,

CqBV / 182, 192, 204

crayfish plaque / 53

Cripavirus / 24

Cytophaga / 36, 98

dinospore / 46

E-cell / 4

endospore / 142, 147

Enterococcus / 226

eosin-phloxine / 15

Epistylis / 43

Flavobacterium / 36, 98

Flexibacter / 98

Fusarium / 200

ganglioneuritis / 65

glial cell / 66

granulocytoma / 85

Halocrusticida / 49, 51

Haplosporidium / 113

Hematodinium / 43, 46

Herpesvirus / 60, 62, 65

HPV / 4

idophore / 53

IHHNV / 1

IMNV / 28

infectious myonecrosis virus / 28

IPNV / 191

Iridovirus / 57

JOD / 102

Lagenidium / 49

Leucothrix / 197

lobopodia / 42

LPV / 10

macrospore / 47

Marteilia / 119~122

Marteiliodes / 109

MBV / 13

metacercaria / 233

microcell / 129

Microcytos / 136

Microsetella / 163
MrNV / 215
MSX / 113
neurofibril / 66
NHP / 37
Okavirus / 28
OVVD / 57
Panietis / 151
Paragonimus / 212, 213
Paramoeba / 42
parasome / 42
Parvatrema / 149
Parvovirus / 88
pepper disease / 233
Perkinsus / 124, 128
Picornavirus / 85
plasmodium / 46
PlBV / 187
Pseudoalteromonas / 170
pseudomembrane / 239, 240, 281
Pseudovibrio / 272
Psorospermium / 209
QPX / 140
RFTM / 125, 128
ring-shaped / 61
RLO / 193
rotting edges symptom / 158
runt-deformity syndrome / 1
Saprolegnia / 202
schizont / 123
shell disease / 202
skin ulcer disease / 162
sleeping disease / 231
smooth muscle / 82
sporoplasm / 120
SSO / 116
striated muscle / 82
summer syndrome / 32
Tetrahymena / 204
thallus / 54, 142
Thelohania / 43
Thiothrix / 36
TNHP / 37
Tricchomaris / 55
trophozoite / 123, 126
tryphane blue / 95
TSV / 24
tunic cell / 251
V. penaeicida / 32
Vibrio nigripulchritudo / 32
Whispervirus / 189
withering syndrome / 88
WSSV / 19
Xenohaliotis / 88
YHV / 26
Zoothamnium / 43